商用飞机研制项目管理丛书

商用飞机研制管理汉英俄术语手册

（第三版）

CHINESE-ENGLISH-RUSSIAN HANDBOOK OF
COMERCIAL AIRCRAFT ENGINEERING MANAGEMENT TERMS (Third Edition)

Китайско-английско-русский сборник терминов по
управлениюпроектирования коммерческой авиации (Третие издание)

编　著 ◎ 陈迎春

西南交通大学出版社
·成　都·

图书在版编目（CIP）数据

商用飞机研制管理汉英俄术语手册 / 陈迎春编著
. —3 版. —成都：西南交通大学出版社，2023.3
（商用飞机研制项目管理丛书）
ISBN 978-7-5643-8466-1

Ⅰ. ①商… Ⅱ. ①陈… Ⅲ. ①民用飞机－研制－名词术语－手册－汉、英、俄 Ⅳ. ①V271-61

中国版本图书馆 CIP 数据核字（2021）第 253521 号

商用飞机研制项目管理丛书
Shangyong Feiji Yanzhi Guanli Han Ying E Shuyu Shouce
商用飞机研制管理汉英俄术语手册
（第三版）

编著 陈迎春

责任编辑 吴启威
特邀编辑 余景钰
封面设计 曹天擎

出版发行 西南交通大学出版社
（四川省成都市金牛区二环路北一段 111 号
西南交通大学创新大厦 21 楼）
邮政编码 610031
发行部电话 028-87600564 028-87600533
网址 http://www.xnjdcbs.com
印刷 成都蜀通印务有限责任公司

成品尺寸 170 mm × 230 mm
印张 47.5
字数 993 千
版次 2018 年 3 月第 1 版 2020 年 5 月第 2 版 2023 年 3 月第 3 版
印次 2023 年 3 月第 3 次
定价 380.00 元
书号 ISBN 978-7-5643-8466-1

“商用飞机研制项目管理丛书”
编委会

《商用飞机研制管理汉英俄术语手册（第三版）》
编委会

总　序

中国和俄罗斯是具有世界影响力的大国，发展民用航空工业，实现优势互补符合两国发展需求。CR929宽体客机型号是中俄两国高科技战略合作的重要项目之一，标志着双方的战略合作关系进入了新高度，对于打破宽体客机市场中波音公司和空客公司“两强”垄断的局面具有重要意义。随着我国经济的飞速发展，特别是在“一带一路”倡议的推动下，人们的商务和旅游出行更为频繁，航空运输量持续提升，为航空市场的繁荣创造了条件，为宽体客机的生存提供了更大的空间。

中俄两国商用飞机技术领域交流由来已久，中国民航先后引进过里-2、伊尔-14、伊尔-62、安-24 和图-154 等众多机型，目前，还有图-154 机型在特殊的运输领域运行。20 世纪 70、80 年代以后，中俄两国在商用飞机领域的交流上逐渐减少，中国和俄罗斯民用航空市场充斥着大量西方客机。进入 21 世纪后，俄罗斯民用航空工业随着经济形势的变化受到极大制约，逐渐远离民航技术发展的主流，寄希望于 SSJ-100 和 MC-21 飞机改变现状；而中国民用航空工业几经波折，逐渐认识到“造不如买”和“市场换技术”的观念和做法无法振兴民航工业，从而奋发图强，实现了 ARJ21-700 飞机交付运营，C919 飞机成功首飞的中国梦。双方民用航空工业各自经历了数十年的发展，形成了独特的技术、项目和商务管理体系。为了成功顺利地进行宽体客机项目的合作，需要克服诸多的困难，主要包括：一方面，“物”的因素亟待统一，即技术标准、设计保障体系以及技术管理体系的统一与融合面临巨大的挑战；另一方面，“人”的因素亟待融合，即文化差异、商务习惯、研发理念等也存在较大差异。

本套丛书以商用飞机研制项目管理为主题，围绕设计、制造、试验、试飞、适航取证和客户支持等型号开发过程，为项目研制提供有价值的管理信息和工作方法。本套丛书将围绕项目管理的十大要素：项目整合管理、项目范围管理、项目时间管理、项目成本管理、项目质量管理、项目资源管理、项目沟通管理、项目利益管理、项目风险管理和项目采购管理，基于中俄商用飞机研发工程实践的现状，逐步展开论述，达到"既能实现航空工业合作的经验交流，又能为其他领域的合作提供帮助"的目的。

本套丛书基于"边探索、边实践、边总结"的实际情况，本着"先行先试，力求客观、再版改进"的原则，尽力为广大读者提供一套有价值的参考工具书。

郭博智

2018年2月

第三版前言

依据三步走的规划[①]，本书第三版应运而生，与此同时，中俄 CR929 宽体客机项目也进入新的阶段，紧赶慢赶，总算跟上了项目研发的节奏，可谓英雄有了用武之地，笔者倍感欣慰。

本书涵盖项目管理、技术管理和商务管理等三个方面的术语，用于解决中俄航空制造业国际合作项目中术语不统一的紧迫问题。本书前两版已经在中俄宽体客机项目中得到了应用，一定程度上满足了多种沟通方式中的术语一致性需求，显著改善了项目研制管理中缺乏专业术语的困境，获得广泛认可。

本书在第二版的基础上，增加了俄文注释。使用三种语言明确定义商用飞机研制管理过程中的术语，国内尚属首次，世界范围内也还没有找到类似的案例，其困难在于，术语的注释因语言和文化的不同而有所区别，克服这一困难，既需要深厚的语言功底，又需要精湛的专业知识，还需要“汉”“英”“俄”三种思维的协作精神，因此，工作量成倍地增加。尽管已经考虑到上述障碍，但是，难免有不协调不恰当之处，恳请各位读者来信指出不足，以求再版改进。

本书的编写与付梓得益于中国商飞上海飞机设计研究院同仁及国际友人的大力支持，得益于上海交通大学宋文斌教授、南京航空航天大学王志瑾教授、大连理工大学姜群教授和西北工业大学沙明工老师的帮助，也得益于西南交通大学出版社同志们的辛勤劳作，在此表示由衷的感谢。

陈迎春

2022 年 6 月

---

① 即本书拟按三个版本面世，第一版以中文注释对应中、英、俄三语术语，第二版以中英文双语注释对应中、英、俄三语术语，第三版以中英俄三语注释对应中、英、俄三语术语。

目　录

CONTENTS

СОДЕРЖАНИЕ

使用说明

本手册术语按照项目管理、技术管理和商务管理分类，每一大类术语单独排序。每个术语按照汉语 → 英语 → 俄语的顺序一一对应，并对术语进行汉语、英语、俄语解释和说明。术语排序说明如下：

（1）本手册按术语的汉语拼音字母 A、B、C、D……顺序排列。

（2）以汉语词汇第一个汉字的拼音音节作为词头按音节次序排列。

例如：报（bào）价邀请书、备（bèi）选方案。

（3）同音节的汉字按照音调（ā、á、ǎ、à）排列。

例如：保（bǎo）证、报（bào）价。

（4）若汉语词汇的第一个汉字相同，则以第二个汉字按照上述顺序排列。如再相同，以此类推。

例如：安全性大纲、安全性计划。

（5）术语中若包含英文字母在汉语词汇之前的，则按照首个英文字 A、B、C、D……顺序排列，且术语排序在不含英文字母的术语之前。

为方便读者查阅商用飞机项目相关常用的缩略语，本手册在商务管理术语后附有常用的缩略语汇总，不参与全文的排序。缩略语在编排上采取缩略语、英文全称、中文译文以及俄语译文的形式。排序按照缩略语的首字母 A、B、C、D……顺序，若首字母相同，则按第二个字母，以此类推。

DIRECTION FOR USE

The terms in this handbook are classified according to project management, technical management and business management, and each category of terms is sorted separately. Each term corresponds one by one in the order of Chinese → English → Russian, and the terms are explained in Chinese, English and Russian. The terms are sorted as follows:

(1) This handbook is arranged in the order of the Chinese phonetic alphabets A, B, C, D... of the terms.

(2) The phonetic syllable of the first Chinese character in Chinese vocabulary is used as the prefix and arranged in syllable order.

For example: invitation for quotation (bào), decision option (bèi).

(3) Chinese characters with the same syllables according to the tone (ā、á、ǎ、à) arrangement.

For example:guarantee (bǎo) and quotations (bào).

(4) If the first Chinese character of Chinese vocabulary is the same, the second Chinese character shall be arranged in the above order. If it is the same again, and so on.

For example: safety outline and safety plan.

(5) If the terms contain English letters before Chinese words, they shall be arranged in the order of the first English words A, B, C, D... And the terms shall be arranged before the terms without English letters.

In order to facilitate the readers to consult the commonly used abbreviations related to the commercial aircraft project, this handbook is attached with a summary of commonly used abbreviations after the business management terms, and does not participate in the sorting of the full text. Abbreviations are arranged in the form of abbreviations, English full names, Chinese translations and Russian translations. Sort according to the first letter A, B, C, D... Of abbreviations. If the first letter is the same, then the second letter, and so on.

ОПИСАНИЕ ИСПОЛЪЗОВАНИЯ СБОРНИКА ТЕРМИНОВ

Термины настоящего сборники сгруппированы по категориям управления проектами, техниками и коммерциями, и каждая категория терминов отсортирована отдельно. Каждый термин соответствует порядку → по-китайски → по-английски → по-русски, а также интерпретируется и описывается на китайском, английском и русском языках. Ниже приводится перечень терминов:

(1) Этот сборник расположен в порядке фонетических алфавитов китайского языка A, B, C, D…

(2) Фонетические слоги первого иероглифа в китайском лексике расположены в алфавитном порядке.

Например: предложение о представлении цены (bào), альтернативный вариант (bèi).

(3) Омонимы иероглифов расположены по тонам (ā、á、ǎ、à) .

Например: страхование (bǎo), оферта (bào).

(4) Если первый иероглиф в китайском лексике идентичен, то второй иероглиф будет располагаться в указанном порядке, и так далее.

Например:программа обеспечения безопасности, план обеспечения безопасности.

(5) Если в терминологии содержится английская буква перед китайским глоссарием, то она расположена в порядке первой английской буквы A, B, C, D, и имеет приоритет перед терминологией, не содержащей английский алфавит.

Для облегчения доступа читателей к часто используемым сокращениям, связанным с проектами создания коммерческих воздушных судов, настоящий сборник сопровождается общими часто используемыми сокращениями, и не участвует в сортировке всего текста. Они составлены в форме сокращений, полных английских названий, перевода на китайский язык и перевода на русский язык. Сортировка производится в том же порядке, что и в предыдущих аббревиатурах A, B, C, D, а если первая буква идентична, то вторая буква и так далее.

项目管理术语

PROJECT MANAGEMENT TERMS

ТЕРМИН УПРАВЛЕНИЯ ПРОЕКТА

A

1. 安全性

[英文] Safety

[俄文] Безопасность/Отказобезопасность

[注释] 风险可接受的状态。

[Note] The acceptable state of risk.

[Комментарий] Состояние приемлемого риска.

2. 安全性大纲

[英文] Safety program

[俄文] Программа безопасности

[注释] 是为了建立其相应的安全性目标与安全性要求，以及保证产品始终满足规定的安全性要求而制定的一套文件。它包括按进度安排的必要的安全性组织机构及其职责，要求实施的工作项目、工作程序和需要的资源等。

[Note] It is a set of documents to establish the corresponding safety objectives and requirements, and to ensure that the products always meet the specified safety requirements. It includes the necessary security organization and its responsibilities arranged according to schedule, the required work items, work procedures and resources, etc.

[Комментарий] Это набор документов, разработанных для установления соответствующих целей и требований безопасности, а также для обеспечения того, чтобы продукт всегда соответствовал указанным требованиям безопасности. Он включает в себя необходимые органы безопасности и его обязанности по графику, рабочие проекты и процедуры необходимые для реализации, необходимые ресурсы и т. д.

3. 安全性关键项目

[英文] Safety critical item (SCI)

[俄文] Критичная в отношении безопасности позиция

[注释] 可能导致飞机发生灾难性故障的软件、硬件或软硬件组合。确定安全性关键项目（SCI）的因素是故障引起的后果，而不是故障发生或引起后果的可能性。

[Note] Software, hardware or combination of software and hardware that may lead to catastrophic failures of aircraft. The factors determining the safety critical items (SCI) are the consequences of the failure, not the possibility of the failure occurring or causing the consequences.

[Комментарий] Сочетание программного, аппаратного или аппаратно-программного обеспечения, которое может привести к катастрофическому отказу самолета. Факторы, определяющие SCI, являются последствиями аварии, а не возможностей возникновений или последствий отказов.

4. 安全性计划

[英文] Safety plan

[俄文] План безопасности

[注释] 对用于实施安全性工作的有计划的方法的描述。

[Note] Description of aplanned method for implementing security work.

[Комментарий] Описание плановых методов длявыполнения работ по обеспечению безопасности.

5. 安全性目标

[英文] Safety objective

[俄文] Цель безопасности

[注释] 为保证飞机的安全性和对适航规章 CCAR25_1309 中定量要求的符合性，在飞机和系统研制过程中制定的和必须达到的安全性方面的目标。飞机和系统研制的安全性目标一般通过功能危险性评估与相应的安全性分析建立。

[Note] In order to ensure the safety of aircraft and the conformity with the quantitative requirements in the Airworthiness Regulation CCAR25_1309, the safety objectives formulated and must be achieved in the process of aircraft and system development. Safety objectives of aircraft and system development are generally established through functional hazard assessment and corresponding safety analysis.

[Комментарий] Цель безопасности установлена и должна быть достигнута при разработке воздушных судов и систем, чтобы обеспечить безопасность воздушных судов и соответствие количественным требованиям Федеральных авиационных правил CCAR25_1309. Цель безопасности при разработке воздушных судов и систем устанавливаются, как правило, с помощью оценки функциональной опасности и соответствующего анализа безопасности.

6. 安全性需求

[英文] Safety requirement

[俄文] Требование безопасности

[注释] 基于相关的适航规章，综合考虑可能影响飞机、系统和产品的各种因素和运行状态，在安全性分析和安全性评估的基础上，为了达到飞机或产品的安全性目标和预定的安全性水平，飞机、系统或产品在研制和设计时必须满足的安全性方面的需求。

[Note] Based on the relevant airworthiness regulations, considering all kinds of factors and operational status that may affect aircraft, systems and products, and on the basis of safety analysis and safety assessment, in order to achieve the safety objectives and predetermined safety level of aircraft or products, the safety requirements of aircraft, systems or products in development and design must be met.

[Комментарий] Требование безопасности самолета, системы или продукта, которые должны быть выполнены при разработке и проектировании, на основе соответствующих правил летной годности, и с учетом различных факторов, которые могут повлиять на воздушное судно, системы и продукцию, а также на эксплуатационное состояние. Требование определено на основе анализа и оценки безопасности, для достижения целей безопасности и заданного уровня безопасности воздушного судна или продукта.

B

7. 保证

[英文] Assurance

[俄文] Обеспечение

[注释] 为了提供充分信度而有必要采取的有计划的、系统的行动。充分信度是产品或过程满足既定要求。

[Note] The planned and systematic actions necessary to provide sufficient confidence that a product or process meets a given requirement.

[Комментарий] Плановые и систематические действия, необходимые для обеспечения достаточной уверенности в том, что продукт или процесс соответствует заданным требованиям.

8. 报告系统

[英文] Reporting systems

[俄文] Системы отчетности

[注释] 用于从一个或多个信息管理系统中生成或合并报告，并向项目干系人发送报告的设施、过程和程序。

[Note] Facilities, processes, and procedures used to generate or consolidate reports from one or more information management systems and facilitate report distribution to the project stakeholders.

[Комментарий] Средства, процессы и процедуры, используемые для создания или объединения отчетов из одной или нескольких систем управления информацией и отправки отчетов участникам проекта.

9. 报价邀请书

[英文] Request for quotation (RFQ)

[俄文] Запрос расценок

[注释] 采购文件的一种，用来向目标供应商（供应普通或标准的商品及服

务）征求报价单。有时可用来代替建议书。在某些应用领域，其含义可能更精确或更具体。

[Note] A type of procurement document used to request price quotations from prospective sellers of common or standard products or services. Sometimes used in place of request for proposal and, in some application areas, it may have a narrower or more specific meaning.

[Комментарий] Тип документа о покупке, который используется для запроса на предложение от потенциального поставщика на общий или стандартный продукт или услугу. Иногда использует его вместо предложенного приглашения. В некоторых областях применения его значение может быть более точным или конкретным.

10. **备选方案分析**

[英文] Alternative analysis

[俄文] Анализ альтернатив

[注释] 对于实现特定项目管理目标的不同方法的评估。对运营成本、风险、有效性和运营能力不足等因素进行的比较分析，它需要不同的工具，如生命周期成本，敏感性分析和成本效益分析。通过备选方案分析，确定解决方案，以满足现有或新项目的需要。

[Note] The assessment for different approaches for realizing a specific goal in project management, including comparative analysis for several factors such as operating costs, risks, effectiveness and inadequate operating capability and so on. Different tools are needed. For example, life circle costs, sensitivity analysis and cost-effectiveness analysis. Meet the need of current or new project throngh alternative analysis and case determination.

[Комментарий] Оценка различных подходов к достижению конкретных целей управления проектами. Сравнительный анализ таких факторов, как эксплуатационные расходы, риски, эффективность и недостаточность эксплуатационных способностей, требует использования различных инструментов, таких как стоимость изделия с учётом срока службы, анализ чувствительности и анализ эффективности затрат. Анализ альтернатив позволяет определить решение для удовлетворения потребности существующих или новых проектов.

11. 备选方案生成

[英文] Alternatives generation

[俄文] Формирование альтернатив

[注释] 一种用来制定尽可能多的可选方案的技术，目的在于识别执行项目工作的不同方法。

[Note] A technique used to develop as many potential options as possible in order to identify different approaches executing and performing the work of the project.

[Комментарий] Методика используемая для формирования как можно больших вариантов с целью выявления различных подходов к выполнению проекта.

12. 变更控制工具

[英文] Change control tools

[俄文] Инструменты управления изменениями

[注释] 手动或自动的辅助变更管理和（或）配置管理的工具。这套工具至少应该能够支持变更控制委员会的活动。

[Note] Manual or automated tools to assist with change and/or configuration management. At a minimum, the tools should support the activities of the CCB.

[Комментарий] Ручные или автоматические средства для управления изменениями и (или) конфигурацией. Эти инструменты должныподдерживать деятельность Комитета по контролю за изменениями как минимум.

13. 变更日志

[英文] Change log

[俄文] Журнал изменений

[注释] 一份记录了项目过程中所做变更的综合清单，通常包括变更日期和变更对时间、成本及风险的影响。

[Note] A comprehensive list of changes made during the project. This typically includes dates of the change and impacts in terms of time, cost, and risk.

[Комментарий] Комплексный список изменений, внесенных в ходе проекта, который обычно включает дату изменения и влияние изменений на время, затраты и риски.

14. 标杆对照

[英文] Benchmar king

[俄文] Бенчмаркинг

[注释] 将实际或计划的实践（如流程和操作过程）与其他有可比性的实践进行对照，以便识别最佳实践，形成改进意见，并为绩效考核提供依据。

[Note] Benchmarking is the comparison of actual or planned practices, such as processes and operations, to those of comparable organizations to identify best practices, generate ideas for improvement, and provide a basis for measuring performance.

[Комментарий] Бенчмаркинг - это сравнение фактических или запланированных практик, таких как процессы и операции, с аналогичными организациями для того, чтобы выявить передовых практик, генерирования идей и улучшить и обеспечить основу для эффективности.

15. 标准

[英文] Standard

[俄文] Стандарт

[注释] 为相关活动或成果提供可反复使用的通用规则、指南或特性的文件，以便实现既定环境中的最佳效果。

[Note] A document that provides, for common and repeated use, rules, guidelines, or characteristics for activities or their results, aimed at the achievement of the optimum degree of order in a given context.

[Комментарий] Это общеприменимыедокументы, содержащие общие правила, руководящие принципы или характеристикидля достижения наилучших результатов в определенных условиях.

C

16. 裁剪

[英文] Tailor

[俄文] Подбор

[注释] 对项目管理知识体系指南中的过程和相关输入输出进行认真挑选，由此来确定将用于全面管理某项目的一些具体过程的分支。

[Note] The act of carefully selecting process and related inputs and outputs contained within the *PMBOK*® Guide to determine a subset of specific processes that will be included within a project's overall management approach.

[Комментарий] Тщательно выбрав процессы и соответственные входы и выходы в руководстве по системе знаний управления, определять некоторые конкретные процессы, которые будут использоваться для полного управления проектом.

17. 采购工作说明书

[英文] Instruction for procurement

[俄文] Инструкция по закупкам

[注释] 对拟采购项目的详细描述，以便目标供应商确定他们是否有能力提供这些产品、服务或成果。

[Note] Describes the procurement item in sufficient detail to allow prospective sellers to determine if they are capable of providing the products, services, orresults.

[Комментарий] Подробное описание предлагаемых товаров для покупки, чтобы потенциальные поставщики могли определить, есть ли у них способнонстьпредложить эти продукты, услуги или результаты.

18. 采购管理计划

[英文] Procurement management plan

[俄文] План управления закупками

[注释] 项目或项目集管理计划的组成部分，说明项目团队将如何从执行组织外部获取货物和服务。

[Note] A component of the project or programm anagement plan that describes how a project team will acquire goods and services from outside the performing organization.

[Комментарий] Проект или компонент плана управления проектом, который описывает, как проектная группа будет получать товары и услуги за пределами исполнительной организации.

19. **采购绩效审查**

[英文] Procurement performance reviews

[俄文] Обзорэффективностизакупок

[注释] 是一种结构化的审查，依据合同来审查卖方在规定的成本、进度、范围和质量等方面达到要求的情况。

[Note] A structured review of the seller's progress in costs, progress, scope and quality, according to the contract.

[Комментарий] Это структурированный обзор, который проверяет соответствие продавца требованиям по стоимости, срокам, объему и качествусогласно договорам.

20. **采购审计**

[英文] Procurement audits

[俄文] Аудиты закупок

[注释] 对合同和采购过程的完整性、正确性和有效性进行的审查。

[Note] The review of completeness, accuracy, and effectiveness of contracts and purchase process.

[Комментарий] Мероприятия по проверке целостности, правильности и эффективности в процессе выполнения договоров и закупок.

21. **采购文件**

[英文] Procurement documents

[俄文] Закупочные документы

[注释] 在招投标活动中使用的文件，包括买方的投标邀请书、谈判邀请书、信息邀请书、报价邀请书、建议邀请书，以及卖方的应答。

[Note] The documents utilized in bid and proposal activities, which include the buyer's Invitation for Bid, Invitation for Negotiations, Request for Information, Request for Quotation, Request for Proposal, and seller's responses.

[Комментарий] Документы, используемые при проведении торгов и тендерной деятельности, в том числе приглашение покупателя на тендер, приглашение на переговоры, информационное приглашение, приглашение предложения и ответ продавца.

22. 参数估算

[英文] Parametric estimating

[俄文] Параметрическая оценка

[注释] 基于历史数据和项目参数，使用某种算法来计算成本或持续时间的一种估算技术。

[Note] An estimating technique in which an algorithm is used to calculate cost or duration based on historical data and project parameters.

[Комментарий] Метод, основанный на исторических данных и параметрах проекта с использованием определенного алгорифма , произведёт оценки стоимости или продолжительности.

23. 残余风险

[英文] Residual risk

[俄文] Остаточный риск

[注释] 在采取风险应对措施之后仍然存在的风险。

[Note] A risk that remains after risk responses have been implemented.

[Комментарий] Риск, который остается после принятия мер реагирования на риск.

24. **差异**

[英文] Variation

[俄文] Вариация

[注释] 不同于基准计划中规定的期望情况的实际情况。

[Note] An actual condition that is different from the expected condition contained in the baseline plan.

[Комментарий] Фактическая ситуация, которая отличается от ожиданий, указанных в базовом плане.

25. **产品（项目）**

[英文] Product

[俄文] Изделие

[注释] 商用飞机项目输出物，包括在全寿命周期内履行功能运行的最终交付物（飞机）和相关辅助产品。辅助产品可以是保证最终交付物运行的相关设备和服务，或在实现最终交付物过程中以某种技术成果形式存在的工作中间产品（如计划、控制基线或试验结果等）。

[Note] The outputs of commercial aircraft project, including final deliverables (aircraft) and associated ancillary products that perform functional operations throughout their life cycle. Auxiliary products can be related equipment and services to ensure the operation of the final deliverables, or work intermediate products (such as planning, control baseline or test results) in the form of some technical achievements in the process of achieving the final deliverables.

[Комментарий] Проектная продукция (самолет) коммерческих воздушных судов, включая конечные результаты выполнения функциональных операций в течение жизненного цикла и сопутствующие вспомогательные продукты. Вспомогательны продукты могут быть соответствующими оборудованиями и услугами, обеспечивающими работу конечного результата, или промежуточными продуктами работы в виде какого-либо технического результата в процессе достижения конечного результата (такие, как планирование, контрольная базовая линия или результаты испытаний и т. д.).

26. 产品（全）寿命周期

[英文] Product life cycle (PLC)

[俄文] Жизненный цикл продукта

[注释] 代表一个产品从概念、交付、成长、成熟到衰退的整个演变过程的一系列阶段。

[Note] The series of phases that represent the evolution of a product, from concept through delivery, growth, maturity, and to retirement.

[Комментарий] Это представляет собой последовательность этапов эволюции продукта от концепции, доставки, роста, зрелости до спада.

27. 产品（全）寿命周期管理

[英文] Product life cycle management (PLM)

[俄文] Управление жизненным циклом продукта

[注释] 应用相关知识、技能、工具与技术对产品在全寿命周期内的发展及其行政和技术需求进行跟踪、监控和支援的行动。

[Note] Use relevant knowledge, skills, tools and technologies to track, monitor and support product development and its administrative and technical requirements throughout the life cycle.

[Комментарий] Применение соответствующих знаний, навыков, инструментов и технологий для отслеживания, мониторинга и поддержки развития продукта и его административных и технических потребностей в течение всего жизненного цикла.

28. 产品/装配树

[英文] Product & assembly tree (PAT)

[俄文] Дерево изделия и сборки

[注释] 产品架构中反映产品与装配关系的联合分解结构。是一种设计视图和工艺计划视图所共有的子结构。

[Note] The joint decomposition structure that reflects the relationship between product and assembly in productarchitecture. It is a sub-structure shared by design view and process plan view.

[Комментарий] Объединенная структура декомпозиции, отражающая взаимосвязь продукта и сборки в архитектуре продукта. Это подструктура, которая является общей для представления проекта и представления технологического плана.

29. 产品范围

[英文] Produc tscope

[俄文] Содержание продукта

[注释] 某项产品、服务或成果所具有的特征和功能。

[Note] Thefeaturesandfunctionsthatcharacterizeaproduct, service, orresult.

[Комментарий] Характеристики и функции продукта, услуги или результата.

30. 产品范围描述

[英文] Product scope description

[俄文] Описание содержания продукта

[注释] 对产品范围的书面叙述性描述。

[Note] The documentednarrativedescription of the productscope.

[Комментарий] Письменноеописание ассортимента продукции.

31. 产品分析

[英文] Product analysis

[俄文] Анализ продукта

[注释] 在以产品为可交付成果的项目上，用来定义范围的一种工具。通常指针对产品提问并回答，形成对将要生产的产品的用途、特征和其他方面的描述。

[Note] For projects that have a product as a deliverable, it is a tool to define scope that generally means asking questions about a product and forming answers to describe the use, characteristics, and other the relevant aspects of what is going to be manufactured.

[Комментарий] Инструмент, используемый для определения области в проектах, где продукт является конечным результатом. Анализ продукта обычно является вопросамии ответами на вопросы о продукте, и описанием, формируемым использованием характеристика и других аспектов продукта, который будет произведен.

32. 产品实现

[英文] Product realization

[俄文] Реализация изделия

[注释] 通过制造、购买或重新使用一个产品，或者将次级已实现产品重新组装和集成为新产品，并通过验证和确认产品满足相应需求后将新产品交付给客户的行为。

[Note] The act of delivering a new product to a customer by manufacturing, purchasing or reusing a product, or by reassembling and integrating a secondary realized product into a new product, and by verifying and confirming that the product meets the corresponding requirements.

[Комментарий] Действие производства, покупки или повторного использования продукта，или повторного использования продукта или путем повторной сборки и интергрaции вторичного сборки и интеграции вторичного реализованного продукта в новый продуктдействие,и доставкинового продукта клиенту после проверки и подтверждения того, что продукт отвечает соответствующим требованиям.

33. 成本补偿合同

[英文] Cost-reimbursable contract

[俄文] Контракт по возмещенией затрате

[注释] 合同类型的一种，向卖方支付实际成本加费用（通常代表卖方的利润）。成本补偿合同通常包括激励条款，规定当卖方达到或超过相关项目目标（如进度或总成本目标）时，可以从买方得到一笔激励金或奖金。

[Note] A type of contract involving payment to the seller for the seller’s actual costs, plus a fee typically representing seller’s profit. Cost-reimbursable contracts often include incentive clauses where, if the seller meets or exceeds selected project objectives, such as schedule targets or total cost, then the seller receives from the buyer an incentive or bonus payment.

[Комментарий] Один из видов контракта, который оплачивает продавцу фактическую стоимость плюс комиссию, которая обычно представляет собой прибыль продавца. Контракты по возмещениеимё затрате обычно включают в себя положения о стимулировании, в которых говорится, что стимулы или бонусы могут быть получены покупателями, когда продавец достигает или превышает соответствующие цели проекта (например, прогресс или общая цель затрат).

34. 成本管理计划

[英文] Cost management plan

[俄文] План управления стоимостью

[注释] 项目或项目集管理计划的组成部分，描述如何规划、安排和控制成本。

[Note] A component of aproject or program management plan that describes how costs will be planned, arranged, andcontrolled.

[Комментарий] Проект или компонент плана управления проектом описывающий, как планировать, организовать и контролировать себестоймость.

35. 成本汇总

[英文] Cost aggregation

[俄文] Суммирование стоимости

[注释] 在项目 WBS（工作分解结构）的某个层次或成本控制账户上，对与各工作包相关的较低层次的成本估算进行汇总。

[Note] Summing the lower-level cost estimates associated with the various work packages for a given level within the project's WBS or for a given cost control account.

[Комментарий] Суммирование оценок затрат нижнего уровня, связанных с различными рабочими пакетами для данного уровня в рамках WBS проекта или для данной учетной записи контроля затрат.

36. 成本基准

[英文] Cost base line

[俄文] База по себестоимости

[注释] 经过批准的、按时间段分配的项目预算，不包括任何管理储备，只有通过正式的变更控制程序才能进行变更。用作与实际结果进行比较。

[Note] The approved version of the time-phased project budget, excluding any management reserves, which can be changed only through formal change control procedures and is used as a basis for comparison to actual results.

[Комментарий] Утвержденный и распределенный по срокам бюджет проекта не включает никаких управленческих сбережений и изменен только с помощью формальных процедур контроля изменений. Он используется для сравнения с фактическими результатами.

37. **成本绩效指数**

[英文] Cost performance index (CPI)

[俄文] Индекс эффективности себестоимости (ИВСТ)

[注释] 测量预算资源的成本效率的一种指标，表示为增值与实际成本之比。

[Note] The index for measuring the cost efficiency of budgeted resources expressed as the ratio of earned value to actual cost.

[Комментарий] Показатель экономической эффективности бюджетных ресурсов, выраженный как отношение добавленной стоимости к фактическим затратам.

38. **成本加固定费用合同**

[英文] Cost plus fixed fee contract (CPFF)

[俄文] Контракт себестоимости с установленным вознаграждением

[注释] 成本补偿合同的一种类型，买方为卖方报销可列支成本（可列支成本由合同确定），再加上一笔固定数额的利润（费用）。

[Note] A type of cost-reimbursable contract where the buyer reimburses the seller for the seller’s allowable costs (allowable costs are defined by the contract) plus a fixed amount of profit (fee).

[Комментарий] Один из видов договора по возмещению себестоимости, в котором покупатель возмещает продавцу расходы (определена договором), подлежащие выплате, плюс фиксированная сумма прибыли.

39. 成本加激励费用合同

[英文] Cost plus incentive fee contract (CPIF)

[俄文] Контракт себестоимостис поощрительным вознаграждением

[注释] 成本补偿合同的一种类型，买方为卖方报销可列支成本（可列支成本由合同确定），并且，卖方在达到规定绩效标准时赚取利润。

[Note] A type of cost-reimbursable contract where the buyer reimburses the seller for the seller's allowable costs (allowable costs are defined by the contract), and the seller earns its profit if it meets defined performance criteria.

[Комментарий] Один из видов договора по возмещению себестоимости, в котором покупатель возмещает продавцу расходы (определена договором), подлежащие выплате, и продавец получает прибыль при достижении установленных стандартов производительности.

40. 成本加奖励费用合同

[英文] Cost plus award fee contracts (CPAF)

[俄文] Контракт себестоимости с премией

[注释] 合同的一种类型，即买方向卖方报销已完工作的全部合法实际成本，再加上一笔奖励费用作为卖方的利润。

[Note] A category of contract that involves payments to the seller for all egitimate actual costs incurred for completed work, plus an award fee representing seller profit.

[Комментарий] Один из видов контракта, в котором продавец оплачивает полную законную фактическую стоимость выполненной работы, плюс вознаграждение в качестве прибыли продавца.

41. 成本偏差

[英文] Cost variance (CV)

[俄文] Отклонение себестоимости

[注释] 在某个给定时间点，预算亏空或盈余量，表示为增值与实际成本之差。

[Note] The amount of budget deficit or surplus at a given point in time, serving as the difference between the earned value and the actual cost.

[Комментарий] Дефицит или профицит бюджета в определенный момент времени выражается как разница между добавленной стоимостью и фактическими затратами.

42. **成本效益分析**

[英文] Cost-benefit analysis

[俄文] Анализ затрат и результатов

[注释] 用来比较项目成本和其带来收益的财务分析工具。

[Note] A financial analysis tool used to determine the benefits provided by a project against its costs.

[Комментарий] Инструмент финансового анализа, используемый для сравнения стоимости проекта и его доходности.

43. **成果**

[英文] Result

[俄文] Результат

[注释] 实施项目管理过程和活动所产生的输出。成果包括结果（如整合的系统、修订后的过程、重组后的组织、完成的测试、经培训的人员等）和文件（如政策、计划、研究报告、程序、规范、报告等）。比较“产品”，参见“可交付成果”。

[Note] An output from performing project management processes and activities. Results include outcomes (e.g., integrated systems, revised process, restructured organization, tests, trained personnel, etc.) and documents (e.g., policies, plans, studies, procedures, specifications, reports, etc.). Contrast with *product*. See *deliverable*.

[Комментарий] Результаты, полученные в результате реализации процессов и мероприятий по управлению проектами. Результаты включают продукции (как интегрированная система, доработанный процесс, реорганизованная организация, завершенное испытание, натренированный персонал и так далее) и документы (как политика, программы, исследования, процедуры, спецификации, отчеты и т. Д). По сравнению с *продукты*, см.

поставленныерезультаты.

44. 程序

[英文] Procedure

[俄文] Процедура

[注释] 用来达成稳定的绩效或结果的既定方法，通常表述为执行某个过程的顺序步骤。

[Note] An established method of accomplishing a consistent performance or result.A procedure generally can be described as the sequence of steps that will be used to execute a process.

[Комментарий] Установленный метод, используемый для достижения стабильной производительности или результата, обычно выражается как последовательные шаги для выполнения процесса.

45. 持续时间

[英文] Duration (DU or DUR)

[俄文] Длительность

[注释] 完成某进度活动或工作分解结构组件所需的工作时段总数（不包括节假日或其他非工作时段）。通常用工作日或工作周表示，有时被错误地等同于“自然流逝时间”。比较“人力投入”。

[Note] The total number of work periods (not including holidays or other nonworking periods) required to complete a schedule activity or work breakdown structure component. Usually expressed as workdays or workweeks, while sometimes incorrectly equated with elapsed time. Contrast with *effort*.

[Комментарий] Общее количество рабочих часов (за исключением праздничных дней или других нерабочих часов), необходимых для выполнения операции по расписанию или компонента декомпозиции работ. Обычно выражается в рабочие дни или рабочие недели и иногда ошибочно приравнивается к "естественному времени прохождения". По сравнению с *человеческий вклад*.

46. 冲突管理

[英文] Conflict management

[俄文] Урегулирование конфликтов

[注释] 为解决冲突而对冲突情形进行的处理、控制和指导。

[Note] Handling, controlling, and guiding a conflictual situation to achieve a resolution.

[Комментарий] Обработка, контроль и руководство конфликтными ситуациями для разрешения конфликтов.

47. 初步系统安全性评估

[英文] Preliminary systemsafety assessment (PSSA)

[俄文] Предварительнаяоценкабезопасностисистемы

[注释] 初步系统安全性评估是在功能危险性评估和失效影响等级的基础上，对所提出的系统架构及其实施进行系统的评定，以确定系统架构内所有项目的安全要求。

[Note] Preliminary system security assessment is based on functional hazard assessment and failure impactlevel. It systematically evaluates the proposed system architecture and its implementation to determine the security requirements of all projects in the system architecture.

[Комментарий] Предварительная оценка безопасности системы проводится на основе оценки функциональной опасности и систематичская оценкап-редлагаемой архитектуры системы и ее реализации, для определения требований безопасности для всех проектов в рамках архитектуры системы.

48. 储备

[英文] Reserve

[俄文] Резерв

[注释] 为减轻成本和/或进度风险，在项目管理计划中所设的一种准备。使用时常加修饰词（如管理储备、应急储备），以进一步说明其用于减轻何种风险。

[Note] A provision in the project management plan to mitigate cost and/or schedule risk. Often used with a modifier (e.g., management reserve, contingency reserve) to provide further detail on what types of risk are meant to be mitigated.

[Комментарий] Чтобы снизить затраты и (или) риски прогресса, подготовкойплана управления проектами. Использование часто с добавляемыми модификаторами (например, резервы управления, резервы на случай непредвиденных обстоятельств), для дальнейшего объяснения того, какой риск он используется для смягчения.

49. 储备分析

[英文] Reserve analysis

[俄文] Анализ резервов

[注释] 一种分析技术，用来明确项目管理计划各组成部分的基本特征及其相互关系，从而为项目的工期、预算、成本估算或资金需求设定储备。

[Note] An analytical technique to determine the essential features and relationships of components in the project management plan to establish a reserve for the schedule duration, budget, estimated cost, or funds for a project.

[Комментарий] Аналитический метод, используемый для определения основных характеристик компонентов плана управления проектами и их взаимосвязи для создания резервов для продолжительности проекта, бюджета, оценки затрат или потребностей в финансировании.

50. 触发条件

[英文] Trigger condition

[俄文] Триггерное условие

[注释] 表明风险即将发生的事件或情形。

[Note] An event or situation that indicates that arisk is about to occur.

[Комментарий] Предстоящиесобытия или обстоятельства, которые указывает на риск.

51. 创建工作分解结构

[英文] Create WBS

[俄文] Создание иерархической структуры работ (ИСР)

[注释] 将项目可交付成果和项目工作分解为较小的、更易于管理的组件的过程。

[Note] The process of subdividing project deliverables and project work into smaller, more manageable components.

[Комментарий] Процесс разделения результатов проекта и проектной работы на более мелкие, легче управляемые компоненты.

52. 次关键活动

[英文] Near-critical activity

[俄文] Околокритическая операция

[注释] 总浮动时间很小的进度活动。“次关键”概念适用于进度活动或进度网络路径。总浮动时间小于多少才算次关键，取决于专家判断，而且因项目而异。

[Note] A schedule activity that has low total float. The concept of near-critical is equally applicable to a schedule activity or schedule network path. The limit below which total float is considered near critical is subject to expert judgment and varies from project to project.

[Комментарий] Активность, у которого общее время плавает очень мало.Понятие "околокритическая" применяется к действию по расписанию или сетевому пути по расписанию. Предел, ниже которого общее время плавания считается околокритическим, зависит от экспертного суждения и зависит от проекта.

53. 次生风险

[英文] Secondary risk

[俄文] Вторичный риск

[注释] 由于实施风险应对措施而直接产生的风险。

[Note] A risk that arises as adirect result of implementing a risk response.

[Комментарий] Риск, непосредственно связанный с осуществлением мер реагирования на риск.

D

54. 大多数原则

[英文] Majority

[俄文] Большинство

[注释] 获得群体中 50%以上的人的支持。

[Note] Support from more than 50 percent of the members of the group.

[Комментарий] Получить поддержка более 50% от группы.

55. 德尔菲技术

[英文] Delphi technique

[俄文] Метод Дельфи

[注释] 组织专家就某一专题达成一致意见的一种信息收集技术。相关专家匿名参与。组织者使用调查问卷就一个重要项目事项征询意见，然后对专家的答卷进行归纳，并把结果发还给专家做进一步评论。这个过程重复几轮后，就可能取得一致意见。德尔菲技术有助于减轻数据的偏倚，防止任何个人对结果产生不恰当的影响。

[Note] An information gathering technique used as a way to reach a consensus among experts on a subject. Experts on the subject participate in this technique anonymously. A facilitator uses a questionnaire to solicit ideas about the important project points related to the subject. The responses are summarized and are then recirculated to the experts for further comment. Consensus may be reached in a few rounds of this process. The Delphi technique helps reduce bias in the data and keeps any one person from having undue influence on the outcome.

[Комментарий] Технология сбора информации, при которой эксперты организации договариваются по определенной теме. Соответствующие эксперты участвуют анонимно. Организатор использует анкету для получения комментариев по важному вопросу, а затем обобщают ответы экспертов и отправляют результаты экспертам для дальнейших комментариев. После нескольких раундов повторения этого процесса можно получить единое мнение. Метод Дельфи способствует смягчить смещение данных и не позволяет любому человеку оказывать ненадлежащее влияние на результаты.

56. 迭代型生命周期

[英文] Iterative life cycle

[俄文] Итеративныйжизненныйцикл

[注释] 项目生命周期的一种。在项目生命周期的早期，基本确定项目范围，但是要随项目团队对产品理解程度的逐步提高，例行修改时间估算和成本估算。迭代方法是通过一系列重复循环来开发产品，而增量方法是渐进地增加产品功能。

[Note] A type of project life cycle where the project scope is generally determined early in the project life cycle, but time and cost estimates are routinely modified as the project team's understanding of the product deepens. Iterations develop the product through a series of repeated cycles, while increments successively increase the product functionality.

[Комментарий] Один из видов жизненного цикла проекта. Объем проекта определяется в основном в начале жизненного цикла проекта, но по мере улучшения понимания проектной группой продукта регулярно пересматриваются оценки времени и стоимости.Итерационный метод заключается в разработке продукта через серию повторяющихся циклов, а поэтапный метод - в постепенном увеличении функциональности продукта.

57. 定量风险分析和建模技术

[英文] Quantitative risk analysis and modeling techniques

[俄文] Методы количественного анализа рисков и технологии моделирования

[注释] 定量风险分析和建模技术是对通过定性风险分析排出优先顺序的风险进行量化分析的过程，它还包括相关的建模方法。

[Note] It refers to the progress that quantitatively analyzes the risks whose priority is determined by qualitative risk analysis. It also includes related modeling approaches.

[Комментарий] Количественный анализ рисков и технологии моделирования - это процесс количественного анализа рисков, которые выделяются в приоритетном порядке с помощью качественного анализа рисков, который также включает соответствующие технологии моделирования.

58. 定义范围

[英文] Define scope

[俄文] Определение сфери

[注释] 制定项目和产品详细描述的过程。

[Note] The process of developing a detailed description of the project and product.

[Комментарий] Процесс разработки детального описания проекта и продукта.

59. 定义活动

[英文] Define activities

[俄文] Определение операций

[注释] 识别和记录为完成项目可交付成果而须采取的具体行动的过程。

[Note] The process of identifying and documenting the specific actions to be performed to produce the project deliverables.

[Комментарий] Процесс определения и документирования конкретных действий, которые необходимо предпринять для достижения результатов проекта.

60. 独裁

[英文] Dictatorship

[俄文] Диктатура

[注释] 群体决策技术的一种，即一个人为群体做出决策。

[Note] A group decision-making technique in which one individual makes the decision for the group.

[Комментарий] Один из методов принятия групповых решений, когда человек принимает решения для группы.

61. 独立估算

[英文] Independent estimates

[俄文] Независимые оценки

[注释] 使用第三方来获取和分析信息，以支持对成本、进度或其他事项的预测的过程。

[Note] A process of using a third party to obtain and analyze information to support prediction of cost, schedule, orotheritems.

[Комментарий] Процесс, который получает и анализирует информацию третьими сторонами, для поддержки прогнозирования затрат, графика или других вопросов.

62. 独立评审委员会

[英文] Standing review board (SRB)

[俄文] Независимаянаблюдательнаякомиссия

[注释] 负责针对工程/项目的全寿命周期需求进行独立评审的实体。独立评审委员会授权在特定评审期间，对工程/项目提交的材料进行客观审查，并提供专业咨询。

[Note] The entity responsible for independently reviewing the engineering/ project life cycle requirements. It authorizes an objective review of engineering/ project submissions and provides professional advice during a specific review period.

[Комментарий] Организация, ответственная за независимую оценку потребностей в полном жизненном цикле проекта или проекта. Независимая аккредитационная комиссия уполномочена проводить объективную экспертизу материалов, представленных проектом или проектом, и предоставлять профессиональные консультации в течение определенного периода аккредитации.

63. 独立型活动

[英文] Discrete effort

[俄文] Дискретная операция с дискретными трудозатратами

[注释] 可以被规划、度量并会产生具体结果的活动（注：独立型活动是挣值管理中为考核工作绩效而采用的三种活动类型之一）。

[Note] An activity that can be planned and measured and that yields a specific output. [Note: Discrete effort is one of three earned value management (EVM) types of activities used to measure work performance.]

[Комментарий] Деятельность, которая может быть спланирована, измерена и дает конкретные результаты (примечание: независимая деятельность является одним из трех видов деятельности, используемых в управлении заработками для оценки эффективности работы).

64. 度量（指标）

[英文] Metric

[俄文] Метрика

[注释] 在某一时间段内系统、流程或活动的状态或绩效的测量结果。指标的度量可以传达项目的重要信息并导引适当的行动。

[Note] A measurement of the state or performance of a system, process or activity over a period of time. Measurements of indicators can convey important information about the project and guide appropriate action.

[Комментарий] Измерение состояния или достижениясистемы, процесса или деятельности за определенный период времени. Метрики передает важную информацию о проекте и направляет соответствующие действия.

65. 多标准决策分析

[英文] Multi-criteria decision analysis

[俄文] Многокритериальный анализ решений

[注释] 借助决策矩阵，用系统分析方法建立诸如风险水平、不确定性和价值收益等多种标准，从而对众多方案进行评估和排序的一种技术。

[Note] This technique utilizes a decision matrix to provide a systematic analytical approach for establishing criteria, suchasrisklevels, uncertainty, andvaluation, to evaluate and rank many projects.

[Комментарий] Методика оценки и упорядочения множества сценариев с помощью матриц принятия решений с использованием системного анализа для установления различных критериев, таких как уровень риска, неопределенность и стоимостная выгода.

F

66. 发起人

[英文] Sponsor

[俄文] Спонсор

[注释] 为项目、工程或项目组合提供资源和支持，并负责为成功创造条件的机构或组织。

[Note] A person or group who provides resources and support for the project, program, or portfolio and is accountable for enabling success.

[Комментарий] Учреждения или организации, которые предоставляют ресурсы и поддержку для проекта, программы или портфеля и несут ответственность за создание условий для успеха.

67. 发起组织

[英文] Sponsoring organization

[俄文] Спонсорская организация

[注释] 负责提供项目发起人并为项目输送资金或其他资源的实体。

[Note] The entity responsible for providing the project's sponsor and a conduit for project funding or other resources.

[Комментарий] Организация, ответственная за предоставление спонсоров проекта и передающая финансирование или другие ресурсы для проекта.

68. 法规

[英文] Regulation

[俄文] Правило

[注释] 政府机构对产品、过程或服务的特征的要求，包括政府强制遵守的相关管理规定。

[Note] Requirements imposed by a governmental institution. These requirements can establish product, process, or service characteristics, including applicable administrative provisions that have government-mandated compliance.

[Комментарий] Требования государственных органов к характеристикам продуктов, процессов или услуг, включая соответствующие нормативные положения, которые правительство обязывает соблюдать.

69. 反馈

[英文] Feedback

[俄文] Обратная связь

[注释] 通过对项目活动的观察获取信息，用以分析工作状态，并在必要时采取纠正措施的过程。

[Note] Obtain information through observation of project activities to analyze work status and take corrective action when necessary.

[Комментарий] Процесс получения информацияпутем наблюдения за деятельностью проекта для анализа состояния работы, и принятия корректирующих мер при необходимости.

70. 返工

[英文] Rework

[俄文] Переделывать

[注释] 为了使有缺陷或非一致的部件达到要求或符合规范而采取的行动。

[Note] Action taken to bring a defective or nonconforming component into compliance with requirements or specifications.

[Комментарий] Действия по приведению дефектных или несоответствующих деталей в соответствие с требованиями или спецификациями.

71. 范围

[英文] Scope

[俄文] Содержание

[注释] 项目所提供的产品、服务和成果的总和。参见“项目范围”和“产品范围”。

[Note] The sum of the products, services, and results provided by project. See *projects cope* and *products cope.*

[Комментарий] Сумма продуктов, услуг и результатов, предлагаемых проектом. См. *содержание проекта* и *содержание продукта*.

72. 范围变更

[英文] Scope change

[俄文] Изменение содержания

[注释] 项目范围的任何变更。范围变更几乎总会导致项目成本或进度的调整。

[Note] Any change to the project scope. A scope change almost always requires an adjustment to the project cost or schedule.

[Комментарий] Любые изменения в содержании проекта.Изменения в содержании почти всегда приводят к корректировке стоимости или графика проекта.

73. 范围管理规划

[英文] Scope management plan

[俄文] План управления объёмом

[注释] 项目或工程管理规划的组成部分，描述如何定义、制定、监督、控制和确认项目范围。

[Note] A component of the project or program management plan that describes how the scope will bedefined, developed, monitored, controlled, andverified.

[Комментарий] Компонент планирования управления проектом или проект, который описывает, как определять, сформулировать, контролировать, контролировать и подтверждать содержание проекта.

74. 范围基准

[英文] Scope baseline

[俄文] Базовый объём

[注释] 经过批准的范围说明书、工作分解结构（WBS）和相应的 WBS 词典。只有通过正式的变更控制程序才能进行变更。用作比较的依据。

[Note] The approved version of a scope statement, work breakdown structure (WBS), and its associated WBS dictionary, that can be changed only through formal change control procedures and is used as a basis for comparison.

[Комментарий] Утвержденные спецификации объема, иерархическая структура работ (WBS) и соответствующий словарь WBS. Изменения сделаны только с помощью формальных процедур контроля изменений. В качестве основы для сравнения.

75. 方法论

[英文] Methodology

[俄文] Методология

[注释] 由专门的从业人员所采用的做法、技术、程序和规则所组成的体系。

[Note] A system of practices, techniques, procedures, and rules used by those who work in a discipline.

[Комментарий] Система, состоящая из практик, методов, процедур и правил, используемых специализированными практиками.

76. 访谈

[英文] Interviews

[俄文] Интервью

[注释] 通过与干系人直接交谈，来获取信息的正式或非正式方法。

[Note] A formal or informal approach to elicit information from stakeholders by talking to them directly.

[Комментарий] Формальный или неформальный способ получения информации путем прямого общения с заинтересованными лицами.

77. 非一致性工作

[英文] Noncon for mance work

[俄文] Работанаднесоответствиемтребованиям

[注释] 在质量成本的框架中，为处理那些因不能一次就把事情做对而造成的错误和失败的工作。在高效的质量管理体系中，非一致性工作的数量将趋于零。

[Note] In the framework of cost of quality , nonconformance work is done to deal with the mistakes and failures resulted from the fault on the first attempt. In efficient quality management systems, the amount of nonconformance work will approach zero.

[Комментарий] В рамках затрат по обеспечению качества, работа над несоответствием требованиямдля работы с ошибками и неудачами, вызванными невозможностью сделать все правильно за один раз. В эффективной системе управления качеством количество неравномерных работ будет стремиться к нулю.

78. 费用

[英文] Fee

[俄文] Расходы

[注释] 卖方所得报酬的一部分，代表利润。

[Note] Represents profit as acomponent of compensation to a seller.

[Комментарий] Часть вознаграждения, полученного продавцом, представляет собой прибыль.

79. 分析技术

[英文] Analytical techniques

[俄文] Аналитические техники

[注释] 根据可能的项目或环境变量变化及它们与其他变量之间的关系，对潜在后果进行评估、分析和预测的各种技术。

[Note] Various techniques used to evaluate, analyze, or forecast potential outcomes based on possible variations of project or environmental variables and their relationships with other variables.

[Комментарий] Различные методы оценки, анализа и прогнозирования потенциальных последствий на основе возможных изменений переменных проекта или среды и их взаимосвязи с другими переменными.

80. 风险

[英文] Risk

[俄文] Риск

[注释] 一旦发生，会对一个或多个项目目标产生积极或消极影响的不确定事件或条件。

[Note] An uncertain event or condition that, if it occurs, has a positive or negative effect on one or more project objectives.

[Комментарий] Неопределенное событие или условие, которое, если оно произойдет, окажет положительное или отрицательное влияние на одну или несколько целей проекта.

81. 风险承受力

[英文] Risk to lerance

[俄文] Толерантность к риску

[注释] 组织或个人能承受的风险程度、数量或容量。

[Note] The degree, amount, or volume of risk that an organization or individual will withstand.

[Комментарий] Степень, количество или объем риска, который может выдержать организация или физическое лицо.

82. 风险登记册

[英文] Risk register

[俄文] Реестр рисков

[注释] 记录风险分析和应对规划结果的文件。

[Note] A document in which the results of risk analysis and risk response plan are recorded.

[Комментарий] Документ, на котором фиксируютсярезультаты анализа рисков и планирования ответных мер.

83. 风险分类

[英文] Risk categorization

[俄文] Классификация рисков

[注释] 按照风险来源（如使用风险分解结构）、受影响的项目区域（如使用工作分解结构），或其他有用的分类标准（如项目阶段），对项目风险进行分类，以明确受不确定性影响最大的项目区域。

[Note] Clarify the project risks by sources of risk (e.g., using the RBS), the area of the project affected (e.g., using the WBS), or other useful category (e.g., project phase) to determine the areas of the project most exposed to the effects of uncertainty.

[Комментарий] Классифицировать риски проекта по источникам риска (например, с использованием структуры декомпозиции рисков), затронутым областям проекта (например, с использованием структуры декомпозиции работ) или другим полезным критериям классификации (например, этапам проекта), чтобы определить области проекта, на которые больше всего влияет неопределенность.

84. 风险分解结构

[英文] Risk breakdown structure (RBS)

[俄文] Иерархическая структура рисков

[注释] 根据风险类别展现风险的层级。

[Note] A hierarchical representation of risks according to their risk categories.

[Комментарий] Это показывает уровень рискавза в исимости от категории риска.

85. 风险管理计划

[英文] Risk management plan

[俄文] План управления рисками

[注释] 项目、项目集或项目组合管理计划的组成部分，说明将如何安排与实施风险管理活动。

[Note] A component of the project, program, or portfolio management plan that describes how risk management activities will be arranged and performed.

[Комментарий] Компонент плана управления проектом, портфелем или комплексом проектов, который описывает, как будут организованы и реализованы мероприятия по управлению рисками.

86. 风险管理专家证书

[英文] Risk management professional (RM-PMI)

[俄文] Профессионал в области управления рисками

[注释] 经 PMI 考核认证的项目风险管理证书。

[Note] Theprojectriskmanagementcertificatecertifiedby PMI.

[Комментарий] Сертификат управления рисками проекта, сертифицированный по оценке PMI.

87. 风险规避

[英文] Risk avoidance

[俄文] Избежание рисков

[注释] 一种风险应对策略，项目团队采取行动来消除威胁，或保护项目免受风险影响。

[Note] A risk response strategy whereby the project team acts to eliminate the threat or protect the project from its impact.

[Комментарий] Стратегия реагирования на риски, в которой команда проекта предпринимает действия для устранения угрозы или защиты проекта от риска.

88. **风险减轻**

[英文] Risk mitigation

[俄文] Снижение рисков

[注释] 一种风险应对策略，项目团队采取行动降低风险发生的概率或造成的影响。

[Note] A risk response strategy whereby the project team acts to reduce the probability of occurrence or impact of a risk.

[Комментарий] Стратегия преодоления проекта, в которой команда проекта предпринимает действия для снижения вероятности или последствий возникновения риска.

89. **风险接受**

[英文] Risk acceptance

[俄文] Принятие риска

[注释] 一种风险应对策略，项目团队决定接受风险的存在，而不采取任何措施，除非风险真的发生。

[Note] A risk response strategy that the project team decides to acceptthe risk and take no action unless the risk occurs.

[Комментарий] Стратегия преодоления проекта, в которой проектная команда решает принять существование риска без каких-либо действий, только если риск действительно возникает.

90. **风险紧迫性评估**

[英文] Risk urgency assessment

[俄文] Оценка срочности рисков

[注释] 审查和确定那些比其他风险更早发生的风险的行动时间。

[Note] Review and determination of the timing of actions that may occur sooner than other risk items.

[Комментарий] Изучить и определить время действия тех рисков, которые произошли раньше, чем другие риски.

91. 风险类别

[英文] Risk category

[俄文] Категория риска

[注释] 对潜在风险成因的归组。

[Note] A group of potential causes of risk.

[Комментарий] Группировка причин потенциального риска.

92. 风险临界值

[英文] Risk threshold

[俄文] Порог риска

[注释] 干系人特别关注的特定的不确定性程度或影响程度。低于风险临界值，组织能承受风险；高于风险临界值，组织将不能承受风险。

[Note] The specialized level of uncertainty or the level of impact in which a stakeholder may have a specific interest. Below that risk threshold, the organization can bear the risk. Above that risk threshold, the organization will not tolerate the risk.

[Комментарий] Заинтересованные стороны особенно обеспокоены определенным уровнем неопределенности или степени воздействия. Ниже порога риска организация может выдержать риск; выше порога риска организация не сможет выдержать риск.

93. 风险偏好

[英文] Risk appetite

[俄文] Склонность к риску

[注释] 为了预期的回报，一个实体愿意承担不确定性的程度。

[Note] The degree of uncertainty an entity is willing to take on for predicted reward.

[Комментарий] Для ожидаемой отдачи организация готова взять на себя степень неопределенности.

94. 风险审计

[英文] Risk audits

[俄文] Аудиты рисков

[注释] 检查并记录风险应对措施在处理已识别风险及其根源方面的有效性，以及风险管理过程的有效性。

[Note] Examination and documentation of the effectiveness of risk responses in dealing with identified risks and their root causes, as well as the effectiveness of the risk management process.

[Комментарий] Изучить и документировать эффективность мер реагирования на риски в отношении выявленных рисков и их причин, а также эффективность процесса управления рисками.

95. 风险数据质量评估

[英文] Risk data quality assessment

[俄文] Оценка качества рискованных данных

[注释] 评估风险数据对风险管理的有用程度的一种技术。

[Note] A type of technique to evaluate the degree to which the risks data is useful for risk management.

[Комментарий] Метод оценки степени полезности данных о рисках для управления рисками.

96. 风险再评估

[英文] Risk reassessment

[俄文] Переоценка рисков

[注释] 识别新风险，对现有风险进行再评估，以及删去已过时的风险。

[Note] Risk reassessment is the identification of new risks, reassessment of current risks, and the cancellation of outdated risks.

[Комментарий] Выявление новых рисков, переоценка существующих рисков и устранение устаревших рисков.

97. 风险转移

[英文] Risk transference

[俄文] Передача риска

[注释] 一种风险应对策略，项目团队把威胁造成的影响连同应对责任一起转移给第三方。

[Note] A risk response strategy whereby the project team shifts the impact of a threat to a third party, together with ownership of the response.

[Комментарий] Стратегия реагирования на риски, при которой проектная группа передает воздействие угрозы третьим лицам вместе с ответственностью за реагирование.

98. 符合性

[英文] Compliance

[俄文] Соответствие

[注释] 成功地完成所有强制性的工作，其期望的或规定的结果与实际结果之间具有一致性。

[Note] A successful accomplishment of all compulsory tasks. The actual outcome is consistent with the predicted and set one.

[Комментарий] Успешное выполнение всех обязательных работ со согласованием желаемого или заявленного результата с фактическим результатом.

99. 辅助产品

[英文] Enabling products

[俄文] Вспомогательные продукты

[注释] 为目标产品的全寿命周期运行和使用提供保障的产品和服务（如生产、试验、部署、训练、维护和处置）。由于目标产品及其辅助产品是相互独立的，两者的组合被视为一个系统。这样，项目的职责就扩大到了在产品寿命周期的每个阶段从相关的辅助产品中获取服务。当不存在合适的辅助产品时，项目应为所负责的目标产品创建并使用其辅助产品。

[Note] Products and services (such as production, testing, deployment, training, maintenance and disposal) that provide guarantees for the life cycle operation and use of the target product. Since the target product and its enabling products are independent to each other, the combination of the two is regarded as a system. In this way, the responsibility of the project is extended to obtain services from related enabling products at each stage of the product life cycle. When there is no suitable enabling product, the project shall create and use the enabling product for the target product under its responsibility.

[Комментарий] Продукты и услуги (например, производство, испытания, развертывание, обучение, техническое обслуживание и утилизация), гарантирующие эксплуатацию и использование целевых продуктов в течение всего срока службы. Поскольку целевой продукт и его вспомогательные продукты независимы друг от друга, комбинация этих двух рассматривается как одна система. Таким образом, обязанность проекта распространяется на получение услуг от соответствующих вспомогательных продуктов на каждом этапе жизненного цикла продукта. Если подходящий вспомогательный продукт не существует, проект должен создать и использовать его вспомогательный продукт для целевого продукта, за который он отвечает.

100. 负浮动时间或时差

[英文] Negative floator slack

[俄文] Отрицательное смещение или слабина

[注释] 工作网络中一个事件的最早时间晚于最迟时间的情况。当项目预定结束日期太早无法实现，或者一项活动用完了浮时仍然被延期时，就会发生这种情况。

[Note] Thecasewheretheearliesttimeofaneventinaworkingnetworkislaterthanthe latesttime. This happens when the scheduled end date of the project is too early to be achieved, or when the floating time of an activity is still postponed after it has run out.

[Комментарий] Самое раннее событие в рабочей сети происходит позже самого позднего времени. Это происходит, когда запланированная дата окончания проекта слишком раннодля выполнения , или когдасмещение действия все еще откладывается после того, как оно закончилось.

101. 复杂性（项目）

[英文] Complexity

[俄文] Сложность

[注释] 项目的复杂性由（项目所含的）活动与里程碑的数目以及需要在统一协调下实现共同项目目标的参与项目人数来决定。对于商用飞机研发项目，复杂性还包括其他的一些重要方面：项目规模巨大，系统极其复杂，设计要求极高，客户化程度高，过程数量庞大，推出新产品频率极低，高投入财务管理要求高，项目动态管理要求高，买方垄断市场，行业多元文化以及独特的公共关系要求。

[Note] The complexity of a project is determined by the number of activities and milestones included in the project and the number of participants who need to achieve common project objectives in a unified and coordinated manner. For commercial aircraft R&D projects, the complexity also includes other important aspects: large scale, extremely complex system, high design requirements, high degree of customization, large number of processes, very low frequency of new products, high requirements for financial management, high requirements for dynamic project management, buyer's monopoly of the market, industry multiculturalism and unique public relations.

[Комментарий] Сложность проекта определяется количеством мероприятий и этапов (включенных в проект), а также количеством участвующих, которые должны быть согласованы для достижения общих целей проекта. Для проектов коммерческих самолетов сложность также включает в себя некоторые другие важные аспекты: масштаб проекта, чрезвычайно сложная система, очень высокие требования к дизайну, высокий уровень настройки, огромное количество процессов, очень низкая частота запуска новых продуктов, высокие требования к финансовому управлению, высокие требования к динамическому управлению проектами, монополия покупателя на рынок, мультикультурализм отрасли и уникальные требования к связям с общественностью.

G

102. 改装

[英文] Alteration

[俄文] Изменение

[注释] 在航空器及其部件交付后进行的超出其原设计状态的任何改变，包括任何材料和零部件的替代。

[Note] Anychangebeyonditsoriginaldesignstatusafterdeliveryoftheaircraftandit scomponents, includingthereplacementofanymaterialorcomponents.

[Комментарий] Любые изменения, внесенные после поставки воздушного судна и его компонентов за пределы его первоначального состояния конструкции, включая замену любых материалов и компонентов.

103. 改装设计批准

[英文] Approval of changes in type design

[俄文] Одобрение изменений в дизайн типа

[注释] 民航局对大改的设计批准。

[Note] The Civil Aviation Administration approved the changes in type design.

[Комментарий] Утверждение проекта капитального ремонта управлением гражданской авиации.

104. 概率和影响矩阵

[英文] Probability and impactmatrix

[俄文] Матрица вероятности и воздействия

[注释] 把每个风险发生的概率和一旦发生对项目目标的影响对应起来的一种表格。

[Note] A grid for mapping the probability of each risk occurrence and its impact on project objectives if that risk occurs.

[Комментарий] Таблица, которая соответствует вероятности возникновения каждого риска и его влиянию на цели проекта после его возникновения.

105. **概念/思维导图**

[英文] Idea/Mind mapping

[俄文] Карта идея/мышления

[注释] 把从头脑风暴中获得的创意整合成一张图的技术，以反映创意之间的共性与差异，激发新创意。

[Note] Technique used to consolidate ideas created through individual brainstorming sessions into a single map to reflect commonality and differences in creativity and to stimulate new ideas.

[Комментарий] Технология, которая объединяет идеи, полученные из мозгового штурма, в одну диаграмму, чтобы отразить всеобщность и единичность между идеями, и вдохновить новые идеи.

106. **干系人**

[英文] Stakeholder

[俄文] Заинтересованная сторона

[注释] 也称“相关利益者”“利益相关人”，是指能影响项目决策、活动或结果的个人、群体或组织，以及会受或自认为会受项目决策、活动或结果影响的个人、群体或组织。干系人主要分成两类，参见“客户”和“其他关注团体”（经整合）。

[Note] An individual, group, or organization who may affect, be affected by, or perceive itself to be affected by a decision, activity, or outcome of a project. See *customer* and *other interested parties*.

[Комментарий] Это лица, группы или организации, которые могут влиять, быть затронуты или воспринимать себя как затронутые решением, деятельностью или результатом проекта. Увидеть клиента и других заинтересованных лиц. Заинтересованные стороны в основном разделены на две категории, см. *клиенты* и *другие группы интересов* (после интеграции).

107. **干系人登记册**

[英文] Stakeholder register

[俄文] Реестр заинтересованных сторон

[注释] 记录项目干系人识别、评估和分类结果的项目文件。

[Note] A project document including the identification, assessment, and classification of project stakeholders.

[Комментарий] Документпроекта, в которой записываются участники проекта идентифицируют, оценивают и классифицируют результаты.

108. 干系人分析

[英文] Stakeholder analysis

[俄文] Анализ заинтересованных сторон

[注释] 通过系统收集和分析各种定量与定性信息，来确定在整个项目中应该考虑哪些人的利益的一种技术。

[Note] A technique of systematically gathering and analyzing quantitative and qualitative information to determine whose interests should be taken into account throughout the project.

[Комментарий] Метод систематического сбора и анализа различной количественной и качественной информации для того, чтобы определять у когоинтересыдолжны учитываться в рамках проекта.

109. 干系人管理计划

[英文] Stakeholder management plan

[俄文] План управления заинтересованными сторонами

[注释] 项目管理计划的子计划，基于对干系人需求、利益和潜在影响的分析，定义用于有效调动干系人参与项目决策和执行的过程、程序、工具和技术。

[Note] The stakeholder management plan is a subsidiary plan of the project management plan that defines the processes, procedures, tools, and techniques to effectively engage stakeholders in project decisions and execution based on the analysis of their needs, interests, and potential impact.

[Комментарий] Подпрограммы плана управления проектами, основанные на анализе потребностей, интересов и потенциального воздействия заинтересованных лиц, определяют процессы, процедуры, инструменты и методы, используемые для эффективной мобилизации заинтересованных лиц для принятия решений и реализации проекта.

110. 根本原因分析

[英文] Root cause analysis

[俄文] Анализ первопричины

[注释] 确定引起偏差、缺陷或风险的根本原因的一种分析技术。一项根本原因可能引起多项偏差、缺陷或风险。

[Note] An analytical technique used to determine the basic underlying reason that causes a variance or a defect or a risk. A root cause may lead to more than one variance or defect or risk.

[Комментарий] Метод анализа для определения первопричин, вызывающих отклонения, дефекты или риски. Одна первопричина может привести к нескольким отклонениям, дефектам или рискам.

111. 跟产表单

[英文] Form for production

[俄文] Форма для производства

[注释] 商用飞机试制生产现场问题处理信息载体的统称，主要包括提问单、询问单、材料代用单（简称代料单）、故障拒收报告（简称 FRR）、产品质量超差处理单（简称质量超差单）。

[Note] The general name of the problem handling information carrier for commercial aircraft trial production site mainly includes questionnaires, inquiry forms, material substitution orders, failure rejection reports, and product quality overshoot handling orders.

[Комментарий] Общий термин для носителей информации о проблемах, связанных с обработкой на месте опытно-производственных коммерческих воздушных судов, в основном включает в себя список вопросов, запрос, замену материала, отчет об отказе (сокращенную FRR), заказ на обработку сверхвысокого качества продукции.

112. 工程

[英文] Program

[俄文] Программа

[注释] 一项由企业主管部门负责的确定了目的、目标、结构、资金和管理结构的战略投资。工程用以支持一组相互关联且需协调管理的项目、子项目及其活动，以便最终获得个别管理时所无法获得的效益（经整合）。

[Note] A competent department-charged strategic investment whose purpose, goal, structure, fund and management structure are determined. The program is used to support A group of related projects, subprograms, and program activities managed in a coordinated way to obtain benefits not available from managing them individually.

[Комментарий] Стратегическая инвестиция, определяющая цели, задачи, структуру, финансирование и структуру управления, осуществляется руководством предприятия. Проектирование для поддержки набора взаимосвязанных и координируемых проектов, подпроектов и мероприятий, чтобы в конце концов получил выгоды, недоступные для индивидуального управления (консолидированные).

113. 工程代表

[英文] Engineering representative

[俄文] Инженерный представитель

[注释] 工程代表是商用飞机工程设计方选派到机体制造方开展现场工程支持工作的团队，由工程总代表和工程专业代表组成。

[Note] Engineering representative is a team appointed by the commercial aircraft engineer to carry out on-site engineering support work by the airframe manufacturer. It is composed of the general engineering representative and the engineering professional representative.

[Комментарий] Инженерный представитель - это команда, выбранная проектировщиком коммерческой авиационной техники для выполнения работ по инженерному сопровождению на месте производства самолета, состоящая из общего представители и представителей инженерных специальностей.

114. 工程寿命周期管理

[英文] Program life cycle management (PLM)

[俄文] Управление жизненным циклом программы

[注释] 应用相关知识、技能、工具与技术对工程在其寿命周期期间的发展及其行政和技术需求进行跟踪、监控和支援的行动。

[Note] Use relevant knowledge, skills, tools and technologies to track, monitor and support the development of the project and its administrative and technical requirements during its life cycle.

[Комментарий] Применение соответствующих знаний, навыков, инструментов и технологий для отслеживания, мониторинга и поддержки действий, связанных с развитием проекта и его административными и техническими требованиями в течение его жизненного цикла.

115. 工程支持团队

[英文] Engineering support team

[俄文] Группа по инженерной поддержке

[注释] 在商用飞机制造过程中，工程设计方为参与现场工程支持临时组建的团队，包含工程总代表、工程专业代表、项目管理人员、综合后勤保障人员等。

[Note] In the process of commercial aircraft manufacturing, the engineering designer temporarily formed teams to participate in on-site engineering, including general engineering representatives, engineering professional representatives, project managers, integrated logistics support personnel, etc.

[Комментарий] В процессе производства коммерческих самолетов инженер-проектировщик участвует в технической поддержке на месте в составе временно сформированной команды, состоящей из общего представители проекта, представителя инженерной профессии, руководителя проекта, персонала поинтегрированной логистической поддержке и т. д.

116. **工程专业代表**

[英文] Specialty engineering representative

[俄文] Специализированный инженерный представитель

[注释] 商用飞机工程设计方驻试制现场代表，负责确认并传递现场工程问题，接受工程总代表统一管理。

[Note] The Commercial Aircraft Engineering Designer shall assign representatives to the trial production site to confirm and passoneng ineering problems, and accept the unified management of the General Representative of the Project.

[Комментарий] Специалист по проектированию коммерческих воздушных судов, ответственный за подтверждение и прохождение технических вопросов на месте, принимает в единое управление общего представители по проектированию.

117. **工程总代表**

[英文] General engineering representative

[俄文] Общий инженерный представитель

[注释] 商用飞机试制生产现场工程支持团队的总负责人，代表商用飞机工程设计方组织协调试制生产现场工程支持工作。

[Note] The general manager of the engineering support team of commercial aircraft trial production site. The representative organizes and coordinates the engineering support work of trial production site on behalf of commercial aircraft designer.

[Комментарий] Общий представитель группы инженерного обеспечения опытного производства коммерческих воздушных судов от имени проектной организации коммерческого авиастроения координирует инженерное обеспечение опытного производства.

118. **工具**

[英文] Tool

[俄文] Инструмент

[注释] 在创造产品或成果的活动中所使用的某种有形的东西，如模板或软件。

[Note] Something tangible, such as a template or software program, used in performing an activity to produce a product or result.

[Комментарий] Что-то осязаемое, такое как шаблон или программное обеспечение, используемое в деятельности по созданию продуктаили результата.

119. **工料合同**

[英文] Time and material contract (T&M)

[俄文] Контракт«время и материалы»

[注释] 兼具成本补偿和总价合同特征的一种混合的合同类型。与成本补偿合同相似，工料合同没有确定的最终价格，因为签订合同时并未确定工作总量。工料合同的合同价可以像成本补偿合同那样增长。另外，工料合同又与总价合同相似。例如，买卖双方一致同意了高级工程师的费率，那么单位费率就事先确定了。

[Note] A type of contract that is a hybrid contractual arrangement containing aspects of both cost-reimbursable and fixed-price contracts. Time and material contracts resemble cost-reimbursable type arrangements in that they have no definitive end, because the full value of the arrangement is not defined at the time of the award. Thus, time and material contracts can grow in contract value as if they were cost-reimbursable type arrangements. Conversely, time and material arrangements can also resemble fixed-price arrangements. For example, the unit rates are preset by the buyer and seller, when both parties agree on the rates for the category of senior engineers.

[Комментарий] Смешанный тип контракта, который сочетает в себе характеристики компенсации затрат и контракта общей цены. Как и в контрактах на компенсацию затрат, окончательная цена не определена в контрактах на время и материалы, поскольку общая сумма работ не была определена на момент заключения контракта. Цена контракта может расти так же, как контракт на компенсацию затрат. Кроме того, контракты на время и материалы аналогичны контрактам на общую цену. Например, покупатель и продавец единодушно соглашаются с тарифами старшего инженера, тогда ставки за единицу устанавливаются заранее.

120. 工艺工程

[英文] Process engineering (PE)

[俄文] Технологическое проектирование

[注释] 产品实现过程中，研究和制定相应的加工成型、装配集成的方式和方法，工装夹具设计和选用，装配站位和流程等的学科。

[Note] Asubject, in the process of product realization, researches and formulates the corresponding methods of processing, assembly integration, fixture design and selection, assembly station and process, etc.

[Комментарий] В процессе реализации продукта субъектисследования и формулирования соответственных методов обработки, интеграции сборки, проектирования и выбора приспособлений, станции и процесса сборки и т.д.

121. 工作分解结构词典

[英文] WBS dictionary (WBS)

[俄文] Словарь иерархической структуры работ

[注释] 针对每个工作分解结构组件，详细描述可交付成果、活动和进度信息的文件。

[Note] A document that provides detailed deliverable, activity, and scheduling information about each component in the work breakdown structure.

[Комментарий] Документ с подробным описанием конечных результатов, действий и информации о ходе работы для каждого компонента иерархической структуры декомпозиции работ.

122. 工作分解结构组件

[英文] Work breakdown structure component

[俄文] Компонент иерархической структуры работ

[注释] 工作分解结构任意层次上的任何要素。

[Note] Any elements in the work breakdown structure that can be at any level.

[Комментарий] Любые элементы в иерархической структуре работ, которые могут быть на любом уровне..

123. **工作绩效数据**

[英文] Work performance data

[俄文] Данные по результативности работ

[注释] 在执行项目工作的过程中，从每个正在执行的活动中收集到的原始观察结果和测量值。

[Note] The raw observations and measurements collected from every activity under execution.

[Комментарий] В ходе выполнения проектной работы исходные наблюдения и измерения были собраны из каждой выполняемой деятельности.

124. **工作绩效信息**

[英文] Work performance information

[俄文] Информация по результативности работ

[注释] 从各控制过程中收集并结合相关背景和跨领域关系，进行整合分析而得到的绩效数据。

[Note] Theperformancedatacollectedfromvariouscontrollingprocesses, analyzedincontextandintegratedbasedonrelationshipsacrossareas.

[Комментарий] Данные по результативности, полученные в результате комплексного анализа, собираются и объединяются с соответствующими контекстами и междисциплинарными отношениями в процессе контроля.

125. **工作授权**

[英文] Work authorization

[俄文] Разрешение на работу

[注释] 关于开始某项进度活动、工作包或控制账户的工作的许可或指示，一般是书面形式的。它是批准项目工作的一种方法，目的是确保该工作由特定的组织、在正确的时间、以合理的顺序执行。

[Note] A permission and direction, typically written, to begin work on a specific schedule activity or work package or control account. It is a method for sanctioning project work to ensure that the work is done by the identified organization, at the right time, and in the proper sequence.

[Комментарий] Разрешение или указание на начало работы по определенной плановой деятельности, рабочему пакету или контрольному счету, как правило, оформляются в письменной форме. Это способ утверждения проектной работы с целью обеспечения того, чтобы работа выполнялась конкретной организацией в нужное время и в разумной последовательности.

126. 工作授权系统

[英文] Work authorization system

[俄文] Система авторизации работ

[注释] 整个项目管理系统的一个子系统。它是一系列正式书面程序的集合，规定如何授权（委托）项目工作，以保证该工作由特定的组织、在正确的时间、以合理的顺序执行。工作授权系统包括发布工作授权所需的步骤、文件、跟踪系统及审批级别。

[Note] A subsystem of the overall project management system. It is a collection of formal documented procedures that defines how project work will be authorized (committed) to ensure that the work is done by the identified organization, at the right time, and in the proper sequence. It includes the steps, documents, tracking system, and defined approval levels needed to issue work authorizations.

[Комментарий] Подсистема всей системы управления проектами. Это совокупность формальных письменных процедур, которые определяют, как уполномочить (делегировать) работу по проекту, чтобы гарантировать, что работа выполняется конкретной организацией, в нужное время и в разумной последовательности. Система разрешений на работу включает шаги, файлы, систему отслеживания и уровни утверждения, необходимые для публикации разрешений на работу.

127. **工作说明书**

[英文] Statement of work (SOW)

[俄文] Описание работ

[注释] 对项目需交付的产品、服务或成果的叙述性说明。

[Note] A narrative description of products, services, or results to be delivered bytheproject.

[Комментарий] Описание продукта, услуги или результата, который должен быть доставлен по проекту.

128. **公差**

[英文] Tolerance

[俄文] Допуск

[注释] 对质量要求可接受的变动范围的定量描述。

[Note] The quantified description of acceptable variation for a quality requirement.

[Комментарий] Количественное описание диапазона допустимых изменений требований к качеству.

129. **功能危险性评估**

[英文] Functional hazard assessment (FHA)

[俄文] Оценка риска функционального отказа

[注释] 对功能进行系统综合的分析，以确定这些功能的失效状态并按其影响等级分类。

[Note] Functions are systematically analyzed to determine the failure status of these functions and classify them according to their impact levels.

[Комментарий] Функции систематически анализируются, чтобы определить статус отказа этих функций и классифицировать их в соответствии с их уровнями воздействия.

130. **攻关项目**

[英文] Research project

[俄文] Исследовательский проект

[注释] 在商用飞机型号研制过程中需要组织专业技术人员（必要时可包括相关管理人员）进行攻关的项目。

[Note] In the process of commercial aircraft development, it is necessary to organize professional and technical personnel (including relevant managers if necessary) to tackle key projects.

[Комментарий] При разработке коммерческих воздушных судов необходимо организовать специалистов (в том числе, при необходимости, соответствующих руководителей) для выполнения исследовательских проектов.

131. **攻关项目管理**

[英文] Research project management

[俄文] Управлен ие исследовательским проектом

[注释] 商用飞机型号研制过程中攻关项目的立项、实施、验收、考核等相关工作和要求。

[Note] Relevant work and requirements on proj ectestablishment, implementation, acceptance and assessment of key projects in the development of commercial aircraft.

[Комментарий] Соответствующие работы и требования по созданию проектов, реализации, приемке и оценке ключевых проектов в процессе разработки воздушных судов.

132. **供方选择标准**

[英文] Source selection criteria

[俄文] Критерии выбора поставщика

[注释] 买方提出的一套标准，卖方只有满足或超过这些标准，才有可能被授予合同。

[Note] A set of attributes desired by the buyer which a seller is required to meet or exceed to beselected for acontract.

[Комментарий] Критерии, предложенные покупателем, и только если продавец удовлетворяет или превосходит эти критерии, он может быть выбран дляконтракта.

133. **共因分析**

[英文] Common cause analysis (CCA)

[俄文] Анализ общих причин

[注释] 区域安全性分析、特定风险分析和共模分析的统称。

[Note] General term for regional security analysis, specific risk analysis and common mode analysis.

[Комментарий] Общий термин включающий зональный анализ безопасности, анализ специфических рисков и анализ общих видов.

134. **沟通方法**

[英文] Communication methods

[俄文] Методы коммуникаций

[注释] 在项目干系人之间传递信息的系统化的程序、技术或过程。

[Note] A systematic procedure, technique, or process used to transfer information among project stakeholders.

[Комментарий] Систематизированные процедуры, технологии или процессы передачи информации между участниками проекта.

135. **沟通技术**

[英文] Communication technology

[俄文] Технологии коммуникаций

[注释] 用于项目干系人之间传递信息的特定工具、系统或计算机程序等。

[Note] Specifictools, systems, computerprograms, etc., used to transfer information among project stakeholders.

[Комментарий] Конкретные инструменты, системы или компьютерные программы, используемые для передачи информации между участниками проекта.

136. **沟通模型**

[英文] Communication models

[俄文] Модели коммуникаций

[注释] 说明在项目中将如何开展沟通过程的描述、比喻或图形。

[Note] A description, analogy or schematic used to explain how the communication process will be performed for the project.

[Комментарий] Описание, образное или графическое описание того, как коммуникационный процесс будет проводиться в проекте.

137. 沟通需求分析

[英文] Communication requirements analysis

[俄文] Анализ требований к коммуникациям

[注释] 一种分析技术，通过访谈、研讨会或借鉴以往项目经验教训等方式，来确定项目干系人对信息的需求。

[Note] An analytical technique to determine the informationneeds of the project stakeholders through interviews, workshops, study of lessons learned from previous projects, etc.

[Комментарий] Аналитический метод определения потребностей участников проекта в информации с помощью интервью, семинаров или уроков, извлеченных из предыдущих проектов.

138. 沟通制约因素

[英文] Communication constraints

[俄文] Коммуникационные ограничения

[注释] 对沟通内容、时间、听众或发起者的限制，通常来自特定的法律法规、技术条件或组织政策。

[Note] Restrictions on the content, timing, audience, or individual who will deliver a communication usually stemming from specific legislation or regulation, technology condition, or organizational policies.

[Комментарий] Ограничения на содержание, время, аудиторию или инициатора сообщения, как правило, вытекают из конкретных правовых норм, технических условий или организационной политики.

139. **估算**

[英文] Estimate

[俄文] Оценка

[注释] 对可能的数量或结果的定量估计。通常用于项目成本、资源、人力投入与持续时间的估计。使用时常带修饰词（如初步估算、概念估算、可行性估算、量级估算和确定性估算），且任何时候都应以某种方式说明其准确度（如±x%）。参见“预算”和“成本”。

[Note] A quantitative assessment of the likely amount or outcome. Usually applied to project costs, resources, effort, and durations and is usually preceded by a modifier (i.e., preliminary, conceptual, feasibility, order-of magnitude, definitive). It should always include some indication of accuracy (e.g., ± x percent). See *budget* and *cost*.

[Комментарий] Количественная оценка возможных количеств или результатов. Обычно используется для оценки стоимости проекта, ресурсов, человеческих ресурсов и продолжительности. Часто используются модификаторы (например, начальная оценка, концептуальная оценка, оценка осуществимости, оценка величины или детерминированная оценка), и в любое время они должны каким-то образом указывать свою точность (например ±x%). Участвуйте в *бюджете* и *стоимости*.

140. **估算成本**

[英文] Estimate costs

[俄文] Оценка стоимости

[注释] 对完成项目活动所需资金进行近似估算的过程。

[Note] The process of developing an approximation of the monetary resources needed to complete project activities.

[Комментарий] Процесс примерной оценки средств, необходимых для завершения проектной деятельности.

141. **估算活动持续时间**

[英文] Estim ateactivity durations

[俄文] Оценка длительности деятельности

[注释] 根据资源估算的结果，估算完成单项活动所需工作时段数的过程。

[Note] The process to estimate the number of working period for accomplishing a single activity according to the result of resource estimate.

[Комментарий] Процесс оценки количества рабочих часов, необходимых для выполнения отдельных действий, основан на результатах оценки ресурсов.

142. **估算活动资源**

[英文] Estimate activity resources

[俄文] Оценка ресурсов деятельности

[注释] 估算执行各项活动所需的材料、人员、设备或用品的种类和数量的过程。

[Note] The process of estimating the type and quantities of material, human resources, equipment, or supplies required to perform each activity.

[Комментарий] Процесс оценки типа и количества материалов, персонала, оборудования или материалов, необходимых для выполнения различных видов деятельности.

143. **估算依据**

[英文] Basis of estimates

[俄文] Основание оценки

[注释] 概述项目估算所用依据的支持性文件，如假设条件、制约因素、详细级别、估算区间和置信水平。

[Note] Supporting documentation outlining the details used in establishing project estimates such as assumptions, constraints, level of detail, ranges, and confidence levels.

[Комментарий] Сопроводительные документы, в которых излагаются основы оценки проекта, такие как условия гипотезы, ограничения, уровни детализации, интервалы оценки и уровни доверия.

144. 固定公式法

[英文] Fixed formula method

[俄文] Метод фиксированной формулы

[注释] 计算增值的一种方法，在工作包开始时计算一个特定百分比的预算值，在工作包全部完成时再计算剩余百分比的预算值。

[Note] An earned value method for assigning a specified percentage of budget value for a work package to the start milestone of the work package with the remaining budget value percentage assigned when the work package is complete.

[Комментарий] Один из способов расчета добавленной стоимости - вычислить бюджетное значение для определенного процента в начале рабочего пакета, а затем бюджетное значение для оставшегося процента, когда рабочий пакет полностью завершен.

145. 固定总价合同

[英文] Firm-fixed-price contract (FFP)

[俄文] Контракт с твердой фиксированной ценой

[注释] 总价合同的一种类型。不考虑卖方成本，由买方向卖方支付事先确定的金额（由合同规定）。

[Note] A type of fixed price contract where the buyer pays the seller a set amount (as defined by the contract), regardless of the seller's costs.

[Комментарий] Тип контракта с фиксированной ценой, в котором покупатель платит продавцу установленную сумму (определено договором), независимо от расходов продавца.

146. 关键性能指数（项目）

[英文] Key performance index (KPI)

[俄文] Ключевой показатель эффективности

[注释] 一组用于反映项目、团队进展表现、任务完成状态的量化指标，是项目绩效考核的基础。

[Note] A set of quantitative indicators used to reflect project, team performance and task completion status, which is the basis of projectperformance appraisal.

[Комментарий] Набор количественных показателей, используемых для отражения проекта, эффективности работы команды и состояния выполнения задачи, он является основой для оценки эффективности проекта.

147. **关联图**

[英文] Interrelationship digraphs

[俄文] График взаимоотношений

[注释] 一种质量管理规划工具，有助于在包含相互交叉逻辑关系的中等复杂情形中创新性地解决问题。

[Note] A quality management planning tool, which is helpful for creative problem-solving in moderately complex scenarios that possess intertwined logical relationships.

[Комментарий] Инструмент управления планом качества, который помогает инновационно решать проблемы в средне-сложных ситуациях, которые включают взаимную логику.

148. **观察**

[英文] Observation

[俄文] Наблюдение

[注释] 直接观看个人在各自的环境中如何执行工作（或任务）和实施流程的一种技术。

[Note] A technique that provides a direct way of viewing individuals in their environment performing their jobs or tasks and carrying out processes.

[Комментарий] Техника, которая обеспечивает прямой способ наблюдения за людьми в их среде, выполняющими свою работу или задачи и выполняющими процессы.

149. **管理储备**

[英文] Management reserve

[俄文] Управленческий резерв

[注释] 项目中留作管理控制之用的一部分预算。专为项目范围内不可预见的工作而预留。管理储备不包含在绩效测量基准（PMB）中。

[Note] An amount of the project budget withheld for management control purposes. These are budgets reserved for unforeseen work that is within scope of the project. The management reserve is not included in the performance measurement baseline (PMB).

[Комментарий] Сумма бюджета проекта, зарезервированная для целей управленческого контроля. Это бюджет, сохраненный для выполнения непредвиденной работы, находящейся в пределахсодержания проекта. Управленческий резерв не включается в базовый план исполнения (PMB).

150. **管理干系人参与**

[英文] Management stakeholder engagement

[俄文] Участвие управления заинтересованный сторон

[注释] 在整个项目生命周期中，与干系人进行沟通和协作，以满足其需要与期望，解决实际出现的问题，并促进干系人合理参与项目活动的过程。

[Note] The process of communicating and working with stakeholders to meet their needs/expectations, address issues as they occur, and foster appropriate stakeholder engagement in project activities throughout the project life cycle.

[Комментарий] Процесс коммуникаций иработы с заинтересованными сторонами с целью соответствия их потребностям/ожиданиям, реагирования на проблемы помере их возникновения и способствования соответствующему вовлечению заинтересованных сторон в операции проекта напротяжении жизненного цикла проекта.

151. **管理沟通**

[英文] Management communication

[俄文] Управление коммуникациями

[注释] 根据沟通管理计划，生成、收集、分发、储存、检索以及最终处置项目信息的过程。

[Note] According to the communication management plan, the process of generating, collecting, distributing, storing, retrieving and finally disposing of project information.

[Комментарий] Процесс создания, сбора, распространения, хранения, получения и в конечном счете архивирования/утилизации информации проекта в соответствии с планом управлениякоммуникациями.

152. **管理技能**

[英文] Management skills

[俄文] Навыки управления

[注释] 对个人或群体进行规划、组织、指导和控制，以实现特定目标的能力。

[Note] The ability to plan, organize, direct, and control individuals or groups of people to achieve specific goals.

[Комментарий] Способность планировать, организовывать, направлять и контролировать отдельных лиц или группы лиц для достижения определенных целей.

153. **管理项目团队**

[英文] Manage project team

[俄文] Управление командой проекта

[注释] 跟踪团队成员工作表现，提供反馈，解决问题并管理团队变更，以优化项目绩效的过程。

[Note] The process of tracking team member performance, providing feedback, resolvingissues, and managing team changes to optimize project performance.

[Комментарий] Процесс отслеживания деятельности членов команды, обеспечения обратной связи, решения проблем и управления изменениями в команде с целью оптимизации исполненияпроекта.

154. **广告**

[英文] Advertising

[俄文] Реклама / Рекламирование

[注释] 吸引公众对项目或工作的关注的过程。

[Note] The process of drawing public attention to aproject or effort.

[Комментарий] Процесс привлечения внимания общественности к проекту или работе.

155. **规格界限**

[英文] Specification limits

[俄文] Границы,заданные спецификацией

[注释] 控制图中心线或均值两侧的数据区域，该区域内的数据都满足客户对产品或服务的要求。该区域可能大于或小于控制界限所界定的范围。参见“控制界限”。

[Note] Thearea, on either side of the centerline, or mean, of data plotted on a control chart that meets the customer's requirements for a product or service. This area may be greater or less than the area defined by the control limits. See *controllimits*.

[Комментарий] Область, по обе стороны от осевой линии или средных данных, которая отвечает требованиям заказчика для продукта или услуги. Эта область может быть больше или меньше области контрольных границ. См. также контрольные границы.

156. **规划采购管理**

[英文] Plan procurement management

[俄文] Планирование управления закупками

[注释] 记录项目采购决策，明确采购方法，识别潜在卖方的过程。

[Note] The process of documenting project procurement decisions, specifying the approach, and identifying potential sellers.

[Комментарий] Процесс документирования решений по проекту в отношении закупок, установления подхода и определения потенциальных продавцов.

157. **规划范围管理**

[英文] Plan scope management

[俄文] Планирование управления содержанием

[注释] 创建范围管理计划，书面描述将如何定义、确认和控制项目范围的过程。

[Note] The process of creating a scope management plan that documents how the project scope will be defined, validated, andcontrolled.

[Комментарий] Процесс создания плана управления содержанием, документирующего, каким образом, содержание проекта будет определяться, подтверждаться и контролироваться.

158. **规划风险管理**

[英文] Plan risk management

[俄文] Планирование управления рисками

[注释] 定义如何实施项目风险管理活动的过程。

[Note] The process of defining how to conduct risk management activities for a project.

[Комментарий] Процесс, определяющий, каким образом осуществлять управление рисками проекта.

159. **规划风险应对**

[英文] Plan risk responses

[俄文] Планирование реагирования на риски

[注释] 针对项目目标，制定提高机会、降低威胁的方案和措施的过程。

[Note] The process of developing options and actions to enhance opportunities and toreduce threats to project objectives according to the goal of a project.

[Комментарий] Процесс разработки вариантов и действий по расширению благоприятных возможностей и сокращению угроз целям проекта.

160. **规划干系人管理**

[英文] Plan stakeholder management

[俄文] Планирование управления заинтересованными сторонами

[注释] 根据对干系人需要、利益及对项目成功的潜在影响的分析，制定合

适的管理策略，以有效调动干系人参与整个项目生命周期的过程。

[Note] The process of developing appropriate management strategies to effectively engage stakeholders throughout the project life cycle, based on the analysis of the irneeds, interests, andpotentialimpactonprojectsuccess.

[Комментарий] Процесс разработки соответствующих стратегий управления для эффективного вовлечения заинтересованных сторон на протяжении жизненного цикла проекта, основанных на анализе их потребностей, интересов и потенциального воздействия на успех проекта.

161. **规划过程组**

[英文] Planning process group

[俄文] Группа процессов планирования

[注释] 明确项目范围，优化目标，为实现目标制订行动方案的一组过程。

[Note] Those processes required to establish the scope of the project, refine the objectives, and define the course of action required to attain the objectives that the project was undertaken to achieve.

[Комментарий] Процессы, требуемые для установления содержания работ, уточнения целей и определения направления действий, требуемых для достижения целей проекта.

162. **规划人力资源管理**

[英文] Plan human resource management

[俄文] Планирование управления человеческими ресурсами

[注释] 识别和记录项目角色、职责、所需技能、报告关系，并编制人员配备管理计划的过程。

[Note] The process of identifying and documenting project roles, responsibilities, required skills, reporting relationships, and creating a staffing management plan.

[Комментарий] Процесс идентификации и документирования ролей в проекте, сфер ответственности, требуемых навыков и отношений подотчетности, а также создания плана обеспечения персоналом.

163. **规划质量管理**

[英文] Plan quality management

[俄文] Планирование управления качеством

[注释] 识别项目及其可交付成果的质量要求和/或标准，并书面描述项目将如何证明符合质量要求的过程。

[Note] The process of identifying quality requirements and/or standards for the project and its deliverables, and documenting how the project will demonstrate compliance with quality requirements.

[Комментарий] Процесс определения требований и/или стандартов качества для проекта и его поставляемых результатов, а также документирования того, каким образом проект будет демонстрировать соответствие требованиям и/или стандартам качества.

164. **国籍标志**

[英文] Nationality mark

[俄文] Знак национальности

[注释] 用以标识航空器国籍的一个或几个国际字母。

[Note] An international letter or letters used to identify the nationality of an aircraft.

[Комментарий] Международная буква или буквы, используемые для определения национальности воздушного судна.

165. **国籍登记证书**

[英文] Nationality registration certificate

[俄文] Свидетельство о регистрации национальности

[注释] 由国家民用航空主管部门为依法进行国籍登记的民用航空器颁发的国籍证明文件，该证书一经颁发长期有效，且必须放置在航空器上，以备核查。

[Note] A certificate of nationality issued by the civil aviation authority of the state for a civil aircraft registered according to law, which is valid for a long time once issued and must be placed on the aircraft for verification.

[Комментарий] Свидетельство, подтверждающее гражданство, выданное государственным органом гражданской авиации для гражданского воздушного судна, зарегистрированного в соответствии с законом, действителено в течение длительного времени и должно быть размещено на воздушном судне для проверки.

166. 国际民用航空公约

[英文] The convention on International Civil Aviation

[俄文] Конвенция о международной гражданской авиации

[注释] 国际民用航空公约习称“芝加哥公约”。有关国际民用航空在政治、经济、技术等方面问题的国际公约。国际民用航空公约是 1994 年 12 月 7 日在芝加哥召开的国际民用航空会议上签订的有关民航的公约。

[Note] The Convention on International Civil Aviation, commonly known as the Chicago Convention, is an international convention on the political, economic and technological aspects of international civil aviation. International Civil Aviation Convention is a convention signed at the International Civil Aviation Conference held in Chicago on December 7, 1994.

[Комментарий] Конвенция о международной гражданской авиации, широко известная как «Чикагская конвенция», представляет собой международную конвенцию о политических, экономических и технологических аспектах международной гражданской авиации. Международная конвенция гражданской авиации - это конвенция, подписанная на Международной конференции гражданской авиации, состоявшейся в Чикаго 7 декабря 1994 года..

167. 国内维修单位

[英文] Domestic maintenance organization

[俄文] Отечественная сервисная организация

[注释] 管理和维修设施在除香港特别行政区、澳门特别行政区或者台湾地区以外的中国境内的维修单位。

[Note] The Maintenance units whose management and maintenance facilities are settled in China other than Hong Kong Special Administrative Region, Macao Special Administrative Region or Taiwan Region.

[Комментарий] Организация по техническому обслуживанию, у которой объекты управления и технического обслуживания расположены в Китае, за исключением специального административного района Гонконг, специального административного района Макао или тайваньского региона.

168. 国外维修单位

[英文] Foreign maintenance organization

[俄文] Иностранная сервисная организация

[注释] 管理和维修设施在外国的维修单位。

[Note] The maintenance units whose management and maintenance facilities are settled in foreign countries.

[Комментарий] Организация по техническому обслуживанию, у которой управляющие и обслуживающие объекты расположены в зарубежных странах.

169. 国外维修培训机构

[英文] Foreign maintenance personnel training organization

[俄文] Иностранная организация по подготовке персонала по техническому обслуживанию

[注释] 培训设施在国外的民用航空器维修培训机构。

[Note] The civil aircraft maintenance training institutions whose training facilities are in foreign countries.

[Комментарий] Учебные заведения по техническому обслуживанию гражданских воздушных судов, учебные базы которых находятся в зарубежных странах.

170. 过程

[英文] Process

[俄文] Процесс

[注释] 旨在创造最终结果的系统化的系列活动，以便对一个或多个输入进行加工，生成一个或多个输出。

[Note] A systematic series of activities aiming at causing an end result such that one or more inputs will be acted upon to create one or more outputs.

[Комментарий] Систематическая последовательность действий, направленная на достижение конечного результата, при этом один или несколько входов преобразуются в один или несколько выходов.

171. 过程改进计划

[英文] Process improvement plan

[俄文] План совершенствования процессов

[注释] 项目管理计划的子计划。详细说明进行过程分析的步骤，以识别增值活动。

[Note] Asubsidiary plan of the project management plan. It details the steps for analyzing processes to identify activities that enhance their value.

[Комментарий] Вспомогательный план плана управления проектом.Он определяет шаги по анализу процессов с целью идентификации действий, повышающих ценность данных процессов.

172. 过程分析

[英文] Process analysis

[俄文] Анализ процессов

[注释] 按照过程改进计划中概括的步骤来识别所需的改进。

[Note] A process analysis follows the steps outlined in the process improvement plan to identify needed improvements.

[Комментарий] Анализ процессов происходит в соответствии с шагами, описанными в плане совершенствования процессов с целью определения необходимых улучшений.

173. 过程决策程序图

[英文] Process decision program charts (PDPC)

[俄文] Диаграммы программы решения процессов

[注释] 用于理解一个目标与达成此目标的步骤之间的关系。

[Note] The PDPC is used to understand a goal in relation to the steps for getting to the goal.

[Комментарий] Диаграммы процесса осуществления программы используются для понимания цели относительно действий, предпринимаемых для достижения цели.

H

174. 航空承运人

[英文] Air carrier

[俄文] Воздушный перевозчик

[注释] 通过租赁或其他协议直接从事航空运输的个人（法人）。

[Note] Individuals (legalpersons) directly engaged in air transport throughlease or other agreements.

[Комментарий] Физические (юридические) лица, непосредственно занимающиеся воздушным транспортом по договорам аренды или другим договорам.

175. 航空器评审组

[英文] Aircraft evaluation group (AEG)

[俄文] Группа оценки воздушных судов

[注释] 航空器评审组是由飞行标准司为具体型号合格审定项目组建的评审机构。

[Note] The review institution established by the Flight Standards Division for the review of qualification of specific models.

[Комментарий] Группа проверки воздушных судов - это организация, учрежденная Департаментом летных стандартов для проектов сертификации конкретных типов.

176. 航空器型号合格审定体系

[英文] Aircraft type certification system

[俄文] Система сертификации типа воздушного судна

[注释] 局方针对航空器的型号合格审定而建立的工作体系。该体系包括授权的责任审定单位、责任审查部门、型号合格审定委员会、型号合格审定审查组、项目工程师、委任代表。

[Note] The working system established by the Bureau for the approval of aircraft model qualifications. The system includes authorized verification units, review departments, model qualification committee, model qualification review team, project engineers and appointed representatives.

[Комментарий] Система работы, установленная бюро по сертификации типов воздушных судов. Система включает уполномоченные ответственные группы проверки, ответственные отделы проверки, комитеты по сертификации типов, группы проверки сертификации типов, инженеров проекта и назначенных представителей.

177. 航空事故

[英文] Aircraft accident

[俄文] Авиационное происшествие

[注释] 与飞机运行有关的事件，该事件发生在任何人为执行飞机任务而登机，至所有人员已离机这段时间。在此期间有人死亡或重伤，或飞机受到实质性损坏。

[Note] An incident related to the operation of an aircraft, which occurs when any person boards an aircraft to carry out an aircraft mission until all person have left the aircraft. During this period, some people die or are seriously injured, or the aircraft is substantially damaged.

[Комментарий] Инцидент, связанный с эксплуатацией воздушного судна, который происходит, когда кто-либо садится на борт воздушного судна для выполнения миссии воздушного судна до тех пор, пока все люди не покинут самолет. В этот период некоторые люди погибают или получают серьезные травмы, либо самолет серьезно поврежден.

178. **航空运输**

[英文] Air transportation

[俄文] Авиационный транспорт

[注释] 省际、海外或涉外航空运输，或用航空器进行的邮件运输。

[Note] Inter-provincial, overseasorforeign-relatedairtransport, or mail transport by aircraft.

[Комментарий] Воздушный транспорт между провинциями, за границей или связанными с заграницей или авиапочта.

179. **航线维修**

[英文] Line maintenance

[俄文] Техническое обслуживание полинии

[注释] 按照航空营运人提供的工作单对航空器进行的例行检查和按照相应飞机、发动机维护手册等在航线进行的故障和缺陷的处理，包括换件和按照航空营运人机型最低设备清单、外形缺损清单保留故障和缺陷。

[Note] Routineinspectionofaircraftaccordingtoworkordersprovidedbyairoperatorsandtreatmentoffaultsanddefectsonairlinesinaccordancewithrelevantaircraftandengineмaintenancemanuals, includingreplacementormaintenanceforfaultsanddefectsaccordingtominimumequipmentlistandconfigurationdeviationlistofairoperators.

[Комментарий] Регулярный осмотр самолетов в соответствии с рабочими заданиями, предоставляемыми эксплуатантами, и устранение неисправностей и дефектов на авиалиниях в соответствии с соответствующими руководствами по техническому обслуживанию воздушных судов и двигателей, включая замену или техническое обслуживание неисправностей и дефектов в соответствии с минимальным перечнем оборудования и списком отклонений конфигурации эксплуатантов воздушных судов.

180. **合格审定**

[英文] Certification

[俄文] Сертификация

[注释] 合格审定是合法地鉴定产品、服务、机构或人员对适用要求的符合性。其中包含对产品、服务、机构或人员的工作进行技术性的检查，以及采用颁发合格证书、许可证、批准或其他被国家法律和程序所要求的文件证明的形式，正式认可对适用要求的符合性。

[Note] Qualification certification is to legally verify the conformity of products, services, institutions or personnel to applicable requirements. It includes technical inspection of the products, services, institutions or personnel, as well as formal approval of conformity with applicable requirements in the form of certification, licensing, approval or other documentation required by national laws and procedures.

[Комментарий] Квалификационная сертификация предназначена для юридической проверки соответствия продукции, услуг, учреждений или персонала применимым требованиям. Он включает технический осмотр продуктов, услуг, учреждений или персонала, а также формальное подтверждение соответствия применимым требованиям в форме сертификации, лицензирования, утверждения или другой документации, требуемой национальными законами и процедурами.

181. **合同**

[英文] Contract

[俄文] Договор

[注释] 对双方都有约束力的协议，它强制卖方提供规定的产品、服务或成果，强制买方支付相应的报酬。

[Note] A contract is a mutually binding agreement that obligates the seller to provide the specified product or service or result and obligates the buyer to pay for it.

[Комментарий] Это взаимообязывающее соглашение, обязывающее продавца предоставить определенный продукт, услугу или результат, а покупателя — оплатить его.

182. **合同变更控制系统**

[英文] Contract change control system

[俄文] Система контроля изменений в договорах

[注释] 用来收集、跟踪、裁定和沟通有关合同变更的系统。

[Note] The system used to collect, track, adjudicate, and communicate changes to acontract.

[Комментарий] Система, используемая для сбора, отслеживания, рассмотрения и информирования об изменениях в договоре.

183. **核查表**

[英文] Check sheets

[俄文] Листы сбора данных

[注释] 在收集数据时用作查对清单的计数表格。

[Note] Check sheets are used as a counting table for checking lists when collecting data.

[Комментарий] Контрольные листы используются в качестве счетной таблицы для проверочных списков при сборе данных.

184. **核对单分析**

[英文] Check list analysis

[俄文] Анализ с помощью контрольного списка

[注释] 借助清单来系统审查材料的准确性和完整性的一种技术。

[Note] A technique for systematically reviewing the accuracy and completeness of materials by means of lists.

[Комментарий] Методика для систематической проверки точности и полноты материалов с помощью списков.

185. **核实的可交付成果**

[英文] Verified deliverables

[俄文] Верифицированные результаты

[注释] 经过控制质量过程的检查，被证实为正确的已完成的可交付成果。

[Note] The deliverables proved to be correctly completed after checking of the quality control process.

[Комментарий] Результаты были подтверждены правильным выполнением после проверки процесса контроля качества.

186. **横道图**

[英文] Bar chart

[俄文] Гистограмма

[注释] 展示进度相关信息的一种图表方式。在典型的横道图中，进度活动或工作分解结构组件竖列于图的左侧，日期横排在图的顶端，而活动持续时间则以按日期定位的水平条形表示。参见“甘特图”。

[Note] A graphic display of schedule-related information. In the typical bar chart, schedule activities or work breakdown structure components are listed down the left side of the chart, dates are shown across the top, and activity durations are shown as date-placed horizontal bars. See *Ganttchart*.

[Комментарий] Графическое представление информации, относящейся к расписанию. В типичной линейчатой диаграмме перечень операций расписания или компонентов иерархической структуры работ располагается вдоль левой стороны диаграммы, даты размещены сверху, а длительности операций показаны в виде горизонтальных столбиков, привязанных к датам. См. *диаграмма Ганта*.

187. **候选审定维修要求**

[英文] Candidate certification maintenance requirement (CCMR)

[俄文] Требование к техническому обслуживанию сертификации кандидатов

[注释] 一种可能用于安全性分析中以帮助表明对适航规章 25.1309（b）中灾难性或危险性故障状态符合性的、定期的、维修或飞行机组的检查。当这种检查不能被视作基本维护和飞行操作时，它们就成了候选审定维修要求，AC/AMC 25.19 定义了从候选审定维修要求中确定审定维修要求（CMRs）的方法。

[Note] One may be used in safety analysis to help demonstrate compliance with catastrophic or dangerous failure status, regular maintenance or flight crew inspection in Airworthiness Regulation 25.1309 (b). When such inspections cannot be considered as basic maintenance and flight operations, they become CCMR. AC/AMC 25.19 defines the method of determining the certification maintenance requirements (CMRs) from the CCMR.

[Комментарий] Один из них может использоваться в анализе безопасности, чтобы продемонстрировать соответствие статусу катастрофического или опасного отказа, регулярному техническому обслуживанию или проверке летного экипажа в соответствии с Положением о летной годности 25.1309 (b). Если такие проверки нельзя рассматривать как базовое техническое обслуживание и выполнение полетов, они становятся CCMR. AC / AMC 25.19,определяют метод определения требований к обслуживанию сертификации (CMR) из CCMR.

188. **环境管理**

[英文] Environmental management

[俄文] Управление охраной окружающей среды

[注释] 保证工程和项目的行动和决策对环境可能的影响在论证规划阶段被评估，以及在系统实现流程中反复评价的活动。

[Note] The activities to ensure that possible environmental impacts of engineering and project actions and decisions are assessed at the demonstration planning stage and evaluation are repeatedly done in the system implementation process.

[Комментарий] Действия по обеспечению того, чтобы возможные воздействия на окружающую среду инженерных и проектных действий и решений оценивались на этапе демонстрационного планирования, а оценка повторяется в процессе внедрения системы.

189. **环境影响**

[英文] Environmental impact

[俄文] Влияние на окружающую среду

[注释] 一个行动对环境造成的直接的、间接的或累积的有益或有害影响。

[Note] The direct,indirect or cumulative beneficial or harmful effects of an action on the environment.

[Комментарий] Прямые, косвенные или совокупные полезные или вредные эффекты воздействия на окружающую среду.

190. 缓冲

[英文] Buffer

[俄文] Буфер

[注释] 见“储备”。

[Note] See *reserve*.

[Комментарий] См. *резерв*.

191. 回归分析

[英文] Regression analysis

[俄文] Регрессионный анализ

[注释] 通过考察一系列输入变量及其对应的输出结果，来建立数学或统计关系的一种分析技术。

[Note] An analytic technique where a series of input variables are examined in relation to their corresponding output results in order to develop a mathematical or statistical relationship.

[Комментарий] Аналитический метод, при котором ряд входных переменных изучается относительно соответствующих результатов на выходе с целью создания математической или статистической зависимости.

192. 汇总活动

[英文] Hammock activity

[俄文] Агрегированная деятельность

[注释] 见“概括性活动”。

[Note] See *summary activity*.

[Комментарий] См. *сводную активность*.

193. **豁免**

[英文] Exemption

[俄文] Освобождение

[注释] 申请人不能完全依据适用条款的文字要求表明符合性，而能以其同等安全水平的其他措施表明符合性时，向局方提出的符合性偏离申请。

[Note] The applicant can not show the conformity completely according to the written requirements, but can show the conformity with other measures of the same level of safety, and submit the application for deviation of conformity to the bureau.

[Комментарий] Заявитель не может продемонстрировать соответствие полностью согласно письменным требованиям, но может продемонстрировать соответствие другим мерам того же уровня безопасности и подать заявку на отклонение отбюра.

194. **豁免文件**

[英文] Waiver

[俄文] Свидетельство об освобождении от требования

[注释] 一种旨在放松或豁免工程或项目本应满足的某项特定需求的文件协议。

[Note] A document agreement designed to relax or exempt a specific requirement that an engineer or project should meet.

[Комментарий] Документальное соглашение, предназначенное для смягчения или исключения конкретного требования, которому должен соответствовать проект.

195. **活动**

[英文] Activity

[俄文] Деятельность

[注释] 在进度计划中所列，并在项目过程中实施的工作组成部分。

[Note] A distinct, scheduled portion of work performed during the course of a project.

[Комментарий] Отдельная, запланированная часть работы, выполняемая в ходе проекта.

196. **活动编码**

[英文] Activity code

[俄文] Код деятельности

[注释] 由一位或多位数字或字符组成，用来识别工作的特征，或者用某种方式对进度活动进行分类，以便在报告中对活动进行筛选和排序。

[Note] One or more numerical or text values that identify characteristics of the work or in some way categorize the schedule activity that allows filtering and ordering of activities within reports.

[Комментарий] Одно или несколько цифровых или буквенных значений, которые идентифицируют характеристики работы или относят операцию расписания к некоторой категории, что позволяет фильтровать и упорядочивать операции в отчетах.

197. **活动标识**

[英文] Activity identifier

[俄文] Идентификатор деятельности

[注释] 为了使项目活动彼此区别，而分配给每项进度活动的简短且唯一的数字或字符标识。在任何一个项目进度网络图中，活动标识通常是唯一的。

[Note] A short, unique numeric or text identification assigned to each schedule activity to differentiate one project activity from other activities. Typically the symbol of activity is unique in any one project schedule network diagram.

[Комментарий] Краткое уникальное буквенное или цифровое обозначение, присваиваемое каждой операции расписания, чтобы отличать эту операцию от других операций. Обычно идентификатор операции уникален в рамках диаграммы сети расписания проекта.

198. **活动成本估算**

[英文] Activity cost estimates

[俄文] Оценка стоимости деятельности

[注释] 进度活动的预计成本，包括执行和完成该活动所需的全部资源的成

本，包括全部的成本类型和成本元素。

[Note] The projected cost of the scheduleactivity that includes the cost for all resources required to perform and complete the activity, including all cost types and cost components.

[Комментарий] Прогнозируемая стоимость операции расписания, которая включает в себя стоимость всех ресурсов, необходимых для исполнения и завершения операции, в том числе все виды и компоненты стоимости.

199. **活动持续时间**

[英文] Activity duration

[俄文] Продолжительность деятельности

[注释] 用日历单位表示的，进度活动从开始到完成的时间长度。参考“持续时间”。

[Note] The time in calendar units between the beginning and end of a schedule activity. See *duration*.

[Комментарий] Время в календарных единицах от старта до финиша операции расписания. См. *длительность*.

200. **活动持续时间估算**

[英文] Activity duration estimate

[俄文] Оценка длительности деятельности

[注释] 对活动持续时间的可能量或结果的定量评估。

[Note] A quantitative assessment of the likely amount or outcome for the duration of an activity.

[Комментарий] Количественная оценка вероятной величины или результата в отношении длительности операции.

201. **活动节点法**

[英文] Activity-on-node (AON)

[俄文] Операции в узлах

[注释] 项目网络图的一种编制方法，用节点表示工序而箭线表示连接。参

考“紧前关系绘图法”。

[Note] A kind of compilation method of project diagram, in which node represents procedure and arrow the connection. See *precedence diagramming method (PDM)*.

[Комментарий] Метод, используемый для составления модели расписания, в которой операции графически связаны одной или несколькими логическими связями, которые показывают последовательность выполнения операций.

202. **活动描述**

[英文] Activity description

[俄文] Дескрипция деятельности

[注释] 对要得到希望的结果而必须要做的事情的描述。

[Note] A description of what must be done to achieve the desired results.

[Комментарий] Описание того, что необходимо сделать для достижения желаемых результатов.

203. **活动网络图**

[英文] Activity network diagrams

[俄文] Сетевой график работ

[注释] 见“项目进度网络图”。

[Note] See *project schedule network diagram.*

[Комментарий] См. *Схему сети расписания проекта.*

204. **活动资源需求**

[英文] Activity resource requirements

[俄文] Требования к ресурсам деятельности

[注释] 工作包中的每个活动所需的资源类型和数量。

[Note] The types and quantities of resources required for each activity in a work package.

[Комментарий] Типы и количество ресурсов, необходимых для каждого действия в рабочем пакете.

J

205. 机会

[英文] Opportunity

[俄文] Возможность

[注释] 对项目的一个或多个目标产生正面影响的风险。

[Note] A risk that would have a positive effect on one or more project objectives.

[Комментарий] Риск, который оказывает положительное влияние на цели проекта.

206. 机体制造方

[英文] Airframe manufacturer

[俄文] Самолётостроительная фирма

[注释] 商用飞机总装制造方和参与机体制造的供应商。

[Note] The manufacturer of commercial aircraft assembly and the supplier participating in the manufacture of airframe.

[Комментарий] Производитель сборки коммерческих самолетов и поставщик, участвующий в производстве планера.

207. 基本规则

[英文] Ground rules

[俄文] Основные правила

[注释] 对项目团队成员的可接受行为的预期。

[Note] Expectations regarding acceptable behavior in terms of project team members.

[Комментарий] Ожидания в отношении приемлемого поведения со стороны членов команды проекта.

208. **基线（控制）**

[英文] Baseline

[俄文] База

[注释] 也称“基准”，是一个各方同意的需求、设计或文档集合，通过正式的审批和控制流程保证系统变更受控。

[Note] Baseline, also called standard, is a collection of requirements, design or documents agreed by all parties, which ensures that the system change is in control through formal process of approval and control.

[Комментарий] Одобренная версия продукта работы, которая изменена только с помощью формальных процедур контроля изменений и используется как база для сравнения.

209. **绩效报告**

[英文] Performance reports

[俄文] Отчеты об исполнении

[注释] 见“工作绩效报告”。

[Note] See *work performance reports*.

[Комментарий] См. *отчеты об исполнении работ*.

210. **绩效测量基准**

[英文] Performance measurement baseline (PMB)

[俄文] База измерения эффективности

[注释] 经批准的项目范围-进度-成本综合计划，用来与项目执行情况相比较，以测量和管理绩效。其中包括应急储备，但不包括管理储备。

[Note] An approved, integrated scope-schedule-cost plan for the project work against which project execution is compared to measure and manage performance. The PMB includes contingency reserve, but excludes management reserve.

[Комментарий] Одобренный план работ проекта, объединенный по содержанию, расписанию и стоимости, с которым сравнивается текущее исполнение проекта для измерения и управления исполнением. PMB включает в себя резерв на возможные потери, но не включает в себя управленческий резерв.

211. 激励费用

[英文] Incentive fee

[俄文] Поощрительное вознаграждение

[注释] 与卖方的成本、进度或技术绩效相关联的财务激励。

[Note] A set of financial incentives related to cost, schedule, or technical performance of the seller.

[Комментарий] Ряд финансовых поощрений, связанных с соблюдением стоимости, сроков или с техническим исполнением продавца.

212. 即刻日期

[英文] Time now

[俄文] В настоящий время

[注释] 在进行工作网络分析、报告或更新时设定的当前日程表日期。

[Note] The current calendar date set when analysis, reporting or updating of work network is on-going.

[Комментарий] Текущая календарная дата, установленная во время анализа, отчетности или обновления рабочей сети.

213. 集成

[英文] Integration (ITN)

[俄文] Интеграция

[注释] ①使产品的各个部分能够协同运作的行为；②将若干分离的功能集中到单个实现过程之中的行为。

[Note] ① The action of enabling various parts of a product to work together; ② The action of centralizing several separate functions into a single implementation process.

[Комментарий] ① Действие, позволяющее различным частям продукта работать вместе; ② Действие централизации нескольких отдельных функций в единый процесс реализации.

214. 集中办公

[英文] Collocation

[俄文] Совместное расположение

[注释] 为改善沟通和工作关系，提高工作效率，而让项目团队成员的工作地点彼此靠近的一种组织布局策略。

[Note] In order to improve communication, working relationship and efficiency, an organizational layout strategy that allows project team members to work in close proximity to each other.

[Комментарий] В целях улучшения коммуникации, рабочих взаимоотношений и эффективности разработана стратегия организационной структуры, которая позволяет членам проектной группы работать в близости друг от друга.

215. 集中趋势

[英文] Central tendency

[俄文] Центральная тенденция

[注释] 中心极限定理的特征，意指统计分布中的数据会趋向于围绕在一个中心位置附近。集中趋势的三个典型测量值是平均数、中位数和众数。

[Note] A property of the central limit theorem predicting that the data observations in a distribution will tend to group around a central location. The three typical measures of central tendency are the mean, median, and mode.

[Комментарий] Это свойство центральной предельной теоремы, центральная тенденция значит, что данные наблюдений в рамках распределения будут иметь тенденцию группироваться вокруг центрального расположения. Три типичных показателя центра распределения — это среднее значение, медиана и мода.

216. 计划价值

[英文] Planned value (PV)

[俄文] Плановый объем (ПО)

[注释] 为计划工作分配的经批准的预算。

[Note] The authorized budget assigned to scheduled work.

[Комментарий] Авторизованный бюджет, распределенный на запланированные работы

217. 计划评审技术

[英文] Program evaluation and review technique (PERT)

[俄文] Метод оценки и пересмотра планов

[注释] 当活动的估算无法确定时，使用其乐观估算、悲观估算和最可能估算的加权平均值作为估算结果的一种技术。

[Note] A technique for estimating that applies a weighted average of optimistic, pessimistic, and most likely estimates when there is uncertainty with the individual activity estimates.

[Комментарий] Метод оценки, использующий взвешенную среднюю величину оптимистичной, пессимистичной и наиболее вероятной оценки в тех случаях, когда существует неопределенность в оценках отдельных операций.

218. 记分板

[英文] Scoreboard

[俄文] Табло

[注释] 一种记录项目关键性能指数，向整个团队实时沟通项目整体进展的工具。

[Note] A tool for recording key performance indicators of project, and communicating the overall progress of project to the entire team in real time.

[Комментарий] Инструмент для записи ключевых показателей эффективности проекта для сообщения об общем ходе проекта всей команде в режиме реального времени.

219. 记分卡

[英文] Scorecard

[俄文] Оценочная карточка

[注释] 一种对项目关键性能指数进行打分、统计的工具，用以制作项目记分板。

[Note] A tool for scoring and statistics of key performance indicators of project, which is used to make a project scoreboard.

[Комментарий] Инструмент скоринга и статистики ключевых показателей эффективности проекта, который используется для создания табло проекта.

220. 记录管理系统

[英文] Records management system

[俄文] Система управления записями

[注释] 一套具体的流程、相关控制功能和工具，联合用于记录和保存项目信息。

[Note] A specific set of processes, related control functions, and tools that are jointly used to record and retain information about the project.

[Комментарий] Определенный набор процессов, соответствующих функций контроля, и инструментов, которые консолидируются и объединяются для записи и сохранения информации о проекте.

221. 技术

[英文] Technique

[俄文] Техника

[注释] 人们在执行活动以生产产品、取得成果或提供服务的过程中所使用的经过定义的系统化程序，其中可能用到一种或多种工具。

[Note] A defined systematic procedure employed by a human resource to perform an activity to produce a product or result or deliver a service, and that may employ one or more tools.

[Комментарий] Определенная систематическая процедура, применяемая персоналом для выполнения операции с целью получения продукта или результата или оказания услуги, в которой также может использоваться один или несколько инструментов.

222. 技术标准规定

[英文] Technical standard order (TSO)

[俄文] Инструкция по применению технических стандартов

[注释] 局方对民用航空器、航空发动机和螺旋桨上使用或安装的重要通用材料、零部件和机载设备所制定的最低性能要求。

[Note] The minimum performance requirements for important general materials, components and airborne equipment for use or installation on civil aircraft, aeroengines and propellers prescribed by the Administration.

[Комментарий] Минимальные требования к характеристикам важных материалов, компонентов и бортового оборудования для использования или установки на гражданских воздушных судах, авиационных двигателях и воздушных винтах, предписанные Администрацией.

223. 加权里程碑法

[英文] Weighted milestone method

[俄文] Метод взвешенного веха

[注释] 计算挣值的一种方法，把工作包划分为多个可度量的部分，每个部分都以明确的里程碑结束，然后为每个里程碑的实现分配一个权重。

[Note] An earned value method that divides a work package into several measurable segments, each ending with an observable milestone, and then assigns a weighted value to the achievement of each milestone.

[Комментарий] Метод освоенного объема, разделяющий пакет работ на измеримые сегменты, каждый из которых заканчивается заметным контрольным событием, а потом назначающий взвешенное значение для достижения каждого контрольного события.

224. 价值工程

[英文] Value engineering (VE)

[俄文] Функционально-стоимостной анализ (ФСА)

[注释] 用来优化项目寿命周期成本，节省时间，增加利润，改进质量，扩

大市场份额，解决问题和/或提高资源使用效果的一种方法。

[Note] An approach used to optimize project life cycle costs, save time, increase profits, improve quality, expand market share, solve problems, and/or use resources more effectively.

[Комментарий] Подход к оптимизации стоимости на этапах жизненного цикла проекта, сокращению временных затрат, увеличению прибыли, улучшению качества, расширению доли рынка, разрешению проблем и/или повышению результативности использования ресурсов.

225. **假设分析**

[英文] Assumptions analysis

[俄文] Допущенный анализ

[注释] 探讨假设的准确性，并识别因其中的不准确、不一致或不完整而导致的项目风险的一种技术。

[Note] A technique that explores the accuracy of assumptions and identifies risks to the project from inaccuracy, inconsistency, or incompleteness of assumptions.

[Комментарий] Метод, который анализирует точность допущений и идентифицирует риски проекта, вызванные неточностью, противоречивостью или неполнотой допущений.

226. **假设情景分析**

[英文] What-if scenario analysis

[俄文] Анализ сценариев «что если»

[注释] 对各种情景进行评估，预测它们对项目目标的影响的过程。

[Note] The process of evaluating scenarios in order to predict their effect on project objectives.

[Комментарий] Процесс оценки сценариев с целью прогнозирования их воздействия на цели проекта.

227. 监督

[英文] Monitor

[俄文] Мониторинг

[注释] 对照计划收集项目绩效数据，计算绩效指标，并报告和发布绩效信息。

[Note] Collect project performance data with respect to a plan, produce performance measures, and report and disseminate performance information.

[Комментарий] Сбор данных об исполнении проекта по плану, измерение показателей исполнения, предоставление и распространение информации об исполнении.

228. 监控过程组

[英文] Monitoring and controlling process group

[俄文] Группа мониторинга и контроля процессов

[注释] 跟踪、审查和调整项目进展与绩效，识别必要的计划变更并启动相应变更的一组过程。

[Note] Those processes required to track, review, and regulate the progress and performance of the project; identify any areas in which changes to the plan are required; and initiate the corresponding changes.

[Комментарий] Процессы, требуемые для отслеживания, анализа, а также регулирования исполнения проекта; выявления областей, требующих внесения изменений в план; и инициирования соответствующих изменений.

229. 监控项目工作

[英文] Monitor and control project work

[俄文] Мониторинг и управление работами проекта

[注释] 跟踪、审查和报告项目进展，以实现项目管理计划中确定的绩效目标的过程。

[Note] The process of tracking, reviewing, and reporting the progress to meet the performance objectives defined in the project management plan.

[Комментарий] Процесс отслеживания, проверки и ведения отчетности о ходе исполнения для достижения целей исполнения, определенных в плане управления проектом.

230. **检查**

[英文] Inspection

[俄文] Инспекция

[注释] 通过检验或测量，核实某个活动、部件、产品、成果或服务是否符合特定的要求。

[Note] Examining or measuring to verify whether an activity, component, product, result, or service conforms to specified requirements.

[Комментарий] Обследование или измерение с целью проверить, соответствует ли операция, компонент, продукт, результат или услуга указанным требованиям

231. **检查与审计**

[英文] Inspections and audits

[俄文] Инспекции и аудиты

[注释] 按照商定的要求，考察合同工作或产品的绩效情况的过程。

[Note] A process to observe performance of contracted work or a promised product against agreed-upon requirements.

[Комментарий] Процесс наблюдения за исполнением работ по договору или обещанного продукта на соответствие согласованным требованиям.

232. **建设项目团队**

[英文] Develop project team

[俄文] Разработка группы проекта

[注释] 提高工作能力，促进团队成员互动，改善团队整体氛围，以提高项目绩效的过程。

[Note] The process of improving competencies, team member interaction, and overall team environment to enhance project performance.

[Комментарий] Процесс совершенствования компетенций, взаимодействия членов команды и общих условий работы команды для улучшения исполнения проекта.

233. 建议书评价技术

[英文] Proposal evaluation techniques

[俄文] Методы оценки предложения

[注释] 对供应商提交的建议书进行评审，从而对合同授予决策提供支持的过程。

[Note] The process of reviewing proposals provided by suppliers to support contract award decisions.

[Комментарий] Процесс рассмотрения предложений от поставщиков с целью выработки решения по заключению договора.

234. 建议邀请书

[英文] Request for proposal (RFP)

[俄文] Предложение запроса

[注释] 采购文件的一种，用来向潜在卖方征求对产品或服务的建议书。在某些应用领域，其含义可能更精确或更具体。

[Note] A type of procurement document used to request proposals from prospective sellers of products or services. In some application areas, it may have a narrower or more specific meaning.

[Комментарий] Тип закупочного документа, используемый для запроса предложений продуктов или услуг от предполагаемых продавцов. В отдельных прикладных областях данный термин может иметь более узкое или специальное значение.

235. 渐进明细

[英文] Progressive elaboration

[俄文] Последовательная разработка

[注释] 随着信息越来越多、估算越来越准确，而不断提高项目管理计划的详细程度的迭代过程。

[Note] The iterative process of increasing the level of detail in a project management plan as greater amounts of information and more accurate estimates become available.

[Комментарий] Итеративный процесс повышения уровня детализации плана управления проектом по мере получения подробной информации и точных оценок.

236. 箭线图法

[英文] Arrow Diagramming Method (ADM)

[俄文] Метод диаграммы срелок

[注释] 用箭线表示活动，活动之间用节点（称作“事件”）连接，只能表示结束—开始关系，每个活动必须用唯一的紧前事件和唯一的紧后事件描述；紧前事件编号要小于紧后事件编号；每一个事件必须有唯一的事件号。

[Note] An arrow line is used to present and activity, and nodes (called “events”) are used to connect activities. Only the end start relationship can be represented. Each activity must be described by a unique pre event number must be less than the post even number. Each event must have a unique event number.

[Комментарий] Линия со стрелкой используется для представления действий, а узлы (называемые «событиями») используются для соединения действий. Могут быть представлены только отношения "конец-начало". Каждое действие должно быть описано уникальным предварительным номером, который должен быть меньше четного номера публикации. Каждое событие должно иметь уникальный номер.

237. 焦点小组

[英文] Focus groups

[俄文] Фокус-группы

[注释] 召集预定的干系人和主题专家，了解他们对所讨论的产品、服务或成果的期望和态度的一种启发式技术。

[Note] An elicitation technique that brings together prequalified stakeholders and subject matter experts to learn about their expectations and attitudes about a proposed product, service, or result.

[Комментарий] Метод сбора информации, объединяющий предварительно отобранные по определенным критериям заинтересованные стороны и сбора экспертов по предметной области с целью узнать их ожидания и отношение к будущему продукту, услуге или результату

238. **角色**

[英文] Role

[俄文] Роль

[注释] 项目团队成员必须履行的、已明确定义的职责，如测试、归档、检查、编码等。

[Note] A defined function to be performed by a project team member, such as testing, filing, inspecting, or coding.

[Комментарий] Определенная функция, выполняемая членом команды проекта, например тестирование, систематизация, инспектирование, кодирование.

239. **阶段**

[英文] Phase

[俄文] Фаза

[注释] 见“项目阶段”。

[Note] See *project phase*.

[Комментарий] См. *фаза проекта*.

240. **阶段关口**

[英文] Phase gate

[俄文] Шлюз фазы

[注释] 为做出进入下个阶段、进行整改或结束项目或项目集的决定而开展的阶段末审查。

[Note] A review at the end of a phase in which a decision is made to continue to the next phase, to continue with modification, or to end a project or program.

[Комментарий] Обзор в конце фазы, во время которого принимается решение о переходе к следующей фазе, о продолжении с изменением или о завершении проекта или программы.

241. 节点

[英文] Node

[俄文] Узел

[注释] 进度网络的要素之一，是一条依赖关系线与某些或所有其他依赖关系线的交点。

[Note] One of the defining points of a schedule network; a junction point joined to some or all of the other dependency lines.

[Комментарий] Одна из определяющих точек сети расписания; точка, соединенная с несколькими или всеми другими линиями зависимости.

242. 结束采购

[英文] Close procurements

[俄文] Закрытие закупок

[注释] 完结单次项目采购的过程。

[Note] The process of completing a single project procurement.

[Комментарий] Процесс завершения каждой закупки проекта.

243. 结束的采购

[英文] Closed procurements

[俄文] Закрытые закупки

[注释] 由授权代表正式声明终结并签署终结证书的合同或其他采购协议。

[Note] Project contracts or other procurement agreements that have been formally acknowledged by the proper authorizing agent as being finalized and signed off.

[Комментарий] Договоры проекта или другие соглашения о закупках, которые были формально признаны надлежащим уполномоченным представителем как завершенные подписанные.

244. 结束项目或阶段

[英文] Close project or phase

[俄文] Закрытие проекта или фазы

[注释] 完结所有项目管理过程组的所有活动，以正式结束项目或阶段的过程。

[Note] The process of finalizing all activities across all of the Project Management Process Groups to formally complete a project or phase.

[Комментарий] Процесс завершения всех операций всех групп процессов управления проектом в целях формального завершения проекта или фазы.

245. 仅依据型号合格证的生产

[英文] Type certificate only

[俄文] Только сертификат типа

[注释] 当某种产品已获得型号合格证件，但尚未获得生产许可证（PC）时，型号合格证件（或其转让协议书）持有人进行该产品的生产活动。

[Note] When a product has obtained a type certificate, but has not yet obtained a production certificate (PC), the holder of the type certificate (or its transfer agreement) carries out the production activities.

[Комментарий] Когда продукт получил сертификат типа, но еще не получил сертификат производства, владелец сертификата типа (или соглашения о его передаче) осуществляет производственную деятельность.

246. 紧急情况

[英文] Contingency

[俄文] Непредвиденные обстоятельства

[注释] 可能对项目执行产生影响的一个事件或情形，可用储备去应对。

[Note] An event or occurrence that could affect the execution of the project that may be accounted for with a reserve.

[Комментарий] Явление или событие, которое может повлиять на ход исполнения проекта с учетом резерва.

247. 紧急适航指令

[英文] Emergency airworthiness directive

[俄文] Экстренная директива летной годности

[注释] 具有紧急性质，作为立即生效的法规而颁发的适航指令。

[Note] An airworthiness directive issued as a matter of urgency by a statute in force immediately.

[Комментарий] Директива о летной годности, изданная в срочном порядке в соответствии с немедленно вступившим в силу законом.

248. **进度绩效指数**

[英文] Schedule performance index (SPI)

[俄文] Индекс выполнения сроков

[注释] 测量进度效率的一种指标，表示为挣值与计划价值之比。

[Note] A measure of schedule efficiency expressed as the ratio of earned value to planned value.

[Комментарий] Показатель эффективности расписания, выражаемый как соотношение освоенного объема к плановому объему

249. **进度计划**

[英文] Schedule

[俄文] Расписание

[注释] 见“项目进度计划”，参见“进度模型”。

[Note] See *project schedule* and see also *schedule model*.

[Комментарий] См. *расписание проекта*, см. *модель расписания*.

250. **进度计划编制工具**

[英文] Scheduling tool

[俄文] Инструмент составления расписания

[注释] 配合进度计划编制方法使用的工具，可提供进度计划组成部分的名称、定义、结构关系和格式。

[Note] A tool that provides schedule component names, definitions, structural relationships, and formats that support the application of a scheduling method.

[Комментарий] Инструмент, предоставляющий названия, определения, структурные связи и форматы компонентов расписания, которые поддерживают применение метода составления расписания.

251. **进度偏差**

[英文] Schedule variance (SV)

[俄文] Отклонение по срокам

[注释] 测量进度绩效的一种指标，表示为挣值与计划价值之差。

[Note] A measure of schedule performance expressed as the difference between the earned value and the planned value.

[Комментарий] Показатель исполнения расписания, выражаемый как разница между освоенным объемом и плановым объемом.

252. **进度数据**

[英文] Schedule data

[俄文] Данные расписания

[注释] 用以描述和控制进度计划的信息集合。

[Note] The collection of information for describing and controlling the schedule.

[Комментарий] Совокупность информации для описания и контроля расписания.

253. **进度网络模板**

[英文] Schedule network templates

[俄文] Шаблоны сети расписания

[注释] 已有的一组活动及其相互关系，供需要应用这些关系的特定应用领域或项目局部重复使用。

[Note] A set of activities and relationships that have been established that can be used repeatedly for a particular application area or an aspect of the project where a prescribed sequence is desired.

[Комментарий] Установленный набор операций и взаимо связей, который можно использовать повторно в определенной прикладной области или аспекте проекта, где желательна предписанная последовательность.

254. **经验教训**

[英文] Lessons learned

[俄文] Извлеченные уроки

[注释] 项目过程中获得的知识，说明曾怎样处理某个项目事件或今后应如何处理，以改进未来绩效。

[Note] The knowledge gained during a project which shows how project events were addressed or should be addressed in the future with the purpose of improving future performance.

[Комментарий] Знания, полученные в ходе исполнения проекта, которые показывают, как реагировали на события проекта или как на них следует реагировать в будущем, с целью улучшения будущего исполнения.

255. **经验教训知识库**

[英文] Lessons learned knowledge base

[俄文] База знаний извлеченных уроков

[注释] 对以往项目选择决策与项目执行情况的历史信息和经验教训的存储。

[Note] A store of historical information and lessons learned about both the outcomes of previous project selection decisions and previous project performance.

[Комментарий] Запас исторической информации и извлеченных уроков о результатах решений по отбору прошлых проектов и об исполнении прошлых проектов.

256. **精确**

[英文] Precision

[俄文] Точность

[注释] 在质量管理体系中，精确是对精确度的测量。

[Note] Within the quality management system, precision is a measure of exactness.

[Комментарий] В рамках системы управления качеством, точность — это мера аккуратности

257. 纠正措施

[英文] Corrective action (CA)

[俄文] Корректирующее мероприятие

[注释] 为使项目工作绩效重新与项目管理计划一致，而进行的有目的的活动。

[Note] An intentional activity that realigns the performance of the project work with the project management plan.

[Комментарий] Намеренное действие с целью привести исполнение работ проекта в соответствие с планом управления проектом.

258. 局方（中国）

[英文] Civil aviation administration of China (CAAC)

[俄文] Администрация гражданской авиации Китая

[注释] 指各国的局方，例如对于中国的情况，指中国民用航空局、民航地区管理局。

[Note] Refers to the administration of various countries, such as China, the Civil Aviation Administration of China and the Civil Aviation Regional Authority of China.

[Комментарий] Администрация различных стран, как Китая, Администрация гражданской авиации Китая и Региональное управление гражданской авиации Китая.

259. 矩阵图

[英文] Matrix diagrams

[俄文] Матричные диаграммы

[注释] 一种质量管理和控制工具，使用矩阵结构对数据进行分析。在行列

交叉的位置展示因素、原因和目标之间的关系强弱。

[Note] A quality management and control tool used to perform data analysis within the organizational structure created in the matrix. The matrix diagram seeks to show the strength of relationships between factors, causes, and objectives that exist between the rows and columns that form the matrix.

[Комментарий] Инструмент управления и контроля качества, используемый для анализа данных в пределах организационной структуры, созданной в матрице. При помощи матричной диаграммы стремятся показать силу зависимостей между факторами, причинами и целями, отображенными в матрице в виде рядов и столбцов.

260. 矩阵型组织

[英文] Matrix organization

[俄文] Матричная организация

[注释] 项目经理和职能经理共同负责安排工作优先级，并指导项目成员工作的组织结构形式。

[Note] Any organizational structure in which the project manager shares responsibility with the functional managers for assigning priorities and for directing the work of persons assigned to the project.

[Комментарий] Любая организационная структура, в которой руководитель проекта разделяет с функциональными руководителями ответственность по заданию приоритетов и руководству работой лиц, назначенных для исполнения проекта.

261. 决策树分析

[英文] Decision tree analysis

[俄文] Анализ дерева решений

[注释] 一种图形和计算技术，用来评估与一个决策相关的多个可选方案在不确定情形下的可能后果。

[Note] A diagramming and calculation technique for evaluating the implications of a chain of multiple options in the presence of uncertainty.

[Комментарий] Диаграмма и метод расчета для оценки последствий цепи множественных вариантов в условиях неопределенности.

K

262. 开始日期

[英文] Start date

[俄文] Дата начала

[注释] 与进度活动的开始相关联的时间点。通常带下列修饰词：实际、计划、估计、预计、最早、最晚、目标、基准或当前。

[Note] A point in time associated with a schedule activity's start, usually qualified with the following modifications: actual, planned, estimated, scheduled, early, late, target, baseline, or current.

[Комментарий] Дата начала операции расписания, обычно употребляется с уточнением: фактическая, плановая, предполагаемая, расчетная, ранняя, поздняя, целевая, базовая или текущая.

263. 可交付成果

[英文] Deliverable

[俄文] Поставляемый результат

[注释] 在某一过程、阶段或项目完成时，必须产出的任何独特并可核实的产品、成果或服务能力。

[Note] Any unique and verifiable product, result, or capability to perform a service that is required to be produced to complete a process, phase, or project.

[Комментарий] Любой уникальный и поддающийся проверке продукт, результат или способность оказывает услугу, которые необходимо произвести для завершения процесса, фазы или проекта.

264. 客户

[英文] Customer

[俄文] Заказчик

[注释] 为项目产品、服务或成果付钱的个人或组织，可位于执行组织的内部或外部。

[Note] Customer is the person(s) or organization(s) that will pay for the project's product, service, or result. Customers can be internal or external to the performing organization.

[Комментарий] Заказчик — лицо (лица) или организация (организации), которые будут платить за продукт, услугу или результат проекта. Заказчики могут быть как внутренними, так и внешними по отношению к исполняющей организации.

265. 客户满意

[英文] Customer satisfaction

[俄文] Удовлетворенность заказчика

[注释] 在质量管理体系中，因自己的预期需求得到满足或超越，客户在评估中所表现出的一种满意状态。

[Note] Within the quality management system, a state of fulfillment in which the needs of a customer are met or exceeded reveals during evaluation.

[Комментарий] В рамках системы управления качеством состояние удовлетворенности, при котором выполнение потребностей заказчика соответствует ожиданиям заказчика или превосходит их согласно оценке заказчика в момент проведения оценки.

266. 客户声音

[英文] Voice of the customer

[俄文] Мнение заказчика

[注释] 一种规划技术，通过在项目产品开发的每个阶段把客户需求转变成适当的技术要求，来提供真正反映客户需求的产品、服务和成果。

[Note] A planning technique used to provide products, services, and results that truly reflect customer requirements by translating those customer requirements into the appropriate technical requirements for each phase of project product development.

[Комментарий] Метод планирования, используемый для предоставления продуктов, услуг и результатов, которые полностью отражают требования заказчика, с помощью преобразования этих требований в соответствующие технические требования для каждой фазы разработки продукта проекта.

267. **控制**

[英文] Control

[俄文] Контроль

[注释] 对比实际绩效与计划绩效，分析偏差，评估趋势以改进过程，评价可能的备选方案，并提出必要的纠正措施建议。

[Note] Comparing actual performance with planned performance, analyzing variances, assessing trends to effect process improvements, evaluating possible alternatives, and recommending appropriate corrective action as needed.

[Комментарий] Сравнение фактического исполнения с запланированным, анализ отклонений, оценка тенденций для оказания воздействия на улучшение процесса, оценка возможных альтернатив и рекомендация соответствующих корректирующих воздействий, если это необходимо.

268. **控制采购**

[英文] Control procurements

[俄文] Контрольные закупки

[注释] 管理采购关系，监督合同绩效，并根据需要实施变更和采取纠正措施的过程。

[Note] The process of managing procurement relationships, monitoring contract performance, and making changes and corrections as appropriate.

[Комментарий] Процесс управления отношениями с поставщиками, мониторинга исполнения договоров, и, при необходимости, внесения изменений и корректив.

269. 控制成本

[英文] Control costs

[俄文] Контрольные стоимости

[注释] 监督项目状态，以更新项目成本，管理成本基准变更的过程。

[Note] The process of monitoring the status of the project to update the project costs and managing changes to the cost baseline.

[Комментарий] Процесс мониторинга статуса проекта для актуализации стоимости проекта и управления изменениями базового плана по стоимости.

270. 控制范围

[英文] Control scope

[俄文] Область управления

[注释] 监督项目和产品的范围状态，管理范围基准变更的过程。

[Note] The process of monitoring the status of the project and product scope and managing changes to the scope baseline.

[Комментарий] Процесс мониторинга состояния содержания проекта и продукта, а также управления изменениями базового плана по содержанию.

271. 控制风险

[英文] Control risks

[俄文] Контроль над рисками

[注释] 在整个项目中实施风险应对计划，跟踪已识别风险，监督残余风险，识别新风险，以及评估风险过程有效性的过程。

[Note] The process of implementing risk response plans, tracking identified risks, monitoring residual risks, identifying new risks, and evaluating risk process effectiveness throughout the project.

[Комментарий] Процесс применения планов реагирования на риски, отслеживания идентифицированных рисков, мониторинга остаточных рисков, выявления новых рисков и оценки результативности процесса управления рисками на протяжении всего проекта.

272. 控制干系人参与

[英文] Control stakeholder engagement

[俄文] Контроль вовлечения заинтересованных сторон

[注释] 全面监督项目干系人之间的关系，调整策略和计划，以调动干系人参与的过程。

[Note] The process of monitoring overall project stakeholder inter-relationships and adjusting strategies and plans for engaging stakeholders.

[Комментарий] Процесс мониторинга всех взаимоотношений заинтересованных сторон проекта и корректировки стратегий и планов для вовлечения заинтересованных сторон.

273. 控制沟通

[英文] Control communications

[俄文] Контроль коммуникаций

[注释] 在整个项目生命周期中对沟通进行监督和控制的过程，以确保满足项目干系人对信息的需求。

[Note] The process of monitoring and controlling communications throughout the entire project life cycle to ensure the information needs of the project stakeholders are met.

[Комментарий] Процесс мониторинга и контроля коммуникаций в ходе всего жизненного цикла проекта для обеспечения удовлетворения потребностей заинтересованных сторон проекта в информации.

274. 控制界限

[英文] Control limits

[俄文] Границы контроли

[注释] 在控制图中，中心线或均值两侧三个标准差（基于数据的正态分布）以内的区域，它反映了数据的预期变动范围。参见“规格界限”。

[Note] The area composed of three standard deviations on either side of the centerline or mean of a normal distribution of data plotted on a control chart, which reflects the expected variation in the data. See *specification limits*.

[Комментарий] Область, образованная тремя стандартными отклонениями с каждой стороны осевой линии или среднего значения нормального распределения данных, отображенных на контрольной карте, отражает ожидаемые вариации в данных. См. *границы, заданные спецификацией*.

275. **控制进度**

[英文] Control schedule

[俄文] Контрольное расписание

[注释] 监督项目活动状态，更新项目进展，管理进度基准变更，以实现计划的过程。

[Note] The process of monitoring the status of project activities to update project progress and manage changes to the schedule baseline to achieve the plan.

[Комментарий] Процесс мониторинга статуса операций проекта для актуализации прогресса проекта и управления изменениями базового расписания с целью соответствия плану.

276. **控制图**

[英文] Control chart

[俄文] Контрольная карта

[注释] 按时间顺序展示过程数据，并将这些数据与既定的控制界限相比较的一种图形。控制图有一条中心线，有助于观察图中的数据点向两边控制界限偏移的趋势。

[Note] A graphic display of process data over time and against established control limits, which has a centerline that assists in detecting a trend of plotted values toward either control limit.

[Комментарий] Графическое представление данных процесса в хронологическом порядке и в сравнении с установленными контрольными границами, на графике имеется осевая линия, способствует определить тренд величин в направлении каждой из контрольных границ.

277. 控制账户

[英文] Control account (CA)

[俄文] Контрольный счет

[注释] 一种管理控制点。在该控制点上，把范围、预算、实际成本和进度加以整合，并与挣值比较，以测量绩效。

[Note] A management control point where scope, budget, actual cost, and schedule are integrated and compared to earned value for performance measurement.

[Комментарий] Представляет собой элемент управления, в котором содержание, бюджет, фактическая стоимость и расписание объединяются и сравниваются с освоенным объемом для измерения исполнения.

278. 控制质量

[英文] Control quality

[俄文] Контроль за качество

[注释] 监督并记录质量活动执行结果，以便评估绩效，并推荐必要的变更的过程。

[Note] The process of monitoring and recording results of executing the quality activities to assess performance and recommend necessary changes.

[Комментарий] Процесс мониторинга и документирования результатов действий по обеспечению качества для оценки исполнения и вынесения рекомендаций необходимых изменений.

L

279. 类

[英文] Category

[俄文] Категория

[注释] ①用于航空人员的颁证、定级、权限和限制时，指航空器的宽泛分类，举例包括：飞机、旋翼航空器、滑翔机、和轻于空气的航空器；②用于航空器的合格审定时，指依据航空器的预期用途或使用限制所进行的分类，举例包括：运输类、正常类、实用类、特技类、限制类、限用类和临时类。

[Note] ①When used for certification, classification, authority and restriction of aviation personnel, it refers to the broad classification of aircraft, such as aircraft, rotorcraft aircraft, glider, and aircraft lighter than air. ②For the qualification of aircraft, it refers to the classification based on the expected use or use restrictions of aircraft. such as: transportation, normal, practical, special effects, limits, restriction and temporary.

[Комментарий] ① Для сертификации, классификации, полномочий и ограничений авиационного персонала, он относится к широкой классификации самолетов, таких как самолеты, винтокрылые летательные аппараты, планеры и летательные аппараты легче воздуха. ② Для квалификацией воздушного судна, это подразумевается классификация, основанная на предполагаемом использовании или ограничениях использования воздушного судна. такие как: транспорт, нормальный, практический, спецэффекты, ограничения, ограничения и временные.

280. 类比估算

[英文] Analogous estimating

[俄文] Аналогичные оценки

[注释] 使用相似活动或项目的历史数据，来估算当前活动或项目的持续时间或成本的技术。

[Note] A technique for estimating the duration or cost of an activity or a project using historical data from a similar activity or project.

[Комментарий] Метод оценки длительности или стоимости операции или проекта с помошью исторических данных аналогичной операции или проекта.

281. 里程碑

[英文] Milestone

[俄文] Веха

[注释] 特别重要的事件，通常代表一个项目主要阶段的结束。在里程碑点上经常要进行项目评估。

[Note] An even important event representing the ending of the main stage of a project. Project estimates are usually made on the point of milestone.

[Комментарий] Важное событие проекта, представляющее завершение основного этапа проекта. Оценка проекта обычно производится на этапе вехи.

282. 里程碑进度计划

[英文] Milestone schedule

[俄文] График веха

[注释] 标明主要进度里程碑的概括性进度计划。参见“主进度计划”。

[Note] A summary-level schedule that identifies the major schedule milestones. See *master schedule*.

[Комментарий] Верхнеуровневое расписание, отображающее сроки наступления основных контрольных событий. См. *укрупненное расписание*.

283. 历史信息

[英文] Historical information

[俄文] Историческая информация

[注释] 以往项目的文件和数据，包括项目档案、记录、函件、完结的合同和结束的项目。

[Note] Documents and data on prior projects including project files, records, correspondence, closed contracts, and closed projects.

[Комментарий] Документы и данные по предыдущим проектам, включая архивы, записи и корреспонденцию проектов, закрытые договоры, а также закрытые проекты.

284. 利用提前量与滞后量

[英文] Applying leads and lags

[俄文] Применение опережений и задержек

[注释] 用来调整紧前和紧后活动之间的时间量的一种技术。

[Note] A technique that is used to adjust the amount of time between predecessor and successor activities.

[Комментарий] Метод, используемый для корректировки промежутка времени между предшествующими и последующими операциями.

285. **联邦航空条例**

[英文] Federal aviation regulations (FAR)

[俄文] Федеральные авиационные правила (ФАП)

[注释] 由美国联邦航空局颁布的法规，用于管理在美国境内运行的所有航空活动。

[Note] The Regulations promulgated by the Federal Aviation Administration of the United States govern all aviation activities operating in the United States.

[Комментарий] Правила, опубликованные Федеральным авиационным управлением США, регулируют всю авиационную деятельность, осуществляемую в Соединенных Штатах.

286. **两总系统**

[英文] Dual-chief system

[俄文] Система двойного руководства

[注释] 中国航空航天界和军工界通行的型号管理模式系统，包括行政指挥系统和总设计师系统。

[Note] The general type management system in China's aerospace industry and military industry, includes the executive commander system and the chief designer system.

[Комментарий] Общая система управления типами в аэрокосмической и военной промышленности Китая включает в себя систему исполнительного командира и систему главного конструктора.

287. 临界值

[英文] Threshold

[俄文] Порог

[注释] 对成本、时间、质量、技术或资源价值等的限定参数，可以列入产品规范中。一旦越过临界值，就应采取某种行动，如提交异常情况报告。

[Note] The restricted parameter of a cost, time, quality, technical, or resource value, and which may be included in product specifications. Crossing the threshold should trigger some action, such as generating an exception report.

[Комментарий] Значение стоимости, времени, качества, ресурсов или техническое значение, используемое в качестве параметра, которое также может включаться в спецификацию продукта. Преодоление порогового значения должно вызывать некоторое действие, например составление отчета об отклонениях.

288. 临时更改单记录

[英文] Record of temporary revisions

[俄文] Запись временных изменений

[注释] 临时更改单记录由用户填写，用于记录与手册临时更改有关的信息，例如：临时更改单号、页码、出版日期、签名、撤销日期和签名。临时更改单记录供用户按顺序记录和查阅临时更改单。

[Note] Record of temporary revisions is filled by the user to record information related to temporary changes to the manual, such as record number, page number, publication date, signature, revocation date and signature. Record of temporary revisions is for users to record and consult in sequence.

[Комментарий] Запись временных изменений заполняется пользователем для записи информации, относящейся к временным изменениям в руководстве, такой как номер записи, номер страницы, дата публикации, подпись, дата отзыва и подпись. Запись временных изменений предназначена для того, чтобы пользователи записывали и просматривали их последовательно.

289. 零部件

[英文] Parts

[俄文] Детали

[注释] 任何用于民用航空产品或者拟在民用航空产品上使用和安装的材料、仪表、机械、设备、零件、部件、组件、附件、通信器材等。

[Note] Any material, instrument, machinery, equipment, spare parts, components, accessories, communication equipment, etc. used in civil aviation products or intended to be used and installed in civil aviation products.

[Комментарий] Любые материалы, инструменты, механизмы, оборудование, запасные части, компоненты, аксессуары, оборудование связи и т. д., используемые в продукции гражданской авиации или предназначенные для использования и установки в продукции гражданской авиации.

290. 零部件制造人批准书

[英文] Parts manufacture approval (PMA)

[俄文] Одобрение на производство деталей

[注释] 除下列之外的生产已经获得型号合格证、型号设计批准书的民用航空产品上的加改装或者更换用的零部件的一种批准书。① 根据型号合格证、型号设计批准书或者生产许可证生产的零部件；② 根据局方颁发的技术标准规定项目批准书生产的项目；③ 符合局方认为适用的行业技术标准或者国家技术标准的标准件，如螺栓、螺母等；④ 航空器所有人或者占有人按照局方批准的其他方式为维修或者改装自己的航空器而生产的零部件。

[Note] A certificate of approval for the components for modification or replacement on civil aviation products that have obtained type certificates and approval documents for type design, but except: ① Parts and components that manufactured according to type qualification certificate, type design approval certificate or production license; ② Projects that produced in accordance with the technical standards issued by the Bureau and the approval documents for project; ③ Standard parts, such as bolts and nuts, which conform to the industry technical standards or national technical standards that the Bureau considers applicable;

④ Parts and components manufactured by the owner or occupier for the maintenance or modification of their own aircraft in other ways approved by the Administration.

[Комментарий] Свидетельство об одобрении компонентов для модификации или замены на продукции гражданской авиации, получившей сертификаты типа и документы об одобрении типовой конструкции, за исключением: ① части и компоненты, изготовленные в соответствии с аттестационным сертификатом типа, сертификатом одобрения типовой конструкции или лицензией на производство; ② Проекты, выполненные в соответствии с техническими стандартами, выпущенными Бюро, и документами об утверждении проекта; ③ Стандартные детали, такие как болты и гайки, которые соответствуют отраслевым техническим стандартам или национальным техническим стандартам, которые Бюро считает применимыми; ④ Части и компоненты, изготовленные владельцем или пользователем для обслуживания или модификации их собственного воздушного судна другими способами, одобренными Администрацией.

291. 流程图

[英文] Flowchart

[俄文] Блок-схема

[注释] 对某系统内的一个或多个过程的输入、过程行为和输出的图形描述。

[Note] The depiction in a diagram format of the inputs, process actions, and outputs of one or more processes within a system.

[Комментарий] Отображение в виде диаграммы входов, действий и выходов одного или нескольких процессов в системе.

292. 龙卷风图

[英文] Tornado diagram

[俄文] Диаграмма«торнадо»

[注释] 在敏感性分析中用来比较不同变量的相对重要性的一种特殊形式的条形图。

[Note] A special type of bar chart used in sensitivity analysis for comparing the relative importance of the variables.

[Комментарий] Особый вид линейчатой диаграммы, используемый в анализе чувствительности для сравнения относительной важности переменных.

M

293. 买方

[英文] Buyer

[俄文] Заказчик

[注释] 为组织购买产品、服务或成果的采购方。

[Note] The acquirer of products, services, or results for an organization.

[Комментарий] Приобретатель продуктов, услуг или результатов для организации.

294. 卖方

[英文] Seller

[俄文] Продавец

[注释] 向某个组织提供产品、服务或成果的供应商。

[Note] A provider or supplier of products, services, or results to an organization.

[Комментарий] Поставщик продуктов, услуг или результатов для нужд организации.

295. 卖方建议书

[英文] Seller proposals

[俄文] Предложения продавцов

[注释] 卖方对建议邀请书或其他采购文件的正式应答，规定了价格、商务销售条款，以及技术规范或卖方将为买方建成的能力，一旦被接受，将形成有约束力的协议。

[Note] Formal responses from sellers to a request for proposal or other procurement document specifying the price, commercial terms of sale, and technical specifications or capabilities the seller will do for the requesting organization that, if accepted, would bind the seller to perform the resulting agreement.

[Комментарий] Официальные ответы продавцов на запрос предложения или другой документ о закупках с указанием цены, коммерческих условий продажи и технических характеристик или возможностей, которые продавец сделает для запрашивающей организации, в случае их принятия, обяжут продавца выполнить заключенное соглашение.

296. 蒙特卡洛模拟

[英文] Monte carlo simulation

[俄文] Имитация методом Монте-карло

[注释] 基于单项任务的成本和进度的概率分布，模拟出成百上千种可能结果的过程，然后应用这些结果生成项目整体层面的概率分布。

[Note] A process which generates hundreds or thousands of probable performance outcomes based on probability distributions for cost and schedule on individual tasks. The outcomes are then used to generate a probability distribution for the project as a whole.

[Комментарий] Процесс, который на основе распределения вероятностей для стоимости и сроков для отдельных задач генерирует сотни или тысячи возможных результатов исполнения. Затем результаты используются для генерации распределения вероятностей для проекта в целом.

297. 民用航空产品

[英文] Civil aviation product

[俄文] Изделие гражданской авиации

[注释] 民用航空器、航空发动机和螺旋桨。

[Note] Civil aircraft, aeroengines and propellers.

[Комментарий] Гражданские самолеты, авиадвигатели и пропеллеры.

298. 民用航空器

[英文] Civil aircraft

[俄文] Гражданское воздушное судно

[注释] 非政府航空器。

[Note] Non-governmental aircraft.

[Комментарий] Неправительственные самолеты.

299. 民用航空器适航管理

[英文] Air worthiness management of civil aircraft

[俄文] Управление летной годностью воздушных судов гражданской авиации

[注释] 以保障民用航空器的安全性为目标的技术管理，是政府适航管理部门在制定了各种最低安全标准的基础上，对民用航空器的设计、制造、使用和维修等环节进行科学统一的审查、鉴定、监督和管理。适航管理分为初始适航管理和持续适航管理。

[Note] A technical management aiming at ensuring the safety of civil aircraft. On the basis of various minimum safety standards, the government airworthiness management department conducts a scientific and unified examination, appraisal, supervision and management of the design, manufacture, use and maintenance of civil aircraft. Airworthiness management is divided into initial airworthiness management and Continuous Airworthiness management.

[Комментарий] Технический менеджмент с целью обеспечения безопасности гражданских воздушных судов - это научный и комплексный анализ проектирования, производства, использования и технического обслуживания гражданских воздушных судов, основанный на установлении различных минимальных стандартов безопасности государственным департаментом управления летной годностью. Выявление, надзор и управление. Управление летной годностью делится на первоначальное управление летной годностью и постоянное управление летной годностью.

300. 敏感性分析

[英文] Sensitivity analysis

[俄文] Анализ чувствительности

[注释] 用以帮助确定哪些风险对项目具有最大潜在影响的一种定量风险分析和建模技术。它考察当其他不确定因素都保持基准值不变时，单个不确定项目因素的变动对特定目标所产生的影响程度。分析结果常用龙卷风图表示。

[Note] A quantitative risk analysis and modeling technique used to help determine which risks have the most potential impact on the project. It examines the extent to which the uncertainty of each project element affects the objective being examined when all other uncertain elements are held at their baseline values. The typical display of results is in the form of a tornado diagram.

[Комментарий] Метод количественного анализа рисков и моделирования, используемый для определения рисков с наибольшим возможным воздействием на проект. Он устанавливает, в какой степени неопределенность каждого элемента проекта влияет на исследуемую цель, в то время как все другие неопределенные элементы находятся в своих базовых значениях. Обычно отображение результатов представлено в виде диаграммы «торнадо».

301. 名义小组技术

[英文] Nominal ground technique

[俄文] Метод номинальных групп

[注释] 用于促进头脑风暴的一种技术，通过投票排列最有用的创意，以便进一步开展头脑风暴或优先排序。

[Note] A technique for promoting brainstorming. Vote to rank the most useful ideas for further brainstorming or prioritization.

[Комментарий] Техника продвижения мозгового штурма. Голосовать за самые полезные идеи для дальнейшего мозгового штурма или определения приоритетов.

302. 模板

[英文] Templates

[俄文] Шаблоны

[注释] 一种固定格式的、已部分完成的文件，为收集、组织和呈现信息与数据提供明确的结构。

[Note] A partially complete document in a predefined format that provides a defined structure for collecting, organizing, and presenting information and data.

[Комментарий] Частично заполненный документ в заранее определенном формате, предлагающий определенную структуру сбора, организации и представления информации и данных.

303. 模拟

[英文] Simulation

[俄文] Симуляция

[注释] 利用项目模型，演算细节层次上的不确定性对项目整体目标的潜在影响。项目模拟借助计算机模型和风险估算（通常表现为细节工作的可能成本或持续时间的概率分布），通常用蒙特卡洛分析法进行。

[Note] A simulation uses a project model that translates the uncertainties specified at a detailed level into their potential impact on objectives that are expressed at the level of the total project. Project simulations use computer models and estimates of risk, usually expressed as a probability distribution of possible costs or durations at a detailed work level, and are typically performed using Monte Carlo analysis.

[Комментарий] Имитация использует модель проекта для определения воздействия последствий подробно описанных неопределенностей на результаты проекта в целом. При имитации проекта используются компьютерные модели и оценки рисков, обычно выраженные в виде вероятностного распределения возможных стоимостей или длительностей на детализированном уровне, обычно с использованием метода Монте-Карло.

304. 目标

[英文] Objective

[俄文] Цель

[注释] 工作所指向的事物，要达到的战略地位，要达到的目的，要取得的成果，要生产的产品，或者准备提供的服务。

[Note] Something toward which work is to be directed, a strategic position to be attained, a purpose to be achieved, a result to be obtained, a product to be produced, or a service to be performed.

[Комментарий] Это то, на что должны быть направлены работы, стратегическая позиция, которой следует достичь, задача, которую следует решить, результат, которого следует достичь, продукт, который следует произвести, или услуга, которую следует оказать.

305. **募集**

[英文] Acquisition

[俄文] Приобретение

[注释] 获取执行项目活动所必需的人力资源和物质资源。募集必然涉及资源成本，但未必是财务成本。

[Note] Obtaining human and material resources necessary to perform project activities. Acquisition implies a cost of resources, and is not necessarily financial.

[Комментарий] Привлечение человеческих и материальных ресурсов, необходимых для выполнения операций проекта. Приобретение подразумевает стоимость ресурсов, но не обязательно является финансовым.

P

306. **帕累托图**

[英文] Pareto diagram

[俄文] Диаграмма Парето

[注释] 一种按发生频率排序的直方图，显示每种已识别的原因分别导致的结果数量。

[Note] A histogram, ordered by frequency of occurrence, that shows how many results were generated by each identified cause.

[Комментарий] Упорядоченная по частоте возникновения результатов гистограмма, показывающая, сколько результатов было вызвано каждой идентифицированной причиной.

307. 排队等候

[英文] Queue

[俄文] Стоять в очередь

[注释] 等待的时间。

[Note] Waiting time.

[Комментарий] Время ожидания.

308. 配置管理系统

[英文] Configuration management system

[俄文] Система управления конфигурацией

[注释] 整个项目管理系统的一个子系统。它由一系列正式的书面程序组成，用于对以下工作提供技术和管理方面的指导与监督：识别并记录产品、成果、服务或部件的功能特征和物理特征；控制对上述特征的任何变更；记录并报告每项变更及其实施情况；支持对产品、成果或部件的审查，以确保其符合要求。该系统包括文件和跟踪系统，并明确了为核准和控制变更所需的审批级别。

[Note] A subsystem of the overall project management system. It is a collection of formal documented procedures used to apply technical and administrative direction and surveillance to: identify and document the functional and physical characteristics of a product, result, service, or component; control any changes to such characteristics; record and report each change and its implementation status; and support the audit of the products, results, or components to verify conformance to requirements. It includes the documentation, tracking systems, and defined approval levels necessary for authorizing and controlling changes.

[Комментарий] Подсистема общей системы управления проектами. Набор формальных задокументированных процедур, используемый для применения технического и административного руководства и надзора к: идентификации и документированию функциональных и физических характеристик продукта, результата, услуги или компонента; контролю любых изменений таких характеристик; регистрации и доведению до сведения заинтересованных сторон каждого изменения и хода его проведения; поддержке проведения аудита продуктов, результатов или компонентов для проверки их соответствия требованиям. Система управления конфигурацией включает в себя документацию, системы отслеживания и определенные уровни одобрения, необходимые для авторизации и контроля изменений.

309. 批准

[英文] Approval

[俄文] Одобрение

[注释] 合格审定当局执行的正式核准行为。

[Note] Formal certificate approval by the qualification authority.

[Комментарий] Официальное утверждение сертификата квалификационным органом.

310. 批准的变更请求

[英文] Approved change request

[俄文] Одобренный запрос на изменение

[注释] 经整体变更控制过程处理并批准的变更请求。

[Note] A change request that has been processed through the integrated change control process and approved.

[Комментарий] Запрос на изменение, который прошел процесс интегрированного контроля изменений и был одобрен.

311. 批准放行证书 / 适航批准标签

[英文] Authorized release certificate/ Airworthiness approval tag

[俄文] Свидетельство пригодности к эксплуатации/Талон одобрения лётной годности.

[注释] 批准放行证书/适航批准标签是制造符合性检查代表或委任生产检验代表签发的、用于证实试验产品已经过制造符合性检查，符合型号资料的标签。

[Note] It is a label issued by the Manufacturing Conformance Inspection Representative or the Production Inspection Representative to verify that the tested product has been inspected for manufacturing conformity and conforms to the type data.

[Комментарий] Это этикетка, выданная представителем по инспекции производственного соответствия или представителем по инспекции производства для подтверждения того, что тестируемый продукт был проверен на соответствие производственным требованиям и соответствует данным типам.

312. 批准型号清单

[英文] Approved model list (AML)

[俄文] Перечень одобренных моделей

[注释] 多个型号合格证使用同一个批准模型清单来控制安装资格的情况。

[Note] Multiple type certificates use the same approved type list to control installation qualification.

[Комментарий] Сертификаты нескольких типов используют один и тот же список утвержденных типов для контроля квалификации установки.

313. 偏差（项目）

[英文] Variance

[俄文] Отклонение

[注释] 实际性能与计划的费用或进度状态之间的差别。

[Note] The difference between practical performance and planned costs or schedule status.

[Комментарий] Измеримое отклонение, отступление или расхождение с известным базовым планом или ожидаемым значением

314. 偏差分析（项目）

[英文] Variance analysis

[俄文] Анализ отклонений

[注释] 确定实际绩效与基准的差异程度及原因的一种技术。

[Note] A technique for determining the cause and degree of difference between the baseline and actual performance.

[Комментарий] Метод определения причины и степени различий между базовым планом и фактическим исполнением.

315. 偏离

[英文] Deviation

[俄文] Отступление

[注释] 对于规章中明确允许偏离的条款，合格证持有人在提出恰当理由和证明能够达到同等安全水平的情况下，经局方批准，可以不遵守相应条款的规定或者遵守替代的规定、条件或者限制。

[Note] As for the explicitly allowing deviation in the regulations, the certificate holder may, with the approval of the bureau, do not abide by the relevant provisions or abide by the provisions, conditions or restrictions of substitution if he puts forward appropriate reasons and proves that he can achieve the same level of safety.

[Комментарий] Что касается явно разрешенного отклонения в правилах, владелец сертификата может с одобрения бюро не соблюдать соответствующие положения или соблюдать положения, условия или ограничения замены, если он выдвигает соответствующие причины и докажет, что он можно достичь такого же уровня безопасности.

316. 平衡

[英文] Leveling

[俄文] Выравнивание

[注释] 见“资源平衡”。

[Note] See *resource leveling*.

[Комментарий] См. *выравнивание ресурсов*.

Q

317. 七种基本质量工具

[英文] Seven basic quality tools

[俄文] Семь основных инструментов качества

[注释] 组织中负责规划、监督和控制质量事宜的质量管理专业人员所使用的一套标准工具包。

[Note] A standard toolkit used by quality management professionals who are responsible for planning, monitoring, and controlling the issues related to quality in an organization.

[Комментарий] Стандартный набор инструментов, используемый профессионалами в области управления качеством, ответственными за планирование, мониторинг и контроль проблем, связанных с качеством в организации.

318. 其他关注团体

[英文] Other interested parties (stakeholders)

[俄文] Другие заинтересованные стороны

[注释] 干系人的一个子集，是指那些非计划技术成果的客户，但可能被目标产品及其实现和使用方式所影响，或有责任提供寿命周期保障服务的组织和个人，参见“干系人”。

[Note] A subset of stakeholders. It refers to those organizations and individuals who are not refer to planed technology deliverables, but may be affected by the products and the realization or use manner, or may be responsible for providing life cycle security services. See *stakeholders*.

[Комментарий] Подмножество заинтересованных сторон. Это относится к организациям и частным лицам, которые не относятся к запланированным результатам технологии, но могут быть затронуты продуктами и способом реализации или использования или могут нести ответственность за предоставление услуг безопасности жизненного цикла. См. *заинтересованные стороны*.

319. 其他质量规划工具

[英文] Additional quality planning tools

[俄文] Дополнительные инструменты планирования качества

[注释] 用来定义质量要求、规划有效的质量管理活动的一组工具，包括但不限于头脑风暴、力场分析、名义小组技术及质量管理和控制工具。

[Note] A set of tools used to define the quality requirements and to plan effective quality management activities. They include, but are not limited to: brainstorming, force field analysis, nominal group techniques and quality management and control tools.

[Комментарий] Набор инструментов, используемый для установления требований к качеству и планирования операций по результативному управлению качеством. Они включают в себя, но не ограничивают мозговой штурм, анализ силовых полей, метод номинальных групп, инструменты управления и контроля качества.

320. 启动过程组

[英文] Initiating process group

[俄文] Группа инициации процессов

[注释] 定义一个新项目或现有项目的一个新阶段，授权开始该项目或阶段的一组过程。

[Note] Those processes performed to define a new project or a new phase of an existing project by obtaining authorization to start the project or phase.

[Комментарий] Процессы, выполняемые для определения нового проекта или новой фазы существующего проекта путем получения авторизации на начало проекта или фазы.

321. 前言

[英文] Introduction

[俄文] Введение

[注释] 包含技术出版物的适用范围、编写特点和使用要求，以及需要说明的其他内容。

[Note] It includes the scope of application, compilation features and using requirements of technical publications, as well as other contents that need to be explained.

[Комментарий] Он включает в себя сферу применения, особенности компиляции и требования к использованию технических публикаций, а также другое содержание, которое необходимо пояснить.

322. 强弱利弊分析

[英文] SWOT analysis (SWOT)

[俄文] SWOT-анализ

[注释] 对一个组织、项目或备选方案的优势、劣势、机会和威胁的分析。

[Note] Analysis of strengths, weaknesses, opportunities, and threats of an organization, project, or option.

[Комментарий] Анализ сильных и слабых сторон, возможностей и угроз организации, проекта или варианта.

323. 强制日期

[英文] Imposed date

[俄文] Ограничивающая дата

[注释] 强加于进度活动或进度里程碑的固定日期，一般采取“不早于何时开始”和“不晚于何时结束”的形式。

[Note] A fixed date imposed on a schedule activity or schedule milestone, usually in the form of a “start no earlier than” and “finish no later than”.

[Комментарий] Фиксированная дата, ограничивающая операцию расписания или контрольное событие расписания, обычно представленная в виде «начать не ранее, чем» и «закончить не позднее, чем».

324. 强制性依赖关系

[英文] Mandatory dependency

[俄文] Обязательная зависимость

[注释] 合同要求的或工作的内在性质决定的依赖关系。

[Note] A relationship that is contractually required or inherent in the nature of the work.

[Комментарий] Связи, которые требуются по договору или являются неотъемлемым свойством данной работы.

325. 亲和图

[英文] Affinity diagram

[俄文] Диаграмма сходства

[注释] 群体创新技术的一种，用来对大量创意进行分组，以便进一步审查和分析。

[Note] A group creativity technique that allows large numbers of ideas to be classified into groups for review and analysis.

[Комментарий] Метод группового творчества, позволяющий классифицировать большое количество идей по группам с целью обзора и анализа.

326. 情商

[英文] Emotional intelligence

[俄文] Эмоциональный интеллект

[注释] 识别、评估和管理个人情绪、他人情绪及团组群体情绪的能力。

[Note] The capability to identify, assess, and manage the personal emotions of oneself and other people, as well as the collective emotions of groups of people.

[Комментарий] Способность воспринимать, оценивать и управлять собственными эмоциями и эмоциями других людей, а также коллективными эмоциями групп людей.

327. 请求的变更

[英文] Requested change

[俄文] Запрошенное изменение

[注释] 提交给整体变更控制过程审批的正式书面变更请求。

[Note] A formally documented change request that is submitted for approval to the integrated change control process.

[Комментарий] Формально документированный запрос на изменение, направленный для одобрения в процесс интегрированного контроля изменений.

328. **区域安全性分析**

[英文] Zonal safety analysis

[俄文] Зональный анализ безопасности

[注释] 与安装、系统间干扰以及能影响系统安全的潜在维修错误相关的安全性分析标准。

[Note] Safety analysis standards related to installation, inter-system interference and potential maintenance errors that can affect system safety.

[Комментарий] Стандарты анализа безопасности, относящиеся к установке, межсистемным помехам и потенциальным ошибкам обслуживания, которые могут повлиять на безопасность системы.

329. **区域和口盖手册**

[英文] ZAM Zone and access manual

[俄文] Руководство по зонам и доступам

[注释] 将飞机和发动机划分成标准的区域和子区域，并为维护口盖、面板指定标准的、容易识别的编号，供用户对飞机或发动机进行维护或维修工作时使用的手册。

[Note] The manual divides the aircraft and engine into standard areas and sub-areas, specifies standard and identifiable numbers for maintenance covers and panels, for the users to carry out maintenance of aircraft or engines.

[Комментарий] В руководстве самолет и двигатель делятся на стандартные области и подобласти, указываются стандартные и идентифицируемые номера крышек и панелей для обслуживания, с помощью которых пользователи могут выполнять обслуживание самолетов или двигателей.

330. 趋势分析

[英文] Trend analysis

[俄文] Анализ тенденций

[注释] 根据历史数据并利用数学模型，预测未来结果的一种分析技术。它利用以往各绩效报告期的数据，确定预算、成本、进度或范围的实际水平与基准间的偏差，并预测在项目执行不发生变更的情况下，在未来某时点相应参数与基准值的偏差。

[Note] An analytical technique that uses mathematical models to forecast future outcomes based on historical results. It is a method of determining the variance between the actual level and the baseline of a budget, cost, schedule, or scope parameter by using prior progress reporting periods' data and predicting how much that parameter's variance from baseline might be at some future point in the project if no changes are made in executing the project.

[Комментарий] Аналитический метод, использующий математические модели для прогнозирования результатов в будущем на основании исторических данных. С помощью этого метода определяется отклонение от базового плана по бюджету, стоимости, содержанию или базового расписания с использованием данных из предыдущих периодов отчетности и прогнозирования величины отклонения данного параметра от базового плана в определенный момент в будущем, если в исполнение проекта не будут вноситься изменения.

331. 权变措施

[英文] Workaround

[俄文] Обход (обходной путь)

[注释] 在未事先制定应对措施或事先制定的应对措施无效时，针对已发生的威胁而采取的应对措施。

[Note] A response to a threat that has occurred, for which a prior response had not been planned or was not effective.

[Комментарий] Реагирование на возникшую угрозу, в отношении которой предыдущий метод реагирования не был запланирован или оказался нерезультативным.

332. 缺陷

[英文] Defect

[俄文] Дефект

[注释] 项目组成部分中不能满足要求或规范，需要修补或更换的瑕疵或缺点。

[Note] An imperfection or deficiency in a project component where that component does not meet its requirements or specifications and needs to be either repaired or replaced.

[Комментарий] Несовершенство или недостаток в компоненте проекта, из-за которого этот компонент не соответствует требованиям или спецификациям и должен быть либо исправлен, либо заменен.

333. 缺陷补救

[英文] Defect repair

[俄文] Исправление дефекта

[注释] 为了修正不一致产品或产品组件的有目的的活动。

[Note] An intentional activity to modify a nonconforming product or product component.

[Комментарий] Намеренное действие с целью исправления несоответствующего требованиям продукта или компонента продукта.

334. 确定依赖关系

[英文] Dependency determination

[俄文] Определение зависимостей

[注释] 识别依赖关系类型的一种技术，用来创建紧前和紧后活动之间的逻辑关系。

[Note] A technique used to identify the type of dependency that is used to create the logical relationships between predecessor and successor activities.

[Комментарий] Метод, используемый для определения типа зависимости, используемого для создания логических связей между предшествующими и последующими операциями.

335. 确认

[英文] Validation

[俄文] Подтверждение

[注释] 确定对产品的需求是正确和完整的。(是否在确立正确的飞机/系统/功能/项目)

[Note] Confirm that the requirements for the product are correct and complete (correct aircraft/system/functions/projects are being established or not).

[Комментарий] Подтверждение того, что продукт, услуга или система удовлетворяет потребностям заказчика и других выявленных заинтересованных сторон. Часто связано с приемкой и пригодностью для внешних заказчиков. См. проверка.

336. 确认范围

[英文] Validate scope

[俄文] Подтверждение содержания

[注释] 正式验收已完成的项目可交付成果的过程。

[Note] The process of formalizing acceptance of the completed project deliverables.

[Комментарий] Процесс формализованной приемки полученных поставляемых результатов проекта.

337. 群体创新技术

[英文] Group creativity techniques

[俄文] Техника группового творчества

[注释] 用于在干系人群体中激发创意的技术。

[Note] Techniques that are used to generate ideas within a group of stakeholders.

[Комментарий] Методы, используемые для генерирования идей внутри группы заинтересованных сторон.

338. **群体决策技术**

[英文] Group decision-making techniques

[俄文] Техника группового принятия решений

[注释] 对多个备选方案进行评估的技术，用于生成产品需求并进行分类和优先级排序。

[Note] Techniques to assess multiple alternatives that will be used to generate, classify, and prioritize product requirements.

[Комментарий] Методы оценки многочисленных альтернатив, которые будут использоваться для генерирования, классификации и приоритезации требований к продукту.

R

339. **人际关系技能**

[英文] Interpersonal skills

[俄文] Навыки межличностного общения

[注释] 与他人建立并保持关系的能力。

[Note] Ability to establish and maintain relationships with other people.

[Комментарий] Способность устанавливать и поддерживать взаимоотношения с другими людьми.

340. **人际交往**

[英文] Networking

[俄文] Налаживание связей

[注释] 与同一组织和不同组织中的人员建立联系和关系。

[Note] Establishing connections and relationships with other people from the same or other organizations.

[Комментарий] Установление связей и отношений с другими людьми из этой же или из других организаций.

341. 人力投入

[英文] Effort

[俄文] Трудоемкость

[注释] 完成一个进度活动或工作分解结构组件所需要的人工单位数，通常以小时、天和周来表示。

[Note] The number of labor units required to complete a schedule activity or work breakdown structure component, often expressed in hours, days, or weeks.

[Комментарий] Количество рабочих единиц, необходимое для выполнения операции расписания или компонента иерархической структуры работ, часто выражаемое в часах, днях или неделях.

342. 认可

[英文] Acceptance

[俄文] Одобрение

[注释] 所提交的材料、论证或等效申请满足适用的要求而被适航审定当局所接受。

[Note] The submitted material, proof or equivalent application satisfies the applicable requirements and is accepted by the airworthiness authority.

[Комментарий] Представленный документ, доказательство или эквивалентная заявка удовлетворяет применимым требованиям и принимается органом по контролю за летной годностью.

343. 认可（适航证）

[英文] Rendering (a certificate of airworthiness) valid

[俄文] Объявление (сертификата летной годности) действительным

[注释] 一个缔约国为承认任何其他缔约国颁发的适航证替代等效于本国颁发的适航证所采取的行动。

[Note] The action taken by a Contracting State to recognize that airworthiness certificates issued by other Contracting States are equivalent to the airworthiness certificate issued by that State.

[Комментарий] Действия, предпринимаемые Договаривающимся государством для признания того, что сертификаты летной годности, выданные другими Договаривающимися государствами, эквивалентны сертификату летной годности, выданному этим государством.

344. 认可审查资料

[英文] Data of validation

[俄文] Подтверждение данных

[注释] 与申请、颁发型号认可证、补充型号认可证以及进口材料、零部件、机载设备的设计批准认可有关的资料，包括申请人提供的资料和局方完成的认可审查文件。

[Note] The material related to application, issuance of type approval certificate, supplementary type approval certificate and design approval of imported materials, spare parts and airborne equipment, including the material provided by the applicant and the approval review documents completed by the Authorities.

[Комментарий] Материалы, относящиеся к заявке, выдаче сертификата об утверждении типа, дополнительного сертификата об утверждении типа и утверждения конструкции импортных материалов, запасных частей и бортового оборудования, включая материалы, предоставленные заявителем, и документы по рассмотрению утверждения, заполненные властями.

345. 日志

[英文] Log

[俄文] Журнал

[注释] 对过程或活动实施期间的某些特定事项进行记录、描述或说明的文件。前面常加修饰词，如问题、质量控制、行动或缺陷等。

[Note] A document used to record and describe or denote selected items identified during execution of a process or activity. Usually used with a modifier, such as issue, quality control, action, or defect.

[Комментарий] Документ, используемый для записи и описания или обозначения некоторых элементов, идентифицированных во время выполнения процесса или операции. Обычно используется с уточнением, например «журнал проблем», «журнал контроля качества», «журнал действий» или «журнал дефектов».

346. 软逻辑

[英文] Soft logic

[俄文] Мягкая логика/ Дискреционная зависимость

[注释] 见“选择性依赖关系”。

[Note] See *discretionary dependency*.

[Комментарий] См. *дискреционная зависимость*.

S

347. 三点估算

[英文] Three-point estimate

[俄文] Оценка по трем точкам

[注释] 当活动的估算无法确定时，使用其乐观估算、悲观估算和最可能估算的平均值作为估算结果的一种技术。

[Note] A technique used to estimate cost or duration by applying an average of optimistic, pessimistic, and most likely estimates when there is uncertainty with the individual activity estimates.

[Комментарий] Метод оценки стоимости или длительности, при котором используется взвешенная средняя величина оптимистичной, пессимистичной и наиболее вероятной оценки в тех случаях, когда существует неопределенность в оценках отдельных операций.

348. 散点图

[英文] Scatter diagram

[俄文] Диаграмма разброса

[注释] 一种表示相关性的图，使用回归线来解释或预测一个自变量的变化如何引起一个因变量的变化。

[Note] A correlation chart that uses a regression line to explain or to predict how the change in an independent variable will change a dependent variable.

[Комментарий] График корреляций, использующий линию регрессии для объяснения или прогнозирования того, каким образом изменение независимой переменной изменит зависимую переменную.

349. 商业价值

[英文] Business value

[俄文] Коммерческая ценность

[注释] 每个组织都有其独特的商业价值，其中包含了有形和无形的成分。通过有效应用项目管理、项目集管理和项目组合管理方法，组织就能够使用可靠、确定的流程来实现企业目标，并从投资中获取更大的商业价值。

[Note] Business value is unique to each organization and includes tangible and intangible elements. Through the effective use of project, program, and portfolio management disciplines, organizations will possess the ability to employ reliable, established processes to meet enterprise objectives and obtain greater business value from their investments.

[Комментарий] Концепция, уникальная для каждой организации и состоящая из материальных и нематериальных элементов. Благодаря результативному применению дисциплин управления проектами, программами и портфелями организации приобретают способность применять признанные процессы для достижения целей организации и получения большей бизнес-ценности из своих инвестиций.

350. 商业论证

[英文] Business case

[俄文] Деловая-аргументация

[注释] 文档化的经济可行性研究报告，用来对尚缺乏充分定义的所选方案的收益进行有效性论证，是启动后续项目管理活动的依据。

[Note] A documented economic feasibility study report used to establish validity of the benefits of a selected component lacking sufficient definition and that is used as a basis for the authorization of further project management activities.

[Комментарий] Документированный анализ экономической целесообразности, используемый для установления обоснованности выгод отобранного компонента, который еще не определен в достаточной степени. Также служит основой для авторизации дальнейших действий по управлению проектом.

351. **商业营运人**

[英文] Commercial operator

[俄文] Коммерческий оператор

[注释] 指以获取报酬或租金为目的，通过商业航运用航空器从事人员或财物运载的个人或法人，但不是作为航空承运人或外国航空承运人或依据规章的授权人员。不能确定一项营运是否是以“报酬或租金”为目的时，就要看该项航空承运是否只是在那个人的其他业务之外的偶然行为，或是其本身就是获取盈利的主要业务。

[Note] The individuals or legal persons carrying persons or property by commercial aircraft for the purpose of getting remuneration or rent, but not as air carriers, foreign air carriers or authorized personnel in accordance with regulations. If it is not possible to determine whether an operation is for “remuneration or rent”, it depends on whether the air carrier is merely an accidental action outside the other business, or whether it is the main business for profit itself.

[Комментарий] Физические или юридические лица, перевозящие людей или имущество коммерческими самолетами с целью получения вознаграждения или аренды, но не в качестве авиаперевозчиков, иностранных авиаперевозчиков или уполномоченного персонала в соответствии с правилами. Если невозможно определить, является ли операция «вознаграждением или арендой», то это зависит от того, является ли авиаперевозчик просто случайным действием вне другого бизнеса или же он является основным бизнесом для получения прибыли.

352. 设备装置

[英文] Appliance

[俄文] Устройство

[注释] 用于或预期用于航空器飞行中的操作或控制，安装在航空器内或与航空器相链接的任何仪表、机械、设备、零组件、装置、配件或附件（包括通信设备），但不是机体、发动机或螺旋桨的一部分。

[Note] Which are used or expected to use to operate or control aircraft in flight, any instrument, machinery, equipment, components, devices, accessories or accessories (including communication equipment) installed or connected to an aircraft, but not part of the airframe, engine or propeller.

[Комментарий] Которые используются или предполагаются использовать для управления воздушным судном в полете, любые инструменты, механизмы, оборудование, компоненты, устройства, аксессуары или аксессуары (включая оборудование связи), установленные или подключенные к летательному аппарату, но не являющиеся частью планера, двигателя или пропеллер.

353. 设计保证

[英文] Design assurance

[俄文] Обеспечение проектирования

[注释] 型号合格证或型号设计批准书申请人为了充分表明其具有以下能力所必需的所有有计划的、系统性的措施：① 设计的产品符合适用的适航规章和环境保护要求；② 表明并证实对适航规章和环境保护要求的符合性；③ 向型号合格审定委员会和型号合格审定审查组演示这种符合性。

[Note] All planned and systematic measures necessary for the applicant of Type Certificate or the Approval for Type Design to fully demonstrate that the applicant has the following capabilities. ① The designed products meet the current applicable airworthiness regulations and environmental protection requirements.

② Confirm the compliance with airworthiness regulations and environmental protection requirements; ③ Demonstrate this conformity to the Type Qualification Committee and the Type Qualification Review Team.

[Комментарий] Все запланированные и систематические меры, необходимые заявителю сертификата типа или одобрения типовой конструкции, чтобы полностью продемонстрировать, что заявитель обладает следующими возможностями. ① Разработанные продукты соответствуют действующим применимым нормам летной годности и требованиям защиты окружающей среды. ② Подтвердить соответствие нормам летной годности и требованиям защиты окружающей среды; ③ Продемонстрировать это соответствие Комитету по квалификации типа и Группе проверки квалификации типа.

354. 设计保证系统

[英文] Design assurance system (DAS)

[俄文] Система обеспечения проектирования

[注释] 申请人为了落实设计保证规定的设计保证措施所需要的组织机构、职责、程序和资源。

[Note] The organization, responsibilities, procedures and resources required by the applicant to implement the measures specified in the design assurance regulations.

[Комментарий] Организация, обязанности, процедуры и ресурсы, необходимые заявителю для реализации мер, указанных в правилах обеспечения проектирования.

355. 设计符合性

[英文] Design compliance

[俄文] Соответствие проектирования

[注释] 民用航空产品和零部件的设计符合规定的适航规章和要求。

[Note] The design of civil aviation products and components meets the requirements of airworthiness regulations.

[Комментарий] Конструкция изделий и компонентов гражданской авиации соответствует требованиям правил летной годности.

356. **设计批准**

[英文] Design approval

[俄文] Одобрение проектирования

[注释] 表示型号合格证书（包括型号合格证书更改和补充型号合格证书）或在零部件制造人批准书、技术标准规定项目批准书、技术标准规定项目设计批准信函下的批准设计，或其他设计批准。

[Note] Refer to the type certificate (including the type certificate modification and supplementary type certificate), or the approved design based on the parts manufacturer's approval certificate, the project approval certificate of the technical standard, and the project design approval letter of technical standard, or other design approval.

[Комментарий] См. Сертификат типа (включая модификацию сертификата типа и дополнительный сертификат типа) или утвержденную конструкцию, основанную на сертификате утверждения производителя деталей, сертификате утверждения проекта технического стандарта и письме об утверждении проекта технического стандарта или другом согласование дизайна.

357. **设计批准持有人**

[英文] Design approval holder (DAH)

[俄文] Держатель одобрения проектирования

[注释] 包括型号合格证，型号合格证更改，补充型号合格证，补充型号合格证更改，零部件制造人批准书，技术标准规定项目批准书，技术标准规定项目设计批准信函等的设计批准的持有人。

[Note] Including the owner of the design approval of the type certificate, the type certificate modification, the supplementary type certificate, the parts manufacturer's approval certificate, the project approval certificate of the technical standard, and the project design approval letter of technical standard, etc.

[Комментарий] Включая владельца одобрения конструкции сертификата типа, модификации сертификата типа, дополнительного сертификата типа, сертификата утверждения производителя деталей, сертификата утверждения проекта технического стандарта, письма об утверждении проекта технического стандарта и т. д.

358. 设计批准信函

[英文] Letter of design approval (LODA)

[俄文] Извещение об одобрении проектирования

[注释] 局方颁发给一个特殊产品的信函，用以表示局方同意对设计进行批准。设计批准函是一个生产许可，并不是安装许可。

[Note] A letter issued by the Authorities to a special product, which is used to indicate that the Authorities approval for the design. Letter of design approval (LODA) is a production license, not an installation license.

[Комментарий] Письмо, выданное властями на специальный продукт, которое используется, чтобы указать, что власти одобряют дизайн. Письмо об утверждении дизайна (LODA) - это лицензия на производство, а не на установку.

359. 申请人

[英文] Applicant

[俄文] Заявитель

[注释] 个人、合伙企业、协会，或政府实体等。包括一个受托人、接收人、受让人，或类似的他们中的任何一个代表。

[Note] Individuals, partnerships enterprise, associations, or government entities, etc. Include a trustee, recipient, assignee, or one representative of them similarly.

[Комментарий] Физические лица, товарищества, предприятия, ассоциации или государственные учреждения и т. д. Включается в себя доверительный управляющий, получатель, правопреемник или один из них аналогичным образом.

360. 审查已批准的变更请求

[英文] Approved change requests review

[俄文] Обзор одобренных запросов на изменения

[注释] 对已批准的变更请求进行审查，以核实它们是否已按批准的方式得到实施。

[Note] A review of the change requests to verify that these were implemented as approved.

[Комментарий] Обзор запросов на изменения для проверки их реализации в соответствии с одобрением.

361. **审定计划**

[英文] Certification plan (CP)

[俄文] План сертификации

[注释] 申请人制定的关于采用何种符合性验证方法来表明产品符合审定基础的计划。

[Note] The plan formulated by the applicant regarding which conformity verification methods adopted to demonstrate that the product meets the Verification basis.

[Комментарий] План заявителя о том, какой метод проверки соответствия использовать, чтобы показать, что продукт соответствует основам сертификации.

362. **审定维修要求**

[英文] Certification maintenance requirement (CMR)

[俄文] Сертификационное требование к техническому обслуживанию

[注释] 对在航空器设计和审定期间，作为型号合格审定运行限制而要求的定期维护/检查任务予以说明。

[Note] During aircraft design and certification verification, the introduction of the regular maintenance/inspection tasks required as operation limits for type verification.

[Комментарий] Во время проектирования и сертификации воздушного судна введение задач регулярного технического обслуживания / осмотра, необходимых в качестве эксплуатационных ограничений для проверки типа.

363. 审定项目计划

[英文] Certification project plan (CPP)

[俄文] План проекта сертификации

[注释] 型号合格审查方内部的项目计划，用于协调型号合格审查方内部的人力资源、人员责任和进度。

[Note] It is the project plan inside the type verification examiner, which is used to coordinate the human resources, personnel responsibilities and progress inside the type verification examiner.

[Примечание] Это план проекта внутри экзаменатора проверки типа, который используется для координации человеческих ресурсов, обязанностей персонала и прогресса внутри экзаменатора проверки типа.

364. 审批（实施执行）

[英文] Approval (for implementation)

[俄文] Одобрение (для выполнения)

[注释] 决策机关认可，工程/项目符合相关利益者的期望和规划论证需求，并已准备就绪可推进实施。通过批准工程/项目，决策机关承诺进入实施阶段所需要的经费和资源预算。

[Note] It has been approved by the decision-making department, that the project meets the expectations of stakeholders and the needs of programme, and is ready for implementation. By approving the project, the decision-making department ensures the budget of funds and resources needed to enter the implementation.

[Примечание] Отдел принятия решений одобрил, что проект соответствует ожиданиям заинтересованных сторон и потребностям программы и готов к реализации. Утверждая проект, отдел принятия решений обеспечивает бюджет средств и ресурсов, необходимых для ввода в реализацию.

365. 审批（项目进程）

[英文] Approval

[俄文] Одобрение

[注释] 特定项目管理人员经授权对所提议的下一步项目进程的批准行为。

审批过程必须存档。

[Note] Specific project managers are authorized to approve the proposed next process of project. The approval process must be documented.

[Примечание] Конкретные менеджеры проектов уполномочены утверждать предлагаемый следующий процесс проекта. Процесс утверждения должен быть задокументирован.

366. 生产许可批准书持有人

[英文] Production approval holder (PAH)

[俄文] Держатель одобрения производства

[注释] 持有民航局颁发的生产许可证、生产检验系统批准书、技术标准规定项目批准书、零部件制造人批准书、零部件设计/生产批准函件中任何一种证书的法人。

[Note] The legal person who holds any of the certificates issued by the Civil Aviation Administration including production certificate, approval of production inspection system, approval of project stipulated in technical standards, approval of parts manufacturer and approval letter of parts design/production.

[Примечание] Юридическое лицо, имеющее любой из сертификатов, выданных Администрацией гражданской авиации, включая сертификат производства, одобрение системы производственного контроля, одобрение проекта, предусмотренного техническими стандартами, одобрение производителя деталей и письмо об одобрении проектирования / производства деталей.

367. 生产许可批准证书

[英文] Production approval

[俄文] Одобрение производства

[注释] 局方颁发的一类证书的统称，该证书持有人可以依据其许可并根据经批准的设计及质量系统生产相应的产品和零部件。此类证书包括：生产许可证、零部件制造人批准书、技术标准规定项目批准书等。

[Note] A general term for a certificate issued by Authorities. The holder of the certificate may produce the corresponding products and components in accordance with the approved design and quality system. Such certificates include: production certificate, parts manufacturer's certificate, approval of project stipulated in technical standards, etc.

[Примечание] Общий термин для сертификата, выданного властями. Владелец сертификата может производить соответствующие продукты и компоненты в соответствии с утвержденной системой дизайна и качества. К таким сертификатам относятся: сертификат производства, сертификат производителя деталей, утверждение проекта, предусмотренного техническими стандартами и т. д.

368. 生产许可审定

[英文] Production certification

[俄文] Утверждение сертификации производства

[注释] 局方对已获得民用航空产品型号设计批准并欲重复生产该产品的制造人所进行的资格性审定，以保证该产品符合经批准的型号设计。生产许可审定的最终批准形式是颁发生产许可证。

[Note] The certification of the manufacturer who has obtained the approval for the type design of civil aviation products and wants to reproduce the product is reviewed by the Administration to ensure that the products conform to the approved type design. The form of final approval is to issue production certificate.

[Примечание] Сертификация производителя, получившего одобрение типовой конструкции продукции гражданской авиации и желающего воспроизвести эту продукцию, рассматривается Администрацией, чтобы гарантировать, что продукция соответствует одобренной типовой конструкции. Форма окончательного утверждения - выдача сертификата на производство.

369. 生产许可审定委员会

[英文] Production certification board (PCB)

[俄文] Комиссия по утверждением сертификации производства

[注释] 由局方组织成立的，代表局方负责某一项目生产许可审定工作的最高评审机构。

[Note] It is organized by the authorities, and is the highest review body which is responsible for the production certification for a project on behalf of the authorities.

[Примечание] Он организован властями, является высшим контрольным органом, который отвечает за сертификацию производства по проекту от имени властей.

370. 生产许可证

[英文] Production certificate (PC)

[俄文] Сертификат производства

[注释] 局方颁发的一类证书，该证书持有人可以依据其许可并根据经批准的设计及质量系统生产相应的产品。

[Note] A general term for a certificate issued by Authorities. The holder of the certificate may produce the corresponding products and components in accordance with the approved design and quality system.

[Примечание] Общий термин для сертификата, выданного властями. Владелец сертификата может производить соответствующие продукты и компоненты в соответствии с утвержденной системой дизайна и качества.

371. 生命周期

[英文] Life cycle

[俄文] Жизненный цикл

[注释] 见“项目生命周期”。

[Note] See *project life cycle.*

[Примечание] См. *Жизненный цикл проекта.*

372. 失效模式与影响分析

[英文] Failure mode and effect analysis (FMEA)

[俄文] Анализ модели отказа последствий и влияния

[注释] 一种分析程序，用来分析产品的每个部件的各种可能失效模式及其对该部件可靠性的影响，并确定每种失效模式本身或与其他失效模式联合将对

产品或系统可靠性产生的影响，及对该部件必备功能产生的影响；或者，用来检查产品（在整个系统和/或较低层次上）的所有可能失效模式。需要估算每种可能的失效对整个系统造成的影响和后果。此外，还应该审查为降低失效的概率和影响而计划采取的行动。

[Note] An analytical procedure by which each potential failure mode in every component of a product is analyzed to determine its effect on the reliability of that component and, by itself or in combination with other possible failure modes, on the reliability of the product or system and on the required function of the component; or the examination of a product (at the system and/or lower levels) for all ways that a failure may occur. For each potential failure, an estimate is made of its effect on the total system and of its impact. In addition, a review is undertaken of the action planned to minimize the probability of failure and to minimize its effects.

[Примечание] Аналитическая процедура, с помощью которой анализируется каждый потенциальный режим отказа в каждом компоненте продукта, чтобы определить его влияние на надежность этого компонента и, отдельно или в сочетании с другими возможными режимами отказа, на надежность продукта или систему и требуемую функцию компонента; или проверка продукта (на системном и / или более низких уровнях) на предмет всех возможных причин отказа. Для каждого потенциального отказа оценивается его влияние на систему в целом и его влияние. Кроме того, проводится анализ запланированных действий, чтобы минимизировать вероятность отказа и минимизировать его последствия.

373. 时间标准

[英文] Time standard

[俄文] Стандарт времени

[注释] 允许完成一项任务的时间。

[Note] The time allowed to complete a task.

[Примечание] Время, отведенное для выполнения задачи.

374. **时寿件**

[英文] Life limited part

[俄文] Узел с ограниченным ресурсом

[注释] 按照一定的飞行时间、起落次数（循环）、日历时间、APU 小时、APU 循环或其组合进行控制，到期需送车间进行检测、翻修或拆下报废的部件。

[Note] According to the flight time, landing times (cycles), calendar time, APU hours, APU cycles or their combination, if due it need to send to the workshop for inspection, refurbishment or removal of scrap parts.

[Примечание] В зависимости от времени полета, времени посадки (циклы), календарного времени, часов APU, циклов APU или их комбинации, в случае необходимости необходимо отправить в мастерскую для проверки, ремонта или удаления лома деталей.

375. **识别风险**

[英文] Identify risks

[俄文] Выявление рисков

[注释] 判断哪些风险可能影响项目并记录其特征的过程。

[Note] The process of determining which risks may affect the project and documenting their characteristics.

[Примечание] Процесс определения рисков, которые могут повлиять на проект, и документирования их характеристик.

376. **识别干系人**

[英文] Identify stakeholders

[俄文] Определение заинтересованных сторон

[注释] 识别能影响项目决策、活动或结果的个人、群体或组织，以及被项目决策、活动或结果所影响的个人、群体或组织，并分析和记录他们的相关信息的过程。这些信息包括他们的利益、参与度、相互依赖性、影响力及对项目成功的潜在影响等。

[Note] The process of identifying the people, groups, or organizations that could impact or be impacted by a decision, activity, or outcome of the project; and analyzing and documenting relevant information regarding their interests, involvement, interdependencies, influence, and potential impact on project success.

[Примечание] Процесс определения людей, групп или организаций, на которых повлиять или быть затронуты в решении, действии или результате проекта; а также анализ и документирование соответствующей информации об их интересах, вовлеченности, взаимозависимостях, влиянии и потенциальном влиянии на успех проекта.

377. 实际成本

[英文] Actual cost (AC)

[俄文] Фактическая себестоимость

[注释] 在一个特定时段内，对一项活动所做工作所产生的已实现成本。

[Note] The realized cost incurred for the work performed on an activity during a specific time period.

[Примечание] Реальные затраты, понесенные за работу, выполненную в течение определенного периода времени.

378. 实际持续时间

[英文] Actual duration

[俄文] Фактическая продолжительность

[注释] 进度活动的实际开始日期与数据日期（如果该进度活动尚未完成）或实际完成日期（如果该进度活动已经完成）之间的日历时间。

[Note] The time in calendar units between the actual start date of the schedule activity and either the data date of the project schedule if the schedule activity is in progress or the actual finish date if the schedule activity is complete.

[Примечание] Время в календарных единицах между фактической датой начала действия расписания и датой данных расписания проекта, если действие расписания выполняется, или фактической датой окончания, если действие расписания завершено.

379. **实践/做法**

[英文] Practice

[俄文] Практика

[注释] 某种具体的专业或管理活动，有助于相关过程的实施，可能需要采用一种或多种技术和工具。

[Note] A specific type of professional or management activity that contributes to the execution of a process and that may employ one or more techniques and tools.

[Примечание] Конкретный тип профессиональной или управленческой деятельности, которая способствует выполнению процесса и может использовать один или несколько методов и инструментов.

380. **实施采购**

[英文] Conduct procurement

[俄文] Проведение закупок

[注释] 获取卖方应答、选择卖方并授权合同的过程。

[Note] The process of obtaining the seller's response, selecting the seller and authorizing the contract.

[Примечание] Процесс получения ответа от продавца, выбор продавца и утверждение контракта.

381. **实施定量风险分析**

[英文] Perform quantitative risk analysis

[俄文] Выполнение количественного анализа рисков

[注释] 就已识别的风险对项目整体目标的影响进行定量分析的过程。

[Note] The process of numerically analyzing the effect of identified risks on overall project objectives.

[Примечание] Процесс численного анализа влияния выявленных рисков на общие цели проекта.

382. **实施定性风险分析**

[英文] Perform qualitative risk analysis

[俄文] Выполнение качественного анализа рисков

[注释] 评估并综合分析风险的概率和影响，对风险进行优先排序，从而为后续分析或行动提供基础的过程。

[Note] The process of prioritizing risks for further analysis or action by assessing and combining their probability of occurrence and impact.

[Примечание] Процесс определения приоритетности рисков для дальнейшего анализа или действий путем оценки и объединения их вероятности возникновения и воздействия.

383. **实施整体变更控制**

[英文] Perform integrated change control

[俄文] Выполнение интегрированного контроля изменений

[注释] 审查所有变更请求，批准变更，管理对可交付成果、组织过程资产、项目文件和项目管理计划的变更，并对变更处理结果进行沟通的过程。

[Note] The process of reviewing all change requests; approving changes and managing changes to deliverables, organizational process assets, project documents, and the project management plan; and communicating their disposition.

[Примечание] Процесс проверки всех запросов на изменение; утверждение изменений и управление изменениями результатов, активов организационного процесса, проектной документации и плана управления проектом; и сообщая о своем расположении.

384. **实施指令**

[英文] Instruction to proceed (ITP)

[俄文] Инструкция по выполнению определённой работы

[注释] 研制流程控制节点的输出物。表示决策机构审批通过，允许项目团队实施下一阶段产品寿命周期活动。

[Note] The output of the control node of the development process. Represents that the project team is allowed to implement the next phase of life cycle activities after approval by the decision-making institution.

[Примечание] Вывод узла управления процессом разработки. Обозначает, что команде проекта разрешено реализовать следующий этап деятельности жизненного цикла после утверждения органом, принимающим решения.

385. 实施质量保证

[英文] Perform quality assurance

[俄文] Выполнение обеспечения качества

[注释] 审计质量要求和质量控制测量结果，确保采用合理的质量标准和操作性定义的过程。

[Note] The process of auditing the quality requirements and the results from quality control measurements to ensure that appropriate quality standards and operational definitions are used.

[Примечание] Процесс аудита требований к качеству и результатов измерений контроля качества для обеспечения использования соответствующих стандартов качества и рабочих определений.

386. 实验设计

[英文] Design of experiments

[俄文] Планирование экспериментов

[注释] 一种统计方法，用来识别哪些因素会对正在生产的产品或正在开发的流程的特定变量产生影响。

[Note] A statistical method for identifying which factors may influence specific variables of a product or process under development or in production.

[Примечание] Статистический метод определения факторов, которые могут влиять на конкретные переменные продукта или процесса, находящегося в стадии разработки или производства.

387. 市场调研

[英文] Market research

[俄文] Исследование рынка

[注释] 通过会议、在线评论和各种其他渠道收集信息，了解市场情况的过程。

[Note] The process of gathering information at conferences, online reviews, and a variety of sources to identify market capabilities.

[Примечание] Процесс сбора информации на конференциях, онлайн-обзорах и из различных источников для определения возможностей рынка.

388. **事故症候**

[英文] Incident symptom

[俄文] Инцидент происшествия

[注释] 一种不是事故但是影响运行安全的情形。

[Note] A situation that is not an accident but affects the safety of operation.

[Примечание] Ситуация, которая не является несчастным случаем, но влияет на безопасность работы.

389. **事件**

[英文] Event

[俄文] Событие

[注释] 比较重大，对一定的人群会产生一定影响的事情。

[Note] Something that is relatively important and will have a certain impact on a certain group of people.

[Примечание] Что-то относительно важное, которое окажет определенное влияние на определенную группу людей.

390. **事业环境影响**

[英文] Enterprise environmental factors

[俄文] Факторы окружающей среды предприятия

[注释]（项目）团队不能直接控制的，将对项目、工程或项目组合产生影响、限制或指导作用的各种条件。

[Note] Conditions, not under the immediate control of the team, that influence,constrain, or guide the project, program, or portfolio.

[Примечание] Условия, не находящиеся под непосредственным контролем команды, которые влияют, ограничивают или направляют проект, программу или портфолио.

391. **试飞培训教材**

[英文] Training material for flight test

[俄文] Учебник для летных испытаний

[注释] 试飞培训教材作为试飞阶段飞行机组、机务人员的学习材料，可以帮助受培训的人员全面地了解飞机及飞机各系统；为试飞飞机安全、可靠、有效地完成试飞任务打下良好的基础。

[Note] Flight test training textbooks, as learning materials for flight crew and maintenance persons in flight test stage, can help trainees to understand the aircraft and its systems comprehensively, and lay a good foundation for flight test tasks to be completed safely, reliably and effectively.

[Примечание] Учебники по обучению летным испытаниям в качестве учебных материалов для летного экипажа и технического персонала на этапе летных испытаний, могут помочь слушателям всесторонне понять самолет и его системы и заложить хорошую основу для безопасного, надежного и надежного выполнения задач летных испытаний эффективно.

392. **试验产品**

[英文] Test product

[俄文] Тестируемый изделие

[注释] 型号合格审定中用于各种验证试验的试验件、原型机及其零部件。

[Note] The test pieces, prototype machines and their parts used for various verification tests in type verification.

[Примечание] Испытательные образцы, прототипы машин и их части, используемые для различных проверочных испытаний при проверке типа.

393. **适航**

[英文] Airworthiness

[俄文] Лётная годность

[注释] 按适用适航要求进行设计、制造、使用和维护的航空器，在规定的限制使用条件下所具有的固有安全特性。

[Note] The inherent safety characteristics of aircraft designed, manufactured, used and maintained in accordance with applicable airworthiness requirements under specified restricted operating conditions.

[Примечание] Характеристики безопасности, присущие воздушным судам, спроектированным, изготовленным, используемым и обслуживаемым в соответствии с применимыми требованиями к летной годности в определенных ограниченных условиях эксплуатации.

394. 适航管理

[英文] Airworthiness management

[俄文] Управление летной годности

[注释] 以保障民用航空安全为目标对航空产品实施的技术性程序性管理，由政府授权部门通过制定和实施航空产品的适航标准、审定规章以及相关管理程序和指导文件，对其从设计、制造、使用和维修等环节实施的全方位管理。

[Note] In order to guarantee the safety of civil aviation, the technical procedural management of aviation products shall be implemented. The departments authorized by government shall comprehensively manage the design, manufacture, use and maintenance of aviation products through the formulation and implementation of airworthiness standards, approval rules and relevant management procedures and guidance documents.

[Примечание] Чтобы гарантировать безопасность гражданской авиации, должно быть реализовано техническое процедурное управление авиационной продукцией. Уполномоченные правительством департаменты должны всесторонне управлять проектированием, производством, использованием и обслуживанием авиационной продукции посредством разработки и внедрения стандартов летной годности, правил утверждения и соответствующих процедур управления и инструктивных документов.

395. 适航管理程序

[英文] Airworthiness procedure (AP)

[俄文] Процедуры по летной годностью

[注释] 中国民用航空局颁发的有关民用航空规章的实施办法或具体管理程序，是政府局方工作人员从事适航管理活动的依据，也是民用航空器设计、制造、使用和维修的单位或个人从事民用航空活动应当遵守的行为规则。

[Note] The implementation measures or specific management procedures of the relevant civil aviation regulations, issued by the Civil Aviation Administration of China, are the basis for the Authorities staff to engage in airworthiness management activities, and also the behavior rules that should be observed by the units or individuals engaged in civil aviation activities in the design, manufacture, use and maintenance.

[Примечание] Меры по реализации или особые процедуры управления соответствующими правилами гражданской авиации, изданными Управлением гражданской авиации Китая, являются основой для участия сотрудников властей в деятельности по управлению летной годностью, а также правилами поведения, которые должны соблюдаться подразделения или отдельные лица, занимающиеся гражданской авиацией при проектировании, производстве, использовании и техническом обслуживании.

396. **适航监察员**

[英文] Airworthiness inspector

[俄文] Инспектор по лётной годности

[注释] 指从事适航审定的局方人员，包括局方的制造检查人员、工程人员、试飞工程师和试飞员等。

[Note] Refers to the officers of the Authorities engaged in airworthiness certification, including the manufacturing inspectors, engineers, flight test engineers and flight test pilots of the Authorities.

[Примечание] Относится к должностным лицам полномочных органов, занимающихся сертификацией летной годности, включая инспекторов по производству, инженеров, инженеров-испытателей и пилотов-испытателей полномочных органов.

397. 适航批准标签

[英文] Airworthiness approval tag

[俄文] Талон одобрения лётной годности

[注释] 是制造符合性检查代表或委任生产检验代表签发的、用于证实试验产品已经过制造符合性检查，符合型号资料的标签。

[Note] It is a tag issued by the Manufacturing Conformance Inspection Representative or by the appointed Production Inspection Representative to verify that the test product has passed the Manufacturing Conformance Inspection and conforms to the type data.

[Примечание] Это бирка, выпущенная представителем инспекции производственного соответствия или назначенным представителем производственной инспекции для подтверждения того, что тестируемый продукт прошел инспекцию производственного соответствия и соответствует данным типа.

398. 适航限制项目

[英文] Airworthiness limitation items (ALI)

[俄文] Элементы ограничения лётной годности

[注释] 申请人通过型号合格审定过程制定并获审查部门批准的型号设计组成部分文件，通常列入飞机飞行手册或持续适航文件的适航限制部分，内容涉及对相关飞机结构、系统的强制性维修、检查、更换和评定的要求。

[Note] A component documents of type design, formulated by the applicant and approved by the department in the process of type qualification, are usually included in the aircraft flight manual or the airworthiness restriction part of the Continuous Airworthiness document, which covers the requirements for the aircraft structure, system mandatory maintenance, inspection, replacement and evaluation.

[Примечание] Составные документы типовой конструкции, разработанные заявителем и утвержденные отделом в процессе аттестации типа, обычно включаются в руководство по летной годности воздушного судна или в часть документа о постоянной летной годности, ограничивающую летную годность, которая охватывает требования к конструкции самолета, обязательное обслуживание системы, осмотр, замена и оценка.

399. 适航证

[英文] Certification of airworthiness

[俄文] Сертификация лётной годности

[注释] 局方在确认单架产品航空器的制造符合经批准设计并处于安全可用状态后，为其所颁发的证明其适航性的证件。

[Note] After confirming that the manufacture of a single aircraft product conforms to the approved design and is in a safe and available state, the Authorities shall issue certificates certifying its airworthiness.

[Примечание] После подтверждения того, что производство отдельного летательного аппарата соответствует утвержденной конструкции и находится в безопасном и доступном состоянии, полномочные органы должны выдать сертификаты, удостоверяющие его летную годность.

400. 适航指令

[英文] Airworthiness directive (AD)

[俄文] Директива лётной годности

[注释] 针对任何航空器上发现的、很可能存在于或发生于相同/相似型号设计的其他航空器中的不安全状态，所制定的强制性检查要求、改正措施或使用限制。

[Note] The mandatory inspection requirements, corrective measures or use restrictions are established for the unsafe conditions found on any aircraft that are likely to exist or occur in other aircraft with the same/similar design.

[Примечание] Обязательные требования к осмотру, корректирующие меры или ограничения использования устанавливаются для небезопасных условий, обнаруженных на любом воздушном судне, которые могут существовать или встречаться на других воздушных судах с такой же / аналогичной конструкцией.

401. 适应型生命周期

[英文] Adaptive life cycle

[俄文] Адаптивный жизненный цикл

[注释] 一种项目生命周期模式，也称为变更驱动或敏捷方法，其目的在于方便变更，获取干系人持续的高度参与。适应型生命周期也包含迭代和增量的概念，但不同之处在于，迭代很快（通常 2 ~ 4 周迭代 1 次），而且所需时间和资源是固定的。

[Note] A project life cycle, also known as change-driven or agile methods, that is intended to facilitate change and require a high degree of ongoing stakeholder involvement. Adaptive life cycles are also iterative and incremental, but differ in that iterations are very rapid (usually 2~4 weeks in length) and are fixed in time and resources.

[Примечание] Жизненный цикл проекта, также известный как методы, основанные на изменениях или гибкие методы, который предназначен для облегчения изменений и требует высокой степени постоянного участия заинтересованных сторон. Адаптивные жизненные циклы также являются итеративными и инкрементными, но отличаются тем, что итерации выполняются очень быстро (обычно длительностью 2–4 недели) и фиксированы по времени и ресурсам.

402. 收集需求

[英文] Collect requirements

[俄文] Сбор требований

[注释] 为实现项目目标而确定、记录并管理干系人的需求和要求的过程。

[Note] The process of determining, documenting, and managing stakeholder needs and requirements to meet project objectives.

[Примечание] Процесс определения, документирования и управления потребностями и требованиями заинтересованных сторон для достижения целей проекта.

403. 收尾过程组

[英文] Closing process group

[俄文] Группа процесса закрытия

[注释] 完结所有项目管理过程组的所有活动，以正式结束项目或阶段的过程。

[Note] Those processes performed to finalize all activities across all Process Groups to formally close a project or phase.

[Примечание] Эти процессы выполняются для завершения всех действий во всех группах процессов с целью формального закрытия проекта или фазы.

404. 首选逻辑关系

[英文] Preferred logic

[俄文] Предпочтительная логика

[注释] 见 “选择性依赖关系”。

[Note] See *discretionary dependency*.

[Примечание] См. *Дискреционную зависимость*.

405. 输出

[英文] Output

[俄文] Выход

[注释] 由某个过程产生的产品、成果或服务，可能成为后续过程的输入。

[Note] A product, result, or service generated by a process. May be an input to a successor process.

[Примечание] Продукт, результат или услуга, созданные в процессе. Может быть входом в следующий процесс.

406. 输入

[英文] Input

[俄文] Вход

[注释] 开始一个过程所必需的、来自项目内外的任何东西。可以是前一过程的输出。

[Note] Any item, whether internal or external to the project that is required by a process before that process proceeds. May be an output from a predecessor process.

[Примечание] Любой элемент, внутренний или внешний по отношению к проекту, который требуется процессу до его продолжения. Может быть результатом предшествующего процесса.

407. **树形图**

[英文] Tree diagram

[俄文] Древовидная диаграмма

[注释] 用父子关系直观展示系统规则的层级分解系统图。

[Note] A systematic diagram of a decomposition hierarchy using parent-to-child relationships to visualize systematic set of rules.

[Примечание] Систематическая диаграмма иерархии декомпозиции с использованием родительско-дочерних отношений для визуализации систематического набора правил.

408. **数据管理**

[英文] Data management (DM)

[俄文] Управление данными

[注释] 数据管理的目的在于在系统的全寿命周期中，规划、获取、访问、管理、保护和运用技术特性数据。

[Note] The purpose of data management is to plan, acquire, access, manage, protect and use technical characteristic data in the whole life cycle of the system.

[Примечание] Целью управления данными является планирование, получение, доступ, управление, защита и использование данных технических характеристик на протяжении всего жизненного цикла системы.

409. **数据收集和展示技术**

[英文] Data gathering and representation techniques

[俄文] Методы сбора и представления данных

[注释] 用来收集、组织和呈现数据与信息的技术。

[Note] Techniques used to collect, organize, and present data and information.

[Примечание] Методы, используемые для сбора, организации и представления данных и информации.

410. 双边适航协议

[英文] Bilateral airworthiness agreement (BAA)

[俄文] Двустороннее соглашение о летной годности

[注释] 由两国政府代表签署或通过交换外交照会生效的关于适航的技术性执行协定或协议。

[Note] Thetechnicalimplementationagreementsortreatyon Airworthinesswhichi ssignedbyrepresentativesofthetwogovernmentsorthroughdiplomaticnotes.

[Примечание] Соглашения о технической реализации или договор о летной годности, который подписывается представителями двух правительств или посредством дипломатических нот.

411. 四象限图

[英文] Quad chart

[俄文] Квадратурная диаграмма

[注释] 一种项目信息报送的工具。通常将一幅页面分成四个区块，分别展示项目/团队在过去一周或给定时间段内的重大进展、重大问题和风险、重大活动以及下周或下一时间段的工作计划。

[Note] A tool for reporting project information. Usually a page is divided into four blocks to show the significant progress, major problems and risks, major activities and work plans of the project/team in the past week or a given period.

[Примечание] Инструмент для сообщения информации о проекте. Обычно страница делится на четыре блока, чтобы показать значительный прогресс, основные проблемы и риски, основные мероприятия и планы работы проекта / команды за последнюю неделю или за определенный период.

412. 索赔

[英文] Claim

[俄文] Претензия

[注释] 根据具有法律约束力的合同条款，卖方向买方（或买方向卖方）提出的关于报酬、补偿或款项的请求、要求或主张，如针对某个有争议的变更。

[Note] A request, demand, or assertion of rights by a seller against a buyer, or vice versa, for consideration, compensation, or payment under the terms of a legally binding contract, such as for a disputed change.

[Примечание] Запрос, требование или утверждение прав со стороны продавца от покупателя, или наоборот, для рассмотрения, компенсации или оплаты в соответствии с условиями юридически обязательного договора, например, для спорного изменения.

413. **索赔管理**

[英文] Claims administration

[俄文] Управление претензиями

[注释] 对合同索赔进行处理、裁决和沟通的过程。

[Note] The process of processing, adjudicating, and communicating contract claims.

[Примечание] Процесс обработки, рассмотрения и сообщения претензий по контракту.

T

414. **谈判**

[英文] Negotiation

[俄文] Переговор

[注释] 有关各方通过协商来解决争议的过程和活动。

[Note] The process and activities to resolve disputes through consultations between involved parties.

[Примечание] Процесс и действия по разрешению споров путем консультаций между заинтересованными сторонами.

415. **弹回计划**

[英文] Fallback plan

[俄文] Резервный план

[注释] 包含一组备用的行动和任务，以便在主计划因问题、风险或其他原因而废弃时采用。

[Note] Fallback plans include an alternative set of actions and tasks available in the event that the primary plan needs to be abandoned because of issues, risks, or other causes.

[Примечание] Запасные планы включают альтернативный набор действий и задач, доступных в случае, если от основного плана необходимо отказаться из-за проблем, рисков или других причин.

416. **特殊适航证**

[英文] Special airworthiness certificates

[俄文] Специальный сертификат летной годности

[注释] 对下列航空器颁发特殊适航证：① 按照 CCAR-21R3 取得型号设计批准书的航空器；② 中国民用航空局同意的其他航空器。

[Note] The special airworthiness certificates issued for the following aircraft: ① Aircraft with type design certificate obtained according to CCAR-21R3; ② Other aircraft approved by the China Civil Aviation Administration.

[Примечание] Специальные сертификаты летной годности выданы на следующие ВС: ① ВС с сертификатом типовой конструкции, полученным в соответствии с CCAR-21R3; ② Другой самолет, одобренный Управлением гражданской авиации Китая.

417. **特殊适航指令**

[英文] Special airworthiness directive

[俄文] Специальная директива летной годности

[注释] 带有敏感技术内容，涉及航空保安的适航指令。

[Note] Airworthiness directives with sensitive technical content involving aviation security.

[Примечание] Директивы по летной годности с конфиденциальным техническим содержанием, связанным с авиационной безопасностью.

418. 特许飞行证

[英文] Special flight permits

[俄文] Разрешения на специальные полеты

[注释] 由适航当局按有关规定对不具备有效适航证的民用航空器颁发的证明该航空器可进行有限制的飞行的证件，可分为第一类特许飞行证和第二类特许飞行证。

[Note] The certificate issued to civil aircraft without valid airworthiness certificate by the authorities, which permits this aircraft to have restricted flights and which can be divided into the first type Special flight permits and the second type Special flight permits.

[Примечание] Сертификат, выданный властями гражданскому воздушному судну без действующего сертификата летной годности, разрешает этому воздушному судну выполнять ограниченные полеты и разделяет на специальные разрешения на полеты первого типа и специальные разрешения на полеты второго типа.

419. 调整提前量与滞后量

[英文] Adjusting leads and lags

[俄文] Адаптация опережений и задержек

[注释] 项目执行过程中使用的，让进度落后的项目活动追赶上计划的一种技术。

[Note] A technique used to bring project activities that are behind into alignment with plan during project execution.

[Комментарий] Метод, используемый в процессепроекта, который позволяет отстать от графика проектной деятельности, чтобы догнать план.

420. 统计抽样

[英文] Statistical sampling

[俄文] Статистическая выборка

[注释] 从目标总体中选取部分样本用于检查。

[Note] Choosing part of a population of interest for inspection.

[Примечание] Выбор интересующей части населения для проверки.

421. 头脑风暴

[英文] Brainstorming

[俄文] Мозговой шторм

[注释] 一种通用的数据收集和创意激发技术。通过召集一组团队成员或主题专家，来识别风险、提出创意或问题解决方案。

[Note] A general data gathering and creativity technique that can be used to identify risks, ideas, or solutions to issues by gathering a group of team members or subject matter experts.

[Примечание] Общий метод сбора данных и творчества, который можно использовать для выявления рисков, идей или решений проблем путем сбора группы членов команды или экспертов в предметной области.

422. 投标人会议

[英文] Bidder conference

[俄文] Конференция участников тендера

[注释] 在准备投标书或建议书之前，与潜在卖方举行的会议，以便保证所有潜在卖方对本项采购都有清楚且一致的理解。又称承包商会议、供应商会议或投标前会议。

[Note] The meetings with prospective sellers prior to the preparation of a bid or proposal to ensure all prospective vendors have a clear and common understanding of the procurement. Also known as contractor conferences, vendor conferences, or pre-bid conferences.

[Примечание] Встречи с потенциальными продавцами до подготовки заявки или предложения, чтобы убедиться, что все потенциальные поставщики имеют четкое и общее понимание закупок. Также известны как конференции подрядчиков, конференции поставщиков или конференции перед началом торгов.

423. **投标邀请书**

[英文] Invitation for bid (IFB)

[俄文] Приглашение к участию в торгах (IFB)

[注释] 通常本术语等同于建议邀请书，但在某些应用领域，其含义可能更精确或更具体。

[Note] Generally, this term is equivalent to request for proposal. However, in some application areas, it may have a narrower or more specific meaning.

[Примечание] Обычно этот термин эквивалентен запросу предложения. Однако в некоторых областях применения он может иметь более узкое или более конкретное значение.

424. **图解技术**

[英文] Diagramming techniques

[俄文] Методы диаграмм

[注释] 用逻辑链接来呈现信息以辅助理解的方法。

[Note] Approaches to presenting information with logical linkages that aid in understanding.

[Примечание] Подходы к представлению информации с логическими связями, которые помогают в понимании.

W

425. **外部依赖关系**

[英文] External dependency

[俄文] Внешняя зависимость

[注释] 项目活动与非项目活动之间的关系。

[Note] A relationship between project activities and non-project activities.

[Примечание] Взаимосвязь между деятельностью по проекту и непроектной деятельностью.

426. 外国适航证认可书

[英文] Validation of foreign airworthiness certificate

[俄文] Подтверждение иностранного сертификата летной годности

[注释] 对在外国登记注册，持有外国适航当局颁发的现行有效适航证，且型号设计已经民航局认可，并由中国占有人或使用人运行的航空器颁发外国航空器适航证认可书。

[Note] For registered in a foreign country, holding a valid airworthiness certificate issued by a foreign airworthiness authority, and the type design approved by the Civil Aviation Administration, the validation of foreign airworthiness certificate would be issued for the aircraft which is operated by a Chinese owner or user.

[Примечание] Для зарегистрированных в другой стране, имеющих действующий сертификат летной годности, выданный иностранным органом по летной годности, и типовой дизайн, утвержденный Управлением гражданской авиации, подтверждение иностранного сертификата летной годности будет выдано для воздушного судна, которое эксплуатируется Китайский владелец или пользователь.

427. 完成日期

[英文] Finish date

[俄文] Дата завершения

[注释] 与进度活动的完成相关联的时间点。通常带下列修饰词：实际、计划、估计、预计、最早、最晚、基准、目标或当前。

[Note] A point in time associated with a schedule activity’s completion. Usually qualified by one of the followings actual, planned, estimated, scheduled, early, late, baseline, target, or current.

[Примечание] Момент времени, связанный с завершением запланированного действия. Обычно определяется одним из следующих значений: фактический, запланированный, расчетный, запланированный, ранний, поздний, базовый, целевой или текущий.

428. **完工估算**

[英文] Estimate at completion (EAC)

[俄文] Оценка на завершении

[注释] 完成所有工作所需的预期总成本，等于截至目前的实际成本加上完工尚需估算。

[Note] The expected total cost of completing all work expressed as the sum of the actual cost to date and the estimate to complete.

[Примечание] Ожидаемая общая стоимость завершения всех работ, выраженная как сумма фактических затрат на сегодняшний день и предполагаемой стоимости завершения.

429. **完工偏差**

[英文] Variance at completion (VAC)

[俄文] Отклонение по завершении (ОПЗ)

[注释] 对预算亏空量或盈余量的一种预测，是完工预算与完工估算之差。

[Note] A forecast of the budget deficit or surplus, which is the difference between the completion budget and the completion estimate.

[Примечание] Прогноз дефицита или профицита бюджета, который представляет собой разницу между бюджетом завершения и оценкой завершения.

430. **完工尚需估算**

[英文] Estimate to complete (ETC)

[俄文] Оценка до завершения

[注释] 完成所有剩余项目工作的预计成本。

[Note] The expected cost to finish all the remaining project work.

[Примечание] Ожидаемаястоимостьзавершениявсехоставшихсяработпопр оекту.

431. 完工尚需绩效指数

[英文] To-complete performance index (TCPI)

[俄文] Показатель результативности до завершения (ИПДЗ)

[注释] 为了实现特定的管理目标，剩余资源的使用必须达到的成本绩效指标，是完成剩余工作所需成本与剩余预算之比。

[Note] A measure of the cost performance that is required to be achieved with the remaining resources in order to meet a specified management goal, expressed as the ratio of the cost to finish the outstanding work to the remaining budget.

[Примечание] Показатель эффективности затрат, который требуется достичь с использованием оставшихся ресурсов для достижения указанной цели управления, выраженный как отношение затрат на завершение незавершенной работы к оставшемуся бюджету.

432. 完工预算

[英文] Budget at completion (BAC)

[俄文] Бюджет по завершении (БПЗ)

[注释] 为将要执行的工作所建立的全部预算的总和。

[Note] The sum of all budgets established for the work to be performed.

[Примечание] Сумма всех бюджетов, установленных для выполнения работ.

433. 网络

[俄文] Network

[俄文] Сеть

[注释] 见“项目进度网络图”。

[Note] See *project schedule network diagram.*

[Примечание] См. *Схему сети расписания проекта.*

434. 网络分析

[英文] Network analysis

[俄文] Анализ сети

[注释] 见“进度网络分析”。

[Note] See *schedule network analysis.*

[Примечание] См. *График сетевого анализа.*

435. **网络路径**

[英文] Network path

[俄文] Путь в сети

[注释] 在项目进度网络图中，通过逻辑关系连接起来的任何连续的进度活动序列。

[Note] Any continuous series of schedule activities connected with logical relationships in a project schedule network diagram.

[Примечание] Любая непрерывная серия плановых операций, связанных с логическими отношениями в сетевой диаграмме расписания проекта.

436. **网络逻辑**

[英文] Network logic

[俄文] Логика сети

[注释] 项目进度网络图中各进度活动之间的依赖关系的总称。

[Note] The collection of schedule activity dependencies that makes up a project schedule network diagram.

[Примечание] Набор зависимостей действий расписания, составляющий сетевую диаграмму расписания проекта.

437. **威胁**

[英文] Threat

[俄文] Угроза

[注释] 对项目的一个或多个目标产生负面影响的风险。

[Note] A risk that would have a negative effect on one or more project objectives.

[Примечание] Риск, который может отрицательно повлиять на одну или несколько целей проекта.

438. **维修**

[英文] Maintenance

[俄文] Техническое обслуживание

[注释] 检查、翻修、修理、封存以及零部件的更换，但不包括预防性维修。

[Note] Inspection, renovation, repair, storage or replacement of spare parts, excluding preventive maintenance.

[Примечание] Осмотр, обновление, ремонт, хранение или замена запасных частей, за исключением профилактического обслуживания.

439. **维修设施计划**

[英文] Maintenance facility planning (MFP)

[俄文] Планирование средств технического обслуживания

[注释] 提供维修设施信息，并为制定停机坪/航线或机库维修工作所需维修设施计划提供相关资料。

[Note] Provide maintenance facility information and provide relevant information for the planning of apron/airline or hangar maintenance work.

[Примечание] Предоставьте информацию о средствах технического обслуживания и предоставьте соответствующую информацию для планирования работ по техническому обслуживанию перрона / авиакомпании или ангара.

440. **维修审查委员会**

[英文] Maintenance review board (MRB)

[俄文] Комитет обзоратехнического обслуживания

[注释] 对预期主要用于航空承运人环境的航空器，申请人可以使用相关程序制订和生成维修任务及其相关的时间间隔用作航空承运人持续适航维修大纲中的初始维修时间限制。同样地，制造厂商也可以使用通过维修审查委员会过程生成的相应维修任务和时间间隔，来表明对于合格审定规章的检查大纲要求的符合性。维修审查委员会由飞行标准检查员、飞机合格审定办公室项目经理、从主管审定中心派出的相关工程人员组成。

[Note] For aircraft expected to be mainly used in the environment of the air carrier, the applicant can use the relevant procedures to formulate maintenance tasks and related time intervals, which can be used as the initial maintenance time limit in the air carrier's continued airworthiness maintenance outline. Similarly, the manufacturer can also demonstrate the conformity of the inspection outline of the qualification rules through the corresponding maintenance tasks and time intervals formulated by the Maintenance Review Board. The Maintenance Review Committee is composed of flight standard inspectors, project managers of the Aircraft Qualification Office and relevant engineers dispatched from the Authorization Center.

[Примечание] Для воздушных судов, которые будут в основном использоваться в среде авиаперевозчика, заявитель может использовать соответствующие процедуры для формулирования задач технического обслуживания и соответствующих временных интервалов, которые могут использоваться в качестве начального лимита времени технического обслуживания при сохранении летной годности авиаперевозчика. Производитель может также продемонстрировать соответствие схемы проверки квалификационным правилам с помощью соответствующих задач технического обслуживания и временных интервалов, сформулированных Советом по проверке технического обслуживания. Комитет по обзору технического обслуживания состоит из инспекторов по полетным стандартам, руководителей проектов отдела аттестации воздушных судов и соответствующих инженеров, направляемых из Центра авторизации.

441. 委任工程代表

[英文] Designated engineering representatives (DER)

[俄文] Назначенные инженерные представители

[注释] 获责任审查部门授权委任的申请人方的工程技术人员，可以在局方监控下代表其行使授权范围内的型号合格审定工作。

[Note] The engineers of the applicants authorized and appointed by the examining authorities, under the Authorities supervision, perform the type approval work within the scope of authorization on behalf of the authorities.

[Примечание] Инженеры заявителей, уполномоченные и назначенные контролирующими органами, под надзором властей выполняют работы по утверждению типа в рамках разрешения от имени властей.

442. 委任工程代表型号资料审查表

[英文] DER statement of compliance

[俄文] Заключение назначенного инженерного представителя о соответствии

[注释] 由授权的委任工程代表填写的、用于证实型号资料已经过审查、符合要求并按授权予以批准或提出批准建议的表格。

[Note] A form filled by designated engineering representatives to verify that the type information has been examined and met the requirements, that to be approved or make recommendations for approval under the authorization.

[Примечание] Форма, заполненная назначенными техническими представителями, для подтверждения того, что информация о типе была изучена и соответствует требованиям, которые должны быть утверждены или давать рекомендации для утверждения в соответствии с разрешением.

443. 委任生产检验代表

[英文] Designated manufacturing inspection representatives (DMIR)

[俄文] Назначенные представители контроля производства

[注释] 获责任审查部门授权委任的申请人方的生产检验技术人员，可以在局方监控下代表其行使授权范围内制造符合性检查工作。

[Note] The production inspection technicians of the applicants authorized and appointed by the examining authorities, under the supervision of the authorities, carry out the manufacture conformity inspection on behalf of the authorities under their authorization.

[Примечание] Технические специалисты по производственному контролю заявителей, уполномоченные и назначенные контролирующими органами, под надзором властей проводят инспекцию соответствия производства от имени властей в соответствии с их полномочиями.

444. 未完项

[英文] Backlog

[俄文] Задержка

[注释] 待完成的产品需求和可交付成果清单，按故事叙述，按业务排序，以便管理和组织项目工作。

[Note] A listing of product requirements and deliverables to be completed, written as stories, and prioritized by the business to manage and organize the project's work.

[Примечание] Список требований к продукту и результатов, которые необходимо выполнить, записанный в виде историй, с указанием приоритетов для управления и организации работы проекта.

445. 文档审查

[英文] Documentation reviews

[俄文] Обзор документации

[注释] 收集一些特定的信息并加以审查，以确定其准确性和完整性的过程。

[Note] The process of gathering a corpus of specific information and reviewing it to determine accuracy and completeness.

[Примечание] Процесс сбора корпуса конкретной информации и ее анализа для определения точности и полноты.

446. 文件分析

[英文] Document analysis

[俄文] Анализ документов

[注释] 通过分析现有文档，识别与需求相关的信息的一种启发式技术。

[Note] An elicitation technique that analyzes existing documentation and identifies information relevant to the requirements.

[Примечание] Метод выявления, который анализирует существующую документацию и определяет информацию, относящуюся к требованиям.

447. 问卷调查

[英文] Questionnaires and surveys

[俄文] Анкетирование и опросы

[注释] 设计一系列书面问题，向众多受访者快速收集信息。

[Note] Written sets of questions designed to quickly accumulate information from a large number of respondents.

[Примечание] Письменные наборы вопросов, предназначенные для быстрого сбора информации от большого количества респондентов.

448. 问题

[英文] Issue

[俄文] Вопрос

[注释] 有质疑或争议的观点或事项，议而未决的观点或事项，或者，有对立看法或异议的观点或事项。

[Note] A point or matter in question or in dispute, or a point or matter that is not settled and is under discussion or over which there are opposing views or disagreements.

[Примечание] Мнения или вопросы,которые вызывают сомнение или являются спорными, взгляды или вопросы, которые обсуждались, но не решены, или взгляды или вопросы, которые вызывают противоположные взгляды или возражения.

449. 问题纪要

[英文] Issue paper (IP)

[俄文] Протокол (Бумаги) вопросов

[注释] 用来确认和解决型号合格审定过程中发生的有关技术、规章和管理的重要或有争议问题的一种手段，也是用来确定问题处理进展情况的手段，并且是证后对问题处理情况进行总结的基础。

[Note] A means of identifying and resolving important or controversial issues concerning technology, regulations and management arised in the process of type certification. It is also used to indicate the progress of problem, and is the basis for summarizing the problem after certification.

[Примечание] Средство выявления и решения важных или спорных вопросов, касающихся технологий, правил и менеджмента, возникших в процессе сертификации типа. Он также используется для обозначения прогресса проблемы и является основой для обобщения проблемы после сертификации.

450. 问题纪要汇编

[英文] Issue book

[俄文] Книга вопросов

[注释] 将所有的问题纪要汇编成册并进行动态管理的汇总性文件。在型号合格审定过程中，型号合格审定审查组组长收集当时情况下的所有问题纪要并汇编成册，供责任审定单位、责任审查部门、型号合格审定委员会、型号合格审定审查组和申请人使用。同时，问题纪要汇编可作为今后其他型号合格审定的参考。

[Note] A summary document that compiles and dynamically manages all problem issue. In the process of type certification, the leader of the type certification team collects and compiles the summary of all problems under the current circumstances for use by the responsible verification unit, the responsible review department, the type certification committee, the type certification team and the applicant. At the same time, the compilation of the problem summary can be used as a reference for the other type certification in the future.

[Примечание] Сводный документ, который компилирует и динамически управляет всеми проблемами. В процессе сертификации типа руководитель группы по сертификации типа собирает и составляет сводку всех проблем в текущих обстоятельствах для использования ответственным подразделением по верификации, ответственным отделом анализа, комитетом по сертификации типа, группой по сертификации типа и заявитель. В то же время составление краткого описания проблемы может быть использовано в качестве справочного материала для сертификации другого типа в будущем.

451. 问题日志

[英文] Issue log

[俄文] Журнал проблем

[注释] 用来记录和监督项目干系人之间的讨论事项或争议事项的项目文件。

[Note] A project document used to document and monitor elements under discussion or in dispute between project stakeholders.

[Примечание] Проектный документ, используемый для документирования и мониторинга элементов, обсуждаемых или оспариваемых заинтересованными сторонами проекта.

452. 问题通报

[英文] Problem reporting (PR)

[俄文] Отчёт о проблемах

[注释] 在项目进行过程中，对出现的各种问题辨识、分类、通报、归档、处理、跟踪并关闭的流程。

[Note] In the project, the procedure of identifying, classifying, notifying, documenting, processing, tracking and closing all kinds of problems occurring.

[Примечание] В проекте процедура выявления, классификации, уведомления, документирования, обработки, отслеживания и закрытия всех видов возникающих проблем.

453. 无损检测手册

[英文] Non-destructive testing manual (NDT)

[俄文] Руководство по методам неразрушающего контроля

[注释] 应包含标准实施和对每个检测步骤的解释，这些程序应规定有效范围、工具/设备、准备工作、设备校准、检查步骤、验收准则以及合格/不合格标准。

[Note] Standard implementation procedures and explanations for each inspection step should be included, which should specify the effective scope, tools/equipment, preparation, equipment calibration, inspection procedures, acceptance criteria and eligibility/non-conformity standards.

[Примечание] Должны быть включены стандартные процедуры реализации и объяснения для каждого этапа проверки, в которых должны быть указаны эффективный объем, инструменты / оборудование, подготовка, калибровка оборудования, процедуры проверки, критерии приемки и стандарты приемлемости / несоответствия.

454. 物资

[英文] Material

[俄文] Материальные средства

[注释] 组织在任何工作中所使用的各种东西的总和，如设备、仪器、工具、机器、装置、材料和用品等。

[Note] The aggregate of things used by an organization in any undertaking, such as equipment, apparatus, tools, machinery, gear, material, and supplies.

[Примечание] Совокупность вещей, используемых организацией на любом предприятии, таких как оборудование, аппаратура, инструменты, машины, механизмы, материалы и принадлежности.

X

455. 系统交互图

[英文] System interaction diagrams

[俄文] Схема взаимодействия систем

[注释] 对产品范围的可视化描绘，显示业务系统（过程、设备、计算机系统等）及其与人和其他系统（行动者）之间的交互方式。

[Note] A visual depiction of the product scope showing a business system (process, equipment, computer system, etc.), and how people and other systems (actors) interact with it.

[Примечание] Визуальное изображение объема продукта, показывающее бизнес-систему (процесс, оборудование, компьютерную систему и т. д.), А также то, как люди и другие системы (участники) взаимодействуют с ней.

456. 系统原理图

[英文] System schematic manual (SSM)

[俄文] Схематическое руководство по системе

[注释] 对飞机上各系统的原理图的汇总，帮助维修人员对各个系统的理解以及方便进行航线可更换件的故障隔离。

[Note] It is a summary of the schematic diagrams of the various systems on the aircraft to help the maintenance personnel understand the various systems and facilitate the fault isolation of the replaceable parts on the airline.

[Примечание] Это краткое изложение принципиальных схем различных систем самолета, чтобы помочь обслуживающему персоналу понять различные системы и облегчить устранение неисправностей заменяемых частей в авиакомпании.

457. 现场工程支持

[英文] Onsite engineering support

[俄文] Местная инженерная поддержка

[注释] 为解决商用飞机试制生产现场技术问题，对工程图纸、规范、标准和有关设计准则提供技术支持，并解答跟产表单的全过程。

[Note] In order to solve the technical problems in commercial aircraft trial production site, technical support is provided for engineering drawings, specifications, standards and related design criteria, and answer follow-up production forms throughout the period.

[Примечание] Для решения технических проблем на участке опытного производства коммерческих самолетов предоставляется техническая поддержка для разработки технических чертежей, спецификаций, стандартов и соответствующих критериев проектирования, а также ответов на последующие производственные формы в течение всего периода.

458. 线路图手册

[英文] Wiring diagram manual (WDM)

[俄文] Руководство по составлению монтажной схемы

[注释] 提供了飞机所有电子/电气线路构成的线路图、系统原理图、导线表、设备表和位置图（包括必要的发动机、部件内部线路），并对相关的电路给予了充分说明。

[Note] The circuit diagrams, system schematic diagrams, wire tables, equipment tables and position diagrams (including necessary internal circuits of engines and components) of all electronic/electrical circuits of aircraft are provided, and the related circuits are fully explained.

[Примечание] Предоставляются принципиальные схемы, принципиальные схемы системы, таблицы проводов, таблицы оборудования и диаграммы положения (включая необходимые внутренние схемы двигателей и компонентов) всех электронных / электрических цепей самолета, и соответствующие схемы полностью объяснены.

459. 相对多数原则

[英文] Plurality

[俄文] Множество

[注释] 根据群体中相对多数人的意见做出决定，即便未能获得大多数人的同意。

[Note] Decisions made by the largest block in a group, even if a majority is not achieved.

[Примечание] Решения принимаются самым большим блоком в группе, даже если большинство не достигнуто.

460. 相关利益者

[英文] Relevant stakeholder

[俄文] Соответствующая заинтересованная сторона

[注释] 见“干系人”。

[Note] See *stakeholder.*

[Примечание] См. *Заинтересованное лицо*.

461. **项目**

[英文] Project

[俄文] Проект

[注释] 为创造独特的产品、服务或成果而进行的临时性工作。是一种规定了目的、目标、需求、寿命周期成本、起始和终止时刻的特定的投资。

[Note] A temporary endeavor undertaken to create a unique product, service, or result It is an specific investment with settled purpose, goal, requirements, life cycle costs and the beginning and the end of the moment.

[Примечание] Временное усилие, предпринятое для создания уникального продукта, услуги или результата. Это конкретное вложение с установленной целью, целью, требованиями, затратами жизненного цикла, а также началом и концом момента.

462. **项目（进展）例会**

[英文] Drumbeat meeting

[俄文] Очередное совещание о статусе

[注释] 项目内用于沟通进展状态，提供团队人员沟通交流的一种方式，特点是定期、短小。因作用类似于军队行进的鼓点而得名。

[Note] An internal meeting used to communicate progress, provide a way for team members to communicate, characterized by regular and short. It’s named for its role as a drum point in the army’s march.

[Примечание] Внутренняя встреча, используемая для сообщения о ходе работы, дает возможность членам команды общаться, обычно и коротко. Он назван в честь того, что играет роль барабана в марше армии.

463. **项目采购管理**

[英文] Project procurement management

[俄文] Управление закупками проекта

[注释] 包括从项目团队外部采购或获取所需产品、服务或成果的各个过程。

[Note] It includes the processes necessary to purchase or acquire products, services, or results needed from outside the project team.

[Примечание] Он включает в себя процессы, необходимые для покупки или приобретения продуктов, услуг или результатов, необходимых не для проектной группы.

464. **项目成本管理**

[英文] Project cost management

[俄文] Управление стоимостью проекта

[注释] 包括为使项目在批准的预算内完成而对成本进行规划、估算、预算、融资、筹资、管理和控制的各个过程。

[Note] It includes the processes involved in planning, estimating, budgeting, financing, funding, managing, and controlling costs so that the project can be completed within the approved budget.

[Примечание] Он включает процессы, связанные с планированием, оценкой, составлением бюджета, финансированием, финансированием, управлением и контролем затрат, так что проект может быть завершен в рамках утвержденного бюджета.

465. **项目范围**

[英文] Project scope

[俄文] Объем проекта

[注释] 为交付具有规定特性与功能的产品、服务或成果而必须完成的工作。

[Note] The work performed to deliver a product, service, or result with the specified features and functions.

[Примечание] Работа, выполненная для предоставления продукта, услуги или результата с указанными характеристиками и функциями.

466. **项目范围管理**

[英文] Project scope management

[俄文] Управление объема проекта

[注释] 包括确保项目做且只做所需的全部工作，以成功完成项目的各个过程。

[Note] It includes the processes required to ensure that the project includes all the work required, and only the work required, to complete the project successfully.

[Примечание] Он включает процессы, необходимые для обеспечения того, чтобы проект включал в себя всю необходимую работу, и только работу, необходимую для успешного завершения проекта.

467. **项目范围说明书**

[英文] Project scope statement

[俄文] Описание объёма проекта

[注释] 对项目范围、主要可交付成果、假设条件和制约因素的描述。

[Note] The description of the project scope, major deliverables, assumptions, and constraints.

[Примечание] Описание содержания проекта, основных результатов, предположений и ограничений.

468. **项目风险管理**

[英文] Project risk management

[俄文] Управление рисками проекта

[注释] 包括规划风险管理、识别风险、实施风险分析、规划风险应对和控制风险等各个过程。

[Note] It includes the processes of conducting risk management planning, identification, analysis, response planning, and controlling risk on a project.

[Примечание] Он включает в себя процессы планирования управления рисками, выявления, анализа, планирования реагирования и управления рисками по проекту.

469. **项目干系人管理**

[英文] Project stakeholder management

[俄文] Управление заинтересованными сторонами проекта

[注释] 包括用于开展下列工作的各个过程：识别受项目影响的全部人员或组织，分析干系人对项目的期望和影响，制定合适的管理策略来有效调动干系人参与项目决策和执行。

[Note] It includes the processes required to identify all people or organizations impacted by the project, analyze stakeholder expectations and impact on the project, and develop appropriate management strategies for effectively engaging stakeholders in project decisions and execution.

[Примечание] Он включает процессы, необходимые для выявления всех людей или организаций, на которых оказывает влияние проект, анализа ожиданий заинтересованных сторон и их влияния на проект, а также разработки соответствующих стратегий управления для эффективного вовлечения заинтересованных сторон в решения и выполнение проекта.

470. **项目工程**

[英文] Project engineering (PE)

[俄文] Разработка проекта

[注释] 研究和管理项目执行过程中流程执行、关键节点评审准备、后勤保障状态、人力资源配置、计划和成本管控等非目标产品专业技术的学科。

[Note] A subject to research and manage the professional technology of non-target products, such as: the procedure execution, critical node review preparation, logistics support status, human resource allocation, planning and cost control in the project execution.

[Примечание] Предмет исследования и управления профессиональной технологией нецелевых продуктов, таких как: выполнение процедуры, подготовка обзора критических узлов, статус логистической поддержки, распределение человеческих ресурсов, планирование и контроль затрат при выполнении проекта.

471. 项目工程师

[英文] Project engineer

[俄文] Инженер проекта

[注释] 责任审查部门指定的，对获得型号合格证或型号设计批准书后的航空器设计状态变更和制造过程中出现的设计构型偏离进行日常管理和监控，并对设计保证系统进行日常监察的人员。

[Note] The personnel, designated by the review authorities, carry out the routine management and monitoring of aircraft design status changes and design configuration deviations in the manufacturing process after obtaining the type certificate or the type design approval, and conduct routine supervision of the design assurance system.

[Примечание] Персонал, назначенный контролирующими органами, осуществляет текущее управление и мониторинг изменений статуса конструкции воздушного судна и отклонений проектной конфигурации в производственном процессе после получения сертификата типа или утверждения типовой конструкции, а также проводит текущий контроль конструкции системы гарантий.

472. 项目工作说明书

[英文] Project statement of work

[俄文] Описание работ проекта

[注释] 见“工作说明书”。

[Note] See *statement of work.*

[Примечание] См. *Техническое задание.*

473. 项目管理

[英文] Project management (PM)

[俄文] Управления проектом

[注释] 将知识、技能、工具与技术应用于项目活动，以满足项目的要求。

[Note] The application of knowledge, skills, tools, and techniques to project activities to meet the project requirements.

[Примечание] Применение знаний, навыков, инструментов и методов к деятельности по проекту для удовлетворения требований проекта.

474. 项目管理办公室

[英文] Project management office (PMO)

[俄文] Отдел управления проектами

[注释] 对与项目相关的治理过程进行标准化，并促进资源、方法论、工具和技术共享的一个组织部门。

[Note] An organizational structure that standardizes the project-related governance processes and facilitates the sharing of resources, methodologies, tools, and techniques.

[Примечание] Организационная структура, которая стандартизирует связанные с проектом процессы управления и облегчает совместное использование ресурсов, методологий, инструментов и методов.

475. 项目管理规划

[英文] Project management plan (PMP)

[俄文] План управления проектом

[注释] 说明项目将如何执行、监督和控制的文件。

[Note] The document that describes how the project will be executed monitored, and controlled.

[Примечание] Документ, описывающий, как будет осуществляться мониторинг и управление проектом.

476. 项目管理过程

[英文] Project management process

[俄文] Процесс управления проектом

[注释] 项目管理过程是为创建预定的产品、服务或成果而执行的一系列相互关联的行动和活动。每个过程都有各自的输入、工具和技术及相应输出。

[Note] The project management process is a series of interrelated actions and activities to create an expected, service or result. Each process has its own input, tools and technology and corresponding output.

[Примечание] Процесс управления проектом представляет собой серию взаимосвязанных действий и действий, направленных на создание ожидаемой услуги или результата. Каждый процесс имеет свои собственные входные данные, инструменты, технологию и соответствующий выход.

477. 项目管理过程组

[英文] Project management process group

[俄文] Группа процесса управления проектом

[注释] 项目管理输入、工具与技术和输出的逻辑组合，包括启动过程组、规划过程组、执行过程组、监控过程组和收尾过程组。项目管理过程组不同于项目阶段。

[Note] A logical grouping of project management inputs, tools and techniques, and outputs, including initiating processes, planning processes, executing processes, monitoring and controlling processes, and closing processes. Project management process groups are not project phases.

[Примечание] Логическая группировка входов, инструментов, методов и выходов управления проектом, включая процессы инициации, процессы планирования, процессы выполнения, процессы мониторинга и управления, а также процессы закрытия. Группы процессов управления проектом не являются фазами проекта.

478. 项目管理人员

[英文] Project management staff

[俄文] Персонал，отвечающий за управление проектом

[注释] 项目团队中从事项目管理活动（如进度、沟通、风险管理等）的那些成员。

[Note] The members of the project team who perform project management activities such as schedule, communications, risk management, etc.

[Примечание] Члены проектной группы, которые выполняют такие действия по управлению проектом, как график, коммуникация, управление рисками и т. д.

479. **项目管理团队**

[英文] Project management team

[俄文] Команда управления проектом

[注释] 直接参与项目管理活动的项目团队成员。在一些较小项目中，项目管理团队可能包括几乎全部的项目团队成员。

[Note] The members of the project team who are directly involved in project management activities. On some smaller projects, the project management team may include virtually all of the project team members.

[Примечание] Члены проектной группы, которые непосредственно участвуют в деятельности по управлению проектом. В некоторых небольших проектах группа управления проектом может включать практически всех членов проектной группы.

480. **项目管理系统**

[英文] Project management system

[俄文] Система управления проектом

[注释] 管理项目所需的过程、工具、技术、方法、资源和程序的集合。

[Note] The aggregation of the processes, tools, techniques, methodologies, resources, and procedures required to manage a project.

[Примечание] Совокупность процессов, инструментов, методов, методологий, ресурсов и процедур, необходимых для управления проектом.

481. **项目管理信息系统**

[英文] Project management information system (PMIS)

[俄文] Информационная система управления проектом (ИСУП)

[注释] 由收集、整合和传播项目管理过程成果的工具和技术所组成的信息系统。它为项目从启动到收尾的所有方面提供支持，可以包括人工和自动系统。

[Note] An information system consisting of the tools and techniques used to gather, integrate, and disseminate the outputs of project management processes. It is used to support all aspects of the project from initiating through closing, and can include both manual and automated systems.

[Примечание] Информационная система, состоящая из инструментов и методов, используемых для сбора, интеграции и распространения результатов процессов управления проектами. Он используется для поддержки всех аспектов проекта от начала до закрытия и может включать как ручные, так и автоматизированные системы.

482. **项目管理知识领域**

[英文] Project management knowledge area

[俄文] Область знаний по управлению проектом

[注释] 按所需知识内容来定义的项目管理领域，并用其所含过程、做法、输入、输出、工具和技术进行描述。

[Note] An area of project management defined by its knowledge requirements and described in terms of its component processes, practices, inputs, outputs, tools, and techniques.

[Примечание] Область управления проектом, определяемая его требованиями к знаниям и описываемая в терминах составляющих его процессов, практик, входов, выходов, инструментов и методов.

483. **项目管理知识体系**

[英文] Project management body of knowledge (PMBOK)

[俄文] Свод знаний по управлению проектом

[注释] 说明项目管理专业范围内的知识总和的概括性术语。与法律、医学、会计等其他专业一样，该知识体系掌握在应用和推进它的从业者和学者手中。完整的项目管理知识体系既包括已被验证并广泛应用的传统做法，也包括本专业新近涌现的创新做法。该知识体系包括已发表和未发表的材料。该知识体系正处于不断演进中。PMI 的 PMBOK 指南识别了作为项目管理知识体系一部分的、被普遍公认的良好做法。

[Note] An inclusive term that describes the sum of knowledge within the profession of project management. As with other professions, such as law, medicine, and accounting, the body of knowledge rests with the practitioners and academics that apply and advance it. The complete project management body of knowledge includes proven traditional practices that are widely applied and innovative practices that are emerging in the profession. The body of knowledge includes both published and unpublished materials and is constantly evolving. PMI's *PMBOK®* Guide identifies a subset of the project management body of knowledge that is generally recognized as good practice.

[Примечание] Включающий термин, который описывает сумму знаний в рамках профессии управления проектами. Как и в случае с другими профессиями, такими как юриспруденция, медицина и бухгалтерский учет, основная часть знаний принадлежит практикам и ученым, которые применяют и продвигают их. Полный комплекс знаний по управлению проектами включает проверенные традиционные практики, которые широко применяются, и инновационные методы, которые появляются в профессии. База знаний включает как опубликованные, так и неопубликованные материалы и постоянно развивается. Руководство PMBOK® от PMI определяет часть совокупности знаний по управлению проектами, которая обычно считается хорошей практикой.

484. 项目管理专家证书

[英文] Certificate of project management professional (PMP)

[俄文] Сертификация профессионала в управлении проектами

[注释] 经 PMI 考核认证的项目管理证书。

[Note] Project management certificate issued by PMI examination.

[Примечание] Сертификат управления проектом, выданный экзаменом PMI.

485. 项目规划

[英文] Project plan

[俄文] План проекта

[注释] 建立项目实施控制基线的文件。

[Note] It is the document that establishes the baseline of project implementation control.

[Примечание] Это документ, который устанавливает базовую линию контроля реализации проекта.

486. **项目集**

[英文] Program

[俄文] Программа

[注释] 一组相互关联且被协调管理的项目、子项目集和项目集活动，以便获得分别管理所无法获得的利益。

[Note] A combination of interrelated and coordinated project, sub-project and project activities to obtain benefits that cannot be achieved by separate management.

[Примечание] Комбинация взаимосвязанных и скоординированных мероприятий по проекту, подпроекту и проекту для получения выгод, которые не могут быть достигнуты при раздельном управлении.

487. **项目阶段**

[英文] Project phase

[俄文] Стадия проекта

[注释] 一组具有逻辑关系的项目活动的组合，通常以一个或多个可交付成果的完成为结束。

[Note] A collection of logically related project activities that culminates in the completion of one or more deliverables.

[Примечание] Набор логически связанных действий по проекту, которые завершаются достижением одного или нескольких результатов.

488. **项目经理**

[英文] Project manager (PM)

[俄文] Управляющий проектом

[注释] 由执行组织委派，领导团队实现项目目标的个人。

[Note] The person assigned by the performing organization to lead the team that is responsible for achieving the project objectives.

[Примечание] Лицо, назначенное исполняющей организацией для руководства командой, ответственной за достижение целей проекта.

489. 项目开展规划

[英文] Project development plan (PDP)

[俄文] План разработки проекта

[注释] 项目管理规划的组成部分，确定项目开展的实施路径和手段。

[Note] A part of the project management plan, which identifies the implementation path and means of the project.

[Примечание] Часть плана управления проектом, которая определяет путь и средства реализации проекта.

490. 项目启动

[英文] Project initiation

[俄文] Инициирование проекта

[注释] 发起一个用来正式授权新项目的过程。

[Note] Launching a process that can result in the authorization of a new project.

[Примечание] Запуск процесса, который может привести к авторизации нового проекта.

491. 项目人力资源管理

[英文] Projecthumanresourcemanagement

[俄文] Управление человеческими ресурсами проекта

[注释] 包括组织、管理和领导项目团队的各个过程。

[Note] It includes the processes that organize, manage, and lead the project team.

[Примечание] Он включает процессы, которые организуют, управляют и руководят командой проекта.

492. 项目生命周期

[英文] Project life cycle (PLC)

[俄文] Жизненный цикл проекта

[注释] 项目从启动到收尾所经历的一系列阶段。

[Note] The series of phases that a project passes through from its initiation to its closure.

[Примечание] Последовательность этапов, через которые проходит проект от начала до закрытия.

493. 项目时间管理

[英文] Project time management

[俄文] Управление сроками проекта

[注释] 包括为管理项目按时完成所需的各个过程。

[Note] Project time management includes the processes required to manage the timely completion of the project.

[Примечание] Управление временем проекта включает в себя процессы, необходимые для управления своевременным завершением проекта.

497. 项目寿命周期管理

[英文] Project life cycle management (PLM)

[俄文] Управление жизненным циклом проекта

[注释] 应用相关知识、技能、工具与技术对项目在全寿命周期期间的发展及其行政和技术需求进行跟踪、监控和支援的行动。

[Note] The actions through the use of relevant knowledge, skills, tools and technologies to track, monitor and support the project development and its administrative and technical requirements throughout its life cycle.

[Примечание] Действия посредством использования соответствующих знаний, навыков, инструментов и технологий для отслеживания, мониторинга и поддержки разработки проекта и его административных и технических требований на протяжении всего его жизненного цикла.

495. 项目团队名录

[英文] Project team directory

[俄文] Справочник команды проекта

[注释] 列明项目团队成员及其项目角色和相关沟通信息的书面清单。

[Note] A documented list of project team members, their project roles, and communication information.

[Примечание] Документированный список членов проектной группы, их роли в проекте и коммуникационная информация.

496. 项目型组织

[英文] Projectized organization

[俄文] Проектная организация

[注释] 组织结构的一种，项目经理可以全权安排优先级、使用资源和指挥项目人员。

[Note] An organizational structure in which the project manager has full authority to assign priorities, apply resources, and direct the work of persons assigned to the project.

[Примечание] Организационная структура, в которой менеджер проекта имеет все полномочия определять приоритеты, применять ресурсы и направлять работу лиц, назначенных для проекта.

497. 项目章程

[英文] Project charter

[俄文] Положение о проекте

[注释] 由项目启动者或发起人发布的，正式批准项目成立，并授权项目经理使用组织资源开展项目活动的文件。

[Note] A document issued by the project initiator or sponsor that formally authorizes the existence of a project and provides the project manager with the authority to apply organizational resources to project activities.

[Примечание] Документ, выпущенный инициатором или спонсором проекта, который официально разрешает существование проекта и дает руководителю проекта полномочия применять ресурсы организации для деятельности по проекту.

498. **项目整合管理**

[英文] Project integration management

[俄文] Управление интеграцией проекта

[注释] 包括为识别、定义、组合、统一和协调各项目管理过程组的各种过程和活动而开展的过程与活动。

[Note] Project integration management includes the processes and activities needed to identify, define, combine, unify, and coordinate the various processes and project management activities within the project management process groups.

[Примечание] Управление интеграцией проекта включает процессы и действия, необходимые для идентификации, определения, объединения, унификации и координации различных процессов и действий по управлению проектами в рамках групп процессов управления проектами.

499. **项目治理**

[英文] Project governance

[俄文] Руководство проектами

[注释] 项目发起人和项目团队将项目目标与更大组织的战略相一致。

[Note] The alignment of project objectives with the strategy of the larger organization by the project sponsor and project team.

[Примечание] Согласование целей проекта со стратегией более крупной организации спонсором проекта и командой проекта.

500. **项目质量管理**

[英文] Project quality management

[俄文] Управление качеством проекта

[注释] 包括执行组织确定质量政策、目标与职责的各过程和活动，从而使项目满足其预定的需求。

[Note] Project quality management includes the processes and activities of the performing organization that determine quality policies, objectives, and responsibilities so that the project will satisfy the needs for which it was undertaken.

[Примечание] Управление качеством проекта включает процессы и действия исполняющей организации, которые определяют политику, цели и обязанности в области качества, чтобы проект удовлетворял потребности.

501. **项目资金需求**

[英文] Project funding requirements

[俄文] Требования к финансированию проекта

[注释] 根据成本基准计算出的待付成本预测，可以是总量或阶段资金需求，包括预计支出加预计债务。

[Note] Forecast project costs to be paid that are derived from the cost baseline for total or periodic requirements, including projected expenditures plus anticipated liabilities.

[Примечание] Прогнозируемые расходы по проекту, которые должны быть оплачены, выводятся из базовой стоимости для общих или периодических потребностей, включая прогнозируемые расходы плюс ожидаемые обязательства.

502. **项目组合**

[英文] Portfolio

[俄文] Портфолио

[注释] 为了实现战略目标而组合在一起管理的项目、工程、子项目组合和运营工作。

[Note] Projects, programs, subportfolios, and operations managed as a group to achieve strategic objectives.

[Примечание] Проекты, программы, портфели и операции управляются как группа для достижения стратегических целей.

503. **项目组合管理**

[英文] Portfolio management

[俄文] Управление портфолио

[注释] 为了实现战略目标而对一个或多个项目组合进行的集中管理。

[Note] The centralized management of one or more portfolios to achieve strategic objectives.

[Примечание] Централизованное управление одним или несколькими портфелями для достижения стратегических целей.

504. **项目组合平衡**

[英文] Portfolio balancing

[俄文] Балансировка портфолио проектов

[注释] 为了推进组织战略目标和对项目组合的组成内容进行优化的流程。

[Note] In order to promote the strategic objectives of the organization, the process of optimizing the composition of the project is carried out.

[Примечание] Для продвижения стратегических целей организации осуществляется процесс оптимизации состава проекта.

505. **消耗品手册**

[英文] Consumable product manual (CPM)

[俄文] Руководство по расходным материалам

[注释] 提供了飞机机体和所有机载设备、零件维护和修补时需要使用的消耗性材料目录。

[Note] The catalogue provides expendable materials for aircraft airframe and all onboard equipment, spare parts in maintenance and repairment.

[Примечание] В каталоге представлены расходные материалы для планера самолета и всего бортового оборудования, запасные части для обслуживания и ремонта.

506. **小改**

[英文] Minor alteration

[俄文] Незначительное изменение

[注释] 除大改以外的加改装。

[Note] Installation and modification except major alteration.

[Примечание] Установка и модификация, кроме основных изменений.

507. 小修

[英文] Minor repair

[俄文] Незначительный ремонт

[注释] 除大修以外的修理。

[Note] Repair except overhaul.

[Примечание] Ремонт, кроме капитального.

508. 协商解决

[英文] Negotiated settlements

[俄文] Урегулирование путем переговоров

[注释] 通过谈判，平等解决全部未决事项、索赔和争议的过程。

[Note] The process of reaching final equitable settlement of all outstanding issues, claims, and disputes through negotiation.

[Примечание] Процесс достижения окончательного справедливого урегулирования всех нерешенных вопросов, претензий и споров путем переговоров.

509. 协议

[英文] Agreements

[俄文] Соглашения

[注释] 用于明确项目初步意向的任何文件或沟通，形式有合同、谅解备忘录（MOU）、协议书、口头协议和电子邮件等。

[Note] Any document or communication that defines the initial intentions of a project. This can take the form of a contract, memorandum of understanding (MOU), letters of agreement, verbal agreements, email, etc.

[Примечание] Любой документ или сообщение, определяющее первоначальные намерения проекта. Это может быть договор, меморандум о взаимопонимании (MOU), письмо-соглашение, устные соглашения, электронная почта и т. д.

510. 信息管理系统

[英文] Information management systems

[俄文] Системы управления информацией

[注释] 用于以实物或电子形式收集、储存和分发信息的设施、流程和程序。

[Note] Facilities, processes, and procedures used to collect, store, and distribute information between producers and consumers of information in physical or electronic format.

[Примечание] Средства, процессы и процедуры, используемые для сбора, хранения и распространения информации между производителями и потребителями информации в физическом или электронном формате.

511. 信息收集技术

[英文] Information gathering techniques

[俄文] Техника сбора информации

[注释] 从不同渠道汇集和组织数据的可重复的过程。

[Note] Repeatable processes used to assemble and organize data across a spectrum of sources.

[Примечание] Повторяющиеся процессы, используемые для сбора и организации данных по спектру источников.

512. 信息邀请书

[英文] Request for information (RFI)

[俄文] Запрос информации

[注释] 采购文件的一种，买方借此邀请潜在卖方就某种产品、服务或卖方能力提供相关信息。

[Note] A type of procurement document whereby the buyer requests a potential seller to provide various pieces of information related to a product or service or seller’s capability.

[Примечание] Тип документа о закупках, в котором покупатель запрашивает у потенциального продавца различную информацию, касающуюся продукта, услуги или возможностей продавца.

513. 行政指挥系统

[英文] Executive commander system

[俄文] Командно-административная система

[注释] 中国航空航天界和军工界通行的型号管理模式系统，“两总系统”中的重要组成部分。行政指挥系统原则上全面负责型号的研制流程和最终交付。该系统最高职务为型号总指挥。

[Note] The general type management system in China’s aerospace industry and military industry, is an important part of the “Dual-chief system”. In principle, the executive commander system is fully responsible for the development process and final delivery of the product. The highest position of the system is the executive commander.

[Примечание] Общая система управления типами в аэрокосмической и военной промышленности Китая является важной частью «системы двух руководителей». В принципе, система исполнительного командира полностью отвечает за процесс разработки и окончательную поставку продукта. Высшая должность в системе - исполнительный командир.

514. 型号

[英文] Type

[俄文] Тип

[注释] 型号是指：① 用于航空人员的颁证、定级、权利和限制时，指航空器的某个具体制品和基本型别，包括不改变其操纵或飞行特性的改型；② 用于航空器的合格审定时，指设计相似的那些航空器；③ 用于航空器发动机的合格审定时，指设计相似的那些发动机。

[Note] Type is: ① When used for certification, classification, rights and restrictions of aviation personnel, it refers to a specific product and basic type of aircraft, including modifications that do not change its control or flight characteristics. ② When used for the certification of aircraft, it refers to those aircraft with similar designs. ③ When used for the certification of aircraft engines, it refers to those engines with similar designs.

[Примечание] Тип: ① Когда используется для сертификации, классификации, прав и ограничений авиационного персонала, он относится к конкретному продукту и базовому типу воздушного судна, включая модификации, которые не изменяют его управление или летные характеристики. ② Когда используется для сертификации самолетов, это относится к самолетам с аналогичной конструкцией. ③ Когда используется для сертификации авиационных двигателей, это относится к двигателям аналогичной конструкции.

515. 型号合格审定

[英文] Type certification

[俄文] Сертификация типа

[注释] 中国民用航空局对民用航空产品（指航空器、发动机和螺旋桨）进行设计批准的过程（包括颁发型号合格证、型号设计批准书及对型号设计更改的批准）。

[Note] The process of design approval of civil aviation products (aircraft, engine and propeller) by China Civil Aviation Administration (including type certificate, type design approval and type design modification approval).

[Примечание] Процесс утверждения конструкции продукции гражданской авиации (самолетов, двигателей и воздушных винтов) Управлением гражданской авиации Китая (включая сертификат типа, утверждение типовой конструкции и утверждение модификации типовой конструкции).

516. 型号合格审定基础

[英文] Type certification basis

[俄文] Сертификационный базис

[注释] 经型号合格审定委员会确定的、对某一民用航空产品进行型号合格审定所依据的标准。型号合格审定基础包括适用的适航规章、环境保护要求及专用条件、豁免和等效安全结论。

[Note] It is the standard on which the type certification of a civil aviation product is based. This standard is determined by the type certification committee.The type certification basis includes applicable airworthiness regulations, environmental protection requirements and special conditions, exemptions and equivalent safety conclusions.

[Примечание] Это стандарт, на котором основана сертификация типа продукции для гражданской авиации. Этот стандарт определяется комитетом по сертификации типа. Основа сертификации типа включает применимые правила летной годности, требования по охране окружающей среды и особые условия, исключения и аналогичные заключения по безопасности.

517. 型号合格审定审查组

[英文] Type certification team (TCT)

[俄文] Группа сертификации типа

[注释] 由责任审查部门负责组建，经型号合格审定委员会审议批准的审查团队，一般包括工程审查代表、制造符合性检查代表和设计保证系统审查代表。

[Note] The team shall be set up by the certification authorities and approved by the Type Certification Committee. Generally, it includes engineering inspection representative, manufacturing conformity inspection representative and design assurance system inspection representative.

[Примечание] Команда должна быть создана сертификационными органами и утверждена Комитетом по сертификации типов. Как правило, он включает представителя инженерной инспекции, представителя инспекции производственного соответствия и представителя инспекции системы обеспечения проектирования.

518. 型号合格审定委员会

[英文] Type certification board (TCB)

[俄文] Комиссия по сертификации типа

[注释] 航空器型号合格审定过程中通常应成立的一个机构，负责航空器型号合格审定工作。

[Note] An organization should generally be established in the process of aircraft type certification, which is responsible for aircraft type certification and approval.

[Примечание] В процессе сертификации типа воздушного судна обычно должна создаваться организация, которая отвечает за сертификацию и утверждение типа воздушного судна.

519. 型号合格证/型号设计批准书数据单

[英文] TC/TDA data sheet

[俄文] Карта данных сертификата типа

[注释] 与型号合格证或型号设计批准书同时颁发并构成型号合格证或型号设计批准书组成部分的文件。它记载了经批准的型号设计的基本数据和使用限制。

[Note] Documents that is a part of the type certificate or the type design approval form and is issued together. It records the basic data and using restrictions of approved type designs.

[Примечание] Документы, которые являются частью сертификата типа или формы утверждения типовой конструкции и выдаются вместе. В нем фиксируются основные данные и ограничения использования утвержденных типовых конструкций.

520. 型号合格证更改

[英文] Amended type certificate

[俄文] Поправка в сертификат типа

[注释] 由型号合格证持有人提出并获得批准的型号合格证的更改。只有型号合格证持有人可以申请型号合格证更改。

[Note] The modification proposed by the type certificate holder and approved by the authorities. Only the holder of the type certificate can apply for the modification of the type certificate.

[Примечание] Модификация, предложенная держателем сертификата типа и утвержденная властями. Только владелец сертификата типа может подать заявку на изменение сертификата типа.

521. 型号合格证和型号设计批准书

[英文] Type certificate/Type design approval (TC/TDA)

[俄文] Сертификат типа/Одобрение типовой проект

[注释] 中国民用航空局根据中国民用航空规章《民用航空产品和零部件合格审定规定》颁发的、用以证明民用航空产品符合相应适航规章和环境保护要求的证件。型号合格证、型号设计批准书包括以下内容：型号设计、使用限制、数据单、有关适航要求和环境保护要求，以及对民用航空产品规定的其他条件或限制。根据《民用航空产品和零部件合格审定规定》第 21.21 条的规定，对正常类、实用类、特技类、通勤类、运输类、载人自由气球或者特殊类别航空器颁发型号合格证；对初级类和限用类航空器颁发型号设计批准书。

[Note] Certificates issued by the Civil Aviation Administration of China in accordance with the China Civil Aviation Regulations “The Certification Regulation of Civil Aviation Products and Parts” to prove that civil aviation products meet the relevant airworthiness regulations and environmental protection requirements. The Type certificate/Type design approval includes the following contents: type design, use restriction, data sheet, airworthiness requirements and environmental protection requirements, as well as other requirements or restrictions for civil aviation products. In accordance with the Article 21.21 of the Regulations “The the certification Regulation of Civil Aviation Products and Parts”, type certificates are issued for normal, practical, special effects, commuting, transportation, manned free balloons or special types of aircraft, and type design approval are issued for primary and restricted types of aircraft.

[Примечание] Сертификаты, выданные Управлением гражданской авиации Китая в соответствии с Правилами гражданской авиации Китая «Правила сертификации продукции и запчастей для гражданской авиации», подтверждающие, что продукция для гражданской авиации соответствует соответствующим правилам летной годности и требованиям защиты окружающей среды. Сертификат типа / утверждение типовой конструкции включает следующее содержание: типовая конструкция, ограничения на использование, технические данные, требования к летной годности и требования по охране окружающей среды, а также другие требования или ограничения для продукции гражданской авиации. В соответствии со статьей 21.21 Правил «Регламент сертификации продукции и частей гражданской авиации» сертификаты типа выдаются для обычных, практических, специальных эффектов, поездок на работу, перевозки, пилотируемых свободных аэростатов или специальных типов воздушных судов, а также типовых конструкций, допускаются к основным и ограниченным типам воздушных судов.

522. 型号检查报告

[英文] Type inspection report (TIR)

[俄文] Отчет об инспекции типа

[注释] 审查代表按分工编写的、为了证实航空器原型机符合适航规章而进行检查和试验的正式记录，记录在检查和试验期间所发现的所有重要情况。航空器型号检查报告分为地面检查和飞行试验两部分。

[Note] The official records of inspections and tests carried out by the responsible representative in order to verify that the aircraft prototype's conformity to the airworthiness regulations, which record all important information found during inspection and testing. Aircraft type inspection report is divided into two parts: ground inspection and flight test.

[Примечание] Официальные отчеты об инспекциях и испытаниях, проведенных ответственным представителем с целью проверки соответствия прототипа воздушного судна правилам летной годности, в которых фиксируется вся важная информация, обнаруженная в ходе инспекций и испытаний. Отчет об осмотре типа ВС разделен на две части: наземный осмотр и летные испытания.

523. 型号检查核准书

[英文] Type inspection authorization (TIA)

[俄文] Разрешение на инспекцию типа

[注释] 型号合格审定审查组组长签发的，批准审查代表（含委任代表）对

航空器原型机进行审定飞行试验前检查、现场目击或进行飞行试验的文件。型号检查核准书中明确了检查和审定飞行试验审查的具体要求。对结构试验和工艺试验的检查不使用型号检查核准书，用制造符合性检查请求单。

[Note] Documents issued by the Leader of the Type Certification Team to be used to approve the certification representative (including the appointed representative) to carry out pre-examination of flight test, on-site witness or flight test for the aircraft prototype. Specific requirements for inspection and verification of flight test are specified in the type inspection authorization. Inspection of structural and technological tests does not apply to the type inspection authorization, and the request for conformity is used.

[Примечание] Документы, выпущенные руководителем группы по сертификации типа, которые будут использоваться для утверждения представителя по сертификации (включая назначенного представителя) для проведения предварительного исследования летных испытаний, свидетельских показаний на месте или летных испытаний прототипа воздушного судна. Особые требования к проверке и проверке летных испытаний указаны в разрешении на проверку типа. Инспекция конструктивных и технологических испытаний не распространяется на разрешение на проверку типа, и используется запрос на соответствие.

524. 型号设计资料

[英文] Type design data

[俄文] Типовые конструктивные данные

[注释] 根据《民用航空产品和零部件合格审定规定》第 21.31 条规定，型号设计包括：①定义航空器构型和设计特征符合有关适航规章和环境保护要求所需的图纸、技术规范及其清单；②确定民用航空器结构强度所需要的尺寸、材料和工艺资料；③适航规章中规定的持续适航文件中的适航性限制部分；④通过对比法来确定同一型号后续民用航空器的适航性和适用的环境保护要求的其他资料。以上型号设计包括的资料称为型号设计资料。

[Note] In accordance with the Article 21.31 of the Regulations "The the certification Regulation of Civil Aviation Products and Parts”, type design includes: ① The drawings, technical specifications and lists that define the aircraft configuration and design features to meet the requirements of relevant airworthiness regulations and environmental protection requirements. ② Determine the size, material and technology information for the structural strength of civil aircraft. ③ The airworthiness restrictions stipulated in the continued airworthiness documents in the airworthiness regulations; ④ Using comparative method to determine the airworthiness of the same type of follow-up civil aircraft and other information applicable to environmental protection requirements. The above type design materials are collectively referred to as type design data.

[Примечание] В соответствии со Статьей 21.31 Правил «Регламент сертификации продукции и деталей для гражданской авиации» типовая конструкция включает: ① Чертежи, технические спецификации и списки, определяющие конфигурацию и конструктивные особенности воздушного судна в соответствии с требованиями соответствующие правила летной годности и требования по охране окружающей среды. ② Определение размера, материалов и информаций о технологиях для определения прочности конструкции гражданского самолета. ③ Ограничения летной годности, указанные в документах о сохранении летной годности в правилах летной годности; ④ Использование сравнительного метода для определения летной годности последующих гражданских самолетов того же типа и другой информации, применимой к требованиям защиты окружающей среды. Вышеупомянутые материалы типового дизайна в совокупности называются данными типового дизайна.

525. 型号资料

[英文] Type data

[俄文] Данные типа

[注释] 型号设计资料与符合性验证资料的统称。

[Note] General term for type design data and conformity verification data.

[Примечание] Общий термин для данных типового дизайна и данных проверки соответствия.

526. 型号资料批准表验收标准

[英文] Type data approval form

[俄文] Форма утверждения данных типа

[注释] 审查代表填写的、用于证实型号资料已经过审查、符合要求并予以批准的表格。

[Note] A form filled by the certificate representative to verify that the type data has been inspected, met the requirements and could be approved.

[Примечание] Форма, заполненная представителем сертификации, чтобы убедиться, что данные по типе проверены утверждены, и соответствуют требованиям.

527. 型号资料评审表

[英文] Type data review form

[俄文] Форма проверки данных типа

[注释] 审查代表或授权的委任工程代表填写的、用于记录型号资料审查过程以及将型号资料审查意见向申请人反馈的表格。

[Note] A form filled by a review representative or an authorized engineering representative to record the process of type data review and to provide feedback to the applicant on the review opinions.

[Примечание] Форма, заполненная представителем сертификации или уполномоченным техническим представителем для записи процесса проверки типовых данных и предоставления заявителю обратной связи по результатам проверки.

528. 性能程序手册

[英文] Performance programs manual (PPM)

[俄文] Руководство по эксплуатационным программам

[注释] 是制造商为飞机驾驶员及航空公司航管人员提供飞机性能分析程

序的使用指南，提供了各个性能分析程序的功能及其使用方法。

[Note] It is a manufacturer's guide to the use of aircraft performance analysis procedures for aircraft pilots and air traffic controllers. Which provides the functions and usage of each performance analysis program.

[Примечание] Это руководство производителя по использованию процедур анализа летных характеристик для пилотов и авиадиспетчеров. Он предоставляет функции и использование каждой программы анализа производительности.

529. 性能指标

[英文] Performance index

[俄文] Показатель качества

[注释] 备选方案的综合效果度量。

[Note] Comprehensive effect measurement of alternatives.

[Примечание] Комплексное измерение эффекта альтернатив.

530. 虚拟活动

[英文] Dummy activity

[俄文] Фиктивная операция

[注释] 工作网络中持续时间为 0 的活动，它不消耗时间或资源，只用来表示逻辑顺序。

[Note] Activities with a duration of 0 in a working network do not occupy time or resources, but are used only to indicate logical order.

[Примечание] Действия с продолжительностью 0 в рабочей сети не занимают времени или ресурсов, а используются только для обозначения логического порядка.

531. 需求文件

[英文] Requirements documentation

[俄文] Документация по требованиям

[注释] 关于各种单一需求将如何满足项目商业需求的描述。

[Note] A description of how individual requirements meet the business need for the project.

[Примечание] Описание того, как отдельные требования соответствуют бизнес-потребностям проекта.

532. 选定的卖方

[英文] Selected sellers

[俄文] Выбранные продавцы

[注释] 被选中来提供合同规定的服务或产品的卖方。

[Note] The sellers which have been selected to provide a contracted set of services or products.

[Примечание] Продавцы, выбранные для предоставления набора услуг или продуктов по контракту.

533. 选择性依赖关系

[英文] Discretionary dependency

[俄文] Дискреционная зависимость

[注释] 基于某应用领域或项目方面对活动顺序的最佳实践而建立的依赖关系。

[Note] A relationship that is established based on knowledge of best practices within a particular application area or an aspect of the project where a specific sequence is desired.

[Примечание] Отношения, которые устанавливаются на основе знания передового опыта в конкретной области приложения или аспекта проекта, где желательна определенная последовательность.

534. 学习曲线

[英文] Learning curve

[俄文] Учебная кривая

[注释] 用曲线表示出人们学习某项活动直到表现最优所花的时间。曲线中必须包含对活动持续时间的估计，以实现计划的结束日期。

[Note] The curves show how long it takes people to learn an activity until they perform best. The curve must contain an estimate duration of the activity to indicate the end date of the plan.

[Примечание] Кривые показывают, сколько времени нужно людям, чтобы научиться тому или иному занятию, пока они не достигнут наилучшего результата. Кривая должна содержать приблизительную продолжительность действия, чтобы указать дату окончания плана.

Y

535. 演示验证

[英文] Demonstration

[俄文] Демонстрация

[注释] 一种需求验证手段。通过使用已实现的目标产品，表明干系人的一系列期望已经达到。

[Note] A requirement verification method. A series of expectations of stakeholders have been achieved through the use of target products that have been realized.

[Примечание] Метод проверки требований. Ряд ожиданий заинтересованных сторон был достигнут за счет использования целевых продуктов, которые были реализованы.

536. 验收标准

[英文] Acceptance criteria

[俄文] Критерии приемки

[注释] 可交付成果通过验收前必须满足的一系列条件。

[Note] A set of conditions that is required to be met before deliverables are accepted.

[Примечание] Набор условий, которые необходимо выполнить, прежде чем результаты были приняты.

537. 验收的可交付成果

[英文] Accepted deliverables

[俄文] Принятые поставляемые результаты

[注释] 项目产出的，且被项目客户或发起人确认为满足既定验收标准的产品、结果或能力。

[Note] Products, results, or capabilities produced by a project and validated by the project customer or sponsors as meeting their specified acceptance criteria.

[Примечание] Продукты, результаты или возможности, созданные в рамках проекта и подтвержденные заказчиком или спонсорами проекта, как отвечающие установленным ими критериям приемки.

538. 一致同意

[英文] Unanimity

[俄文] Единогласие

[注释] 对某个行动方案，小组中的每个人都表示同意。

[Note] Agreement by everyone in the group on a single course of action.

[Примечание] Согласие всех в группе на единый образ действий.

539. 一致性

[英文] Conformance

[俄文] Единство

[注释] 质量管理体系中的一个通用概念，表示所交付的结果处于某质量要求的可接受偏差界限之内。

[Note] Within the quality management system, conformance is a general concept of delivering results that fall within the limits that define acceptable variation for a quality requirement.

[Примечание] В системе менеджмента качества соответствие - это общая концепция получения результатов, которые находятся в пределах, определяющих допустимые отклонения от требований к качеству.

540. 一致性工作

[英文] Conformance work

[俄文] Работа на désinством

[注释] 在质量成本的框架中，为了一次就正确完成计划工作而做的附加工作。一致性工作包括与预防和检查相关的行动。

[Note] In the cost of quality framework, conformance work is done to compensate for imperfections that prevent organizations from completing planned activities correctly as essential first-time work. Conformance work consists of actions that are related to prevention and inspection.

[Примечание] В стоимости структуры качества работа по согласованию выполняется для компенсации недостатков, которые мешают организациям правильно выполнять запланированные действия, поскольку это важная работа с первого раза. Работа по обеспечению соответствия состоит из действий, связанных с профилактикой и проверкой.

541. 依附型活动

[英文] Apportioned effort

[俄文] Зависимая трудоемкость

[注释] 其投入需按比例分摊到特定的独立型活动中，其本身无法拆分为独立型活动的活动。（注：依附型活动是挣值管理中为考核工作绩效而采用的三种活动类型之一。）

[Note] An activity where effort is allotted proportionately across certain discrete efforts and not divisible into discrete efforts. [Note: Apportioned effort is one of three earned value management (EVM) types of activities used to measure work performance.]

[Примечание] Деятельность, при которой усилия распределяются пропорционально между определенными дискретными усилиями и не делятся на отдельные усилия. [Примечание. Распределенные усилия - это один из трех видов деятельности по управлению заработанной стоимостью (EVM), используемых для измерения производительности труда.

542. **依赖关系**

[英文] Dependency

[俄文] Зависимость

[注释] 表示两个活动（前导活动和后续活动）中一个活动的变更将会影响到另一个活动的关系。

[Note] Changes to one of the two activities (lead and follow up) will affect the relationship of the other.

[Примечание] Изменения в одном из двух действий (ведущее и последующее) повлияют на отношения другого.

543. **因果图**

[英文] Cause and effect diagram

[俄文] Диаграмма причины и следствия

[注释] 一种分解技术，有助于追溯造成非预期结果的根本原因。

[Note] A decomposition technique that helps trace an undesirable effect back to its root cause.

[Примечание] Метод декомпозиции, который помогает отследить нежелательный эффект до его первопричины.

544. **引导式研讨会**

[英文] Facilitated workshops

[俄文] Способствующие семинары

[注释] 把主要的跨职能干系人召集在一起，通过集中讨论来定义产品需求的一种启发式技术。

[Note] An elicitation technique using focused sessions that bring key cross-functional stakeholders together to define product requirements.

[Примечание] Метод выявления с использованием целевых сессий, которые объединяют ключевые межфункциональные заинтересованные стороны для определения требований к продукту.

545. **应急储备**

[英文] Contingency reserve

[俄文] Резервный резерв

[注释] 包含在成本基准或绩效测量基准中的一部分预算，用于被接受的已识别风险和已制定应对或减轻措施的已识别风险。

[Note] Budget within the cost baseline or performance measurement baseline that is allocated for identified risks that are accepted and for which contingent or mitigating responses are developed.

[Примечание] Бюджет в пределах базового уровня затрат или базового плана измерения эффективности, который выделяется для идентифицированных рисков, которые принимаются и для которых разрабатываются условные или смягчающие меры реагирования.

546. **应急处置图**

[英文] Crash crew chart (CCC)

[俄文] Схема аварийной команды

[注释] 提供了全机的基本信息和在应急情况下应采取的应急措施，如应急设备位置，应急撤离路线和应急设备的使用方法等，供航空公司查询、培训等使用。

[Note] Providing basic information of the whole aircraft and the emergency measures to be taken in case of emergency, such as the location of emergency equipment, emergency evacuation route and the use of emergency equipment, etc., to airlines for inquiry, training and other use.

[Примечание] Предоставление базовой информации обо всем воздушном судне и чрезвычайных мерах, которые необходимо принять в случае чрезвычайной ситуации, например о местонахождении аварийного оборудования, маршруте аварийной эвакуации, использовании аварийного оборудования и т. д., авиакомпаниям для справок, обучения и другое использование.

547. **应急费用**

[英文] Contingency allowance

[俄文] Непредвиденные расходы

[注释] 见“储备”。

[Note] See *reserve*.

[Примечание] См. *Резерв*.

548. **应急应对策略**

[英文] Contingent response strategies

[俄文] Стратегии на непредвиденные обстоятельства

[注释] 事先制定的，在某个特定触发条件发生时，可以启动的应对措施。

[Note] Pre-settled responses provided which may be used in the event that a specific trigger occurs.

[Примечание] Предусмотренные заданные ответы, которые могут использоваться в случае срабатывания определенного триггера.

549. **应用领域**

[英文] Application area

[俄文] Область применения

[注释] 具有显著共性的一类项目，而这些共性并非所有项目所必需或具备的。应用领域通常根据产品（如采用相似技术或生产方式）、客户类型（如内部或外部客户、政府或商业客户）或行业划分（如公用事业、汽车、航空航天、信息技术等）来定义。应用领域的划分可能出现交叉。

[Note] A category of projects that have common components significant in such projects, but are not needed or present in all projects. Application areas are usually defined in terms of either the product (i.e., by similar technologies or production methods) or the type of customer (i.e., internal versus external, government versus commercial) or industry sector (i.e., utilities, automotive, aerospace, information technologies, etc.). Application areas can overlap.

[Примечание] Категория проектов, у которых есть общие компоненты, важные для таких проектов, но не нужны или присутствуют во всех проектах. Области применения обычно определяются с точки зрения продукта (например, с помощью аналогичных технологий или методов производства), или типа клиента (например, внутренний или внешний, государственный или коммерческий), или сектора промышленности (например, коммунальные услуги, автомобилестроение, аэрокосмическая промышленность, информация технологии и др.). Области применения могут перекрываться.

550. **影响图**

[英文] Influence diagram

[俄文] Диаграмма влияния

[注释] 对变量与结果之间的因果关系、事件时间顺序及其他关系的图形表示。

[Note] A graphical representation of situations showing causal influences, time ordering of events, and other relationships among variables and outcomes.

[Примечание] Графическое представление ситуаций с указанием причинных влияний, временного порядка событий и других взаимосвязей между переменными и результатами.

551. **硬逻辑关系**

[英文] Hard logic

[俄文] Жесткая логика/Обязательная зависимость

[注释] 见"强制性依赖关系"。

[Note] See *mandatory dependency*.

[Примечание] См. *Обязательную зависимость*.

552. **泳道图**

[英文] Swim lane chart

[俄文] Схема плавательных дорожок

[注释] 一种改良后的计划甘特图的表现形式。用图示化方式展现项目中上下层级系统对应主研制流程的关系、相互间的依赖关系以及进展状态和在实际进展与计划不符时对其他系统及整个项目的影响。

[Note] An improved form of planning Gantt chart. The graphical method is used to show the relationship between the upper and lower levels of the project and the main development process, their interdependence, as well as the impact on other systems and the whole project when the actual progress does not conform to the plan.

[Комментарий] Улучшенная форма планирования диаграммы Ганта. Графический метод используются, чтобы показать взаимосвязь между верхним и нижним уровнями проекта и основным процессом разработки, их взаимозависимость, а также влияние на другие системы и весь проект, когда фактический прогресс не соответствует плану.

553. 用于机场计划的飞机特性手册

[英文] Aircraft characteristics for airport planning (ACAP)

[俄文] Характеристики воздушного судна для планирования аэропорта

[注释] 对机场设施规划所需要的必要数据和飞机的基本特性给予说明，能帮助飞机用户在较短时间内根据该手册提供的飞机基本数据、飞机性能、飞机地面操纵和飞机保养配置等内容进行机场设施规划。

[Note] The necessary data for airport facility planning and the basic characteristics of aircraft are explained, which can help aircraft users to plan airport facility in a short time according to the basic data of aircraft, aircraft performance, aircraft ground control and aircraft maintenance configuration provided by the handbook.

[Комментарий] Поясняются необходимые данные для планирования средств обслуживания аэропорта и основные характеристики воздушного судна, которые могут помочь эксплуатантам воздушного судна планировать средства обслуживания аэропорта в короткие сроки в соответствии с основными данными, характеристиками, наземным управлением и конфигурацией технического обслуживания воздушного судна, предоставленными руководством.

554. 优先矩阵

[英文] Prioritization matrices

[俄文] Матрицы приоритетов

[注释] 一种质量管理规划工具，用来识别关键问题，评估合适的备选方案，以确定实施的优先顺序。

[Note] A quality management planning tool used to identify key issues and evaluate suitable alternatives to define a set of implementation priorities.

[Комментарий] Средство планирования управления качеством, используемое для выявления ключевых проблем и оценки подходящих альтернатив для определения набора приоритетов реализации.

555. **优先逻辑关系**

[英文] Preferential logic

[俄文] Предпочитаемая логика

[注释] 见“选择性依赖关系”。

[Note] See *discretionary dependency.*

[Комментарий] См. *Выборочные Зависимости.*

556. **有效页目录**

[英文] List of effective pages

[俄文] Перечень действующих страниц

[注释] 供用户查证该技术出版物各页是否齐全且现行有效。

[Note] Users can verify whether the pages of the technical publication are complete and effective.

[Комментарий] Пользователи могут проверить, являются ли страницы технической публикации полными и эффективными.

557. **鱼骨图**

[英文] Fishbone diagram

[俄文] Диаграмма«рыбий скелет»/Диаграмма причинно-следственных связей

[注释] 见“因果图”。

[Note] See *Cause and Effect Diagram.*

[Комментарий] См. *Диаграмма причинно-следственных связей.*

558. **预测**

[英文] Forecast

[俄文] Прогноз

[注释] 根据已有的信息和知识，对项目未来的情况和事件进行的估算或预计。通常基于项目过去的绩效、未来的期望绩效及会影响项目的其他信息进行预测，如计算完工估算和完工尚需估算。

[Note] An estimate or prediction of conditions and events in the project's future based on information and knowledge available currently. The information is based on the project's past performance and expected future performance, and includes information that could impact the project in the future, such as estimate at completion and estimate to complete.

[Комментарий] Оценка или прогноз состояний и событий в будущем проекте на основе существующей информаций и знаний. Прогноз основан на прошлых результатах проекта, ожидаемых будущих результатах, и других информациях, которых могут повлиять на проект в будущем, такие как оценка при завершении, и оценка для завершения.

559. 预测型生命周期

[英文] Predictive life cycle

[俄文] Прогнозируемый жизненный цикл

[注释] 项目生命周期的一种。在项目生命周期的尽早时间，确定项目范围及交付此范围所需的时间和成本。

[Note] A form of project life cycle in which the project scope, and the time and cost required to deliver that scope, are determined as early in the life cycle as possible.

[Комментарий] Форма жизненного цикла проекта, в которой объем проекта, а также время и затраты, необходимые для его реализации, определяются как можно раньше в жизненном цикле.

560. 预防措施

[英文] Preventive action

[俄文] Предупреждающее действие

[注释] 为确保项目工作的未来绩效符合项目管理计划，而进行的有目的的

活动。

[Note] An intentional activity that ensures the future performance of the project work is aligned with the project management plan.

[Комментарий] Целенаправленные деятельности, предпринятые для обеспечения того, чтобы будущие результаты работы проекта соответствовали плану управления проектом.

561. 预期货币价值分析

[英文] Expected monetary value analysis (EMVA)

[俄文] Анализ ожидаемого денежного значения

[注释] 当某些情况在未来可能发生或不发生时，计算平均结果的一种统计技术。常在决策树分析中使用。

[Note] A statistical technique for calculating average results when certain situations may or may not occur in the future. It is often used in decision tree analysis.

[Комментарий] Статистическая технология для вычисления средних результатов, когда определенные ситуации могут случиться или не случиться в будущем. Это часто используется в анализе дерева решений.

562. 预算

[英文] Budget

[俄文] Бюджет

[注释] 整个项目、任一工作分解结构组件或任一进度活动的，经批准的成本估算。

[Note] The approved cost estimate for the project or any work breakdown structure component or any schedule activity.

[Комментарий] Утвержденная оценка стоимости на весь проект, любой компонент структуры деления работ или любой график работ.

563. 裕量

[英文] Margin

[俄文] Запас

[注释] 考虑到不确定性和风险而在预算、项目进度、技术性能参数中加入的额外量。在规划论证过程中根据风险评估确定裕量分配基线，裕量通常在工程/项目全寿命周期进展中消耗掉。

[Note] Considering uncertainties and risks, the additional amount is added to the budget, project schedule and technical performance parameters. In the process of planning demonstration, the baseline of margin allocation is determined according to risk assessment. The margin is usually consumed in the progress of the engineer/project life cycle.

[Комментарий] Принимая во внимание неопределенности и риски, дополнительная сумма добавляется в бюджет, график проекта и параметры технических характеристик. В процессе демонстрации планирования базовая линия запаса определяются в соответствии с оценкой риска. Запас обычно расходуется в ходе жизненного цикла инженера / проекта.

564. 原型法

[英文] Prototypes

[俄文] Прототипы

[注释] 在实际制造预期产品之前，先造出其实用模型，并据此征求对需求的早期反馈的一种方法。

[Note] A method of obtaining early feedback on requirements by providing a working model of the expected product before actually building it.

[Комментарий] Метод получения ранней обратной связи о требованиях путем предоставления рабочей модели ожидаемого продукта до его фактического создания.

565. 运行

[英文] Operate

[俄文] Операция

[注释] 就航空器而言，指为包括驾驶航空器在内的航空目的（除规章规定者外）而使用、导致使用或批准使用航空器，而无论其对之是否有控制权（作

为所有人、承租人或其他)。

[Note] In the case of aircraft, it means the use, resulting in the use or approval of an aircraft use for the purposes of driving of the aircraft (except for fixed in regulations), regardless of whether or not owner, lessee or others have control over it.

[Комментарий] Для зрения воздушного судна, это означает использование, в результате которого использование или одобрение использования воздушного судна для целей пилотирования воздушного судна (за исключением случаев, предусмотренных правилами), независимо от того, что имеет ли владелец, арендатор или другие лица контроль над ним.

Z

566. 责任审查部门

[英文] Responsible reviewing department

[俄文] Ответственный ревизионный отдел

[注释] 责任审定单位指定的负责完成型号合格审定项目具体审查任务的机构。

[Note] The department designated by the responsible verification organization is responsible for completing the specific review task of the type certification project.

[Комментарий] Отдел, назначенный ответственной организацией по проверке, отвечает за выполнение конкретной задачи проверки проекта типа сертификации.

567. 责任审定单位

[英文] Responsible certification unit

[俄文] Ответственное подразделение сертификации

[注释] 负责具体型号合格审定项目证件申请受理、颁发和管理的单位。责

任审定单位对相应的型号审查活动进行指导和监控。

[Note] The unit that is responsible for the application acceptance, issuance and management for certificates of specific type certification. The unit is responsible to guide and supervise the relevant type certification activities.

[Комментарий] Подразделение, которое отвечает за прием заявки, выдачу и управление на сертификаты конкретного типа сертификации. Подразделение отвечает за руководство и надзор за соответствующие деятельности по типа сертификации.

568. 增量型生命周期

[英文] Incremental life cycle

[俄文] Инкрементный жизненный цикл

[注释] 项目生命周期的一种。在项目生命周期的早期，基本确定项目范围，但是要随项目团队对产品理解程度的逐步提高，例行修改时间估算和成本估算。迭代方法是通过一系列循环来开发产品，而增量方法是渐进地增加产品功能。

[Note] A project life cycle where the project scope is generally determined early in the project life cycle, but time and cost estimates are routinely modified as the project team’s understanding of the product increases. Iterations develop the product through a series of repeated cycles, while increments successively add to the functionality of the product.

[Комментарий] Жизненный цикл проекта, где объем проекта обычно определяется на ранних этапах жизненного цикла проекта, но оценки времени и затрат регулярно изменяются по мере того, как понимание группы проекта впродукте величивается. Итерации разрабатывают продукты через серию повторяющихся циклов, в то время как приращения последовательно увеличивают функциональность продукты.

569. 挣值

[英文] Earned value (EV)

[俄文] Освоенный объем (OO)

[注释] 对已完成工作的测量，用该工作的批准预算来表示。

[Note] The measure of work performed expressed in terms of the budget authorized for that work.

[Комментарий] Показатель выполненной работы выражается в бюджете, утвержденном для этой работы.

570. **挣值管理**

[英文] Earned value management (EVM)

[俄文] Управление освоенным объемом

[注释] 将范围、进度和资源测量值综合起来，以评估项目绩效和进展的方法。

[Note] A methodology that combines scope, schedule, and resource measurements to assess project performance and progress.

[Комментарий] Методология, которая объединяет измерении объема, графики и ресурсов для оценки эффективности и прогресса проекта.

571. **正文前资料**

[英文] Front matter

[俄文] Титульные элементы (книги)

[注释] 正文前资料是出版物正文前的部分内容的统称。主要包括：内封、发送函、飞机有效性目录、有效页目录、更改单目录、临时更改单记录、服务通告记录、目录、章目录、图目录、表目录、前言、术语/缩略语清单和索引等。

[Note] Front matter is the joint name of part of the content before the main body of a publication. Mainly include: internal envelope, sending letter, aircraft validity catalogue, valid page catalogue, change list, temporary change list, service announcement record, catalogue, chapter catalogue, chart catalogue, table catalogue, preface, terminology/abbreviation list and index, etc.

[Комментарий] Титульным элементом является совместное название части контента перед основной частью публикации. В основном включают: внутренний конверт, отправляющее письмо, каталог достоверности воздушного судна, каталог действительных страниц, список изменений, временный список изменений, запись служебного объявления, каталог, каталог глав, каталог карт, каталог таблиц, предисловие, список терминов / сокращений и индекс и т.д.

572. 政策

[英文] Policy

[俄文] Политика

[注释] 组织所采用的一套结构化的行动模式，组织政策可以解释为一套治理组织行为的基本原则。

[Note] A structured pattern of actions adopted by an organization such that the organization's policy can be explained as a set of basic principles that govern the organization's conduct.

[Комментарий] Структурированная схема действий, принятая организацией, такая, что политику организации можно объяснить как набор базовых принципов, регулирующих поведение организации.

573. 支持型活动

[英文] Level of effort (LOE)

[俄文] Уровень усилия

[注释] 一种不产生最终实体产品，而是按时间流逝来度量的活动。(注：支持型活动是挣值管理中为考核工作绩效而采用的三种活动类型之一。)

[Note] An activity that does not produce definitive end products and is measured by the passage of time. [Note: Level of effort is one of three earned valued management (EVM) types of activities used to measurework performance.]

[Комментарий] Деятельность, которая не производит окончательные конечные продукты и измеряется течением времени. [Примечание. Уровень усилий - это один из трех видов деятельности, основанных на управление заработанной стоимости (EVM), используемых для измерения эффективности работы.

574. 支付系统

[英文] Payment systems

[俄文] Системы оплаты

[注释] 用来接收和处理供应商的发票，对服务和产品进行付款的系统。

[Note] The system used to provide and track supplier's invoices and payments for services and products.

[Комментарий] Система, используемая для предоставления и отслеживания счетов и платежей поставщика за услуги и продукты.

575. 支援设备摘要

[英文] Support equipment summary (SES)

[俄文] Резюме оборудования технического обслуживания

[注释] 主要为维护人员提供在飞机系统和结构保养、维修以及翻修过程中所使用到的地面支援设备和工具的各类指导和参考信息。

[Note] Provide various guidance and reference information for maintenance personnel about ground support equipment and tools used in aircraft system and structure maintenance, maintenance and refurbishment.

[Комментарий] Предоставление различного руководства и справочной информации для обслуживающего персонала о наземном оборудовании технического обслуживания и инструментах, используемых в обслуживании, ремонте и восстановлении системы и конструкций воздушного судна.

576. 知识管理（项目）

[英文] Knowledge management (KM)

[俄文] Управление знанием

[注释] 在正确的时间点将正确的信息无延迟地传达到正确的项目人员，帮助团队成员形成并共享知识，且以正确的方式采取行动，从而可量化地提高团队及合作伙伴的表现和能力。

[Note] Deliver the right information to the right project staff at the right time, help team members to store and share knowledge, and act in the right way, which can quantitatively improve team and partner's performance and capabilities.

[Комментарий] Предоставлять правильную информацию правильным сотрудникам проекта в правильное время, помогать членам команды хранить и делиться знаниями и действовать правильно, что может количественно улучшить производительность и способность команды и партнера.

577. 执行

[英文] Execute

[俄文] Исполнять

[注释] 指导、管理、实施和完成项目工作，产出可交付成果和工作绩效数据。

[Note] Directing, managing, performing, and accomplishing the project work; providing the deliverables; and providing work performance information.

[Комментарий] Направление, управление, осуществление и выполнение проектной работы, и предоставление доставок и информаций о выполнении работ.

578. 执行过程组

[英文] Executing process group

[俄文] Группа исполнения процессов

[注释] 完成项目管理计划中确定的工作，以满足项目规范要求的一组过程。

[Note] Those processes performed to complete the work defined in the project management plan to satisfy the project specifications.

[Комментарий] Процессы для выполнения работ, определенных в плане управления проектом для удовлетворения спецификаций проекта.

579. 直方图

[英文] Histogram

[俄文] Гистограмма

[注释] 一种特殊的条形图，用来描述统计分布的集中趋势、分散程度和分布形状。

[Note] A special form of bar chart used to describe the central tendency, dispersion, and shape of a statistical distribution.

[Комментарий] Специальная форма гистограммы, используемая для описания центральной тенденции, дисперсии и формы статистического распределения.

580. **职能经理**

[英文] Functional manager

[俄文] Функциональный манеджер

[注释] 职能型组织内对某部门拥有管理职权的个人，任何实际生产产品或提供服务的团队的经理。有时也称“直线经理”。

[Note] Someone with management authority over an organizational unit within a functional organization. The manager of any group that actually makes a product or performs a service. Sometimes called a line manager.

[Комментарий] Кто-то с полномочиями управления организационной единицей в пределах функциональной организации. Менеджер любой группы, который фактически производит продукт или оказывает услугу. Иногда называют линейным менеджером.

581. **职能型组织**

[英文] Functional organization

[俄文] Функциональная организация

[注释] 一种层级组织，其中每个员工都有一位明确的上级，人员根据专业分组，并由具有该专业领域特长的人进行管理。

[Note] A hierarchical organization where each employee has one clear superior, and staff are grouped by areas of specialization and managed by a person with expertise in that area.

[Комментарий] Иерархическая организация, в которой у каждого сотрудника есть явный начальник, а сотрудники сгруппированы по областям специализации и управляются специалистом в этой области.

582. **职权**

[英文] Authority

[俄文] Право

[注释] 使用项目资源、花费资金、做出决策或给予批准的权力。

[Note] The right to apply project resources, expend funds, make decisions, or give approvals.

[Комментарий] Право на применение ресурсов проекта, расходов, и принятие решения или одобрения.

583. **职责**

[英文] Responsibility

[俄文] Ответственность

[注释] 可在项目管理计划中进行委派的任务，接受委派的资源，负有按要求完成任务的义务。

[Note] An assignment that can be delegated within a project management plan such that the assigned resource incurs a duty to perform the requirements of the assignment.

[Комментарий] Назначение, которое может быть делегировано в плане управления проектом, так что назначенный ресурс несет ответственность за выполнение требований назначения.

584. **指导与管理项目工作**

[英文] Direct and manage project work

[俄文] Руководство и управление работами проекта

[注释] 为实现项目目标而领导和执行项目管理计划中所确定的工作，并实施已批准变更的过程。

[Note] The process of leading and performing the work defined in the project management plan and implementing approved changes to achieve the project's objectives.

[Комментарий] Процесс руководства и выполнения работы, определенной в плане управления проектом, и осуществление утвержденных изменений для достижения целей проекта.

585. **指南**

[英文] Guide

[俄文] Руководство

[注释] 一种正式的推荐或建议，包括就如何完成某事而提出的政策、标准

或程序。

[Note] A formal recommendation or suggestion, including policies, standards, or procedures for how to accomplish something.

[Комментарий] Формальная рекомендация или предложение, включая политику, стандарты или процедуры, предлагаемые для достижения чего-либо.

586. 制定（有关流程）

[英文] Establish (with respect to processes)

[俄文] Устанавливать (в отношении процессов)

[注释] 在实施过程中开发政策、工作指导和程序的活动。

[Note] The activities to develop policies, work guidance and procedures in the implementation process.

[Комментарий] Мероприятия по разработке политики, рабочих руководств и процедур в процессе реализации.

587. 制定进度计划

[英文] Develop schedule

[俄文] Разработка расписания

[注释] 分析活动顺序、持续时间、资源需求和进度制约因素，创建项目进度模型的过程。

[Note] The process of analyzing activity sequences, durations, resource requirements, and schedule constraints to create the project schedule model.

[Комментарий] Процесс анализа последовательностей действий, продолжительности, потребностей в ресурсах и ограничений графика для создания модели расписания проекта.

588. 制定项目管理计划

[英文] Develop project management plan

[俄文] Разработка плана управления проектом

[注释] 定义、准备和协调所有子计划，并把它们整合为一份综合项目管理计划的过程。

[Note] The process of defining, preparing, and coordinating all subsidiary plans and integrating them into a comprehensive project management plan.

[Комментарий] Процесс определения, подготовки и координации всех вспомогательных планов и их интеграции в комплексный план управления проектом.

589. **制定项目章程**

[英文] Develop project charter

[俄文] Разработка устава проекта

[注释] 编写一份正式批准项目并授权项目经理在项目活动中使用组织资源的文件的过程。

[Note] The process of developing a document that formally authorizes the existence of a project and provides the project manager with the authority to apply organizational resources to project activities.

[Комментарий] Процесс разработки документа, который официально разрешает существование проекта и наделяет менеджеру проекта полномочиями применять организационные ресурсы для деятельности по проекту.

590. **制定预算**

[英文] Determine budget

[俄文] Определение бюджета

[注释] 汇总所有单个活动或工作包的估算成本，建立一个经批准的成本基准过程。

[Note] The process of aggregating the estimated costs of individual activities or work packages to establish an authorized cost baseline.

[Комментарий] Процесс агрегирования сметных затрат на отдельные виды деятельности или рабочие пакеты для установления утвержденной базовой линии затрат.

591. **制约因素**

[英文] Constraint

[俄文] Ограничение

[注释] 对项目、工程、项目组合或过程有影响的限制性因素。

[Note] Limiting factors that affect the execution of a project, program, portfolio, or process.

[Комментарий] Ограничивающие факторы, которые влияют на выполнение проекта, программы, портфеля или процесса.

592. **制造符合性**

[英文] Conformity

[俄文] Соответствие

[注释] 民用航空产品和零部件的制造、试验、安装等符合经批准/认可的设计。

[Note] The manufacturing, testing and installation of civil aviation products and components conform to the approved designs.

[Комментарий] Изготовление, испытания и монтаж изделий и компонентов гражданской авиации соответствуют утвержденным проектам.

593. **制造符合性检查记录**

[英文] Conformity inspection record

[俄文] Протокол проверки соответствия

[注释] 制造符合性检查代表或委任生产检验代表用以记录试验产品和试验装置制造符合性检查结果的表格之一。

[Note] One of the forms used by manufacturing conformity inspection representatives or appointed manufacturing inspection representatives to record the results of manufacturing conformity inspection of tested products and devices.

[Комментарий] Одна из форм, используемая представителями инспекции соответствия производства или назначенными представителями инспекции производства для записи результатов проверки соответствия продукции испытанным изделиям и устройствам.

594. **制造符合性检查请求单**

[英文] Request for conformity

[俄文] Запрос на предмет соответствия

[注释] 工程审查代表或委任工程代表请求制造符合性检查代表或委任生产检验代表进行制造符合性检查、或委托制造符合性检查代表或其他工程审查代表及委任工程代表代替其进行目击验证试验时所用的请求单，是制造符合性检查代表进行制造符合性检查和目击验证试验的依据文件之一（另一依据文件为型号检查核准书）。

[Note] The request that when the Engineering Review Representative or the Appointed Engineering Representative requests the Manufacturing Conformity Representative or the Appointed Production Inspection Representative to carry out the manufacturing conformity inspection, or entrusts the Manufacturing Conformity Representative or other Engineering Review Representative and the Appointed Engineering Representative to carry out the witness testing. It is one of the basis documents for manufacturing conformity inspection representative to carry out manufacturing conformity inspection and witness testing. (The other basis document is type inspection authorization.)

[Комментарий] Запрос о том, чтобы, когда Представитель по техническому обзору или Назначенный инженерный представитель запрашивал Представителя по производственному соответствию или Назначенного представителя по производственному контролю для проведения проверки соответствия производства, или поручал Представителю по производственному соответствию или другому Представителю по техническому обзору и Назначенному техническому представителю выполнять вне проверки свидетелей. Это один из базовых документов для представителя по проверке соответствия производства для проведения проверки соответствия производства и проверки свидетелей. (Другой базовый документ - авторизация проверки типа.)

595. **制造符合性声明**

[英文] Statement of conformity

[俄文] Заявление о соответствии

[注释] 按《民用航空产品和零部件合格审定规定》第 21.33 条和第 21.53

条的要求，申请人对试验产品和试验装置进行了制造符合性检查、认为试验产品和试验装置满足制造符合性要求、在型号合格审定审查组进行制造符合性检查前提交型号合格审定审查组进行验证试验时和向型号合格审定审查组提交的书面声明。制造符合性声明是申请人用以表明并保证试验产品和试验装置符合型号资料并处于安全可用状态的文件。

[Note] In accordance with the Article 21.33 and 21.53 of the Regulation "The the certification Regulation of Civil Aviation Products and Parts", the applicant had inspected the manufacturing conformity of the test products and test devices, believed that the test products and test devices met the manufacturing conformity requirements, and submitted a written statement before the manufacturing conformity inspection was carried out by the type certification team. The statement of conformity is the document used by the applicant to indicate and ensure that the test products and test devices conform to the type data and are in a safe and available state.

[Комментарий] В соответствии со статьями 21.33 и 21.53 Правил «Правила сертификации продукции и деталей гражданской авиации» заявитель проверил производственное соответствие испытательных изделий и испытательных устройств, полагая, что испытательные изделия и испытательные устройства соответствуют требованиям производства. Требования соответствия и представили письменное заявление до того, как группа по сертификации типа провела проверку соответствия производства. Заявление о соответствии - это документ, используемый заявителем для указания и обеспечения того, что испытательные изделия и испытательные устройства соответствуют данным типа и находятся в безопасном и доступном состоянии.

596. 制造工程

[英文] Manufacturing engineering (ME)

[俄文] Технология машиностроения

[注释] 研究目标产品试制和批产过程中有关制造能力、设备、造/买决策、

总装线布局等技术的学科。

[Note] It is a subject that studies the technology of manufacturing capability, equipment, manufacturing/buying decision, assembly line layout and so on in the process of trial and batch production of target products.

[Комментарий] Это предмет, который изучает технологию производственных способностей, оборудование, решение о производстве / покупке, расположении сборочной линии и так далее в процессе пробного и серийного производства целевых продуктов.

597. 质量

[英文] Quality

[俄文] Качество

[注释] 一系列内在特性满足要求的程度。

[Note] The degree to which a set of inherent characteristics fulfills requirements.

[Комментарий] Степень, в которой набор присущих характеристик удовлетворяет требованиям.

598. 质量保证（项目）

[英文] Quality assurance (QA)

[俄文] Обеспечение качества

[注释] 为确信实际产品是依据其功能、性能和设计需求生产和部署的需要而进行的独立评估。

[Note] Independent evaluation is carried out to ensure that actual products are produced and deployed according to their functions, performance and design requirements.

[Комментарий] Независимая оценка проводится для обеспечения того, что фактические продукты производятся и развертываются в соответствии с их функциями, характеристиками и требованиями к дизайну.

599. 质量测量指标

[英文] Quality metrics

[俄文] Метрики качества

[注释] 对项目或产品属性及其测量方式的描述。

[Note] A description of a project or product attribute and how to measure it.

[Комментарий] Описание атрибута проекта или продукта и способы его измерения.

600. 质量成本

[英文] Cost of quality (COQ)

[俄文] Стоимость качества

[注释] 确定为保证质量而付出的成本的一种方法。预防和评估成本（一致性成本）包括为确保符合要求而进行质量规划、质量控制和质量保证的成本（如培训、质量控制体系等）。失败成本（非一致性成本）包括对不合格产品、部件或过程的返工成本，保修工作和废品的成本，以及名誉的损失。

[Note] A method of determining the costs incurred to ensure quality. Prevention and appraisal costs (cost of conformance) include costs for quality planning, quality control (QC), and quality assurance to ensure compliance to requirements (i.e., training, QC systems, etc.). Failure costs (cost of nonconformance) include costs to rework products, components, or processes that are non-compliant, costs of warranty work and waste, and loss of reputation.

[Комментарий] Метод определения затрат, понесенных для обеспечения качества. Затраты на профилактику и оценку (стоимость соответствия) включают затраты на планирование качества, контроль качества (QC) и обеспечение качества для обеспечения соответствия требованиям (т.е. обучение, системы контроля качества и т.д.). Затраты на отказ (стоимость несоответствия) включают затраты на переработку несоответствующих продуктов, компонентов или процессов, затраты на гарантийные работы и потери, а также потерю репутации.

601. 质量功能展开

[英文] Quality function deployment (QFD)

[俄文] Развертывание функций качества

[注释] 用来确定新产品开发的关键特性的一种引导式研讨会技术。

[Note] A facilitated workshop technique that helps to determine critical characteristics for new product development.

[Комментарий] Техника проведения семинаров, которая помогает определить критические характеристики для разработки нового продукта.

602. 质量管理和控制工具

[英文] Quality management and control tools

[俄文] Инструменты управления и контроля качества

[注释] 质量规划工具的一个类别，用来分析已识别活动的相互关联和顺序。

[Note] They are a type of quality planning tools used to link and sequence the activities identified.

[Комментарий] Они представляют собой тип инструментов планирования качества, используемых для анализа связывания и последовательности определенных действий.

603. 质量管理计划

[英文] Quality management plan

[俄文] План управления качеством

[注释] 项目或项目集管理计划的组成部分，描述将如何实施组织的质量政策。

[Note] A component of the project or program management plan that describes how an organization's quality policies will be implemented.

[Комментарий] Компонент плана управления проектом или программой, который описывает, как будет осуществляться политики организации в области качества.

604. 质量管理计划（项目）

[英文] Quality management plan

[俄文] План управления качеством

[注释] 项目或工程管理规划的组成部分，描述如何实施组织的质量政策。

[Note] A part of the project or engineer management plan that describes how to implement an organization's quality policy.

[Комментарий] Часть плана управления проектом или инженером, которая описывает, как реализовать политику качества организации.

605. 质量管理体系

[英文] Quality management system

[俄文] Система управления качеством

[注释] 为质量管理计划的实施提供政策、过程、程序和资源的组织架构。典型的项目质量管理计划应该与组织的质量管理体系相兼容。

[Note] The organizational framework whose structure provides the policies, processes, procedures, and resources required to implement the quality management plan. The typical project quality management plan should be compatible to the organization's quality management system.

[Комментарий] Организационная структура, которая обеспечивает политику, процессы, процедуры и ресурсы, необходимые для реализации плана управления качеством. Типичный план управления качеством проекта должен быть совместим с системой управления качеством организации.

606. 质量核对单

[英文] Quality checklists

[俄文] Контрольные списки качества

[注释] 用来核实所要求的一系列步骤是否已得到执行的结构化工具。

[Note] A structured tool used to verify that a set of required steps has been performed.

[Комментарий] Структурированный инструмент, используемый для проверки выполнения набора необходимых шагов.

607. 质量控制测量结果

[英文] Quality control measurements

[俄文] Результаты измерений контроля качества

[注释] 对质量控制活动的结果的书面记录。

[Note] The documented results of control quality activities.

[Комментарий] Документированные результаты деятельности контроля качества .

608. 质量审计

[英文] Quality audits

[俄文] Аудиты качества

[注释] 用来确定项目活动是否遵循了组织和项目的政策、过程与程序的一种结构化的、独立的过程。

[Note] A quality audit is a structured, independent process to determine if project activities comply with organizational and project policies, processes, and procedures.

[Комментарий] Аудит качества - это структурированный, независимый процесс, позволяющий определить, соответствуют ли действия проекта организационным и проектным политикам, процессам и процедурам.

609. 质量要求

[英文] Quality requirement

[俄文] Требование к качеству

[注释] 必须达到的条件或具备的能力，借此验证成果属性的可接受性和评估成果的质量一致性。

[Note] A must-have condition or capability that will be used to assess conformance by validating the acceptability of an attribute for the quality of a result.

[Комментарий] Обязательное условие или способность, которые будут использоваться для оценки соответствия путем проверки приемлемости атрибута для качества результата.

610. **质量政策**

[英文] Quality policy

[俄文] Политика в отношении качества

[注释] 项目质量管理知识领域中的专有政策，是组织在实施质量管理体系时必须遵守的基本原则。

[Note] A policy specific to the Project Quality Management Knowledge Area, it establishes the basic principles that should govern the organization's actions as it implements its system for quality management.

[Комментарий] Политика, специфичная для области знаний управления качеством проекта, устанавливает основные принципы, которые должны регулировать действия организации при внедрении ее системы управления качеством.

611. **中国民用航空规章**

[英文] China civil aviation regulations (CCAR)

[俄文] Правила гражданской авиации Китая

[注释] 由国务院负责管理民用航空活动的行政机关—— 中国民用航空局制定、发布的涉及民用航空活动的专业性规章。中国民用航空规章具有法律效力，凡从事民用航空活动的任何单位和个人都必须遵守中国民用航空规章。

[Note] The professional regulations for civil aviation activities formulated and promulgated by the Civil Aviation Administration of China, which is the administrative organ responsible for the administration of civil aviation activities under the State Council. China's Civil Aviation Regulations have the force of law. Any unit or individual engaged in civil aviation activities must abide by China's Civil Aviation Regulations.

[Комментарий] Профессиональные правила для деятельности гражданской авиации, разработанные и обнародованные Администрацией Гражданской Авиации Китая, которая является административным органом, ответственным за управление деятельностью гражданской авиации при Государственном Совете. Правила гражданской авиации Китая имеют силу закона. Любое подразделение или физическое лицо, занимающееся деятельностью гражданской авиации, должно соблюдать китайские правила гражданской авиации.

612. 重量平衡手册

[英文] Weight and balance manual (WBM)

[俄文] Руководство по центровке и загрузке

[注释] 是制造商向航空公司传递飞机重量和平衡数据、重量和平衡程序的手册，目的是供航空公司重量工程师和其他有关人员进行分析和使用。

[Note] It is a manufacturer's Handbook for airlines to transmit aircraft weight and balance data, weight and balance procedures. The purpose is to provide analysis and use for airlines weight engineers and other relevant personnel.

[Комментарий] Это руководство производителя для авиакомпаний по передаче данных о центровке и загрузке самолета, процедурах по центровке и загрузке. Цель состоит в том, чтобы обеспечить анализ и использование для инженеров по центровке авиакомпаний и другого соответствующего персонала.

613. 周转率

[英文] Velocity

[俄文] Скорость

[注释] 对团队生产效率的一种测量指标，团队在既定的时间间隔内生产、确认和验收可交付成果。是常用于预测未来项目工作的一种能力规划方法。

[Note] A measure of a team's productivity rate at which the deliverables are produced, validated, and accepted within a predefined interval. Velocity is a capacity planning approach frequently used to forecast future project work.

[Комментарий] Мера производительности команды, при которой результаты создаются, проверяются и принимаются в течение определенного интервала. Скорость - это подход к планированию мощности, часто используемый для прогнозирования будущей работы проекта.

614. **主管机构（项目）**

[英文] Designated governing authority

[俄文] Назначенный руководящий орган

[注释] 在工程、项目、活动之上具有技术监督责任的管理实体。

[Note] A governing entity with technical supervision responsibility over projects, engineers and activities.

[Комментарий] Управляющий орган с техническим надзором за проектами, инженерами и деятельностью.

615. **主进度计划**

[英文] Master schedule

[俄文] Основной график

[注释] 标明了主要可交付成果、主要工作分解结构组件和关键进度、里程碑的概括性项目进度计划。参见"里程碑进度计划"。

[Note] A summary-level project schedule that identifies the major deliverables and work breakdown structure components and key schedule milestones. See *milestone schedule*.

[Комментарий] Сводный график проекта, который определяет основные конечные результаты и компоненты структуры разбивки работ, а также основные этапы графика. См. *График вехи*.

616. **属性抽样**

[英文] Attribute sampling

[俄文] Атрибутивная выборка

[注释] 检测质量的一种方法。先确认每个被检测的样本是否具备（或缺失）某些特征（属性），再决定接受或拒绝样本所在批次，或者增检其他样本。

[Note] Method of measuring quality that consists of noting the presence (or absence) of some characteristic (attribute) in each of the units under consideration. After each unit is inspected, the decision is made to accept a lot, reject it, or inspect another unit.

[Комментарий] Метод измерения качества, который заключается в том, чтобы отметить наличие (или отсутствие) некоторой характеристики (атрибута) в каждой из рассматриваемых единиц. После проверки каждой единицы принимается решение принять партию, отклонить ее или осмотреть другую единицу.

617. 专家判断

[英文] Expert judgment

[俄文] Экспертные оценки

[注释] 基于某应用领域、知识领域、学科和行业等的专业知识而做出的关于当前活动的合理判断。这些专业知识可来自具有专业学历、知识、技能、经验或培训经历的任何小组或个人。

[Note] Reasonable judgment provided based upon expertise in an application area, knowledge area, discipline, industry, etc., as appropriate for the activity being performed. Such expertise may be provided by any group or person with specialized education, knowledge, skill, experience, or training.

[Комментарий] Разумное суждение предоставляется на основе опыта в области применения, области знаний, дисциплины, отрасли и т. д., в зависимости от выполняемой деятельности. Такая экспертиза может быть предоставлена любой группой или лицом со специальным образованием, знаниями, навыками, опытом или обучением.

618. 专项合格审定计划

[英文] Project specific certification plan (PSCP)

[俄文] Специально-сертификационный план проекта

[注释] 将申请人的审定计划信息和责任审查部门的审定项目计划信息结合在一起并考虑了具体审查项目特有信息的计划。

[Note] It combines the information of the applicant’s certification plan with the information of the responsible department’ certification project plan, and considers the plan of the specific information of project.

[Комментарий] Это объединяет информацию о плане сертификации заявителя с информацией о плане проекта сертификации ответственного департамента и рассматривает план конкретной информации о проекте.

619.专用条件

[英文] Special condition (SC)

[俄文] Специальное условие

[注释]《民用航空产品和零部件合格审定规定》第 21.16 条规定的专用条件是针对提交进行型号合格审定的民用航空产品，由于下述原因之一使得有关的适航规章没有提供适当的或足够的安全要求，由中国民用航空局适航司制定并颁发的补充安全要求。①民用航空产品具有新颖或独特的设计特点；②民用航空产品的预期用途是非常规的；③从使用中的类似民用航空产品或具有类似设计特点的民用航空产品得到的经验表明可能产生不安全状况。专用条件应具有与适用的适航规章等效的安全水平。

[Note] In accordance with the Article 21.16 of the Regulation "The certification Regulation of Civil Aviation Products and Parts", Specific condition is, for civil aviation products submitted for type certification, due to one of the following reasons, the relevant airworthiness regulations do not provide adequate or sufficient safety requirements, the supplementary safety requirements formulated and issued by the Airworthiness Department of the Civil Aviation Administration of China. ① The civil aviation products have novel or unique design features. ② The anticipated use of civil aviation products is unconventional. ③Based on the using experience gained from the similar civil aviation products or with similar design characteristics indicating that unsafe conditions may arise. Special condition shall has the same level safety as applicable airworthiness regulations.

[Комментарий] В соответствии со статьей 21.16 Правила «Правило о сертификации продукции и компонента для гражданской авиации», специальное условие для продукции гражданской авиации, представленной для сертификации типа, по одной из следующих причин, соответствующие правила летной годности не обеспечивают адекватные или достаточные требования безопасности, дополнительные требования безопасности, сформулированные и выпущенные Департаментом летной годности

Администрации гражданской авиации Китая. ① Продукция гражданской авиации обладает новыми или уникальными конструктивными особенностями. ② Предполагаемое использование продукции гражданской авиации является нетрадиционным. ③ На основании использования опыта, полученного от аналогичных продуктов гражданской авиации или с аналогичными характеристиками конструкции, указывающими на то, что могут возникнуть небезопасные условия. Специальные условия должны иметь такой же уровень безопасности, как и соответствующие правила летной годности.

620. 准确

[英文] Accuracy

[俄文] Точность

[注释] 在质量管理体系中，准确是对正确性的评估。

[Note] Within the quality management system, *accuracy* is an assessment of correctness.

[Комментарий] В рамках системы управления качеством, точность - это оценка правильности.

621. 准入条件

[英文] Entry criteria

[俄文] Вводные критерии

[注释] 每个项目进入下一寿命周期阶段或技术成熟度水平所需达到的最小成果。

[Note] The minimum results required for each project to enter the next life cycle stage or technical maturity level.

[Комментарий] Минимальные результаты, необходимые для каждого проекта, чтобы войти в следующую стадию жизненного цикла или уровень технической зрелости.

622. 准则/标准

[英文] Criteria

[俄文] Критерии

[注释] 各种标准、规则或测试，可据此做出判断或决定，或者据此评价产品、服务、成果或过程。

[Note] Standards, rules, or tests on which a judgment or decision can be based or by which a product, service, result, or process can be evaluated.

[Комментарий] Стандарты, правила или тесты, на которых может основываться суждение или решение или то, на чем может оцениваться продукт, услуга, результат или процесс.

623. 咨询通告

[英文] Advisory circular (AC)

[俄文] Консультативный циркуляр

[注释] 局方用于规章解释和符合方法指导的咨询性出版物，不属于强制性规章。

[Note] Itisanadvisorypublicationusedbytheauthoritiesfortheinterpretationofregulationsandfortheguidanceofconformitymethods, anditisnotamandatoryregulation.

[Комментарий] Это консультативная публикация, используемая властями для толкования правил и руководства по методам соответствия, и она не является обязательной.

624. 资金限制平衡

[英文] Funding limit reconciliation

[俄文] Примирение лимит афонда

[注释] 把项目资金支出计划与项目资金到位承诺进行对比，从而识别资金限制与计划支出之间的差异的过程。

[Note] The process of comparing the planned expenditure of project funds against any limits on the commitment of funds for the project to identify any variances between the funding limits and the planned expenditures.

[Комментарий] Процесс сравнения запланированных расходов средств проекта с любыми ограничениями по выделению средств для проекта для выявления любых расхождений между лимитами финансирования и запланированными расходами.

625. 资源

[英文] Resource

[俄文] Ресурс

[注释] 熟练人力资源（特定领域的个人或团队）、设备、服务、用品、物品、材料、预算或资金。

[Note] Skilled human resources (specific disciplines either individually or in crews or teams), equipment, services, supplies, commodities, material, budgets, or funds.

[Комментарий] Квалифицированные человеческие ресурсы (отдельные лица или команды в определенной области), оборудование, услуги, материалы, товары, материалы, бюджеты или средства.

626. 资源池

[英文] Resource pool

[俄文] Бассейн ресурса

[注释] 一群差不多能做同样工作的人，可以被随机挑选并分配给某个项目。

[Note] A group of people who can do almost the same job and can be randomly selected and assigned to a project.

[Комментарий] Люди, которые могут выполнять почти одинаковую работу и могут быть случайно выбраны и назначены для проекта.

627. 资源配置

[英文] Resource allocation

[俄文] Распределение ресурса

[注释] 为项目分配人力、设备、设施、原材料等。只有提供足够的资源，才能按时完成项目工作。资源配置是制定项目进度表的重要组成部分。

[Note] Allocate manpower, equipment, facilities, raw materials, etc. for the project. Only by providing sufficient resources can the project be completed on time. Resource allocation is an important part of project schedule.

[Комментарий] Выделить рабочую силу, оборудование, средства, сырье и т. д. для проекта. Предоставив достаточные ресурсы, проект может быть выполнен вовремя. Распределение ресурсов является важной частью графика проекта.

628. 资源平滑

[英文] Resource smoothing

[俄文] Сглаживание ресурсов

[注释] 对进度模型中的活动进行调整，从而使项目资源需求不超过预定的资源限制的一种技术。

[Note] A technique which adjusts the activities of a schedule model such that the requirement for resources on the project do not exceed certain predefined resource limits.

[Комментарий] Техника корректирует действия модели расписания таким образом, чтобы потребность в ресурсах в проекте не превышала определенных предопределенных пределов ресурсов.

629. 资源优化技术

[英文] Resource optimization techniques

[俄文] Методы оптимизации ресурсов

[注释] 对活动的开始日期和结束日期进行调整，把计划使用的资源数量调整为等于或小于可用的资源数量的一种技术。

[Note] A technique that is used to adjust the start and finish dates of activities that adjust planned resource use to be equal to or less than resource availability.

[Комментарий] Техника, используемая для корректировки дат начала и окончания действий, которые корректируют запланированное использование ресурсов, чтобы быть равными или меньшими, чем доступность ресурсов.

630. 资源直方图

[英文] Resource histogram

[俄文] Гистограмма ресурса

[注释] 按一系列时间段显示某种资源的计划工作时间的条形图。为便于对照，可画一条横线表示资源可用时间。随着项目进展，还可画出代表资源实际工作时间的对比条形。

[Note] A bar chart showing the amount of time that a resource is scheduled to work over a series of time periods. Resource availability may be depicted as a line for comparison purposes. Contrasting bars may show actual amounts of working time of resources as the project progresses.

[Комментарий] Гистограмма, показывающая количество времени, которое ресурс запланирован для работы в течение ряда периодов времени. Доступность ресурса может быть изображена в виде линии для сравнения. Контрастные столбцы могут отображать фактическое количество рабочего времени ресурсов в ходе реализации проекта.

631. **子网络**

[英文] Subnetwork

[俄文] Подсеть

[注释] 项目进度网络图的一部分（片段），通常代表一个子项目或一个工作包。常用来说明或研究潜在的或建议的进度计划条件，如优先进度逻辑的变更或项目范围的变更。

[Note] A subdivision (fragment) of a project schedule network diagram, usually representing a subproject or a work package. Often used to illustrate or study some potential or proposed schedule condition, such as changes in preferential schedule logic or project scope.

[Комментарий] Подраздел (фрагмент) сетевой диаграммы расписания проекта, обычно представляющий подпроект или рабочий пакет. Часто используется, чтобы проиллюстрировать или изучать некоторые потенциальные или предлагаемые условия графика, такие как изменения в логике преференциального графика или масштабе проекта.

632. **子项目**

[英文] Subproject

[俄文] Подпроект

[注释] 把项目分解成更便于管理的组成部分，而得到的比整个项目的较小部分。

[Note] A smaller portion of the overall project created when a project is subdivided into more manageable components or pieces.

[Комментарий] Меньшая часть общего проекта создается, когда проект подразделяется на более управляемые компоненты или части.

633. 自制或外购分析

[英文] Make-or-buy analysis

[俄文] Анализ произведения или закупки

[注释] 收集和整理有关产品需求的数据，对包括采购产品或内部制造产品在内的多个可选方案进行分析的过程。

[Note] The process of gathering and organizing data about product requirements and analyzing them against available alternatives including the purchase or internal manufacture of the product.

[Комментарий] Процесс сбора и организации данных о требованиях к продукту и их анализа с учетом имеющихся альтернатив, включая покупку или внутреннее производство продукта.

634. 自制或外购决策

[英文] Make-or-buy decisions

[俄文] Решениепроизведения или закупки

[注释] 关于从外部采购或由内部制造某产品的决策。

[Note] Decisions made regarding the external purchase or internal manufacture of a product.

[Комментарий] Решения, принятые относительно внешней покупки или внутреннего производства продукта.

635. 综合后勤保障

[英文] Integrated logistics support (ILS)

[俄文] Комплексное материально-техническое обеспечение

[注释] 在系统工程流程的集成和运行阶段中以最佳效益的方式为产品系统提供保障的活动。这些活动一般是预先完成的。

[Note] It is the activity that provides guarantee for product system in the best way in the integration and operation phase of system engineering process. These activities are usually pre-completed.

[Комментарий] Именно эта деятельность обеспечивает гарантию для системы продукта наилучшим образом на этапе интеграции и эксплуатации процесса системного проектирования. Эти действия обычно предварительно выполнены.

636. 总价合同

[英文] Fixed-price contracts

[俄文] Контракты с фиксированной ценой

[注释] 规定了为确定的工作范围所需支付的费用的协议，与完成工作的实际成本或人力投入无关。

[Note] An agreement that sets the fee that will be paid for a defined scope of work regardless of the cost or effort to deliver it.

[Комментарий] Соглашение, устанавливающее плату, которая будет выплачиваться за определенный объем работ, независимо от затрат или усилий по ее доставке.

637. 总价加激励费用合同

[英文] Fixed price incentive fee contracts (FPIF)

[俄文] Контракт с фиксированной ценой и поощрительным вознаграждением

[注释] 总价合同的一种类型。买方向卖方支付事先确定的金额（由合同规定），如果卖方满足了既定的绩效标准，则还可挣到额外的金额。

[Note] A type of fixed-price contract where the buyer pays the seller a set amount (as defined by the contract), and the seller can earn an additional amount if the seller meets defined performance criteria.

[Комментарий] Тип договора с фиксированной ценой, когда покупатель выплачивает продавцу установленную сумму (как определено договором), и продавец может заработать дополнительную сумму, если продавец соответствует определенным критериям эффективности.

638. **总价加经济价格调整合同**

[英文] Fixed price with economic price adjustment contracts (FP-EPA)

[俄文] Контракт с фиксированной ценой и оговоркой о возможной корректировке цены

[注释] 总价合同的一种类型。合同中包含了特殊条款，允许根据条件变化（如通货膨胀、某些特殊商品的成本增加或降低），以事先确定的方式对合同价格进行最终调整。

[Note] A fixed-price contract, with a special provision allowing for predefined final adjustments to the contract price due to changed conditions, such as inflation changes, or cost increases (or decreases) for specific commodities.

[Комментарий] Контракт с фиксированной ценой, со специальным положением, допускающим предварительно определенные окончательные корректировки цены контракта в связи с изменением условий, таких как изменения инфляции или увеличение (или уменьшение) стоимости для определенных товаров.

639. **总设计师系统**

[英文] Chief designer system

[俄文] Система главного конструктора

[注释] 中国航空航天界和军工界通行的型号管理模式系统，“两总系统”中的重要组成部分。总设计师系统原则上全面负责型号的技术定义，功能开发，软硬件设计和产品交付构型。该系统最高职务为总设计师，下设若干副总设计师，主任设计师和副主任设计师。

[Note] The general type management system in China’s aerospace industry and military industry, is an important part of the “Dual-chief system”. In principle, the chief designer system is fully responsible for the technical definition, function development, hardware and software design and product delivery configuration of the type. The highest position of the management system is the chief designer, under whom there are several deputy chief designers, director designers and deputy director designers.

[Комментарий] Общая система управления типами в аэрокосмической промышленности и военной промышленности Китая является важной частью «системы двойного начальника». В принципе, система главного конструктора несет полную ответственность за техническое определение, разработку функций, проектирование аппаратного и программного обеспечения и конфигурацию поставки продукта данного типа. Наивысшей позицией системы управления является главный конструктор, в котором работают несколько заместителей главных конструкторов, конструкторы-директора и заместители генеральных директоров-конструкторов.

640. 组建项目团队

[英文] Formation of project team

[俄文] Набор команды проекта

[注释] 确认人力资源的可用情况，并为开展项目活动而组建团队的过程。

[Note] The process of identifying the availability of human resources and organizing teams for project activities.

[Комментарий] Процесс определения доступности человеческих ресурсов и организации команд для деятельности по проекту.

641. 最悲观时间

[英文] Pessimistic time

[俄文] Пессимистическое время

[注释] 粗略地说，这是在最坏的情况下结束一项活动所需要的时间。更精确的定义应该用 PERT 语言描述。

[Note] Simply speaking, it is the time required to complete an activity in the worst case. More precise definitions is described in PERT.

[Комментарий] Проще говоря, это время, необходимое для завершения деятельности в худшем случае. Более точные определения описаны в PERT.

642. 最晚结束时间

[英文] Latest finish

[俄文] Позже срок окончания работы

[注释] 在不导致项目结束日期推迟的条件下，一项活动最晚完成的时间。

[Note] The latest completion time of an activity without postponing the end date of the project.

[Комментарий] Самое позднее время завершения действия без переноса даты окончания проекта.

643. 最晚开始时间

[英文] Latest start

[俄文] Позже срок пуска работы

[注释] 在不导致项目结束日期推迟的条件下，一项活动最晚开始的时间。

[Note] The latest start time of an activity without postponing the end date of the project.

[Комментарий] Самое позднее время начала деятельности без переноса даты окончания проекта.

644. 最早结束时间

[英文] Earliest finish

[俄文] Самое раннее время окончания работы

[注释] 某项活动能最早结束的时间。

[Note] The earliest time an activity could end.

[Комментарий] Самое раннее время, когда деятельность может закончиться.

645. 最早开始时间

[英文] Earliest start

[俄文] Самое раннее время начала

[注释] 某项活动能最早开始的时间。

[Note] The earliest time an activity could start.

[Комментарий] Самое раннее время активности может начаться.

646. **座舱应急设备位置图**

[英文] Cabin equipment location chart (CELC)

[俄文] Схема расположения аварийного оборудования в кабине

[注释] 提供了全机的应急设备的位置、数量和供应商等基本信息的资料图。

[Note] The information map providing the location, quantity and supplier of emergency equipment of the whole aircraft.

[Комментарий] Информационная карта с указанием местоположения, количества и поставщика аварийного оборудования всего самолета.

技术管理术语

TECHNICAL MANAGEMENT TERMS

ТЕРМИНУПРАВЛЕНИЯ ТЕХНИКИ

A

1. 安全保障合作计划

[英文] Partnership for safety plan (PSP)

[俄文] Партнерство по плану обеспечения безопасности

[注释] 为确保型号合格审定过程的相互合作和高效工作，并确保航空器的安全性，由中国民用航空局或责任审定单位与型号合格证或型号设计批准书申请人签订的一份合作协议。根据该计划，责任审定单位、责任审查部门和型号合格证或型号设计批准书申请人，将通过关注涉及民用航空器安全性的重要问题，又好又快地完成其型号合格审定。

[Note] In order to ensure the cooperation and efficiency during the process of the type approval, and ensure the aircraft safety, a cooperation agreement is signed by the Civil Aviation Administration of China (CAAC) or the responsible certificate unit and the applicant of type certificate or type design approval. The plan requires the CAAC or the responsible certificate unit and the applicant to focus on the safety of the civil aircraft and complete the type certificate with efficiency.

[Комментарий] В целях обеспечения сотрудничества и эффективности в процессе утверждения типа, а также обеспечения безопасности воздушных судов, соглашение о сотрудничестве подписывается Администрацией гражданской авиации Китая (CAAC) или ответственным сертификационным подразделением и заявителем сертификата типа или утверждения конструкции типа. План требует от CAAC или ответственного сертификационного подразделения и заявителя сосредоточиться на безопасности гражданского воздушного судна и эффективно заполнить сертификат типа.

2. 安全风险管理（适航）

[英文] Safety risk management (airworthiness) (SRM)

[俄文] Управление рисками безопасности (лётная годность)

[注释] 安全管理体系内的一个正式过程，由系统表述、危险源识别、风险评估、风险分析和风险控制组成。风险管理过程处于提供产品或服务的过程中，不是一个独立的或特殊的过程。

[Note] It is a formal process of the safety management system, which consists of system representation, hazard identification, risk assessment, risk analysis and risk control. The risk management is part of the product or service procedure, not an independent or particular process.

[Комментарий] Это формальный процесс системы управления безопасностью, который состоит из системного представления, идентификации опасностей, оценки рисков, анализа рисков и контроля рисков. Управление рисками является частью процедуры продукта или услуги, а не обособленным или отдельным процессом.

3. 安全管理系统（适航）

[英文] Safety management system (airworthiness) (SMS)

[俄文] Система управления безопасностью (лётная годность)

[注释] 指管理安全的系统做法，包括安全政策和目标、安全风险管理、安全保证、安全促进四个组成部分。

[Note] It refers to the systematic practice of safety management, which consists of safety policy and target, safety risk management, safety assurance, and safety promotion.

[Комментарий] Это относится к систематической практике управления безопасностью, которая состоит из политики и целей безопасности, управления рисками безопасности полетов, обеспечения безопасности полетов и поощрения безопасности.

4. 安全目标等级

[英文] Target level of safety

[俄文] Целевой уровень безопасности

[注释] 代表在特定情况下被视为可以接受的风险等级的统称。

[Note] It refers to the risk levels that are acceptable in some particular situations.

[Комментарий] Это относится к уровням риска, которые приемлемы в некоторых конкретных ситуациях.

5. **安全寿命设计**

[英文] Safe life design

[俄文] Дизайн безопасной жизни

[注释] 使承力结构在规定的寿命期内不进行检查和维修的条件下疲劳失效概率极小的设计。

[Note] It is a kind of design that minimizes the probability of fatigue failure of a load-bearing structure without inspection and maintenance in the specified life cycle.

[Комментарий] Это своего рода конструкция, которая минимизирует вероятность усталостного разрушения несущей конструкции без осмотра и технического обслуживания в заданном жизненном цикле.

6. **安全问题**

[英文] Safety issue

[俄文] Проблема безопасности

[注释] 导致或可能导致一个不安全结果的原因、诱因或问题。安全决策是着眼于问题/原因，而不是事件。例如，"调查一个非指令的飞行操作面移动"是一个事件，可能发现原因是自动飞行计算机里电路故障。对安全影响来说，电路故障是需要评估的安全问题/原因，并采取相应的对策。

[Note] It refers to the cause or problem that may lead to any unsafe outcome. Safety decision focuses on the problem or cause, rather than the event itself. For example, "Investigating a non-commanded flight interface movement" is taken as an event, which may help to discover the cause, probably, a circuit fault in the automated flight computer. For safety issues, a circuit fault is the safety problem/cause that needs to be evaluated and taken appropriate countermeasures.

[Комментарий] Это относится к причине или проблеме, которые могут привести к любому небезопасному исходу. Решение о безопасности фокусируется на проблеме или причине, а не на самом событии. Например, "исследование некомандованного движения интерфейса полета" принимается за событие, которое может помочь обнаружить причину, вероятно, неисправность цепи в автоматизированном бортовом компьютере. Для вопросов безопасности Неисправность цепи - это проблема безопасности/причина, которая должна быть оценена и принята соответствующие контрмеры.

B

7. 伴飞飞机

[英文] Chase plane

[俄文] Самолёт сопровождения

[注释] 追随试飞飞机执行外侧测试、观察、摄像等任务的飞机。

[Note] It refers to the plane chasing the tested aircraft to perform such tasks as external test, observation and camera, etc.

[Комментарий] Это относится к самолету, преследующему испытуемый самолет для выполнения таких задач, как внешние испытания, наблюдение и камера и т. д.

8. 报告绩效

[英文] Reporting performance

[俄文] Отчет результативности

[注释] 报告绩效是指收集和发布绩效信息，包括状况报告、进展测量结果及预测结果。

[Note] Reporting performance refers to the collection and issuing of performance information, including status reports, progress measurement results and prediction results.

[Комментарий] Отчетность о результатах деятельности относится к сбору и выпуску информации о результатах деятельности, включая отчеты о состоянии дел, результаты измерения прогресса и результаты прогнозирования.

9. 备降

[英文] Alternate

[俄文] Посадку на запасном аэродроме

[注释] 当飞机不能或不宜飞往预定着陆机场或在该机场着陆时，降落在其他机场，就称为备降。发生备降的原因很多，主要有航路交通管制、天气状况不佳、预定着陆机场不接收、天气状况差或飞机发生故障等。

[Note] When an aircraft is unable or unsuitable to fly to or land at the scheduled landing airport, it will land at another airport, which is referred to as alternate. There are many reasons for alternate, including air traffic control, poor weather condition, non-acceptance of scheduled landing at the airport, or aircraft failure, etc.

[Комментарий] Если воздушное судно не может или непригодно для полета или посадки в запланированном аэропорту посадки, оно приземляется в другом аэропорту, который называется альтернативным. Существует множество причин для отказа, в том числе управление воздушным движением, плохие погодные условия, непринятие запланированной посадки в аэропорту, отказ самолета и т. д.

10. 备降机场

[英文] Alternate airport

[俄文] Запасной аэропорт

[注释] 当原定机场不适宜着陆时可供航空器着陆的另一机场。

[Note] It refers to the airport that can be used for aircraft landing when the scheduled one is unaccessible to landing.

[Комментарий] Он относится к аэропорту, который может быть использован для посадки самолета, когда запланированный не доступен для посадки.

11. 本场空中交通

[英文] Local air traffic

[俄文] Местное воздушное движение

[注释] 航空器在本场起落航向或塔台视界内运行；或已知航空器正在本场练习区域作离场或到场飞行；或航空器在机场实施模拟仪表进近的飞行。

[Note] The aircraft is operating within the take-off and landing course or within the tower vision; or the known aircraft is practicing take-off or landing flight at the practice area of the airport; or the aircraft is performing the instrument approach simulation flight at the airport.

[Комментарий] Воздушное судно работает в пределах взлетно-посадочного курса или в пределах видимости башни; или известное воздушное судно практикует взлет или посадку в тренировочной зоне аэропорта; или воздушное судно выполняет имитационный полет захода на посадку по приборам в аэропорту.

12. 本场运行

[英文] Local operations

[俄文] Местные операции

[注释] 用于空中交通运行时，指航空器在本场起落航线或塔台视界内运行；已知航空器正在塔台 20 mile（32.2 km）半径内的本场练习区域作离场飞行或到场飞行；航空器在机场实施模拟仪表进近或低空通场的飞行。

[Note] For air traffic operations, it refers to the following situations: the aircraft is operating within the take-off and landing course or within the tower vision; the known aircraft is flying off-site or on-site in the practice field within the radius of 20 mile (32.2 km) of the tower; the aircraft is performing the simulation of instrument approach or low-altitude traffic flight at the airport.

[Комментарий] Для операций воздушного движения это относится к следующим ситуациям: воздушное судно работает в пределах взлетно-посадочного курса или в пределах видимости башни; известное воздушное судно летит вне площадки или на площадке в практическом поле в радиусе 20 миль (32,2 км) от башни; воздушное судно выполняет имитацию приборного захода на посадку или низко-высотного транспортного полета в аэропорту.

13. 必须结束日期

[英文] Must finish date (MFD)

[俄文] Обязательная дата завершения

[注释] 项目/工程必须完工的时间点。

[Note] It is the time when the item/project must be completed.

[Комментарий] Это время, когда программа/проект должно быть завершен.

14. 必须开始日期

[英文] Must start date (MSD)

[俄文] Обязательная дата начала

[注释] 项目/工程必须启动的时间点。

[Note] It is the time when the item/project must be started.

[Комментарий] Это время, когда программа/проект должно быть запущен.

15. 变更控制

[英文] Change control

[俄文] Контроль изменений

[注释] 一个过程，用来识别、记录、批准或否决对项目文件、可交付成果或基准的修改。

[Note] It refers to the process to identify, record, approve or reject the modifications to project documents, deliverables, or baselines.

[Комментарий] Он относится к процессу определения, регистрации, утверждения или отклонения изменений в проектной документации, конечных результатах или базовой линии.

16. 变更控制委员会

[英文] Change control board (CCB)

[俄文] Комиссия по контролю изменений

[注释] 一个正式组成的团体，负责审议、评价、批准、推迟或否决项目变

更，以及记录和传达变更处理决定。

[Note] It refers to a formally appointed group which is responsible for the review, evaluation, approval, delay, or rejection of the changes, and for recording and transmitting the decisions on the changes.

[Комментарий] Он относится к официально назначенной группе, которая отвечает за рассмотрение, оценку, утверждение, задержку или отклонение изменений, а также за регистрацию и передачу решений по этим изменениям.

17. 变更控制系统

[英文] Change control system

[俄文] Система контроля изменений

[注释] 一套程序，描述了如何管理和控制针对项目可交付成果和文档的修改。

[Note] A series of procedures that describe how to manage and control the changes concerning the deliverable and document.

[Комментарий] Ряд процедур, описывает, как управлять и контролировать изменения, касающиеся результата и документа.

18. 变更请求

[英文] Change request (CR)

[俄文] Запрос на изменение

[注释] 关于修改任何文档、可交付成果或基准的正式提议。

[Note] It refers to the formal proposal with regard to any modification to the document, deliverable or baseline.

[Комментарий] Это относится к официальному предложению в отношении любого изменения документа, результата или базовой линии.

19. 标题页

[英文] Title page

[俄文] Титульная страница

[注释] 包含制造商的标志、手册的标志以及初始发布日期。

[Note] The title page contains the manufacturer's logo, manual logo and initial release date.

[Комментарий] Титульный лист содержит логотип производителя, логотип руководства и начальную дату выпуска.

20. 标准件手册

[英文] Standard manual (SM)

[俄文] Стандартное руководство

[注释] 供用户在维护、修理飞机时查询标准件基本资料的工具手册。内容包括飞机上使用的标准件的外形结构、尺寸、公差、材料、热处理、表面处理等技术数据和技术要求，以及标准件的供应商信息。

[Note] A manual is provided for users to obtain the basic information of the standard parts when maintaining and repairing the aircraft. The standard manual includes technical data and technical requirements for the outline structure, dimension, tolerance, material, heat treatment, surface treatment of the standard parts. It also provides the information of suppliers of the standard parts.

[Комментарий] Руководство предназначено для пользователей, чтобы они получили основную информацию о стандартных деталях при техническом обслуживании и ремонте самолета. Стандартное руководство включает технические данные и технические требования к контурной структуре, размерам, допускам, материалу, термообработке, поверхностной обработке стандартных деталей. Он также предоставляет информацию о поставщиках стандартных деталей.

21. 标准商载

[英文] Standard pay load (SPL)

[俄文] Стандартная полезная нагрузка

[注释] 标准商载是标准混合级客舱布置构型内旅客加行李的总重量。

[Note] The standard payload is the total weight of the passengers and the baggage in the standard mixed-class cabin configuration.

[Комментарий] Стандартная полезная нагрузка - это общий вес пассажиров и багажа в стандартной конфигурации салона смешанного класса.

22. 标准项目

[英文] Standard item (SI)

[俄文] Стандартный элемент

[注释] 标准项目是指在布置构型不同的飞机中不同的设备项目和不包含在制造空机重量的有用液体。这些项目包括但不局限于以下项目：旅客座椅、厨房结构（不含厨房插件）、盥洗室、地毯、不可用燃油、发动机滑油和应急救生设备。

[Note] Standard item refers to the different equipment items in the aircraft of different configurations and the available liquids that are excluded in the empty aircraft weight in the manufacturing process. These items include, but are not limited to the following items: passenger seat, kitchen structure (excluding kitchen plug-in), washroom, carpet, unusable fuel, engine oil and emergency life-saving equipment.

[Комментарий] Стандартный элемент относится к различным элементам оборудования в самолете различной конфигурации и доступным жидкостям, которые исключаются из веса пустого самолета в процессе производства. Эти предметы включают, но не ограничиваются следующими предметами: пассажирское сиденье, кухонная конструкция (исключая кухонный плагин), ванная комната, ковер, непригодное топливо, моторное масло и аварийное спасательное оборудование.

23. 表明

[英文] Show

[俄文] Показ

[注释] 表明符合局方要求。

[Note] It meets the authority’s requirements.

[Комментарий] Указывает на соответствие требованиям органа власти.

24. 补充型号合格证

[英文] Supplemental type certificate (STC)

[俄文] Дополнение к сертификату типа

[注释] 任何人对经过批准的民用航空产品型号设计进行大改并且不构成重新申请合格证时，由适航当局向申请人颁发的证明其型号大改符合适用的适航标准和适航当局确定的专用条件，或能证明其具有与原型号设计等同的安全水平，在运行中没有不安全的特征或特性的证件。

[Note] Anyone who makes major changes to the approved civil aviation product type design, which does not constitute a re-application certificate. The certificate should be issued by the airworthiness authority to the applicant, in accordance with the applicable airworthiness standards and the special conditions determined by airworthiness authorities, or the certificate which can ensure that the product has the same level of safety as the original type design, and there are no unsafe features or characteristics in operation.

[Комментарий] Любое лицо, которое вносит существенные изменения в утвержденный тип конструкции изделия гражданской авиации, что не является сертификатом повторного применения. Сертификат должен быть выдан органом по летной годности заявителю в соответствии с применимыми стандартами летной годности и специальными условиями, определенными органами по летной годности, или сертификат, который может гарантировать, что изделие имеет тот же уровень безопасности, что и оригинальная конструкция типа, и не имеет опасных характеристик или характеристик в эксплуатации.

25. 补充型号合格证更改

[英文] Change of supplementary type

[俄文] Изменение дополнительного типа сертификата

[注释] 由补充型号合格证持有人提出并获得批准的补充型号合格证的更改。只有补充型号合格证持有人可以申请型号合格证更改。

[Note] It refers to the changes to STC proposed by its holder and approved by the authority. Only the STC holder can apply for the change of supplementary type certificate.

[Комментарий] Это относится к изменениям в ДТС, предложенным его владельцем и одобренным органом. Подать заявление на изменение сертификата дополнительного типа может только держатель ДТС.

26. 不安全状况

[英文] Unsafe condition

[俄文] Небезопасное состояние

[注释] 如果不经过修正，可预期造成一起或多起严重损害的一种状况。

[Note] The condition that may cause one or more serious damages if not corrected.

[Комментарий] Состояние, которое может привести к одному или нескольким серьезным повреждениям, если его не исправить.

27. 不符合项

[英文] Noncompliance

[俄文] Несоответствие

[注释] 指在生产批准书持有人处发现的与中国民用航空规章、局方批准或认可的资料不一致的项目。在生产批准书持有人供应商处发现的与生产批准书持有人的采购订单/采购规范要求不一致的项目，应作为该生产批准书持有人的不符合项。

[Note] It refers to the items found in the production approval holder that are inconsistent with the China Civil Aviation Regulations and the information approved or endorsed by the authority. Items found to be inconsistent with the requirements of the purchase order/procurement specifications between the supplier and the holder of the production approval shall be regarded as noncompliance.

[Комментарий] Он относится к предметам, обнаруженным в держателе разрешения на производство, которые не соответствуют правилам гражданской авиации Китая и информации, одобренной или одобренной органом. Товары, признанные несовместимыми с требованиями заказа на закупку/спецификации на закупку между поставщиком и держателем разрешения на производство, считаются несоответствующими требованиям держателя разрешения на производство.

28. **不可用燃油重量**

[英文] Unusable fuel weight (UFW)

[俄文] Вес неиспользуемого топлива

[注释] 不可用燃油重量是在飞机发动机出现不正常工作的情况下，飞机油箱中剩余的不可使用的燃油量，包括可排放的和不可排放的燃油量。

[Note] It refers to the weight of the unusable fuel remaining in the fuel tank in the event of an aircraft engine malfunction, including the amount of fuel that can be discharged and not discharged.

[Комментарий] Это относится к весу неиспользуемого топлива, остающегося в топливном баке в случае неисправности авиационного двигателя, включая количество топлива, которое может быть разряжено и не разряжено.

C

29. **材料清单**

[英文] Bill of material (BOM)

[俄文] Ведомость материалов

[注释] 详细列举产品中所含系统、子系统、组部件、零件、标准件，乃至原材料图号、产品号、标准号、工艺状态及数量的表单。

[Note] It is a detailed list of the system, subsystem, group part, part, standard part, and even the raw material figure number, product number, standard number, process status, and quantity contained in the product.

[Комментарий] Подробный список системы, подсистемы, групповой детали, детали, стандартной детали и даже номера рисунка сырья, номера продукта, стандартного номера, состояния процесса и количества, содержащегося в продукте.

30. **侧风**

[英文] Crosswind

[俄文] Боковой ветер

[注释] 风向与航空器飞行路线交叉的风。

[Note] It refers to the wind that crosses the flight path of the aircraft.

[Комментарий] Ветер, который пересекает траекторию полета самолета.

31. 侧风分量

[英文] Crosswind component

[俄文] Боковая составляющая ветра

[注释] 与跑道纵轴或航空器飞行航迹正交的风分量。

[Note] Crosswind component is the wind component orthogonal to the runway longitudinal axis or aircraft flight path.

[Комментарий] Поперечная составляющая ветра - это составляющая ветра, ортогональная продольной оси взлетно-посадочной полосы или траектории полета воздушного судна.

32. 侧风跑道

[英文] Crosswind runway

[俄文] Взлетно-посадочная полоса на боковом ветере

[注释] 主跑道之外的补充跑道,用以解决主跑道不足以应付的风的作用范围。

[Note] It is a supplemental runway used to address the wind scope that the main runway is inadequate to cope with.

[Комментарий] Дополнительная взлетно-посадочная полоса используется для решения проблемы ветра, с которой главная взлетно-посадочная полоса не справляется.

33. 产品分解结构

[英文] Product breakdown structure (PBS)

[俄文] Иерархическая структура изделия

[注释] 对工程/项目硬件和软件产品进行的层次化分解。

[Note] It refers to the hierarchical decomposition of the engineering/item's hardware and software products.

[Комментарий] Иерархическая декомпозиция аппаратных и программных продуктов инженерии / изделия.

34. **产品基线**

[英文] Product base line (PBL)

[俄文] Базовое изделие

[注释] 产品基线由一系列经过批准的产品构型文件组成。产品构型文件是已批准的构型项的详细设计文件，包括定义构型项设计特征所必需的规范、图样、零件清单及设计文件目录；描述为确保构型项的符合性所必需的试验、验证、检查等的文件和图纸；描述构型项的制造、生产、运营、保障等的文件或资料。

[Note] Product baseline consists of a series of approved product configuration documents. Product configuration documents are detailed design documents for approved configuration item, including the specifications, drawings, parts lists and design document catalogues necessary to define the design features of the configuration items;the documents and drawings for test, verification and inspection necessary to describe the conformance of the configuration item; the documents or data describing the manufacturing, producing, operating and securing of the configuration item.

[Комментарий] Базовая линия продукта состоит из серии утвержденных документов конфигурации продукта. Документы конфигурации изделия - это детальные проектные документы для утвержденного изделия конфигурации, включая спецификации, чертежи, перечни деталей и каталоги конструкторской документации, необходимые для определения конструктивных особенностей изделия конфигурации; документы и чертежи для испытаний, проверки и контроля, необходимые для описания соответствия изделия конфигурации; документы или данные, описывающие производство, изготовление, эксплуатацию и обеспечение безопасности изделия конфигурации.

35. **产品结构**

[英文] Product structure (PS)

[俄文] Структура изделия

[注释] 定义产品和产品组成之间关系的分层次的视图。

[Note] A hierarchical view that defines the relationship between product and product component.

[Комментарий] Иерархическое представление, определяющее связь между продуктом и компонентом продукта.

36. **产品库**

[英文] Product library

[俄文] Библиотека изделий

[注释] 用于存储构成特定产品/产品结构的零部件及相关图档、设计类文档的存储位置。

[Note] It is the storage location to store the parts, related drawings and design documents that constitute a specific product/product structure.

[Комментарий] Место хранения для хранения деталей, связанных чертежей и конструкторской документации, составляющих конкретное изделие/структуру изделия.

37. **产品属性**

[英文] Product attribute (s)

[俄文] Атрибут (ы) изделия

[注释] 产品的性能、功能和物理特性。

[Note] It is the performance, functionality and physical characteristics of the product.

[Комментарий] Характеристики, функциональность и физические характеристики продукта.

38. **场景建模**

[英文] Scenario modeling (SM)

[俄文] Моделирование сценариев

[注释] 是指在功能分析过程中遵从系统工程设计原则，采用模型形式来描

述、分析和检验飞机及其系统在各种飞行任务或者运行场景下的活动内容、状态特性、交互信息，并生成与之匹配的测试场景和逻辑架构的过程。

[Note] It refers to the process of describing, analyzing and verifying the activity content, state characteristics and interactive information of the aircraft and its system under various flight missions or operating scenarios, and generating matching test scenarios and logical architectures according to the system engineering design principles in the process of functional analysis.

[Комментарий] Процесс описания, анализа и верификации содержания деятельности, характеристик состояния и интерактивной информации летательного аппарата и его системы при различных полетных заданиях или сценариях эксплуатации, а также генерация соответствующих тестовых сценариев и логических архитектур в соответствии с принципами системного инженерного проектирования в процессе функционального анализа.

39. 超差

[英文] Waiver

[俄文] Допуск

[注释] 是指某项目在制造期间或检验接受过程中，发现某些方面不符合已批准构型文件中的要求，但不需修理或用经批准的方法进行修理后仍可使用。

[Note] It refers to an item which, during the process of manufacture or inspection acceptance, is found that some aspects do not meet the requirements of the approved configuration document, but it is not required to repair or it can be used after repair by the approved method.

[Комментарий] Изделие, которое в процессе изготовления или проверки приемки установлено, что некоторые аспекты не соответствуют требованиям утвержденного конфигурационного документа, но не требуется ремонтировать или оно может быть использовано после ремонта утвержденным способом.

40. 称重

[英文] Weighing

[俄文] Взвешивание

[注释] 飞机结构零组部件和系统设备制造完成后，需进行称重得到其实际重量，也用于制造偏离检查。

[Note] After fabrication, aircraft structural parts and system equipment are weighed to obtain their actual weight and it is also used for fabrication deviation inspection.

[Комментарий] После изготовления детали конструкции самолета и системное оборудование взвешиваются для получения их фактического веса, а также используются для проверки отклонений изготовления.

41. 成熟节点

[英文] Maturity gate (MG)

[俄文] Степень проработки секции (вход зрелости)

[注释] 项目流程管理的一种工具，亦称“门禁”(tollgate)，是在研制过程中设立的技术成熟度评审节点，用以评判项目的进展是否达到进入下一阶段的成熟度。被国际商用飞机行业所普遍采用。

[Note] A tool for project process management, also known as “toll gate”, is a technology maturity review node established during the development process to judge whether a project’s progress has been matured enough to go into next phase. It is widely used in the international commercial aircraft industry.

[Комментарий] Инструмент для управления процессом проекта, также известный как "ворота", представляет собой узел обзора зрелости технологии, созданный в процессе разработки, чтобы судить, был ли прогресс проекта достаточно зрелым, чтобы перейти на следующую фазу. Он широко используется в международной коммерческой авиационной промышленности.

42. 成套技术

[英文] Technical data package (TDP)

[俄文] Комплект технических данных

[注释] 规定硬件和软件功能特性和物理特性的技术文件。TDP 是用于采购中对一个项目适合性的技术说明。

[Note] It is the technical documents that specify the functional and physical characteristics of hardwares and softwares. Technical data package is a technical description used in procurement for the suitability of a project.

[Комментарий] Технические документы, определяющие функциональные и физические характеристики аппаратных средств и программного обеспечения. Комплект технических данных - это техническое описание, используемое в закупках для определения пригодности проекта.

43. 乘客安全须知

[英文] Passenger safety guide (PSG)

[俄文] Руководство по безопасности пассажиров

[注释] 供乘客乘机时使用的有关安全准则和注意事项的说明类文件。

[Note] Description document on safety guidelines and precautions which is prepared for passengers on board.

[Комментарий] Документ о правилах техники безопасности и мерах предосторожности, который готовится для пассажиров на борту судна.

44. 持续适航

[英文] Continued airworthiness

[俄文] Продолжение летной годности

[注释] 直至产品生命周期结束，使产品始终保持在合格审定（或经批准的设计更改）时所确定的安全水平，适用于产品的设计、制造及运行、维修、改装和修理等过程。

[Note] Until the end of the product life cycle, the product shall always maintain the safety level confirmed by the certification (or approved design changes), which is applicable to the design, manufacture and operation, maintenance, modification and repair of the product.

[Комментарий] До окончания жизненного цикла изделия продукт всегда должен поддерживать уровень безопасности, подтвержденный сертификацией (или утвержденными изменениями конструкции), который применим к проектированию, производству и эксплуатации, техническому обслуживанию, модификации и ремонту изделия.

45. 持续适航管理

[英文] Continuous airworthiness management

[俄文] Управление продолжения летной годности

[注释] 持续适航管理，是在航空器满足初始适航标准和规范、满足型号设计要求、符合型号合格审定基础，获得适航证、投入运行后，为保持它在设计制造时的基本安全标准或适航水平，为保证航空器能始终处于安全运行状态而进行的管理。

[Note] Continuous airworthiness management is a management to guarantee that the aircraft can maintain its basic safety standards and worthiness as designed and manufactured, and can always be in safe operation on the basis that it has met the initial airworthiness standards and specifications, the type design requirements and the type certification, and has been issued the airworthiness certificate and put into operation.

[Комментарий] Непрерывное управление летной годностью -- это управление, гарантирующее, что воздушное судно может поддерживать свои основные стандарты безопасности и пригодности в том виде, в каком оно было спроектировано и изготовлено, и всегда может находиться в безопасной эксплуатации на том основании, что оно соответствует первоначальным стандартам летной годности и техническим требованиям, требованиям к конструкции типа и сертификации типа, а также было выдано свидетельство о летной годности и введено в эксплуатацию.

46. 持续适航文件

[英文] Instructions for continued airworthiness（ICA）

[俄文] Инструкции по поддержанию летной годности

[注释] 为保证航空器、发动机或螺旋桨的持续适航，对相关重要维修项目进行说明和规定的文件。

[Note] In order to ensure the continuous airworthiness of aircrafts, engines or propellers, the documents for explaining and specifying important maintenance items.

[Комментарий] В целях обеспечения постоянной летной годности воздушных судов, двигателей или пропеллеров, составляются документы для разъяснения и уточнения важных пунктов технического обслуживания.

47. 持续性工作

[英文] On going work

[俄文] Продолжающаяся работа

[注释] 持续性工作通常是遵循组织已有流程的重复性过程。

[Note] Ongoing work refers to the repetitive process that follows the organization's existing procedures.

[Комментарий] Продолжающаяся работа относится к повторяющемуся процессу, который следует существующим процедурам организации.

48. 冲出跑道

[英文] Overrun

[俄文] Выкатывании за пределы ВПП

[注释] 飞机在跑道上接地后而又冲出跑道端头的现象。

[Note] Overran means that the aircraft touched down on the runway and then run over the end of the runway.

[Комментарий] Самолет приземлился на взлетно-посадочную полосу, а затем пробежал по ее концу.

49. 重复故障

[英文] Repeated fault

[俄文] Повторныйотказа

[注释] 同一种产品在同样的或等效的使用方式中出现两次或两次以上的故障，且引起这些故障的基本机理相同。

[Note] The same product has two or more failures in the same or equivalent mode of use caused by the same mechanism.

[Комментарий] Один и тот же продукт имеет два или более сбоев в одном и том же или эквивалентном режиме использования, и основной механизм этих сбоев одинаков.

50. 出口国适航当局

[英文] Exporting authority

[俄文] Орган по экспорту

[注释] 指认可批准证书申请人所在国的适航当局。

[Note] It refers to the airworthiness authority of the applicant's country where the approval certificate is approved.

[Комментарий] Орган по летной годности страны-заявителя, в которой утверждается свидетельство об официальном утверждении.

51. 初步设计评审

[英文] Preliminary design review (PDR)

[俄文] Анализ предварительного проектирования

[注释] 初步设计评审是表明初步设计在可接受的风险、成本和进度约束等方面满足所有系统要求，建立了详细设计程序的基础。同时，展示已经选定的正确设计、已经确定的工作界面和已经描述的验证方法。

[Note] Preliminary design review is to demonstrate that the preliminary design has met all the system requirements in terms of acceptable risks, costs and schedule constraints, and has established a detailed design procedure. At the same time, it showcases the selected design scheme, the defined working interface and the specified verification method.

[Комментарий] Анализ предварительного проектирования должен продемонстрировать, что предварительный проект удовлетворяет всем системным требованиям с точки зрения приемлемых рисков, затрат и ограничений графика, а также установил процедуру детального проектирования. В то же время он демонстрирует выбранную схему проектирования, определенный рабочий интерфейс и указанный метод проверки.

52. 初步总体技术方案评审

[英文] Preliminary conceptual design review

[俄文] Предварительная концептуальная оценка

[注释] 对经联合概念定义产生的总体技术方案的可行性和完整性进行的评估活动。

[Note] It refers to the evaluation of the feasibility and completeness of the overall technical design scheme derived from the joint conceptual definition.

[Комментарий] Оценка осуществимости и полноты общей технической схемы проектирования производилась на основе совместного концептуального определения.

53. 初始适航管理

[英文] Initial airworthiness management

[俄文] Управление начальной летной годностью

[注释] 初始适航管理是在航空器交付使用前，局方依据各类适航标准和规范，对民用航空器的设计和制造所进行的型号合格审定和生产许可审定，以确保航空器和航空器部件的设计、制造是按照局方的规定进行的。

[Note] Initial airworthiness management refers to the authority's review to the type certification and production license for the design and manufacture of the civil aircraft in accordance with various airworthiness standards and norms before the aircraft is delivered for use, in order to ensure that the design and manufacture of the aircraft and its aviation parts conform to the authority's provisions.

[Комментарий] Начальное управление летной годностью относится к проверке органом сертификации типа и лицензии на производство для проектирования и изготовления гражданского воздушного судна в соответствии с различными стандартами и нормами летной годности до поставки воздушного судна в эксплуатацию, с тем чтобы обеспечить соответствие проектирования и изготовления воздушного судна и его авиационных частей положениям органа.

54. 传感器

[英文] Sensor

[俄文] Датчик

[注释] 将一种表示信息的物理量转换为另一种表示同样信息的物理量的

器件，两个物理量中有一个是电量。

[Note] It refers to a device that transforms a physical property into another physical property representing the same information, and one such property should be electricity.

[Комментарий] Устройство, которое преобразует физическое свойство в другое физическое свойство, представляющее ту же информацию, и одним из таких свойств должно быть электричество.

55. 垂直尾翼

[英文] Vertical fin

[俄文] Вертикальное оперение

[注释] 垂直尾翼是由固定的垂直安定面（Vertical stabilizer）和活动的方向舵组成，方向舵可以左、右转动，控制飞行的方向。

[Note] Vertical fin is composed of a fixed vertical stabilizer and a movable rudder. The rudder can be rotated to the left and right to control the flight direction.

[Комментарий] Вертикальное оперение состоит из неподвижного вертикального стабилизатора и подвижного руля направления. Руль направления можно поворачивать влево и вправо для управления направлением полета.

D

56. 大改

[英文] Major alteration

[俄文] Главное изменение

[注释] 未列入航空器、航空器发动机或螺旋桨技术规范的加改装。①可能明显影响到航空器的重量、平衡、结构强度、性能、动力装置工作、飞行特性、或影响适航性的其他品质；②不符合已经接受的标准工作法或不能用基本运作程序进行。

[Note] Additional modifications that are not listed in the specifications of the aircraft, engines or propellers. ①Other qualities that may significantly affect the weight, balance, structural strength, performance, power plant operation, flight characteristics, or airworthiness of the aircraft; ②Those not complying with the accepted standard work methods or unable to be carried out with the basic operating procedures.

[Комментарий] Дополнительные модификации, которые не указаны в технических характеристиках воздушных судов, двигателей или винтов. ① Другие качества, которые могут существенно повлиять на массу, баланс, прочность конструкции, эксплуатационные характеристики, работу силовой установки, летные характеристики или летную годность воздушного судна; ② не соответствующие принятым стандартным методам работы или не способные выполняться с основными эксплуатационными процедурами.

57. **大型客机**

[英文] Large airliner

[俄文] Большой пассажирский самолет

[注释] 商用飞机的一种，尚未有严格定义。通常可指载客量超过 100 人，航程超过 3 000 千米，主要用以执行固定干线航程旅客运输的使用喷气式航空发动机的商用飞机。

[Note] Large airliner is a type of commercial aircraft, as yet not strictly defined. It usually refers to a commercial aircraft with jet engines, with a capacity of more than 100 passengers and a voyage of more than 3,000 km, which is mainly used for passenger transport on fixed trunk routes.

[Комментарий] Большой авиалайнер - это тип коммерческого воздушного судна, пока еще строго не определенный. Обычно относится к коммерческому самолету с реактивными двигателями, вместимостью более 100 пассажиров и дальностью полета более 3000 км, который в основном используется для пассажирских перевозок по фиксированным магистральным маршрутам.

58. 大型试验

[英文] Large scale test

[俄文] Крупномасштабное испытание

[注释] 商用飞机研制过程中，技术难度大、试验风险高、试验周期长、涉及面广、协调关系多、耗资大的全机级和系统级试验项目。

[Note] It refers to the full-scale and system-level tests in the commercial aircraft development, which are usually characteristic of great technical difficulty, high test risk, long test cycle, wide range of involvement, multiple coordination relations and high cost.

[Комментарий] Полномасштабные и системные испытания при разработке коммерческих самолетов, которые обычно характеризуются большой технической сложностью, высоким испытательным риском, длительным испытательным циклом, широким спектром участия, множественными координационными связями и высокой стоимостью.

59. 大修

[英文] Major repair

[俄文] Капитальный ремонт

[注释] 这种修理：①若操作不当，可能显著地影响重量、平衡、结构强度、性能、动力装置工作、飞行特性或影响适航性的其他品质；②它不是按常规做法进行的，或用基本操作无法进行的。

[Note] It refers to the following repairs: ① If not handled properly, it may significantly affect weight, balance, structural strength, performance, powerplant operation, flight characteristics, or other qualities that may affect airworthiness;② It is not conducted in accordance with the conventional practice, or it cannot be done with the basic operations.

[Комментарий] Следующие ремонтные работы: ① если они не выполняются должным образом, это может существенно повлиять на вес, баланс, прочность конструкции, эксплуатационные характеристики, работу силовой установки, летные характеристики или другие качества, которые могут повлиять на летную годность;② они не проводятся в соответствии с обычной практикой или не могут быть выполнены с базовыми операциями.

60. 单机构型

[英文] Single ship configuration

[俄文] Конфигурация отдельного судна

[注释] 又称“单机设计构型”，是特定架次飞机在其整个生命周期内的各个时间点上（理论）设计状态的定义和表达。

[Note] Also known as “single-machine design configuration”, it is the definition and expression of the design state of a particular aircraft at various time points in its life cycle (theoretically).

[Комментарий] Также известный как "одно машинная конструктивная конфигурация", он представляет собой определение и выражение конструктивного состояния конкретного летательного аппарата в различные моменты времени его жизненного цикла (теоретически).

61. 单机零件清册

[英文] Single ship part list (SSPL)

[俄文] Список деталей отдельных судов

[注释] 定义飞机的构型配置文件之一，属于一种汇总性文件，是组成每架飞机所需的全部零部件（含标准件）的汇总清册。

[Note] It is one of the documents that define the aircraft configuration, which is a summary document, listing all the parts (including standard parts) required for the aircraft.

[Комментарий] Это один из документов, определяющих конфигурацию самолета, который представляет собой сводный документ, перечисляющий все детали (включая стандартные детали), необходимые для самолета.

62. 单型号补充型号合格证

[英文] One-only STC

[俄文] Единичное дополнение к Сертификату типа

[注释] 一个补充型号合格证只适用一个序列号航空器、发动机、螺旋桨或设备。

[Note] A supplemental type certificate only applies to one serial number aircraft, engine, propeller or equipment.

[Комментарий] Дополнительный сертификат типа применяется только к одному серийному номеру воздушного судна, двигателя, винта или оборудования.

63. 担保重量

[英文] Guaranteed weight

[俄文] Гарантируемый вес

[注释] 担保重量指在合同的容差和调整范围内，承制方明确定义和保证的重量。

[Note] Guaranteed weight refers to the weight clearly defined and guaranteed by the contractor within the tolerances and adjustments of the contract.

[Комментарий] Гарантированный вес относится к весу, четко определенному и гарантированному подрядчиком в пределах допусков и корректировок контракта.

64. 登记国（航空器用）

[英文] State of registry (for aircraft)

[俄文] Государство регистрации (для воздушных судов)

[注释] 航空器登记注册的国家。

[Note] It refers to the state in which the aircraft is registered.

[Комментарий] Государство, в котором зарегистрировано воздушное судно.

65. 等级

[英文] Class

[俄文] Класс

[注释] ①用于航空人员的颁证、定级、权利和限制时，指具有相似运行特性的一类航空器中的航空器等级。举例包括：单发、多发、陆上、水上、自转

旋翼航空器、直升机、飞艇和自由气球；②用于航空器的合格审定时，指具有相似的推进、飞行或着陆特性的航空器宽泛分类。举例包括：飞机、旋翼航空器、滑翔机、气球、陆上飞机和水上飞机。

[Note] ① When referring to the certification, grading, rights and restrictions of aviation personnel, it means the class that the aircraft ranks among those with similar operational characteristics, such as single-shot, multiple-shot, land, water and self-rotating rotor aircraft, helicopters, airships and free balloons; ②When referring to the aircraft certification, it is a broad classification of aircraft with similar propulsion, flight or landing characteristics, such as airplanes, rotorcraft, gliders, balloons, land planes and seaplanes.

[Комментарий] ① Когда о сертификации, классификации, правах и ограничениях авиационного персонала, то имеется в виду класс, к которому относится воздушное судно с аналогичными эксплуатационными характеристиками, такими как одномоторные, многомоторные, наземные, водные и саморазвивающиеся винтовые самолеты, вертолеты, дирижабли и свободные воздушные шары; ② когда о сертификации воздушного судна, то это широкая классификация воздушных судов с аналогичными двигательными, летными или посадочными характеристиками, такими как самолеты, винтокрылые летательные аппараты, планеры, воздушные шары, наземные самолеты и гидросамолеты.

66. 等效安全

[英文] Equivalent level of safety (ELOS)

[俄文] Эквивалентный уровень безопасности

[注释] 实际的发全水平虽不能表明符合条款的字面要求，但存在补偿措施并可达到与条款同等的效果。

[Note] It means that the safety level may not meet the requirements of the terms literally, but there are compensatory measures which can achieve the equivalent result.

[Комментарий] Уровень безопасности может не соответствовать

требованиям условий буквально, но есть компенсационные меры, которые могут достичь эквивалентного результата.

67. 地板限制载荷

[英文] Floor loading limit

[俄文] Предел загрузки пола

[注释] 地板受到自身及支撑件的强度限制所允许的最大承载载荷。

[Note] It refers to the maximum allowable load carrying capacity limited by the strength of the floor itself and its supporting parts.

[Комментарий] Максимально допустимая несущая способность ограничена прочностью самого пола и его несущих частей.

68. 地面工作

[英文] Ground work

[俄文] Наземная работа

[注释] 地面工作是飞行实施前至关重要的环节。它包括全机的状态检查和飞行的前置准备工作。

[Note] Ground work is a vital step before flight, involving status inspections of the whole aircraft and pre-flight preparations.

[Комментарий] Наземные работы являются важным этапом перед полетом, включающим проверку состояния всего самолета и предполетную подготовку.

69. 地面能见度

[英文] Ground visibility

[俄文] Видимость у земли

[注释] 由国家气象局或委任的专业气象观察员报道的接近地面的有效水平的能见度。

[Note] It refers to the effective horizontal visibility close to the ground reported by the National Weather Service or the appointed professional meteorological observers.

[Комментарий] Об эффективной горизонтальной видимости вблизи Земли сообщает Национальная метеорологическая служба или назначенные профессиональные метеорологические наблюдатели.

70. **地面设备手册**

[英文] Ground equipment manual (GEM)

[俄文] Руководство по наземному оборудованию

[注释] 包括地面设备的说明、使用、故障分析、日常保养和储存的手册。

[Note] It refers to the manual containing the description, use, fault analysis, routine maintenance and storage of ground equipment.

[Комментарий] Руководство, содержащее описание, использование, анализ неисправностей, регламентное обслуживание и хранение наземного оборудования.

71. **地面数据分析系统**

[英文] Ground data analysis system (GDAS)

[俄文] Наземная система анализа данных

[注释] 地面接收机载设备发送的遥测信号，并实现数据的监控和分析的数据系统。

[Note] It refers to the ground data system that receives telemetry signals from onboard equipment and realizes data monitoring and analysis.

[Комментарий] Наземная система анализа данных, принимающая телеметрические сигналы от бортового оборудования и осуществляющая мониторинг и анализ данных.

72. **地面支援设备**

[英文] Ground support equipment (GSE)

[俄文] Средства наземного обслуживания

[注释] 地面支援设备是指在地面为飞机结构、系统、分系统和机载设备或成品在预期的环境下使用而需要的所有工具与设备，如飞机结构、系统、机载设备的使用、维修、返修、防护、运输等所需的所有设备。

[Note] Ground support equipment refers to all tools and equipment on the ground required for the use of aircraft structures, systems, sub-systems and airborne equipment or finished products under expected conditions, such as all the equipment required for the use, maintenance, repair, protection and transportation of aircraft structures, systems, airborne equipment, etc.

[Комментарий] Средства наземного обслуживания относится ко всем средствам и оборудованию на земле, необходимым для использования авиационных конструкций, систем, подсистем и бортового оборудования или готовой продукции в ожидаемых условиях, например ко всему оборудованию, необходимому для использования, технического обслуживания, ремонта, защиты и транспортировки авиационных конструкций, систем, бортового оборудования и т.д.

73. 地面支援设备清单

[英文] Ground support equipment list

[俄文] Перечень средств наземного обслуживания

[注释] 飞机使用、维修所需的地面支援设备的名称、型（件）号、功用、推荐数量、使用时机及采购等信息的一览表。

[Note] It is the list of information for the ground support equipment, such as the name, type, function, recommended quantity, time to use, purchase, etc.

[Комментарий] Список информации для наземного вспомогательного оборудования, такой как название, тип, функция, рекомендуемое количество, время использования, покупка и т.д.

74. 地区维修培训机构

[英文] Regional maintenance personnel training organization

[俄文] Региональная организация по подготовке обслуживающего персонала

[注释] 培训设施在香港特别行政区、澳门特别行政区及台湾地区的民用航空器维修培训机构。

[Note] Training facilities which are provided to civil aircraft maintenance training institutions in Hong Kong, Macao and Taiwan.

[Комментарий] Учебные заведения, которые предоставляются учебным заведениям по техническому обслуживанию гражданских воздушных судов в Гонконге, Макао и Тайване.

75. 地速

[英文] Ground speed

[俄文] Путевая скорость

[注释] 航空器相对于地面的速度。

[Note] It refers to the speed of the aircraft relative to the ground.

[Комментарий] Скорость воздушного суда относительно Земли.

76. 第 1 级大改

[英文] Level 1 major changes

[俄文] Главные изменения 1 уровня

[注释] 影响审定基础的设计更改或者需要对已批准的手册或者依据证后管理指导原则的其他特殊标准进行修改。

[Note] It refers to the changes to the design which affect the certification basis, or changes to the approved manual, or changes to other special standards based on post-certification management guidelines.

[Комментарий] Изменения в конструкции, влияющие на сертификационную основу, или изменения в утвержденном руководстве, или изменения в других специальных стандартах, основанных на руководящих принципах управления после сертификации.

77. 第 2 级大改

[英文] Level 2 major changes

[俄文] Главные изменения 2 уровня

[注释] 除第 1 级大改之外的型号设计更改。

[Note] It refers to model design changes other than level 1 major changes.

[Комментарий] Для моделирования изменений дизайна, отличных от основных изменений уровня 1.

78. 电子飞行包

[英文] Electronic flight bag (EFB)

[俄文] Электронный планшет пилота

[注释] 用于驾驶舱或客舱使用的电子显示系统，EFB 设备显示多种航空数据或执行基本的计算（如性能数据、燃油计算），这些功能通过传统的纸质文件或基于通过航线飞行派遣功能提供给飞行机组的数据完成。EFB 系统功能范围可以包括其他驻留数据库和应用，EFB 物理显示可以使用多种技术、格式和通信形式，这些设备有时泛指辅助性能计算机（APC）或轻便电脑辅助性能计算机（LAPC）。

[Note] Electronic flight bag is used for electronic display systems used in the cockpit or cabin. EFB devices display a variety of aviation data or perform basic calculations (such as performance data, fuel calculation), which are performed either through traditional paper documents or based on data provided to the flight crew through the route dispatch function. EFB system functions may include other resident databases and applications, and EFB physical displays may use a variety of technologies, formats, and communications. Sometimes, these devices generally refer to auxiliary performance computers (APC) or light auxiliary performance computers (LAPC).

[Комментарий] Электронный планшет пилота используется для электронных систем отображения, используемых в кабине пилота или салоне самолета. Устройства Электронного планшета пилота отображают различные авиационные данные или выполняют базовые расчеты (например, эксплуатационные данные, расчет топлива), которые выполняются либо с помощью традиционных бумажных документов, либо на основе данных, предоставляемых летному экипажу через функцию диспетчеризации маршрута. Системные функции Электронного планшета пилота могут включать в себя другие резидентные базы данных и приложения, а физические дисплеи Электронного планшета пилота могут использовать различные технологии, форматы и средства связи. Иногда эти устройства, как правило, касаются вспомогательные компьютеры характеристики или легкие вспомогательные компьютеры характеристики.

79. **电子系统**

[英文] Electronic system

[俄文] Электронная система

[注释] 通常是指有若干相互连接、相互作用的基本电路组成的具有特定功能的电路整体。

[Note] Generally, it refers to a circuit with a specific function, consisting of several interconnected and interacting basic circuits.

[Комментарий] Как правило, это относится к цепи с определенной функцией, состоящей из нескольких взаимосвязанных и взаимодействующих основных цепей.

80. **顶层飞机需求**

[英文] Top level aircraft requirements (TLAR)

[俄文] Требования к воздушному судну высшего уровня

[注释] 直接从市场需求分解来的，适用于飞机顶层设计的需求的组合。

[Note] A combination of requirements that are directly decomposed from market requirements and applicable to the top level aircraft design.

[Комментарий] Совокупность требований, непосредственно вытекающих из требований рынка и применимых к конструкции самолета высшего уровня.

81. **顶层飞机需求文件**

[英文] Top level aircraft requirements document (TLARD)

[俄文] Документ требований к воздушному судну высшего уровня

[注释] 飞机顶层设计需求的正式文件，其变更应受控。

[Note] The official documentation of the top-level aircraft design requirements, whose alteration shall be under control.

[Комментарий] Официальная документация высшего уровня предъявляет требования к конструкции самолета, изменение которых должно находиться под контролем.

82. **顶层系统需求文件**

[英文] Top level system requirements document (TLSRD)

[俄文] Документ требований к системам высшего уровня

[注释] 记录直接分解自顶层飞机需求文件的飞机系统设计需求的正式文件，其变更应受控。

[Note] The official documents recording the aircraft system design requirements directly decomposed from top-level aircraft requirements documentation, whose alteration shall be under control.

[Комментарий] Официальные документы, фиксирующие требования к конструкции авиационной системы, непосредственно разлагаются из документации по требованиям к воздушным судам высшего уровня, изменение которой должно контролироваться.

83. **顶层质量需求文件**

[英文] Top level quality requirements document (TLQRD)

[俄文] Документ требований к качеству высшего уровня

[注释] 记录飞机项目研制过程中，顶层质量需求的正式文件，其变更应受控。

[Note] The official documentation recording the top level quality requirements in the process of aircraft development, whose alteration shall be under control.

[Комментарий] Официальная документация, фиксирующая требования высшего уровня качества в процессе разработки самолета, переделка которого должна находиться под контролем.

84. **定级**

[英文] Rating

[俄文] Режим

[注释] 合格证的一部分，用于规定特别条件、权力或限制。

[Note] It is a part of the certificate, specifying particular conditions, rights, or limitations.

[Комментарий] Часть сертификата, указывающая конкретные условия, права или ограничения.

85. **定期检修**

[英文] Scheduled maintenance

[俄文] Плановое обслуживание

[注释] 指根据适航性资料，在航空器或者航空器部件使用达到一定时限时进行的检查和修理。定期检修适用于机体和动力装置项目，不包括翻修。

[Note] It refers to the inspection and repair of an aircraft or its parts within a certain time limit based on airworthiness data. It applies to the regular inspection and maintenance of aircraft frame and powerplant items, but not including overhauling.

[Комментарий] Осмотр и ремонт воздушного судна или его частей в эксплуатации определенного срока на основе данных летной годности. Это относится к регулярному осмотру и техническому обслуживанию фюзеляжа и силовой установки самолета, но не включает капитальный ремонт.

86. **动力装置总成手册**

[英文] Power plant buildup manual (PPBM)

[俄文] Руководство по сборке силовой установке

[注释] 包含把指定型号的发动机的裸机改装成可安装在飞机上的可拆卸的发动机的具体操作程序、专用设备和工具、消耗性材料清单和标准实施参考表的技术资料。

[Note] Power plant buildup manual contains technical information about specific operating procedures, special equipment and tools, list of consumable materials, and standard implementation reference, when converting naked engines of specified types into removable engines that can be installed on the aircraft.

[Комментарий] Руководство по сборке силовой установки содержит техническую информацию о конкретных режимах эксплуатации, специальном оборудовании и инструментах, перечень расходуемых материалов, а также стандартную инструкцию по применению при преобразовании голых двигателей указанных типов в съемные двигатели, которые могут быть установлены на самолете.

87. **动态校准**

[英文] Dynamic calibration

[俄文] Динамическая калибровка

[注释] 在规定条件下，用一定的实验方法，对传感器输入不随时间变化（或变化很小）的物理量，通过适当的数据处理方法、确定传感器的输入—输出特性和精度的过程。

[Note] Under specified conditions, using certain experimental methods, the input-output characteristics and accuracy of the sensor are determined by appropriate data processing of the physical input that does not change with time (or only has very little change).

[Комментарий] В заданных условиях, используя определенные экспериментальные методы, вход-выходные характеристики и точность датчика определяются соответствующей обработкой данных физического входа, который не изменяется со временем (или только имеет очень мало изменений).

88. **多边适航协议**

[英文] Multilateral airworthiness agreement (MAA)

[俄文] Многостороннее соглашение о летной годности

[注释] 由多国政府代表签署并通过互换外交照会生效的技术性执行协定或协议。

[Note] It refers to the technical implementation agreement signed by representatives of multiple governments and put into effect through the exchange of diplomatic notes.

[Комментарий] Техническое соглашение, подписанное представителями нескольких правительств и введенное в действие путем обмена дипломатическими нотами.

89. **多型号补充型号合格证**

[英文] Multiple STC

[俄文] Множественные дополнения к сертификату типа

[注释] 一个适用于多个序列号航空器、发动机、螺旋桨或设备的补充型号合格证。

[Note] A supplemental type certificate applies to multiple serial numbers of aircraft, engines, propellers or equipment.

[Комментарий] Дополнительный сертификат типа применяется к нескольким серийным номерам воздушных судов, двигателей, винтов или оборудования.

F

90. 发动机

[英文] Engine

[俄文] Двигатель

[注释] 航空发动机(aero-engine) 为航空器提供飞行所需动力的发动机。主要有三种类型：活塞式航空发动机，燃气涡轮发动机，冲压发动机。

[Note] It refers to the aero-engine that provides the power needed for aircraft flight. There are three types: piston aero-engines, gas turbine engines, and ramjet engines.

[Комментарий] Он относится к авиадвигателю, который обеспечивает мощность, необходимую для полета самолета. Существует три типа: поршневые авиадвигатели, газотурбинные двигатели и прямоточные реактивные двигатели.

91. 发动机手册

[英文] Engine manual (EM)

[俄文] Руководство по двигателю

[注释] 提供了从飞机上拆下的发动机及其零件的有关维修程序和技术资料。

[Note] Engine manual provides relevant maintenance procedures and technical information on engines and its parts removed from the aircraft.

[Комментарий] Руководство по двигателям содержит соответствующие процедуры технического обслуживания и техническую информацию о двигателях и их частях, снятых с самолета.

92. **发动机型别**

[英文] Engine model

[俄文] Модель двигателя

[注释] 指具有相同的总序号、排气量和设计特性，并由同一型号合格证批准的所有航空涡轮发动机。

[Note] Engine model refers to all the aero-turbines with the same total serial number, exhaust volume and design characteristics, and approved by the same type certificate.

[Комментарий] Модель двигателя относится ко всем Аэро-турбинам с одинаковым общим серийным номером, объемом выхлопа и конструктивными характеристиками, а также одобрена одним и тем же сертификатом типа.

93. **发送函**

[英文] Transmittal letter

[俄文] Сопроводительное письмо

[注释] 发送函用以告知手册的持有者关于本次更改涉及的手册页码（包括更改页、增加页和删除页）以及对更改单的处理方法等。发送函还应包含更改摘要页，用以示出按顺序排列的所有受影响的页和每项更改内容。

[Note] The transmittal letter is to inform the manual holder about the pages involved in the modification (including modified pages, added pages and deleted pages), and the approaches to the modification order. It should also include a modification summary page to list all the involved pages in order and give an account of each modification.

[Комментарий] Сопроводительное письмо должно информировать владельцом руководства о страницах, участвующих в модификации (включая измененные страницы, добавленные страницы и удаленные страницы), а также о подходах к порядку модификации. Он также должен включать сводную страницу изменений, чтобы перечислить все вовлеченные страницы по порядку и дать отчет о каждой модификации.

94. 翻修

[英文] Overhaul

[俄文] Капитальный ремонт

[注释] 指根据适航性资料，通过对航空器或者航空器部件进行分解、清洗、检查、必要的修理或者换件、重新组装和测试来恢复航空器或者航空器部件的使用寿命或者适航性状态。

[Note] Based on the airworthiness data, overhaul refers to the restoration of the service life or airworthiness of the aircraft or its parts by decomposition, cleaning, inspection, necessary repair or replacement, reassembly and test.

[Комментарий] Исходя из данных летной годности, капитальный ремонт относится к восстановлению срока службы или летной годности воздушного судна или его частей путем разложения, очистки, осмотра, необходимого ремонта или замены, повторной сборки и испытаний.

95. 范围蔓延

[英文] Scope creep

[俄文] Расползание границ проекта

[注释] 由于未对时间、成本和资源做相应调整，而导致不受控的产品或项目范围扩大的现象。

[Note] Due to the lack of adjustments in time, cost and resources, the scope of uncontrolled product or item is expanded.

[Комментарий] Из-за отсутствия корректировок во времени, затратах и ресурсах сфера применения неконтролируемого продукта или изделия расширяется.

96. 范围缩减

[英文] De-scope

[俄文] Уменьшение диапазона

[注释] 减少项目范围内容的行为。

[Note] It means the reduction of the item scope.

[Комментарий] Это означает сокращение объема элемента.

97. **方向舵**

[英文] Rudder

[俄文] Руль направления

[注释] 方向舵是垂直尾翼中可操纵的翼面部分，其作用是对飞机进行偏航操纵，用来修正飞机航向和小角度转向。

[Note] The rudder is the maneuverable aerofoil of the vertical tail, which is used to yaw the aircraft and modify the aircraft course and small-angle steering.

[Комментарий] Руль направления представляет собой маневренный аэродинамический профиль вертикального оперения, используется для рыскания самолета и изменения курса самолета и малоуглового рулевого управления.

98. **防冰系统**

[英文] Anti-icing system

[俄文] Противообледенительная система

[注释] 航空器在结冰气象条件下飞行时，防止部件表面上结冰的技术设施。

[Note] It refers to the technical facility that prevents the surface of its parts from icing when the aircraft is flying under icy weather conditions.

[Комментарий] Техническое средство, которое предохраняет поверхность его деталей от обледенения при полете самолета в ледовых погодных условиях.

99. **防火系统**

[英文] Fire protection system

[俄文] Противпожарная система

[注释] 一种防火门，尤其是一种滑动门，它可有选择地打开或关闭，并具

有用来使上述防火门从打开位置移动到关闭位置的动作装置。

[Note] It is a fire protection door, especially a sliding door, which can be selectively opened or closed, and also has an action device to move the fire protection door from the open position to the close position.

[Комментарий] Это противопожарная дверь, особенно раздвижная дверь, которая может быть выборочно открыта или закрыта, а также имеет устройство действия для перемещения противопожарной двери из открытого положения в закрытое положение.

100. 放飞程序

[英文] Flight clearance procedure

[俄文] Процедура запуска на полет

[注释] 放飞程序是从飞行申请到放飞批准执行程序。为保障飞机试飞各阶段的飞行安全和试飞效率，飞行前需保证飞机状态明确、技术文件完备、相关评审和检查工作落实到位并履行相应的放飞批准手续。

[Note] Flight clearance procedure is an implementation procedure from flight application to release approval. In order to ensure the flight safety and efficiency at all the phases of flight test, prior to the flight, it is necessary to ensure that the aircraft status is clear, technical documents are complete, relevant review and inspection work has been carried out and the corresponding release approval procedures have been performed.

[Комментарий] Процедура запуска на полет - это процедура реализации от подачи заявки на полет до утверждения выпуска. Для обеспечения безопасности и эффективности полетов на всех этапах летных испытаний перед полетом необходимо убедиться в том, что состояние воздушного судна четко определено, техническая документация завершена, проведены соответствующие обзорные и инспекционные работы и выполнены соответствующие процедуры утверждения выпуска.

101. 放飞偏离指南

[英文] Dispatch deviation guide (DDG)

[俄文] Руководство по вылетам с отклонениями

[注释] 为航空器使用人或者运营人提供在航空器设备、功能和外形偏离设计状态下放飞航空器的指导、具体操作和维修程序。

[Note] It provides guidance, specific operation and maintenance procedures for aircraft users or operators to release aircraft in conditions where the aircraft equipment, function and shape deviate from the design.

[Комментарий] Он обеспечивает руководство, конкретные процедуры эксплуатации и технического обслуживания для пользователей воздушных судов или операторов по выпуску воздушных судов в условиях, когда оборудование, функции и форма воздушных судов отклоняются от конструкции.

102. **放行人员**

[英文] Certifying staff

[俄文] Сертифицирующий персонал

[注释] 维修单位中确定航空器或者航空器部件满足经批准的标准，并签署批准放行的人员。

[Note] It refers to the staff in the maintenance unit who confirm that the aircraft or its parts meet the approved standards and sign the approval for release.

[Комментарий] Персонал в подразделении технического обслуживания, который подтверждает, что самолет или его части соответствуют утвержденным стандартам, и подписывает разрешение на выпуск.

103. **飞机**

[英文] Aircraft

[俄文] Самолёт

[注释] 飞机是指具有一具或多具发动机的动力装置产生前进的推力或拉力，由机身的固定机翼产生升力，在大气层内飞行的重于空气的航空器。

[Note] It refers to the aircraft with one or more engines to generate forward thrust or tension, with fixed wings to generate lift, able to fly in the atmosphere and heavier than the air.

[Комментарий] Самолет с одним или несколькими двигателями для создания прямой тяги или натяжения, с неподвижными крыльями для создания подъемной силы, способный летать в атмосфере и тяжелее воздуха.

104. 飞机飞行手册

[英文] Aircraft flight manual (AFM)

[俄文] Руководство по лётной эксплуатации воздушного судна

[注释] 为飞行机组提供了在所有预计飞行过程中安全有效地操纵航空器所必需的使用限制、程序、性能和系统资料的操作类手册。

[Note] The aircraft flight manual provides the flight crew with such information as the use restrictions, procedures, performance, and system data necessary to operate the aircraft safely and efficiently in all the predicted flights.

[Комментарий] Руководство по лётной эксплуатации воздушного судна предоставляет летному экипажу такую информацию, как ограничения использования, процедуры, эксплуатационные характеристики и системные данные, необходимые для безопасной и эффективной эксплуатации воздушного судна во всех прогнозируемых полетах.

105. 飞机环控系统

[英文] Aircraft environment control system

[俄文] Система управление окружющей среды самолёта

[注释] 飞机环境控制系统，即保证飞机座舱和设备舱内具有乘员和设备正常工作所需适当环境条件的整套装置。

[Note] Aircraft environment control system is a complete set of devices that guarantees the proper environmental conditions for the occupants and equipment to function properly in the aircraft cockpit and equipment compartment.

[Комментарий] Система управления окружающей средой воздушного судна представляет собой полный ряд устройств, гарантирующих надлежащие условия окружающей среды для пассажиров и оборудования, чтобы должным образом функционировать в кабине воздушного судна и отсеке оборудования.

106. 飞机级需求

[英文] Aircraft level requirements (ALR)

[俄文] Требования к уровню воздушных судов

[注释] 飞机顶层团队的设计输出，明确定义对各系统的功能性和非功能性需求，主要内容包括飞机设计约束、运营、驾驶舱、客舱、货舱、适航、各系统的功能、性能、重量、容差、安全性、可靠性和维修性需求。

[Note] It refers to the design of the top level aircraft team which clearly defines the functional and non-functional requirements for each system, mainly including aircraft design constraints, operation, cockpit, passenger cabin, cargo compartment, airworthiness, and the functionality, performance, weight, tolerance, safety, reliability, and maintainability of various systems.

[Комментарий] Проектирование самолета высшего уровня команды, которая четко определяет функциональные и нефункциональные требования к каждой системе, в основном включая ограничения конструкции самолета, эксплуатации, кабины пилотов, пассажирского салона, грузового отсека, летной годности, а также функциональности, производительности, веса, допуска, безопасности, надежности и ремонтопригодности различных систем.

107. 飞机架次号

[英文] Aircraft serial number (ASN)

[俄文] Серийный номер воздушного судна

[注释] 同一型号每架飞机都应有其唯一的标识，该标识号即飞机架次号，当存在不同构型时，为了表明这些飞机的具体架次及图样/文件的适用性可采用架次号表达。

[Note] Each aircraft of the same model shall have its own unique identification—the aircraft serial number. When there are different configurations, the aircraft serial number may be used to indicate the specific serial of the aircraft and the applicability of the drawings/documents.

[Комментарий] Каждое воздушное судно одной и той же модели должно иметь свою уникальную идентификацию—серийный номер воздушного судна.

При наличии различных конфигураций серийный номер воздушного судна может использоваться для указания конкретного серийного номера воздушного судна и применимости чертежей/документов.

108. 飞机结构强度设计

[英文] Aircraft structural strength design

[俄文] Конструирование самолёта по прочности

[注释] 民用飞机结构强度设计是保证飞机结构既满足适航标准又满足经济性和舒适性要求的工程实践过程。民用飞机强度设计工作可以概括为强度计算和强度评估两大部分。前者是对象自身行为规律的研究，后者是将结构的行为与特定的判据如失效理论、标准、规范和实验数据等进行对比，从而给出结构是否满足强度要求的结论。

[Note] The structural strength design of civil aircraft is an engineering practice to ensure that the aircraft structure meets airworthiness standards and requirements of economy and comfort. It includes two parts: strength calculation and strength evaluation. The former studies the behavior law of the structure itself, while the latter compares the behavior of the structure with specific criteria such as failure theory, standards, norms and experimental data, so as to draw a conclusion whether the structure meets the strength requirements.

[Комментарий] Конструирование по прочности гражданского воздушного судна - это инженерная практика, направленная на обеспечение соответствия конструкции воздушного судна стандартам летной годности и требованиям экономичности и комфорта. Она включает в себя две части: расчет прочности и оценку прочности. Первый изучает закон поведения самой конструкции, в то время как второй сравнивает поведение конструкции с конкретными критериями, такими как теория разрушения, стандарты, нормы и экспериментальные данные, чтобы сделать вывод, соответствует ли конструкция требованиям прочности.

109. 飞机抢救手册

[英文] Aircraft recovery manual (ARM)

[俄文] Руководство по аварийно-восстановительным работам на воздушном судне

[注释] 是飞机制造商说明飞机恢复工作的一种载体，内容包含将飞机从非正常状态顶起、支撑和恢复所必需的设备、工具要求和程序。

[Note] In the aircraft recovery manual the aircraft manufacturer illustrates the recovery of the aircraft, including the equipment, tool requirements and procedures necessary to lift, support and restore the aircraft from abnormal conditions.

[Комментарий] В руководстве по восстановлению воздушного судна производитель воздушного судна иллюстрирует восстановление воздушного судна, включая требования к оборудованию, инструментам и процедурам, необходимым для подъема, поддержки и восстановления воздушного судна из аварийных условий.

110. 飞机图解零件目录

[英文] Aircraft illustrated parts catalog (AIPC)

[俄文] Иллюстрированный каталог деталей воздушного судна

[注释] 包含所有航线可更换件，为飞机维修技术人员实施维修工作提供指导。

[Note] It contains replaceable parts for all the airlines and guidance to aircraft maintenance for the technicians.

[Комментарий] Включает сменные детали для всех авиакомпаний и руководство по техническому обслуживанию самолетов для техников.

111. 飞机维修任务定向支援系统

[英文] Aircraft maintenance task oriented support system (AMTOSS)

[俄文] Проблемно-ориентированная вспомогательная система технического обслуживания воздушных судов

[注释] 即在维修手册中加上可自动识别的标记，便于自动化数据的检索，其作用是改进飞机维修手册（AMM）的组织结构。

[Note] It refers to the automatic identification marks added to the maintenance manual to facilitate automatic data retrieval. Its purpose is to improve the organizational structure of the aircraft maintenance manual (AMM).

[Комментарий] Автоматические опознавательные знаки добавлены в руководство по техническому обслуживанию для облегчения автоматического поиска данных. Его целью является совершенствование организационной структуры руководства по техническому обслуживанию воздушных судов.

112. 飞机维修手册

[英文] Aircraft maintenance manual (AMM)

[俄文] Руководство по технической эксплуатации

[注释] 用于帮助航空公司的维修和勤务人员熟悉飞机的结构和系统，并了解飞机的功能、组成、工作原理，使航空公司的维修和勤务人员在飞机保养或者遇到故障需要维修的情况下，能够安全、可靠、有效地对飞机进行维护工作。

[Note] Aircraft maintenance manual can help the maintenance and service personnel of the airlines to get familiar with the structure and system of the aircraft, and the function, composition and working principle of the aircraft, so that they can safely, reliably and efficiently maintain the aircraft when it needs maintenance or repair in case of failure.

[Комментарий] Руководство по техническому обслуживанию воздушных судов может помочь обслуживающему и сервисному персоналу авиакомпаний ознакомиться со структурой и системой воздушного судна, а также с функцией, составом и принципом работы воздушного судна, чтобы они могли безопасно, надежно и эффективно обслуживать воздушное судно, когда оно нуждается в техническом обслуживании или ремонте в случае отказа.

113. 飞机有效性目录

[英文] Aircraft inventory

[俄文] Перечень эффективности самолета

[注释] 此目录内容说明包含的内容对一组飞机或一系列飞机适用，内容一般包含机型/制造商系列号、用户识别代码和有效性代码、制造商序列号、流水线号和飞机注册号等信息。

[Note] The content in the inventory is applicable to a group of or a series of aircraft, generally including such information as model/manufacturer serial number, user identification code and validity code, assembly line number and aircraft registration number, etc.

[Комментарий] Содержание инвентаря применимо к группе или серии воздушных судов, как правило, включая такую информацию, как серийный номер модели/производителя, идентификационный код пользователя и код действительности, номер сборочной линии и регистрационный номер воздушного судна и т.д.

114. 飞机总体设计

[英文] Aircraft conceptual design

[俄文] Концептуальный дизайн самолета

[注释] 飞机设计是指设计人员应用气动、结构、动力、材料、工艺等学科知识，通过分析、综合和创造思维将设计要求转化为一组能完整描述飞机的参数的过程。

[Note] Aircraft design refers to the process that the designers apply their disciplinary knowledge, such as aerodynamics, structure, power, materials, technology, etc, and transform the design requirements into a set of parameters that can fully describe the aircraft through analysis, synthesis and creative thinking.

[Комментарий] Проектирование самолета относится к процессу, в котором проектировщики применяют свои дисциплинарные знания, аэродинамика, конструкция, мощность, материалы, технологии и т. д., и преобразуют требования к дизайну в набор параметров. Параметры могут полностью описать самолет с помощью анализа, синтеза и творческого мышления.

115. 飞行安全文件系统

[英文] Flight safety documents system

[俄文] Система документации по безопасности полетов

[注释] 是由合格证持有人制订，用于规定或指导合格证持有人飞行和地面运行人员日常安全运行所必需的相关资料。

[Note] It refers to the relevant data made by the certificate holder and necessary for stipulating or guiding the flight and ground operators to conduct the daily safety operation.

[Комментарий] Соответствующие данные, внесенные владельцем сертификата и необходимые для обеспечения или руководства полетом и наземными операторами для проведения ежедневной безопасной эксплуатации.

116. 飞行安全性

[英文] Flight safety

[俄文] Безопасность полетов

[注释] 表示飞机不发生灾难性事故的可能性，用最大容许故障概率来衡量。

[Note] It is the probability that an aircraft will not have a catastrophic accident, as measured by the maximum allowable probability of failure.

[Комментарий] Вероятность того, что самолет не попадет в катастрофическую аварию, измеряется максимально допустимой вероятностью отказа.

117. 飞行包线

[英文] Flight envelope

[俄文] Полётная огибающая

[注释] 以飞行速度或马赫数、高度和过载等飞行参数为坐标，以不同飞行限制条件如最大速度、最小速度、最大过载、升限、最大速压等为边界所画出的封闭几何图形。

[Note] It is a closed geometry drawn with flight parameters as coordinates (such as flight speed or Mach number, altitude and overload) and different flight constraints as boundaries (such as maximum speed, minimum speed, maximum overload, ceiling, maximum speed pressure, etc.).

[Комментарий] Замкнутая геометрия рисуется с параметрами полета в качестве координат (например, скорость полета или число Маха, высота и перегрузка) и различными ограничениями полета в качестве границ (например, максимальная скорость, минимальная скорость, максимальная перегрузка, потолок, максимальный скоростной напор и т. д.).

118. 飞行包线保护

[英文] Flight envelope protection

[俄文] Защита полётной огибающий

[注释] 又称飞行极限边界。一般是指飞机在飞行过程中速度、高度不能越过的界限，是飞机飞行范围和飞行限制条件的表现形式。主要包括定常水平直线飞行包线、机动飞行包线等。飞机包线与飞机的动力特性、气动力特性、使用特性以及结构特性密切相关。飞行包线保护包括过载保护、俯仰姿态保护、大迎角保护、失速保护、超速保护和坡度保护等。

[Note] Flight envelope protection is also known as flight limit boundary. It generally refers to the limit beyond which an aircraft's speed and height cannot exceed during the flight. It is the manifestation of the aircraft's flight range and flight restriction conditions, including steady horizontal straight flight envelope, maneuver flight envelope, etc. Aircraft envelope is closely related to aircraft dynamic characteristics, aerodynamic properties, operational characteristics, and structural characteristics. Flight envelope protection includes overload protection, pitch attitude protection, high angle of attack protection, stall protection, overspeed protection and slope protection and so on.

[Комментарий] Защита огибающей полета также известна как граница предела полета. Обычно это относится к пределу, за которым скорость и высота воздушного судна не могут превышать его во время полета. Это проявление дальности полета самолета и условий ограничения полета, включая устойчивую горизонтальную прямую огибающую полета, маневренную огибающую полета и т. д. Огибающая самолета тесно связана с динамическими характеристиками самолета, аэродинамическими свойствами, эксплуатационными характеристиками и конструктивными характеристиками. Защита огибающей полета включает в себя защиту от перегрузки, защиту от тангажа, защиту от высокого угла атаки, защиту от сваливания, защиту от превышения скорости и защиту от наклона и т.д.

119. 飞行标准委员会

[英文] Flight standard board (FSB)

[俄文] Комитет по летной стандартизации

[注释] 由飞行标准司为型号合格审定项目负责组建的机构，主要负责为提出型号定级申请的新的或改型航空器确定定级要求、制订用于相关机组考核鉴定的最低限度培训要求，在合格审定期间飞行标准委员会要检查确认航空器及其系统运行的适当性、飞行机组培训设施要求、驾驶员的型号定级要求、任何特定的或专门的培训要求、和折叠式座椅、机组休息室和睡眠隔间的适当性。飞行标准委员会还要检查确认应急撤离的能力、飞行标准问题纪要的关闭情况以及完成其他相关的工作。

[Note] The flight standard board is established by the flight standard department for the type certification items. It is mainly responsible for determining the rating requirements for new or modified aircraft that apply for model rating, and formulating the minimum training requirements for crew assessment. During the certification, the board ought to verify the operational suitability of the aircraft and its systems, the requirements for flight crew training facilities, pilot type rating and any specific or specialized training, and the suitability of folding seats, crew lounges and sleeping compartments. The flight standard board will also verify the capability for emergency evacuation, the closure of the flight standards summary and other related work.

[Комментарий] Комитет по летной стандартизации устанавливается отделом летных стандартов для пунктов сертификации типа. Он в основном отвечает за определение рейтинговых требований к новым или модифицированным воздушным судам, которые применяются для оценки модели, и формулирование минимальных требований к подготовке для оценки экипажа. В ходе сертификации комиссия должна проверить эксплуатационную пригодность воздушного судна и его систем, требования к средствам подготовки летного состава, рейтинг типа пилота и любую конкретную или специализированную подготовку, а также пригодность складных сидений, залов отдыха экипажа и спальных отсеков. Комиссия по стандартам полетов также проверит возможность экстренной эвакуации, закрытие сводки стандартов полетов и другие связанные с этим работы.

120. **飞行参数记录器**

[英文] Flight data recorder (FDR)

[俄文] Регистратор данных полета

[注释] 适用于记录航空器飞行中性能或飞行中遭遇情况的任何仪器或装置的通用术语。飞行记录器可以记录给定飞行的空速、外界大气温度、垂直加速度、发动机转速、管道压力或任何其他有关参数。

[Note] It is a generic term for any instrument or device that records the performance of an aircraft in flight or the encounter in flight. The flight recorder can record airspeed, ambient temperature, vertical acceleration, engine speed, pipe pressure, or any other relevant parameter for a given flight.

[Комментарий] Общий термин для любого прибора или устройства, регистрирующего характеристики воздушного судна во процессе полета или столкновение во процессе полета. Регистратор данных полета может записывать скорость полета, температуру окружающей среды, вертикальное ускорение, частоту вращения двигателя, давление в трубе или любой другой соответствующий параметр для данного полета.

121. **飞行测试设备**

[英文] Flight test installation

[俄文] Установка летных испытаний

[注释] 用于飞行试验测试的设备、仪器及相关处理设施和手段。

[Note] It refers to the equipment, instruments and other related facilities and means for flight test.

[Комментарий] Оборудование, приборы и другие сопутствующие средства и средства для летных испытаний.

122. **飞行高度**

[英文] Flight altitude

[俄文] Высота полёта

[注释] 飞行中的航空器到某基准水平面的垂直距离。

[Note] It refers to the vertical distance of the aircraft in flight to a reference level.

[Комментарий] Вертикальное расстояние самолета во процессе полета до опорного уровня.

123. 飞行故障

[英文] Flight fault; flight failure

[俄文] Отказ во процессеполёта

[注释] 飞行过程中出现飞机不能执行规定功能的状态。

[Note] It refers to a state in which the aircraft is unable to perform the specified functions during flight.

[Комментарий] Состояние, в котором воздушное судно не может выполнять указанные функции во время полета.

124. 飞行后限

[英文] Aft limit for flight

[俄文] Предельнозаднее положение для полета

[注释] 飞机在飞行阶段要求不超过某一后重心位置，这一重心就是飞机的飞行后限。

[Note] The aircraft is not allowed to exceed a certain position of the rear gravity center during the flight. This gravity center is the aft limit for flight.

[Комментарий] Самолету не разрешается превышать определенное положение заднего центра тяжести во время полета. Этот центр тяжести является предельно за дним положением для полета.

125. 飞行机组操作手册

[英文] Flight crew operating manual (FCOM)

[俄文] Руководство по лётной эксплуатации (РЛЭ)

[注释] 包括飞行机组操作飞机所需的信息，如所有的辅助操作程序和详细

的正常操作程序，飞机各系统及相关控制和指示的说明以及飞机性能数据的技术资料。

[Note] It includes information required by the flight crew to operate the aircraft, such as all the auxiliary operating procedures and detailed normal operating procedures, descriptions of the aircraft's systems and associated indicators, and technical data concerning the aircraft performance.

[Комментарий] Включает в себя информацию, необходимую летному экипажу для эксплуатации воздушного судна, такую как все вспомогательные эксплуатационные процедуры и подробные нормальные эксплуатационные процедуры, описания систем воздушного судна и связанных с ними показателей, а также технические данные, касающиеся характеристик воздушного судна.

126. 飞行机组成员

[英文] Flight crew

[俄文] Лётный экипаж

[注释] 执行飞行任务的驾驶员、随机工程师和领航员。

[Note] Flight crews embrace pilots, onboard engineers, and navigators in the flight mission.

[Комментарий] Пилот, бортовой инженер и штурман, выполняющий полетные миссии.

127. 飞行计划

[英文] Flight plan (FP)

[俄文] План полёта

[注释] 口头或书面呈给空中交通管理部门的有关航空器预定飞行的规定资料。

[Note] It refers to the required information, oral or written, submitted to the air traffic control office, concerning the scheduled flights of aircraft.

[Комментарий] Требуемая информация, устная или письменная, представляемая в управление воздушного движения, касающаяся регулярных рейсов воздушных судов.

128. 飞行记录器

[英文] Flight recorder

[俄文] Чёрный ящик в кабине летательного аппарата

[注释] 俗称黑匣子，是安装在航空器上，用于航空器事故的调查或维修和飞行试验。

[Note] Flight recorder, also called black box, is installed on the aircraft for accident investigation or maintenance and flight test.

[Комментарий] Летный регистратор, также называемый черным ящиком, устанавливается на самолете для расследования несчастных случаев или технического обслуживания и летных испытаний.

129. 飞行检查

[英文] Flight inspections

[俄文] Лётные проверки

[注释] 对空中导航设施进行飞行中调查和评估，以确认或验证其符合规定的容差。

[Note] It refers to the in-flight survey and assessment of air navigation facilities to confirm or verify their compliance with the specified tolerances.

[Комментарий] Проведение во время полета обследования и оценки аэронавигационных средств с целью подтверждения или проверки их соответствия установленным допускам.

130. 飞行阶段

[英文] Flight phase

[俄文] Этап полёта

[注释] 根据飞机执行飞行任务中所要求的机动程度的不同而划分的各个阶段，如起飞、爬升、巡航、进场、着陆阶段等。

[Note] The flight is divided into different phases according to the degree of maneuverability required by the flight mission, such as take-off, climb, cruise, approach and landing, etc.

[Комментарий] Полёт делится на различные этапы в зависимости от степени маневренности, требуемой полетной миссией, такие как взлет, набор высоты, круиз, заход на посадку и т.д.

131. 飞行控制

[英文] Flight control

[俄文] Управление полетом

[注释] 通过某种手段，使用一定的机构、设备，从而实现对飞机飞行运动的控制。

[Note] By using some means, certain mechanisms and devices, the flight of the aircraft can be made under control.

[Комментарий] Используя те или иные средства, те или иные механизмы и устройства, полет летательного аппарата можно осуществлять под управлением.

132. 飞行控制系统

[英文] Flight control system

[俄文] Система управления самолётом

[注释] 简称“飞控系统”，是以航空器为被控对象的控制系统。分人工飞行控制（操纵）与自动飞行控制系统，主要是稳定和控制航空器的姿态和航迹运动。

[Note] It is a control system with aircraft as the controlled object (FCS for short). It includes manual flight control (manipulation) and automatic flight control system, which mainly stabilizes and controls the attitude and track movement of the aircraft.

[Комментарий] Система управления с самолетом в качестве объекта управления. Она включает в себя ручное управление полетом (манипулирование) и автоматическую систему управления полетом, которая в основном стабилизирует и контролирует ориентацию и траекторию движения самолета.

133. 飞行模拟器

[英文] Flight simulator

[俄文] Симулятор полета

[注释] 一种由计算机实时控制、多系统协调工作、能复现空中飞行环境，并能操作的模拟设备。通常有两类，一类称为训练用飞行模拟器，能对飞机的飞行性能和操纵品质进行较精确的动态模拟，用于训练飞行人员驾驶飞机和进行特殊情况处置；另一类称为工程研究用飞行模拟器，它是工程技术人员进行飞机设计及发展研究的一种试验设备。

[Note] It refers to a simulation device real-time controlled by a computer and coordinated by multiple systems, which can reproduce the air flight environment and simulate the flight. There are two types of flight simulator. One is the flight simulator for training which can provide accurate and dynamic simulation of aircraft flight performance and operational quality. It can be used for pilot training to help them practice flying and coping with special situations. The other type is the flight simulator for engineering research, a kind of test equipment for engineers and technicians to develop and design aircraft.

[Комментарий] Имитационное устройство в реальном времени управляется компьютером и координируется несколькими системами, которые могут воспроизводить воздушную среду полета и имитировать полет. Существует два типа авиасимулятора. Одним из них является летный тренажер для обучения, который может обеспечить точное и динамическое моделирование летных характеристик самолета и эксплуатационных качеств. Он может быть использован для обучения пилотов, чтобы помочь им практиковать полет и справляться с особыми ситуациями. Другой тип - это летный тренажер для инженерных исследований, своего рода испытательное оборудование для инженеров и техников по разработке и проектированию самолетов.

134. 飞行能见度

[英文] Flight visibility

[俄文] Видимость в полёте

[注释] 在飞行中的航空器的驾驶舱内可以看见并分辨不发光的显著物体（白天）和可以看见并分辨发光的显著物体（夜间）的平均向前水平距离。

[Note] The average forward horizontal distance at which non-luminous salient objects (daytime) and luminous salient objects (nighttime) can be seen and distinguished in the cockpit of an aircraft in flight.

[Комментарий] Среднее переднее горизонтальное расстояние, на котором несветящиеся видимые объекты (дневное время) и светящиеся видимые объекты (ночное время) можно увидеть и различить в кабине летательного аппарата во время полета.

135. 飞行品质

[英文] Flying qualities

[俄文] Летные качества

[注释] 又称操稳品质。飞机在执行规定任务时，驾驶员认为影响完成任务难易程度的一些飞机特性。

[Note] Also known as stability quality, it refers to the aircraft characteristics that are thought to affect the difficulty of completing the flight mission by the pilot when the aircraft is performing the specified mission.

[Комментарий] Также известный как качество устойчивости, он относится к характеристикам самолета, которые, как полагают, влияют на сложность выполнения летного задания пилотом, когда самолет выполняет указанную миссию.

136. 飞行品质等级

[英文] Level of flying qualities

[俄文] Уровень летных качеств

[注释] 又称飞行品质标准。根据飞机完成飞行任务的优劣程度不同而规定的等级。

[Note] Also known as flying quality standard, it refers to the level specified by how well the aircraft performs a mission.

[Комментарий] Также известный как стандарт качества полетов, он относится к уровню, определяемому тем, насколько хорошо самолет выполняет миссию.

137. **飞行剖面**

[英文] Flight profile

[英文] Профиль полета

[注释] 又称任务剖面。飞机执行一次飞行任务整个过程的飞机航迹图及其典型的各种特征量（如飞行速度、飞行重量、燃油量和余油量等）的描述。

[Note] Also known as mission profile, it refers to the description of the aircraft trajectory throughout a mission and its typical characteristics (such as flight speed, flight weight, amount of fuel and residual fuel).

[Комментарий] Также известный как профиль миссии полета, он относится к описанию траектории полета самолета на протяжении всего полета и его типичных характеристик (таких, как скорость полета, масса полета, количество топлива и остаточное топливо).

138. **飞行器系统/组件联合编码**

[英文] Joint aircraft system/component code (JASC)

[俄文] Единые нормы систем/элементов воздушных судов

[注释] 1999 年之后，美国联邦航空署（FAA）在原美国航空运输协会 ATA Spec100 的基础上，改进并推出的飞行器部段分类标准。

[Note] It refers to the aircraft segment classification standards issued after 1999 by the Federal Aviation Administration (FAA) on the basis of the former ATA Spec100.

[Комментарий] Стандарты классификации сегментов воздушных судов, выпущенные после 1999 года Федеральным управлением гражданской авиации (FAA) на основе бывшего ATA Spec100.

139. **飞行前限**

[英文] Forward limit for flight

[俄文] Предельно допустимое переднее положение для полетов

[注释] 飞机在飞行阶段要求不超过某一前重心位置，这一重心就是飞机的飞行前限。

[Note] The aircraft isn't allowed to exceed a certain position of the forward gravity center during the flight. This is called for ward limit for flight.

[Комментарий] Самолету не разрешается превышать определенное положение переднего центра тяжести во время полета. Это предельно допустимое переднее положение для полетов.

140. 飞行时间

[英文] Flight time; flying time

[俄文] Время полета

[注释] 又称空中时间。即从收起落架起到放起落架止的这段时间。[注：美国联邦航空条例（FAR1.1）把飞行时间定义为轮挡时间；而欧洲联合航空要求（JAR1.1）把飞行时间定义为空中时间。因此，当采用“飞行时间”这一术语时，或者引用飞行时间数值时，应说明所用的定义。]

[Note] Also known as air time, it refers to the period of time from retracting the landing gear to dropping the landing gear. [Note: US Federal Aviation Regulations (FAR 1.1) defines flight time as block time, while the European Joint Aviation Requirements (JAR 1.1) defines flying time as air time. Therefore, when the term "flight time" is used, or its value is quoted, it is necessary to clarify its definition.]

[Комментарий] Также известный как воздушное время, он относится к периоду времени от втягивания шасси до сброса шасси. [Примечание: Федеральными авиационными правилами США (FAR 1.1) определяет время полета, как блок времени, в то время как Европейский совместных авиационных требований (JAR 1.1) определяет время полета как раз время воздуха. Поэтому, когда используется термин "время полета" или приводится его значение, необходимо уточнить его определение.]

141. 飞行实施

[英文] Flight execution

[俄文] Выполнение полёта

[注释] 飞行实施是飞行任务执行的过程，其阶段大致可分为飞行预先准

备、飞行直接准备、飞行任务执行、飞行后回顾四个主要步骤。

[Note] Flight execution refers to the process of mission execution, which can be roughly divided into four steps: preliminary flight preparation, direct flight preparation, mission execution, and post-flight review.

[Комментарий] Выполнение полета относится к процессу выполнения миссии, который может грубо разделить на четыре этапа: предварительная подготовка к полету, непосредственная подготовка к полету, выполнение миссии и послеполетный обзор.

142. **飞行试验**

[英文] Flight test

[俄文] Летное испытание

[注释] 简称试飞。通过飞机在真实环境下的进行科学研究和产品试验的过程，获取和收集试验数据，然后进行分析以评估飞机的飞行特性，并验证其设计的活动。商用飞机的飞行试验包括首飞、研制试飞和验证试飞三部分内容，根据试飞实施方案和符合性验证计划中的试飞项目，完成型号的首飞、研制试飞、验证试飞，并配合完成局方试飞。

[Note] FT for short, It refers to the process of conducting scientific research and testing the aircraft through real-world flying, during which testing data are acquired and collected and then they are analyzed to evaluate the aircraft's flight characteristics and verify its design. The flight test of the commercial aircraft includes first flight, development flight test and the verification flight test. According to the flight test plan and the flight test items in the conformity verification plan, the commercial aircraft will complete the first flight, the development flight test, the verification flight test, and the flight test required by the authority.

[Комментарий] Сокращенно ЛИ, это относится к процессу проведения научных исследований и испытаний самолета через реальные полеты, в ходе которых данные испытаний получаются и собираются, а затем они анализируются для оценки летных характеристик самолета и проверки его конструкции. Летные испытания коммерческого самолета включают в себя первый полет, опытно-конструкторские и сертификационные летные испытания. В соответствии с планом летных испытаний и элементами летных испытаний в плане проверки соответствия коммерческий самолет завершит первый полет, летные испытания разработки, летные испытания проверки и летные испытания, требуемые органом.

143. 飞行试验机

[英文] Prototype used for flight test

[俄文] Прототип，используемый для летных испытаний

[注释] 在飞机研制阶段，提交给试飞单位进行飞行试验的飞机。

[Note] It refers to the aircraft submitted to perform the flight test during the aircraft development phase.

[Комментарий] Самолет представлен для выполнения летных испытаний на этапе разработки самолета.

144. 飞行试验机构型

[英文] Proto type configuration

[俄文] Конфигурация прототипа

[注释] 根据试飞任务分工，用工程文件规定的满足试飞要求的飞机构型。

[Note] Aircraft configurations that meet flight test requirements as specified in the engineering documents shall be used in accordance with the specific flight test tasks.

[Комментарий] Конфигурации воздушных судов, соответствующие требованиям летных испытаний, указанным в технической документации, должны использоваться в соответствии с конкретными задачами летных испытаний.

145. 飞行手册

[英文] Flight manual

[俄文] Руководство по летной эксплуатации

[注释] 飞行手册是关于飞机飞行限制、正常和应急飞行程序，飞机使用、运行和旅客安全的资料总成，供飞行机组使用。

[Note] The flight manual is a collection of information provided for flight crew on flight restrictions, normal and emergency flight procedures, aircraft use, operation and passenger safety.

[Комментарий] Руководство по полету представляет собой совокупность информации, предоставляемой летному экипажу об ограничениях полета, нормальных и аварийных полетных процедурах, использовании воздушного судна, эксплуатации и безопасности пассажиров.

146. **飞行速度**

[英文] Flight speed

[俄文] Скорость полета

[注释] 飞机在单位时间内所飞经的距离。

[Note] Flight speed is the distance traveled by the airplane in perunit time.

[Комментарий] Расстояние, пройденное самолетом за единицу времени.

147. **飞行性能**

[英文] Flight performance

[俄文] Летно-технические характеристики

[注释] 又称飞机性能。飞机的基本的运动的特性和能力的表征，飞行性能主要涉及飞机质心的运动，属于一般力学的质点动力学研究范畴。

[Note] Also known as aircraft performance, it is the representation of aircraft's basic movement characteristics and capabilities. The flight performance mainly involves the centroid movement of the aircraft, which belongs to the category of particle dynamics research in general mechanics.

[Комментарий] Также известно как характеристика самолета, она представляет собой представление основных характеристик движения самолета и его возможностей. Летно-технические характеристики в основном связаны с центроидойдвижения самолета, он относится к категории исследований динамики частиц в общей динамике.

148. 飞行运行评审委员会

[英文] Flight operation evaluation board (FOEB)

[俄文] Комиссия по оценке летной эксплуатации

[注释] 制定、修订主最低设备清单和运行符合性清单，负责型号审定过程中其他相关运行评定和持续适航文件的评定的组织机构。

[Note] Flight operation evaluation board makes and revises the list of minimum equipment and operational conformity, assesses other relevant operations in the process of type verification and validation, and evaluates continuous airworthiness documents.

[Комментарий] Комиссия по оценке летной эксплуатации составляет и пересматривает перечень минимального оборудования и эксплуатационного соответствия, оценивает другие соответствующие операции в процессе проверки типа и валидации, а также оценивает непрерывную летную годность документов.

149. 飞行准备（状态）评审

[英文] Flight readiness review (FRR)

[俄文] Проверка готовности к полёту

[注释] 飞行准备评审用以确定系统的准备状态，检查相关试验、演示、分析以及审核结果的准确性，确保系统能够达到执行安全和成功的飞行任务所需的要求。该评审同时保证所有与飞行和地面相关的软硬件、人员和程序均准备就绪。

[Note] Flight readiness review is used to confirm the readiness of the system, verify the accuracy of relevant tests, demonstrations, analyses and review results, and ensure that the system meets the requirements for a safe and successful flight mission. The review also ensures that the softwares, hardwares, personnel and procedures related to flight and ground are in place.

[Комментарий] Проверка готовности к полету используется для подтверждения готовности системы, проверки точности соответствующих испытаний, демонстраций, анализов и результатов обзора, а также для обеспечения соответствия системы требованиям безопасного и успешного выполнения полетного задания. Проверка также гарантирует, что программное обеспечение, аппаратные средства, персонал и процедуры, связанные с полетом и землей, находятся на месте.

150. **分解**

[英文] Decomposition

[俄文] Членение

[注释] 把项目范围和项目可交付成果逐步划分为更小、更便于管理的组成部分的技术。

[Note] Decomposition is the technique that reduces the item scope and deliverables to smaller, more manageable components.

[Комментарий] Членение-это метод, который сокращает объем номенклатуры и результаты до более мелких, более управляемых компонентов.

151. **分配基线**

[英文] Al located baseline(ABL)

[俄文] Выделенная базовая линия

[注释] 分配基线由一系列经过批准的分配构型文件组成。分配构型文件描述从系统或更高层构型项分配来的子构型项的功能、性能、互操作性和接口要求的文件、与其他接口构型项的接口要求文件以及证明达到这些要求的验证文件。

[Note] Allocated baseline consists of a series of approved allocated configuration documents. The allocated configuration document introduces the functionality, performance, interoperability, and interface requirements of sub-configuration items assigned from a system or higher level configuration item, an interface requirement file with other interface configuration items and verification files that demonstrate these requirements.

[Комментарий] Выделенная базовая линия состоит из серии утвержденных распределенных конфигурационных документов. Выделенный конфигурационный документ вводит функциональные возможности, производительность, совместимость и требования к интерфейсу элементов под конфигурации, назначенных из системного или более высокого уровня конфигурационного элемента, файлы требований к интерфейсу с другими элементами конфигурации интерфейса и файлы проверки, которые демонстрируют эти требования.

152. 风级

[英文] Wind force scale

[俄文] Шкала силы ветра

[注释] 风速的数值等级。表示风力的一种方法，通常采用蒲福风级。

[Note] Wind force scale is the numerical magnitude of wind speed. It is an expression for wind force, usually using the Beaufort scale.

[Комментарий] Шкала силы ветра-это численная величина скорости ветра. Это выражение для силы ветра, обычно использующее шкалу Бофорта.

153. 风力

[英文] Wind force

[俄文] Сила ветра

[注释] 风作用在物体上的力，常用风级来表示。

[Note] It refers to the force of the wind on an object, usually represented by wind force scale.

[Комментарий] Сила ветра на объекте, как правило, представлена шкалой силы ветра.

154. 风速

[英文] Wind speed

[俄文] Скорость ветра

[注释] 空气水平运动的速度。顺风为负，逆风为正。

[Note] It refers to the speed at which the air moves horizontally. The tail wind is negative and the head wind is positive.

[Комментарий] Скорость, с которой воздух движется горизонтально.

Попутный ветер отрицательный, а встречный - положительный.

155. 风向

[英文] Wind direction

[俄文] Направление ветра

[注释] 风的来向。地面风向通常用 16~32 个方位或 0~360°来表示。

[Note] It refers to the direction that the wind comes. The ground wind direction is usually expressed in 16~32 azimuths or 0~360.

[Комментарий] Направление, из которого дует ветер. Направление наземного ветра обычно выражается в 16 ~ 32 азимутах или 0~360.

156. 服务通告

[英文] Service bulletin (SB)

[俄文] Сервисный бюллетень

[注释] 航空产品设计、制造厂商根据自身和用户信息，用于对在役的航空器改进其可靠性或使用的安全性的一系列文件，服务通告是为用户提供的一种技术服务和对自身生产技术改进的要求，是对航空产品实施检查、重复检查、改装或使用寿命更改等方面的技术要求。

[Note] It refers to a series of documents made by aviation product designers and manufacturers according to the user's and their own information. The documents are used for the improvement of the in-service aircraft's reliability or safety. Service bulletin is a technical service for users as well as the manufacturer's demand for technical improvements in their own production. They are technical requirements for the inspection, re-inspection, retrofitting, or service life modification of aircraft products.

[Комментарий] Серия документов, составленных разработчиками и производителями авиационной продукции в соответствии с информацией пользователя и его собственными данными. Эти документы используются для повышения надежности или безопасности эксплуатируемого воздушного судна. Сервисный бюллетень-это техническая услуга для пользователей, а также спрос производителя на технические усовершенствования в собственном производстве. Это технические требования к проверке, переосвидетельствованию, модернизации или изменению срока службы авиационной продукции.

157. **服务文件**

[英文] Service documents

[俄文] Служебные документы

[注释] 由型号合格证持有人，设备或部件制造人提供的出版物，用于说明安全，产品改进，经济性和运行性和/或维修实施程序等信息。

[Note] A publication is provided by the type certificate holder, equipment or part manufacturer to describe safety, product improvement, economy and operational and/or maintenance procedures.

[Комментарий] Владелец сертификата типа, изготовитель оборудования или деталей предоставляет публикацию для описания безопасности, совершенствования продукции, экономии и процедур эксплуатации и/или технического обслуживания.

158. **浮动时间**

[英文] Float

[俄文] Поплавок

[注释] 进度计划内的额外时间。

[Note] It refers to the additional time within the schedule.

[Комментарий] Дополнительное время в рамках расписания.

159. **符合方法**

[英文] Means of compliance (MOC)

[俄文] Методы оценки соответствия

[注释] 申请人向局方表明其型号设计符合适用适航要求所采用的方法。

[Note] The way applied by the applicant to indicate to the Administrator that the model design meets the applicable airworthiness requirements.

[Комментарий] Методы, применяемые заявителем для указания

администратору, что конструкция модели соответствует применимым требованиям летной годности.

160. 符合性检查清单

[英文] Compliance check list (CCL)

[俄文] Список проверки соответствия

[注释] 按审定基础确定的规章条款逐条列出表明条款符合性的符合性方法、相关型号资料及其批准情况的汇总性文件，用于记录和检查型号合格审定项目的完成情况。

[Note] According to the regulatory provisions defined by the validation basis, the compliance method, type data and approval information are listed one by one in this summary document to show their conformity to the provisions. It is used to record and check the completion progress of the type certification.

[Комментарий] В соответствии с нормативными положениями, определенными основой валидации, метод соответствия, данные типа и информация об утверждении перечисляются одним за другим в настоящем сводном документе, чтобы показать их соответствие положениям. Он используется для регистрации и проверки хода завершения сертификации типа.

161. 符合性替代方法

[英文] Alternative methods of compliance (AMOC)

[俄文] Альтернативные методы оценки соответствия

[注释] 符合性替代方法的目标是允许营运人或制造商提出替代适航指令中规定的纠正措施，这种措施并不一定要和适航指令中发布的相一致，但其能满足适航指令中所要求的安全性水平。

[Note] The alternative methods of compliance aim to allow the operator or manufacturer to propose rectifications specified in the alternative airworthiness directives. The rectifications are not necessarily consistent with those issued in the airworthiness directive, but they ought to meet the safety level required by the airworthiness directive.

[Комментарий] Альтернативные методы обеспечения соответствия направлены на то, чтобы позволить эксплуатанту или производителю предлагать исправления, указанные в альтернативных директивах по летной годности. Эти исправления не обязательно соответствуют требованиям директивы по летной годности, но они должны соответствовать уровню безопасности, требуемому директивой по летной годности.

162. 符合性验证资料

[英文] Compliance data

[俄文] Данные удостверения соответствии

[注释] 符合性验证资料。

[Note] It refers to the compliance document.

[Комментарий] Документ о соответствии требованиям.

163. 辐射性及有害元件清单

[英文] List of radioactive & hazardous elements (LRHE)

[俄文] Список радиоактивных и опасных элементов

[注释] 为操作和维修人员提供了材料在使用、飞机维修及设备维护过程中可能遇到的危险的相关信息。

[Note] The list warns operators and servicemen of possible hazards of the materials during the process of use, aircraft repair, and equipment maintenance.

[Комментарий] Перечень предупреждает эксплуатантов и военнослужащих о возможной опасности материалов в процессе эксплуатации, ремонта воздушных судов и технического обслуживания оборудования.

164. 辅助动力装置

[英文] Auxiliary power units (APU)

[俄文] Вспомогательная силовая установка

[注释] 在大、中型飞机上和大型直升机上，为了减少对地面（机场）供电设备的依赖，都装有独立的小型动力装置，被称为辅助动力装置。

[Note] In large and medium-sized aircraft and large helicopters, separate small power units are installed as auxiliary power units to reduce reliance on ground (airport) power units.

[Комментарий] В больших и средних самолетах и больших вертолетах отдельные малые силовые агрегаты устанавливаются в качестве вспомогательных силовых агрегатов для снижения зависимости от наземных (аэропортовых) силовых агрегатов.

165. **复飞**

[英文] Go around (GA)

[俄文] Уход а второй круг

[注释] 飞机终止着陆程序重新拉起转入爬升的过程。

[Note] It refers to the process in which the aircraft terminates the landing procedure, and turns back to climb.

[Комментарий] Процесс, в котором самолет прекращает процедуру посадки и поворачивает назад, чтобы набрать высоту.

166. **复合材料结构**

[英文] Composite structure

[俄文] Конструкция из композиционных материалов

[注释] 由两种或两种以上不同材料经过适当的工艺方法形成的多相材料所制成的结构。

[Note] It refers to the structure made of a multiphase material formed by two or more different materials through suitable processing.

[Комментарий] Структура, выполненная из многофазного материала, образованного двумя или более различными материалами путем соответствующей обработки.

167. **副翼**

[英文] Aileron

[俄文] Элерон

[注释] 安装在机翼翼尖后缘外侧或翼根后缘内侧，它可以上下偏转，用来操纵飞机的侧倾。

[Note] Aileron is installed outside the trailing edge of the wing tip or inside the trailing edge of the wing root. It can be deflected up and down to manipulate aircraft roll.

[Комментарий] Элерон устанавливается снаружи задней кромки законцовки крыла или внутри задней кромки корня крыла. Его можно отклонять вверх и вниз, чтобы манипулировать креном самолета.

G

168. 改出

[英文] Recovery

[俄文] Восстановление

[注释] 从失控状态到可控飞行的过渡阶段。通常认为是从驾驶员实施改出操作直到迎角已低于失速迎角或限制迎角，且没有明显的、非指令的剩余角运动那一点之间的操作阶段。

[Note] It refers to the transition from runaway to controllable flight. It is generally thought to be the operating phase from the point at which the pilot performs the recovery operation until the angle of attack is below the stalling angle of attack or limited angle of attack and there is no significant, non-commanded residual angle movement.

[Комментарий] Это относится к переходу от бегства к управляемому полету. Обычно считается, что это рабочая фаза с момента, когда пилот выполняет операцию восстановления, до тех пор, пока угол атаки не станет ниже угла сваливания атаки или ограниченного угла атаки, и не будет значительного, неуправляемого остаточного углового движения.

169. 改出滚转

[英文] Roll recovery

[俄文] Восстановление по крену

[注释] 在尾旋、过失速旋转或过偏离旋转改出阶段可能出现的一种非指令性滚转运动。

[Note] It refers to a non-commanded rolling motion that may occur during the spin, post-stall gyration, or post-deviation rotation.

[Комментарий] Это относится к неуправляемому вращательному движению, которое может происходить во время вращения, вращения после сваливания или вращения после отклонения.

170. **改装**

[英文] Modification

[俄文] Модификация

[注释] 测试设备在飞机上的安装和对飞机结构、测试对象进行的局部更改。

[Note] It refers to the installation of the test equipment on the aircraft and the partial changes to the aircraft structure and testing items.

[Комментарий] Речь идет об установке испытательного оборудования на самолет и частичных изменениях конструкции самолета и испытательных элементов.

171. **改装实施方案**

[英文] Modification implement schedule

[俄文] Расписание внедрения модификаций

[注释] 根据改装技术要求设计的、用于具体改装实施的方案文件。

[Note] It refers to the scheme file that is designed for specific modification implementation according to the technical modification requirements.

[Комментарий] Он относится к файлу схемы, который предназначен для конкретной реализации модификации в соответствии с требованиями технической модификации.

172. **概括性活动**

[英文] Summary activity

[俄文] Итоговая деятельность

[注释] 作为单个活动来展示的，一组相关的进度活动的集合。

[Note] It refers to a collection of related schedule activities that are presented as a single activity.

[Комментарий] Он относится к коллекции связанных запланированных действий, которые представлены как единое действие.

173. 干跑道

[英文] Dry runway

[俄文] Сухая взлётно-посадочная полоса

[注释] 干跑道是非湿跑道又非污染跑道的跑道，以及有专门的沟槽或透水孔的道面并且在潮湿（水汽）时也能产生“干跑道”刹车效果的跑道（波音称这种开槽的或有透水孔的跑道为 skid-resistent-runway）。

[Note] Dry runway refers to non-wet and non-polluted runways, as well as runways with special grooves or perforated surfaces that produce a “dry runway” brake effect in wet conditions (Boeing defines such slotted or perforated runways as “skid-resist-runway”).

[Комментарий] Сухая взлетно-посадочная полоса относится к не влажным и незагрязненным взлетно-посадочным полосам, а также взлетно-посадочным полосам со специальными канавками или перфорированными поверхностями, которые производят тормозной эффект “сухой взлетно-посадочной полосы” во влажных условиях (Boeing определяет такие щелевые или перфорированные взлетно-посадочные полосы как “противоскользящие взлетно-посадочные полосы”).

174. 干系人期望

[英文] Stakeholder expectations

[俄文] Ожидания заинтересованных сторон

[注释] 期望是未被用需求形式（shall）表达的关于需要（needs）、愿望、能力和要求的阐述。一旦来自相关干系人的期望被搜集、分析并转换为需求阐述形式后，该期望正式成为需求。期望可以是定性的（不可度量的）或者定量

的（可度量的）。期望可以通过产品及其工程研制流程的功能、行为或约束的形式进行阐述。

[Note] Expectations are statements about needs, desires, abilities, and requirements that are not expressed in the form of demand (shall). Once expectations from relevant stakeholders are collected, analyzed, and then stated in the form of demand, they formally turn into demands. Expectations can be qualitative (immeasurable) or quantitative (measurable), and can be articulated in the form of functions, behaviors, or constraints of the product and its engineering development process.

[Комментарий] Ожидания-это утверждения о потребностях, желаниях, способностях и требованиях, которые не выражены в форме требования. Как только ожидания от соответствующих заинтересованных сторон собраны, проанализированы и затем сформулированы в форме спроса, они формально превращаются в требования. Ожидания могут быть качественнымиили количественнымии могут быть сформулированы в форме функций, поведения или ограничений продукта и процесса его инженерного развития.

175. 干系人期望定义流程

[英文] Stakeholder expectations definition process

[俄文] Процесс определения ожиданий заинтересованных сторон

[注释] 系统工程引擎的最初步骤，用于建立系统设计和产品实现的基础。这个流程的主要目的是通过描述使用情境、设计参考任务和产品使用构想来辨识干系人，以及他们打算如何使用该产品。

[Note] It is the initial step of the system engines, used to establish the foundation for system design and product manufacture. The main purpose of this process is to identify stakeholders and their intention as well as how to use the product by describing the context, reference tasks design, and ideas of product use.

[Комментарий] Это начальный шаг системных двигателей, используемый для создания основы для проектирования системы и производства продукта. Основная цель этого процесса состоит в том, чтобы определить заинтересованные стороны и их намерения, а также то, как использовать продукт, описав контекст, дизайн справочных задач и идеи использования продукта.

176. 干线客机

[英文] Trunk liner

[俄文] Магистральный самолёт

[注释] 商用飞机的一种，通常可指载客量超过 100 人，航程大于 3 000 千米，执行国际之间或国内主要大城市之间固定航线旅客运输的商用飞机。

[Note] It is a type of commercial aircraft, which can carry more than 100 passengers and cover a range of more than 3,000 km, flying on fixed routes between international or major domestic cities.

[Комментарий] Это тип коммерческого самолета, который может перевозить более 100 пассажиров и покрывать дальность полета более 3000 км, летая по фиксированным маршрутам между международными или крупными отечественными городами.

177. 甘特图

[英文] Gantt chart

[俄文] График Гантта

[注释] 常用的展示工程/项目进度信息的条形图。纵向列示活动，横向列示日期，用横条表示活动自开始日期至结束日期的持续时间。

[Note] It is the bar chart showing the progress information of the project. The activity is listed vertically, the date is listed horizontally, and the duration of the activity from the start date to the end date is indicated by a bar.

[Комментарий] Это гистограмма, показывающая информацию о ходе выполнения проекта. Действие отображается вертикально, дата-горизонтально, а продолжительность действия от даты начала до даты окончания указывается полосой.

178. 赶工

[英文] Crashing

[俄文] Спешить работать

[注释] 增加资源，以最小的成本增加来压缩进度工期的一种技术。

[Note] It is a technique that reduces the duration of a project by increasing resources at minimal cost.

[Комментарий] Это метод, который сокращает продолжительность проекта за счет увеличения ресурсов при минимальных затратах.

179. 更改单记录

[英文] Revision records

[俄文] Записи изменений

[注释] 更改单记录由用户填写，用于记录与手册更改有关的信息，例如：更改单号、出版日期、插入日期和签名。更改单记录供用户按顺序记录和查阅更改单。

[Note] Revision records are completed by the user to record information related to manual changes, for example, the change of order number, publication date, insertion date, and signature. Revision records allow users to record and review revisions in order.

[Комментарий] Записи изменений заполняются пользователем для записи информации, связанной с ручными изменениями, например, изменение номера заказа, даты публикации, даты вставки и подписи. Записи ревизий позволяют пользователям записывать и просматривать ревизии по порядку.

180. 更改清单

[英文] Change list (CL)

[俄文] Список изменений

[注释] 用于记录更改前后，构型数据状态（包含件号、版本、数量、有效性）的变化。

[Note] It is used to record the changes in configuration data before and after the revisions (including part number, version, quantity, validity).

[Комментарий] Он используется для записи изменений в конфигурационных данных до и после изменений (включая номер детали, версию, количество, срок действия).

181. 更改审核清单

[英文] Change auditing list (CAL)

[俄文] Список ревизии изменений

[注释] 特定时间段内某架次飞机产品结构的变化过程。

[Note] It refers to the changes of a certain aircraft structure in a specific period of time.

[Комментарий] Это относится к изменениям определенной конструкции самолета в определенный период времени.

182. 更改摘要

[英文] Highlights

[俄文] Краткое описание изменений

[注释] 列出了自前次修订后文件的所有更改。包括对当前更改或修订的说明。

[Note] It lists all the changes to the documentation since the last revision,including descriptions for current changes or revisions.

[Комментарий] В нем перечислены все изменения в документации с момента последней ревизии, включая описания текущих изменений или ревизий.

183. 工程发展阶段

[英文] Engineering development phase

[俄文] Этап инженерной разработки

[注释] 商用飞机研制流程中的一个阶段。前接预发展阶段，后接批次生产和产业化阶段。

[Note] It refers to a phase in the commercial aircraft development process. It is after the pre-development phase and followed by the batch production and industrialization phase.

[Комментарий] Это относится к этапу в процессе разработки коммерческих самолетов. Это происходит после этапа предварительной разработки, а затем этапа серийного производства и индустриализации.

184. 工程更改建议

[英文] Engineering change proposal (ECP)

[俄文] Предложение по инженерному изменению

[注释] 工程更改建议是一份文件，用于描述、论证一项建议的工程更改，并将其提交至当前文件更改权威机构以确定是否批准该更改；以及产品采购方确定是否批准将该设计更改贯彻到将要交付的产品中或翻修已交付的产品。

[Note] Engineering change proposal is a document that describes and proves a proposed engineering change, and is submitted to the authority to determine whether the change will be approved; and the product purchaser determines whether to approve the design change to be implemented in the product to be delivered or the refurbished product.

[Комментарий] Предложение по инженерным изменениям - это документ, который описывает и доказывает предлагаемое инженерное изменение и представляется компетентному органу для определения того, будет ли это изменение одобрено; а покупатель продукта определяет, одобрить ли проектное изменение, и будет ли реализовано в поставляемом продукте или отремонтированном продукте.

185. 工程更改请求

[英文] Engineering change request (ECR)

[俄文] Запрос технических изменений

[注释] 是用于定义和记录更改申请程序的文件，包括问题的收集，问题的协调、讨论，更改必要性的确定等。

[Note] Engineering change request is a document used to define and record the change request procedures, including problem collection, problem coordination and discussion, and the need for change, etc.

[Комментарий] Инженерный запрос на изменение - это документ, используемый для определения и записи процедур запроса на изменение, включая сбор проблем, координацию и обсуждение проблем, а также необходимость изменений и т. д.

186. **工程更改通知**

[英文] Engineering change notice

[俄文] Уведомление о технических изменениях

[注释] 更改批准后，将更改批准的结果或数据发送给相关的人员或部门的一种方法。

[Note] It is a way of sending the results or data to people or departments concerned after the change has been approved.

[Комментарий] Это способ отправки результатов или данных заинтересованным лицам или подразделениям после утверждения изменений.

187. **工程物料清单**

[英文] Engineering bill of material (EBOM)

[俄文] Перечень технических материалов

[注释] 根据工程图样及相关设计文件编制的工程数据集，记录工程零件和装配件的属性信息及其结构关系，反映工程对产品物料的需求信息。

[Note] It is an engineering data set compiled according to the engineering drawings and relevant design documentation. It records the attribute information and structural relationship of the parts and assemblies, and reflects the engineering demand for product materials.

[Комментарий] Это набор инженерных данных, составленный в соответствии с инженерными чертежами и соответствующей конструкторской документацией. Он записывает атрибутивную информацию и структурные взаимосвязи деталей и узлов, а также отражает инженерный спрос на материалы изделия.

188. **工程中队**

[英文] Engineering squadron

[俄文] Инженерный эскадрон

[注释] 工程中队是商用飞机型号设计方派驻外地试飞现场（外场）的派出

组织，其主要专业需配套齐全、技术体系完整，代表型号设计方对外场试飞的飞机提供技术支持和技术保障。

[Note] The engineering squadron is the organization stationed in the field test (outfield) dispatched by the commercial aircraft model design party. The engineering squadron should be equipped with necessary specialties and complete technical system, and it can represent the model designer to offer technical support for the aircraft's flight test in the outfield.

[Комментарий] Инженерная эскадрилья - это организация, дислоцированная в полевых испытаниях (outfield), отправленная конструкторской партией коммерческих моделей самолетов. Инженерная эскадрилья должна быть оснащена необходимыми специальностями и полной технической системой, и она может представлять конструктора модели для оказания технической поддержки летным испытаниям самолета в полевых условиях.

189. **工具和设备手册**

[英文] Tool and equipment manual (TEM)

[俄文] Руководство по инструментам и оборудованию

[注释] 包括各个系统制造商和发动机制造商及飞机制造商所推荐的用于各个系统、发动机、组件和附件及飞机结构的保养和修理的所有专用工具和设备的手册。

[Note] It refers the manual that introduces all the special tools and equipment recommended by respective manufacturers of various systems, engines and aircraft and used for the maintenance and repair of the systems, engines, components and accessories, and aircraft structure.

[Комментарий] К нему относится руководство, в котором представлены все специальные инструменты и оборудование, рекомендованные соответствующими производителями различных систем, двигателей и летательных аппаратов и используемые для технического обслуживания и ремонта систем, двигателей, узлов и принадлежностей, а также конструкции летательных аппаратов.

190. 工艺和材料规范

[英文] Process and material specification (PMS)

[俄文] Спецификация процессов и материалов

[注释] 包含制造和维修飞机零部件所采用的工艺规范和材料规范的手册，供飞机用户在维修飞机时指导技术人员采用正确的工艺方法和选择适用的材料，以及查阅相关信息。

[Note] A manual introduces process and material specifications for manufacturing and maintaining aircraft parts. It can help the aircraft users to guide the technicians to use the right process methods, select proper materials and consult relevant information when maintaining and repairing the aircraft.

[Комментарий] Руководство вводит технологические и материальные спецификации для производства и обслуживания деталей самолетов. Он может помочь пользователям воздушных судов направлять техников использовать правильные технологические методы, выбирать правильные материалы и консультироваться с соответствующей информацией при техническом обслуживании и ремонте самолета.

191. 工作包

[英文] Work package (WP)

[俄文] Перечень работ

[注释] 工作分解结构最底层的工作，针对这些工作开展成本和持续时间的估算和管理。

[Note] It refers to the bottom-level work of the work breakdown structure. The cost and duration is estimated and managed with regards to the work.

[Комментарий] Это относится к работе нижнего уровня структуры разбивки работ. Стоимость и продолжительность оцениваются и управляются в отношении работы.

192. 工作分解结构模型

[英文] WBS model

[俄文] Модель структуры разбивки работ

[注释] 系统描述模型，包括目标产品及其（完成系统运行功能的）子系统、保障和辅助产品，以及系统开发中需要的各种其他工作产品（规划、控制基线等）。

[Note] It is a system description model, including the target product and its subsystems (which fulfill the function of system operation), support and auxiliary products, and various other work products (planning, control baselines, etc.) required for system development.

[Комментарий] Это модель описания системы, включающая целевой продукт и его подсистемы (выполняющие функцию функционирования системы), вспомогательные и вспомогательные продукты, а также различные другие рабочие продукты (планирование, контрольные исходные линии и т. д.), необходимые для разработки системы.

193. 工作绩效报告

[英文] Work performance report

[俄文] Отчет результативности

[注释] 为制定决策、采取行动或引起关注，而汇编的工作绩效信息所形成的实物或电子项目文件。

[Note] It is a physical or electronic item document, made by the work performance information compiled for the purpose of decision making, action taking, or attention attracting.

[Комментарий] Это физический или электронный товарный документ, составленный на основе информации о выполнении работ, собранной с целью принятия решений, принятия мер или привлечения внимания.

194. 工作流程图

[英文] Workflow diagram

[俄文] Диаграмма рабочего процесса

[注释] 表明活动、活动的关系和里程碑的进度示意图。

[Note] It is a schematic diagram showing the progress of activities, their relationships and milestones.

[Комментарий] Это схематическая схема, показывающая ход деятельности, ее взаимосвязи и вехи.

195. **公共源数据库**

[英文] Common source database (CSDB)

[俄文] Общая база исходных данных

[注释] 在技术出版物编制过程中，CSDB 被用来作为信息存储的仓库和实施信息管理的工具。

[Note] CSDB (Common source database) is used as a repository for information storage and as a tool for implementing information management in the preparation of technical publications.

[Комментарий] Общая база исходных данных используется как хранилище для хранения информации и как инструмент реализации управления информацией при подготовке технических публикаций.

196. **功能**

[英文] Function (FC)

[俄文] Функция

[注释] 指与具体实施过程无关，而以一系列规定要求为依据的对产品行为的预期。

[Note] It refers to the expected behavior to the product based on a series of specified requirements. It has nothing to do with the specific implementation.

[Комментарий] Это относится к ожидаемому поведению продукта на основе ряда заданных требований. Это не имеет ничего общего с конкретной реализацией.

197. **功能分解**

[英文] Functional decomposition (FD)

[俄文] Декомпозиция функции

[注释] 在设计方案定义和功能逻辑分解下获得的分系统功能。

[Note] It is the sub-system functions that are obtained under the design scheme definition and functional logic decomposition.

[Комментарий] Именно функции подсистемы получаются при определении расчетной схемы и функциональной логической декомпозиции.

198. 功能分析

[英文] Functional analysis (FA)

[俄文] Функциональный анализ

[注释] 辨识、描述和关联系统为达到其目的和目标必须实现的功能的过程。

[Note] It refers to the process of identifying, describing, and associating the functions of systems to achieve its goals and objectives.

[Комментарий] Он относится к процессу идентификации, описания и связывания функций систем для достижения их целей и задач.

199. 功能构型审核

[英文] Functional configuration audit (FCA)

[俄文] Проверка функциональной конфигурации

[注释] 对构型项或系统的功能特性进行正式的检查，以验证项目达到其功能和/或分配构型文件中规定的要求。

[Note] It refers to theformal check of the functional characteristics of configuration items or systems so as to verify that the project meets the requirements specified in its function and/or allocated configuration documents.

[Комментарий] Это относится к формальной проверке функциональных характеристик конфигурационных элементов или систем с целью проверки соответствия проекта требованиям, указанным в его функциях и/или выделенных конфигурационных документах.

200. 功能基线

[英文] Functional baseline (FBL)

[俄文] Функциональная базовая линия

[注释] 功能基线由一系列经过批准的功能构型文件组成。功能构型文件是描述飞机功能、性能、物理特性和外部接口要求及证明达到这些规定要求所需

验证的文件。

[Note] The functional baseline consists of a series of approved functional configuration documents, which give an account of the aircraft function, performance, physical characteristics, external interface requirements, and documents needed to prove that they have satisfied these specified requirements.

[Комментарий] Функциональная база состоит из серии утвержденных документов функциональной конфигурации, в которых дается отчет о функциях, характеристиках, физических характеристиках воздушного судна, требованиях к внешнему интерфейсу и документах, необходимых для подтверждения того, что они удовлетворяют этим указанным требованиям.

201. 功能检查

[英文] Functional check

[俄文] Проверка Функции

[注释] 为确定产品是否能在规定的限度内实现某一种或若干功能而进行的定量检查。

[Note] It is the quantitative inspection to confirm whether a product can perform one or more functions within specified limits.

[Комментарий] Это количественный контроль, чтобы подтвердить, может ли продукт выполнять одну или несколько функций в определенных пределах.

202. 功能需求

[英文] Functional requirements (FR)

[俄文] Функциональные требования

[注释] 必须完成的必要的任务、行动或者活动。换言之，功能性需求定义必须完成或者必须能够做的事情。功能将可在功能分析和分配的过程中被进一步分解。

[Note] It is the necessary task, action, or activity that has to be accomplished. In other words, functional requirements define what has to be done or be able to do. The functions can be further decomposed during functional analysis and allocation.

[Комментарий] Это необходимая задача, действие или деятельность, которая должна быть выполнена. Другими словами, функциональные требования определяют то, что должно быть сделано или быть в состоянии сделать. Функции могут быть дополнительно разложены во время функционального анализа и выделения.

203. 功能研制保证等级

[英文] Function development assurance level (FDAL)

[俄文] Уровень обеспечения развития функций

[注释] 在飞机系统功能的研制过程中，将产生的错误限制到安全性可接受的水平，对这个水平的分级，就称为功能研制保证等级。

[Note] The FDAL is a classification of possible acceptable mistakes occurring during the process of functional development.

[Комментарий] Уровень обеспечения развития функций - это классификация возможных допустимых ошибок, возникающих в процессе функционального развития.

204. 沟通管理计划

[英文] Communications management plan

[俄文] План управления коммуникациями

[注释] 项目、工程或项目组合管理规划的组成部分，描述项目信息将如何、何时、由谁来进行管理和传播（已编辑）。

[Note] It is a component of an item, project, or project portfolio management planning, describing how, when and who to manage and disseminate the project information (edited).

[Комментарий] Это компонент планирования управления объектом, проектом или портфелем проектов, описывающий, как, когда и кто должен управлять и распространять информацию о проекте (отредактированную).

205. 构型

[英文] Configuration

[俄文] Конфигурация

[注释] ① 已存在的或计划的产品或产品组合的产品属性；② 一系列连续产生的产品变化中的一种。

[Note] ① Product attributes of existing or planned products or product portfolios; ② one of a series of successive product changes.

[Комментарий] ① Атрибуты продукта существующих или планируемых продуктов или продуктовых портфелей; ② одно из последовательных изменений продукта.

206. 构型标识

[英文] Configuration identification

[俄文] Обозначение конфигурации

[注释] 构型管理的一项功能：① 为产品和产品构型信息建立结构关系；② 选择、定义、记录并通过基线冻结产品属性；③ 为每一个产品和产品构型信息分配唯一的标识。

[Note] A function of configuration management: ① Establishing structural relationships for products and product configuration information; ② Selecting, defining, recording and freezing product attributes through baseline; ③ Assigning unique identifiers to each product and product configuration information.

[Комментарий] Функция управления конфигурацией: ① Установление структурных связей для продуктов и информации о конфигурации продукта; ② Выбор, определение, запись и замораживание атрибутов продукта с помощью базовой линии; ③ Присвоение уникальных идентификаторов каждому продукту и информации о конфигурации продукта.

207. 构型更改

[英文] Configuration change

[俄文] Изменение конфигурации

[注释] 产品和/或其相关的产品构型信息的更改（更改需要通过文件进行申请）。

[Note] It refers to the changes in product and/or its related product configuration information (changes need to be applied by means of documentation).

[Комментарий] Это относится к изменениям в продукте и/или связанной с ним информации о конфигурации продукта (изменения должны быть применены с помощью документации).

208. 构型管理

[英文] Configuration management (CM)

[俄文] Управление конфигурациями

[注释] 在产品全生命周期内，建立并维持产品的产品属性与构型信息及其要求之间的一致性的管理程序。

[Note] Throughout the product lifecycle, it refers to the management procedures to establish and maintain the conformity between the product attributes and configuration information and their requirements.

[Комментарий] На протяжении всего жизненного цикла продукта он относится к процедурам управления, направленным на установление и поддержание соответствия между атрибутами продукта и конфигурационной информацией и их требованиями.

209. 构型管理办公室

[英文] Configuration management office (CMO)

[俄文] Отдел управления конфигурациями

[注释] 构型管理日常事务协调处理机构，一般可接受 CMB/CCB 的领导，负责任务的执行、组织、管理、协调，并制定相关的构型管理政策和程序。

[Note] It is the agency handling the daily affairs concerning configuration management, usually in the charge of CMB/CCB, responsible for mission execution, organization, management and coordination, and also for drawing up relevant configuration management policies and procedures.

[Комментарий] Это агентство, занимающееся повседневными делами, касающимися управления конфигурацией, обычно отвечающее за CMB/CCB, ответственное за выполнение миссии, организацию, управление и координацию, а также за разработку соответствующих политик и процедур управления конфигурацией.

210. 构型管理计划

[英文] Configuration management plan (CMP)

[俄文] План управления конфигурациями

[注释] 构型管理是一种面向产品全生命周期，以产品结构为组织方式，将各阶段产品数据关联起来并对其进行管理和控制，进而保证产品数据一致性、有效性和可追溯性。

[Note] Configuration management deals with the whole life cycle of the product. It integrates the product data of different phases based ong the product structure and then makes them under control so as to ensure the consistency, validity and traceability of the product data.

[Комментарий] Управление конфигурацией имеет дело со всем жизненным циклом продукта. Он интегрирует данные о продукте различных фаз на основе структуры продукта, а затем делает их под контролем, чтобы обеспечить согласованность, достоверность и прослеживаемость данных о продукте.

211. 构型管理委员会

[英文] Configuration management board (CMB)

[俄文] Комиссия по управлению конфигурациями

[注释] 负责项目构型管理的最高决策机构，批准构型管理顶层的政策性文件，组建并完善项目构型管理各级组织机构、指导和审核各级构型管理组织的工作。

[Note] Configuration management board is the highest decision-making institution for project configuration management. It is responsible for approving the policy documents from the management top, establishing and improving various organizations of the management, guiding and reviewing the performance of the different sub-organizations for configuration management.

[Комментарий] Высший орган принятия решений, ответственный за управление конфигурацией проекта, утверждает документы политики управления конфигурацией верхнего уровня, устанавливает и совершенствует организацию управления конфигурацией проекта на всех уровнях, направляет и анализирует работу организации управления конфигурацией на всех уровнях.

212. 构型基线

[英文] Configuration base line

[俄文] Базовая конфигурация

[注释] 在某一时间点上确定和建立产品属性的一致信息，它被作为定义更改的基础。

[Note] It refers to the determining and establishing consistent information about product attributes at a certain point of time, which is used as the basis for defining changes.

[Комментарий] Определять и установить согласованную информацию об атрибутах продукта в определенный момент времени, которая используется в качестве основы для изменений определения.

213. 构型纪实

[英文] Configuration status accounting (CSA)

[俄文] Учет статуса конфигурации

[注释] 构型管理的一项功能，是在整个生命周期内对获取和维护已确定的产品构型所必需的构型信息进行管理的活动。

[Note] It is a function of configuration management, aiming to managing configuration information necessary for acquiring and maintaining the defined product configuration throughout the life cycle.

[Комментарий] Функция управления конфигурацией заключается в управлении информацией о конфигурации, необходимой для получения и поддержания определенной конфигурации продукта на протяжении всего жизненного цикла.

214. 构型控制

[英文] Configuration control

[俄文] Контроль конфигураций

[注释] 一种系统的管理过程，它确保对已发放构型文件的更改经过恰当的标识、记录、影响的评估、授权机构的批准、合并和验证。该管理活动包括：提出系统性建议、对提出的建议进行论证、评估、协调和进行更改部署，确保所有已批准并发放的更改已经贯彻到产品的应用构型中、相关产品信息中、产品及其相关信息的支持和连接中。

[Note] A systematic management process ensuring that the changes to the issued configuration documents are properly identified, documented, assessed for impact, and approved, consolidated, and verified by the authorized agency. The control activities include: making systematic proposals, demonstrating, evaluating, and coordinating the proposals, making arrangements for the changes to the proposals. These activities will ensure that all the approved and issued changes are implemented in the product's configuration and information, and in the support and link of the related product and its information.

[Комментарий] Систематический процесс управления, который гарантирует, что изменения в выпущенных файлах конфигурации должным образом идентифицируются, регистрируются, оцениваются на предмет воздействия, утверждаются уполномоченными агентствами, объединяются и проверяются. Действия по управлению включают в себя: внесение системных предложений, демонстрацию, оценку, координацию и внедрение изменений предложенных предложений, обеспечение того, чтобы все утвержденные и выпущенные изменения были реализованы в конфигурации приложения продукта, связанной с ним информации о продукте, продукте и связанной с ним информации поддержали и подключили.

215. 构型控制团队

[英文] Configuration control team (CCT)

[俄文] Группа контроля конфигураций

[注释] 根据专业划分为不同的团队，负责本专业技术问题的决策，为 CMB 和 CCB 决策重大工程更改、超差/偏离以及重大技术问题提供技术支持，团队

接受 CCB、CMO 的领导，执行 CMB 和 CCB 的决策。

[Note] The team is divided into different groups according to their specialty, and each is responsible for the decision-making of technical issues in the field of their specialty, providing technical support for CMB and CCB to make decisions concerning major engineering changes, tolerances/deviations and major technical issues. The team is under the leadership of CCB and CMO, and executes the decisions made by CMB and CCB.

[Комментарий] Разделены на разные команды по специальностям, отвечающие за принятие решений по техническим вопросам профессии и обеспечивающие техническую поддержку CMB и CCB для внесения серьезных инженерных изменений, переход допусков / отклонений и основных технических вопросов. Команда принимает руководство CCB и CMO, а также выполняет решения CMB и CCB.

216. 构型控制委员会

[英文] Configuration control board (CCB)

[俄文] Комиссия по контролю конфигураций

[注释] 根据项目需要建立的，负责项目的构型更改控制工作，包括构型重大工程更改、重大超差/偏离的审批、重大问题的决策。

[Note] Established for the demand of the project, the board is responsible for the configuration change control, including major engineering changes of configuration, approval of major tolerances/deviations, and decision-making for major issues.

[Комментарий] Создан в соответствии с потребностями проекта и отвечает за управление изменениями конфигурации проекта, включая конфигурацию основных технических изменений, утверждение основных переход допусков / отклонений и принятие решений по основным вопросам.

217. 构型偏离清单

[英文] Configuration deviation list (CDL)

[俄文] Перечень допустимых отклонений конфигурации

[注释] 对飞机飞行手册中的相关性能缺损和受限的零件和相关部分的说明，它指明在飞行开始时可缺的某航空公司型别的任何外部部件，并且包含与使用限制和性能纠正相关的任何必要资料。

[Note] It is a description of performance defects and restricted parts and other related contents in the aircraft flight manual. It identifies any external parts of an airline type that may be missing at the beginning of the flight and contains any necessary data related to use restrictions and performance corrections.

[Комментарий] Описание соответствующих эксплуатационных дефектов и ограниченных частей и связанных частей в руководстве по летной эксплуатации воздушного судна. В нем указаны любые внешние части определенного типа авиакомпании, которые могут отсутствовать в начале полета, а также необходимая информация любых ограничений, связанные с использованием и исправлениями характеристик.

218. **构型审核**

[英文] Configuration audit

[俄文] Проверка конфигурации

[注释] 构型管理的一项功能，它通过重新检查所使用的程序和产品以确认其与要求的符合性，并且验证产品是否已经达到了它们所需满足的特征并且符合已发放的产品定义信息。通常构型审核又被划分成独立的功能构型审核和物理构型审核。

[Note] It is a function of configuration management that reconfirms the compliance of programs and products with the requirements through checking and reviewing them again, and verifies whether the products have met the requirements for their properties and characteristics and whether they conform to the product definition information issued. Configuration audit is divided into functional configuration audit and physical configuration audit.

[Комментарий] Функция управления конфигурацией повторно проверяет процедуры и продукты, используемые для подтверждения соответствия требованиям, и проверяет, достигли ли продукты тех характеристик, которым они должны соответствовать, и соответствуют ли они выданной информации об определении продукта. Обычно аудит конфигурации делится на независимый аудит функциональной конфигурации и аудит физической конфигурации.

219. 构型项

[英文] Configuration item (CI)

[俄文] Элемент конфигурации

[注释] 满足其最终的使用功能并被指定进行构型管理的任一硬件、软件或硬件和软件的组合件。

[Note] It refers to any hardware, software, or combination of hardware and software that meets its final functionality and is assigned to conduct configuration control.

[Комментарий] Любое оборудование, программное обеспечение или комбинация оборудования и программного обеспечения, которая соответствует его конечной функции использования и предназначена для управления конфигурацией.

220. 固有能力

[英文] Heritage; legacy

[俄文] Наследие

[注释] 指原产制造商通过下列指标证实的其产品的固有质量和可靠性水平：服务年限；在役产品数量；平均无故障时间等性能表现；总使用循环次数。

[Note] It refers to the inherent quality and reliability level of the product confirmed by the original manufacturer based on the following indicators: service life; number of products in service; performance like the average fault-free time; total number of cycles for use.

[Комментарий] Относится к внутреннему уровню качества и надежности продуктов, подтвержденному оригинальным производителем с помощью следующих показателей: срок службы; количество продуктов, находящихся в эксплуатации; производительность, например, средняя наработка на отказ; общее количество циклов использования.

221. 故障报告手册

[英文] Fault report manual (FRM)

[俄文] Руководство по сбору отказа

[注释] 提供了飞机各种类型的系统故障列表的信息。

[Note] It provides a list of information on various types of system faults of the aircraft.

[Комментарий] Предоставлять информацию о различных типах списков отказов системы самолета.

222. 故障隔离手册

[英文] Fault isolation manual (FIM)

[俄文] Руководство по изоляции отказа

[注释] 提供飞机系统和设备故障，并提供故障隔离程序的维修类手册，供维修人员使用。

[Note] It is a maintenance manual giving an account of the aircraft system and equipment failures, and fault isolation procedures used by the maintenance staff.

[Комментарий] Предоставлять информацию о сбоях систем самолета и оборудования, а также предоставлять руководства по обслуживанию и процедурам устранения неисправностей для обслуживающего персонала.

223. 故障影响

[英文] Failure effect

[俄文] Эффект отказа

[注释] 故障模式对产品使用、功能或状态所导致的结果。

[Note] It refers to the outcome of failure modes to product use, functionality, or status.

[Комментарий] Режим отказа - это результат использования продукта, его функции или состояния.

224. 故障原因

[英文] Failure cause

[俄文] Причина отказа

[注释] 引起故障的设计、制造、使用和维修等有关因素。

[Note] It refers to factors leading to failure, such as the design, manufacture, use and maintenance.

[Комментарий] Факторы, связанные с проектированием, производством, использованием и обслуживанием, вызвавшие отказ.

225. 关键技术

[英文] Key technology

[俄文] Ключевая технология

[注释] 关键技术是指对飞机安全性、可靠性及竞争力构成重大影响，对研制目标的实现具有直接制约作用的技术问题。关键技术攻关是在飞机研制的可行性研究阶段以及预发展阶段进行的重要活动。

[Note] Key technology refers to the technical issues that have a significant impact on aircraft safety, reliability and competitiveness, and directly restrict the realization of development objectives. The key technology research is an important activity in the feasibility study phase and pre-development phase of aircraft development.

[Комментарий] Ключевые технологии относятся к техническим вопросам, которые имеют большое влияние на безопасность, надежность и конкурентоспособность самолетов и напрямую ограничивают реализацию целей разработки. Ключевые технологические исследования - это важная деятельность, выполняемая на этапе технико-экономического обоснования и на этапе предпроектной разработки самолета.

226. 关键决策点（里程碑）

[英文] Key decision point (KDP)

[俄文] Точка принятия ключевого решения

[注释] 决策机构确定工程/项目是否准备好推进到寿命周期的下一阶段（或下一关键决策点）的时间点。

[Note] It is the point of time at which the decision-making institution determines if the project/item is ready to proceed to the next phase of the life cycle (or the next key decision point).

[Комментарий] Орган, принимающий решения, определяет, готов ли инженерия/проект продвигаться к моменту времени на следующем этапе (или следующей ключевой точке принятия решения) жизненного цикла.

227. **关键链法**

[英文] Critical chain method

[俄文] Метод Ключевой цепи

[注释] 一种进度规划方法，允许项目团队在任何项目进度路径上设置缓冲，来应对资源限制和项目不确定情形。

[Note] It is a kind of schedule planning that allows the project team to set buffers on any schedule path to address resource constraints and project uncertainties.

[Комментарий] Метод планирования расписания, который позволяет команде проекта установить буфер на любом пути расписания проекта, чтобы справиться с ограничениями ресурсов и неопределенностями проекта.

228. **关键路径**

[英文] Critical path

[俄文] Ключевой путь

[注释] 代表项目中最长路径的活动序列，决定了项目最短的可能持续时间。

[Note] Critical path is the longest path of activity sequence in the item which determines the shortest possible duration of the item.

[Комментарий] Последовательность действий, представляющая самый длинный путь в проекте, определяет минимально возможную продолжительность проекта.

229. **关键路径法**

[英文] Critical path method

[俄文] Метод ключевого пути

[注释] 在项目进度模型中，估算项目所需最短工期，确定逻辑网络路径的进度灵活性大小的一种方法。

[Note] It refers to a method of estimating the minimum duration of a project and determining the schedule flexibility of a logical network path in the project schedule model.

[Комментарий] В модели расписания проекта - метод оценки кратчайшего периода строительства, необходимого для проекта, и определения гибкости расписания логического сетевого пути.

230. **关键路径活动**

[英文] Critical path activity

[俄文] Работа по ключевым пути

[注释] 项目进度计划中，位于关键路径上的任何活动。

[Note] It refers to any activity on the critical path in the project schedule.

[Комментарий] Любая деятельность на критическом пути в графике проекта.

231. **关键设计评审**

[英文] Critical design review (CDR)

[俄文] Ключевой проектный обзор

[注释] 关键设计评审表明完备的设计能够十分恰当地支持全面制造、装配、集成和测试的过程；决定了技术上的成就有望完成飞行和地面系统的开发和任务的执行，在成本和进度的约束中满足该任务性能要求。

[Note] Critical design review shows that the design can well support the manufacture, assembly, integration, and testing processes; it also determines that the technical achievements are able to complete the development of flight and ground systems and the execution of the mission, meeting the performance requirements under the constraints of cost and schedule.

[Комментарий] Критическое рассмотрение проектирования показывает, что полноепроектирование может адекватно поддерживать процесс всестороннего производства, сборки, интеграции и испытаний; он определяет, что техническое достижение, как ожидается, приведет к завершению разработки летных и наземных систем и выполнению задач, а также выполнению заданий. Ограничения по стоимости и графику требования к производительности для этой задачи.

232. 关键事件

[英文] Critical event; key event

[俄文] Критическое событие (или ключевое событие)

[注释] 也称“keyevent”，在项目规划的产品全寿命周期中需要监控的事件，该类事件可能产生影响系统设计、研发、制造、试验和运行的关键需求（如在效能指标、性能指标和技术性能指标方面）。

[Note] Also known as “key event”, it refers to the event that needs to be monitored during the life cycle of the planned product. The event may lead to some key requirements that affect the system design, development, manufacturing, testing, and operation (eg, effectiveness index, performance index, and technical performance index).

[Комментарий] Также называемые «ключевым событием», события, которые необходимо отслеживать в течение жизненного цикла продукта при планировании проекта. Такие события могут генерировать ключевые требования, которые влияют на проектирование системы, исследования и разработки, производство, тестирование и эксплуатацию (например, показатели эффективности, показатели характеристики и технологии).

233. 关键事件准备（状态）评审

[英文] Critical event readiness review

[俄文] Проверка готовности к ключевым событию

[注释] 针对项目在飞行任务中执行关键活动的准备状态进行的评估活动。

[Note] It refers to the assessment of the readiness of the key event execution in the flight mission.

[Комментарий] Мероприятие по оценке готовности проекта к выполнению основных мероприятий во время полета.

234. 关联对象

[英文] Link object (LO)

[俄文] Ссылка на объект

[注释] 关联对象，指体现构型项目（CI）与设计模块（DM）之间关系的对象，在该对象上记录每一对 CI 与 DM 之间的关联关系，如有效性信息。

[Note] Link object refers to the object that represents the relationship between configuration item (CI) and design module (DM), on which the association between each pair of CI and DM, such as effectiveness information, is recorded.

[Комментарий] Связанный объект относится к объекту, который отражает взаимосвязь между элементом конфигурации (CI) и модулем проектирования (DM). Связь между каждой парой CI и DM записывается в объекте, например, информация о действительности.

235. 管理沟通

[英文] Management-communication

[俄文] Управление коммуникацией

[注释] 管理沟通是根据沟通管理计划，生成、收集、分发、储存、检索及最终处置项目信息的过程。

[Note] Management-communication is the process of generating, collecting, distributing, storing, retrieving, and ultimately disposing of project information based on the communication management plan.

[Комментарий] Управленческая коммуникация - это процесс создания, сбора, распространения, хранения, извлечения и окончательного удаления информации о проекте в соответствии с планом управления коммуникациями.

236. 规范

[英文] Specification

[俄文] Спецификация

[注释] 定义产品、程序或服务需要满足的要求的文件。

[Note] Documentation that defines the requirements the product, program, or service need to satisfy.

[Комментарий] Документ, определяющий требования, которым должен соответствовать продукт, программа или услуга.

237. 规划包

[英文] Planning package (PP)

[俄文] Планирующий пакет

[注释] 工作进度已知但详细进度活动未知的，低于控制账户的工作分解结构组件。参见“控制账户”。

[Note] It refers to the work breakdown structure components whose work schedule is known but detailed schedule activities are still unknown and which are under the control account. See *control account* for reference.

[Комментарий] Если ход работ известен, но подробные сведения о ходе выполнения неизвестны, он ниже, чем компонент структурной декомпозиции работ контрольного счета. См. *Контрольный счет*.

238. 规划沟通管理

[英文] Plan communication management

[俄文] Управление взаимодействием по плану

[注释] 规划沟通管理是根据干系人的信息需要和要求及组织的可用资产情况，制定合适的项目沟通方式和计划的过程。

[Note] Plan communication management is the process of formulating appropriate project communication channels and plans based on the stakeholder's information needs and requirements and the organization's assets available.

[Комментарий] Планирование управления коммуникациями - это процесс формулирования соответствующих методов и планов коммуникации проекта, основанных на информационных потребностях и требованиях заинтересованных сторон и имеющихся активов организации.

239. 规划进度管理

[英文] Plan schedule management

[俄文] Управление расписанием плана

[注释] 为规划、编制、管理、执行和控制项目进度而制定政策、程序和文档的过程。

[Note] It is the process of establishing policies, procedures, and documentation for planning, preparing, managing, executing, and controlling the project schedules.

[Комментарий] Процесс формулирования политик, процедур и документов для планирования, подготовки, управления, реализации и контроля за ходом проекта.

240. 滚动式规划

[英文] Rolling wave planning

[俄文] Планирование методом набегающей волны

[注释] 一种迭代式的规划技术，对近期要完成的工作进行详细规划，对远期工作只做粗略规划。

[Note] It is an iterative planning technique that details what needs to be done in the near future but only sketches what needs to be done in the long term.

[Комментарий] Метод итеративного планирования составляет подробные планы работ, которые должны быть завершены в ближайшем будущем, и только приблизительные планы на долгосрочную работу.

241. 过失速飞行

[英文] Post-stall flight

[俄文] Полёт на за критических углах атаки

[注释] 飞机在大于失速迎角后的范围内的飞行。此时飞机的飞行动作，不是飞行员有意操作的，而是非指令性的飞行。

[Note] It refers to the flight of an aircraft flying at an angle of attack greater than the stall AOA. At this point, the flight is non-mandatory rather than intentionally operated by the pilot.

[Комментарий] Полёт самолёта в пределах диапазона, превышающего угол атаки при падении. Действие самолёта в этот момент не было преднамеренным, а не направленным полетом пилота.

242. 过失速旋转

[英文] Post-stall gyration

[俄文] Вращение на за критических углах атаки

[注释] 在前进位或倒挡中，踩住制动踏板并完全踩下节气门踏板时，发动机处于最大转矩工况，而此时自动变速器的输出轴和输入轴均静止不动，变矩器的涡轮不动，只有变矩器壳及泵轮随发动机一同转动，此工况称为失速工况，此时发动机的转速称为失速转速。

[Note] In the forward or reverse gear, when the brake pedal is pressed and the throttle pedal is fully pressed, the engine is at the maximum torque condition. At this time, the output shaft and input shaft of the automatic transmission are stationary, and the turbine of the torque converter also remain stationary, with only the torque converter housing and pump wheel rotating with the engine. This is called stall condition under which the speed of the engine is called stall speed.

[Комментарий] На передней или задней передаче, когда педаль тормоза нажата и педаль газа полностью нажата, двигатель находится в состоянии максимального крутящего момента, а выходной вал и входной вал автоматической коробки передач в это время неподвижны. Турбина гидротрансформатора не движется, только корпус гидротрансформатора и колесо насоса вращаются вместе с двигателем. Это рабочее состояние называется рабочим режимом срыва, а частота вращения двигателя в это время называется скоростью срыва.

H

243. 航空电气系统

[英文] Aircraft electrical system

[俄文] Авиационная электрическая система

[注释] 航空器上供电系统和用电设备组合的总称。

[Note] It is the general term for electrical power supply system and electric equipment on the aircraft.

[Комментарий] Общий термин для системы электроснабжения и электрооборудования воздушного судна.

244. 核心人员

[英文] Core staff

[俄文] Основной персонал

[注释] 核心人员是相对固定在外场，承担试验试飞工作具体任务的人员。

[Note] Core staff are those who are relatively settled in the outfield to undertake the specific tasks of the flight test.

[Комментарий] Основной персонал - это те, кто относительно обосновался в полевых условиях для выполнения конкретных задач летных испытаний.

245. 横滚

[英文] Roll

[俄文] Крен

[注释] 飞机绕机体纵轴做滚转 360°的特技飞行。它按滚转的速度可分为快滚和慢滚。慢滚飞行时要求滚转速度均匀，飞行航向不变。

[Note] It is the aerobatic flight that the aeroplane makes a 360° roll around the longitudinal axis of airframe. According to the speed of roll, it can be classified into fast roll and slow roll. Slow roll flight requires uniform roll speed and constant flight course.

[Комментарий] Пилотажный полет заключается в том, что самолет совершает крен на 360° вокруг продольной оси планера. Согласно скорости крена, его можно расклассифицировать в быстрый крен и медленный крен. Медленный полет по крену требует равномерной скорости крена и постоянного курса полета.

246. 横轴

[英文] Lateral axis

[俄文] Поперечная ось

[注释] 也叫横滚轴，通过飞机重心和纵轴，垂直伸向两翼的轴。

[Note] It is also called lateral roll axis, which extends perpendicularly to the axis of the two wings through the center of gravity and longitudinal axis of the aircraft.

[Комментарий] Поперечная ось крена, которая проходит перпендикулярно оси двух крыльев через центр тяжести и продольную ось самолета.

247. 后勤保障

[英文] Logistics

[俄文] Логистика

[注释] 与商用飞机产品和地面系统保障性目标所确定的设计需求定义、材料获取与分配、维护保养、备件更换、运输和处置相关的管理、工程活动、分析等事宜。

[Note] Affairs related to those determined by the safety objectives of the commercial aircraft product and the ground system, including definition of design requirements, acquisition and distribution of materials, maintenance, replacement of spare parts, management related to transportation and disposition, engineering activities and analysis.

[Комментарий] Вопросы, связанные с теми, которые определяются целями безопасности коммерческого авиационного продукта и наземной системы, включая определение проектных требований, приобретение и распределение материалов, техническое обслуживание, замену запасных частей, управление, связанное с транспортировкой и утилизацией, инженерную деятельность и анализ.

248. 滑行

[英文] Taxi

[俄文] Руление

[注释] 飞机凭借发动机推力在地面的运动。

[Note] It is the movement of airplane by thrust of engine power on the ground.

[Комментарий] Движение самолета за счет тяги мощности двигателя на земле.

249. 滑行道

[英文] Taxiway

[俄文] Рулежная дорожка

[注释] 一条规定的路径，通常有铺筑面，航空器可在其上由机场的一个部分滑行到另一个部分。

[Note] It is a set path and usually overspread with pavement on which an aircraft can be taxied from one place to another at the airport.

[Комментарий] Заданная дорожка и обычно покрытая тротуаром, по которому самолет может выруливать из одного места в другое в аэропорту.

250. 滑行道安全区

[英文] Taxiway safety area

[俄文] Зона безопасности рулежных дорожек

[注释] 无障碍物、可排水并带坡度的区域，对称于滑行道中心线延长线两侧并邻接滑行道的端头。

[Note] It is the barrier-free area with drainage and slope, symmetrically lies to both sides of the taxiway centerline extension and adjacent to the end of the taxiway.

[Комментарий] Безбарьерная зона с дренажем и уклоном, симметрично лежит по обе стороны от расширения осевой линии рулежной дорожки и примыкает к концу рулежной дорожки.

251. 滑行路线图

[英文] Taxi patterns

[俄文] Схема руления

[注释] 为对可供使用的不同跑道或机场区域所希望的地面交通流动进行图解说明而制定的路线图。

[Note] It is a roadmap developed to illustrate the desired ground traffic flow of airport areas or different runways available.

[Комментарий] Дорожная карта разработана, чтобы проиллюстрировать желаемый наземный транспортный поток районов аэропортов или различных доступных взлетно-посадочных полос.

252. 环境控制系统

[英文] Environmental control system

[俄文] Система контроля окружающей среды

[注释] 在各种飞行条件下，使座舱（或设备舱）内空气压力、温度、湿度、洁净度及气流速度等参数适合人体生理卫生要求，保证乘员生命安全舒适（或满足机载设备冷却、增压要求）的成套设备。

[Note] It is the complete set of equipment that makes the parameters such as air pressure, temperature, humidity, cleanliness and airflow velocity in the passenger cabin (or equipment cabin) suitable for human physiological and hygienic requirements to ensure the safety and comfort of the crew (or meet the requirements of cooling and pressurization of airborne equipment) under various flight conditions.

[Комментарий] Полный комплект оборудования, обеспечивающий такие параметры, как давление воздуха, температура, влажность, чистота и скорость воздушного потока в пассажирском салоне (или кабине оборудования), соответствующие физиологическим и гигиеническим требованиям человека для обеспечения безопасности и комфорта экипажа (или отвечающие требованиям охлаждения и наддува бортового оборудования) в различных условиях полета.

253. 活动清单

[英文] Activity list

[俄文] Список операций

[注释] 活动清单是一份包含项目所需的全部进度活动的综合清单。

[Note] It is an integrated list of all schedule activities required by the project.

[Комментарий] Интегрированный список всех запланированных мероприятий, необходимых для реализации проекта.

254. 活动属性

[英文] Activity property

[俄文] Свойства операций

[注释] 与里程碑不同，活动具有持续时间，需要在该持续时间内开展工作，可能需要相应的资源和成本。活动属性是指每项活动所具有的多重属性，用来扩充对活动的描述。活动属性随时间演变。

[Note] Unlike milestones, the activities have a duration to carry out the work during which corresponding resources and costs may be required. Activity property refers to the multiple attributes of each activity, which is used to expand the description of the activity and which changes over time.

[Комментарий] В отличие от вех, мероприятия имеют продолжительность выполнения работы, в течение которой могут потребоваться соответствующие ресурсы и затраты. Свойство Activity относится к нескольким атрибутам каждого действия, которое используется для расширения описания действия и изменяется с течением времени.

J

255. 机长

[英文] Pilot in command

[俄文] Командир воздушного судна

[注释] 飞行过程中对航空器的运行和安全负责的驾驶员。

[Note] It is the pilot who is responsible for the operation and safety during the flight.

[Комментарий] Пилот, который отвечает за эксплуатацию и безопасность во время полета.

256. 机场标高

[英文] Airport elevation

[俄文] Альтитуда аэропорта

[注释] 从平均海平面到机场可用跑道最高点的垂直距离。

[Note] It refers to the vertical distance from mean sea level to the highest point of the runway available at the airport.

[Комментарий] Вертикальное расстояние от среднего уровня моря до самой высокой точки взлетно-посадочной полосы, доступной в аэропорту.

257. 机场场面探测雷达

[英文] Airport surface detection equipment (ASDE)

[俄文] Радиолокационная станция на поверхности аэропорта

[注释] 观测机场场面上航空器或车辆的位置和运动情况的一种地面雷达。

[Note] It is a ground radar to observe the position and motion of an aircraft or vehicle on the airport scene.

[Комментарий] Наземный радар для наблюдения за положением и движением самолета или транспортного средства на месте происшествия в аэропорту.

258. 机场导航

[英文] Airport navigation

[俄文] Навигация аэропорта

[注释] 保障航空器起飞、着陆和在机场区域飞行的导航。

[Note] It is the navigation to guarantee aircraft take-off, landing and flight in the airport area.

[Комментарий] Навигация для обеспечения взлета, посадки и полета воздушных судов в районе аэропорта.

259. 机动飞行

[英文] Maneuver flight

[俄文] Полетный манёвр

[注释] 用于航空器时，指有意地改变处于飞行中的航空器的运动或姿态，例如，转弯、俯冲、改出、倾斜、筋斗、横滚、跃升转弯、半滚倒转等的变化或性能。

[Note] It refers to the intentional change of the motion or attitude of the flying aircraft, such as transformation or performance of turn, dive, recovery, tilt, somersault, roll, climb turn, split-S and so on.

[Комментарий] Преднамеренное изменение движения или положения летящего самолета, такое как преобразование или выполнение разворота, пикирования, восстановления, наклона, кувырка, крена, набора высоты, поворота, разделения и так далее.

260. 机身

[英文] Fuselage

[俄文] Фюзеляж

[注释] 机身是飞机的主体部分，把机翼，尾翼和起落架连在一起。

[Note] Fuselage is the main body of the aircraft, connecting the wings, tails and landing gears.

[Комментарий] Фюзеляж - это основной корпус самолета, соединяющий крылья, хвосты и шасси.

261. 机翼

[英文] Wing

[俄文] Крыло самолёта

[注释] 机翼是飞机升力的主要来源，它是飞机必不可缺的一部分，机翼除了提供升力外，还作为油箱和起落架舱的安放位置，还可以吊装发动机。

[Note] The wing is the main resource of lift force for aircraft, which is an indispensable part of the aircraft. In addition, the wing also houses fuel tank and landing gear, and it can also mount the engine.

[Комментарий] Крыло является основным ресурсом подъемной силы для самолета, который является неотъемлемой частью самолета. Кроме того, крыло также содержит топливный бак и шасси, а также может монтировать двигатель.

262. 机载测试系统

[英文] Airborne data acquisition system (ADAS)

[俄文] Бортовая система сбора данных

[注释] 装机用于飞行试验的测试系统。

[Note] It is a test system installed for flight test.

[Комментарий] Испытательная система, установленная для летных испытаний.

263. 机载软件

[英文] Airborne software

[俄文] Бортовое программное обеспечение

[注释] 安装在飞机设备/系统上能够确保飞机设备/系统实现特定功能的程序或软件（集合）。

[Note] It is a program or software (collection) installed on aircraft equipment or system to ensure that aircraft equipment or system can achieve specific functions.

[Комментарий] Программа или программное обеспечение (комплекс), установленное на авиационном оборудовании или системе для обеспечения того, чтобы авиационное оборудование или система могли выполнять определенные функции.

264. 机载设备维修手册

[英文] Component maintenance manual (CMM)

[俄文] Руководство по техническому обслуживанию компонентов

[注释] 主要内容包括各设备或组件的说明、使用、实验和故障分析程序、拆卸、清洗、检查、修理和装配方法、专用工具以及按装配前后顺序排列的图解零件目录等。

[Note] The manual contains descriptions of equipment or components, use, test and failure analysis procedures, disassembly, cleanout, inspection, repair and assembly methods, special tools and illustrated list of different parts arranged in their assembly order.

[Комментарий] Руководство содержит описание оборудования или компонентов, процедуры использования, испытаний и анализа отказов, методы разборки, очистки, осмотра, ремонта и сборки, специальные инструменты и иллюстрированный перечень различных деталей, расположенных в порядке их сборки.

265. 机载设备位置指南

[英文] Component location guide (CLG)

[俄文] Руководство по расположению бортовых оборудований

[注释] 提供了各种设备装机位置的说明，供空、地勤人员学习培训使用，也可供维修保养飞机时作参考资料使用。

[Note] It provides instructions of various equipment locations for training air and ground staff, or as reference for aircraft maintenance.

[Комментарий] Руководство содержит инструкции по размещению различного оборудования для обучения воздушного и наземного персонала, а также в качестве справочного материала для технического обслуживания воздушных судов.

266. 机组

[英文] Crew

[俄文] Экипаж

[注释] 飞行期间派在飞机上执行任务的人。

[Note] It refers to those who are assigned to perform the flight mission on an airplane.

[Комментарий] Те, кому поручено выполнить полетную миссию на самолете.

267. **机组检查单**

[英文] Pilot check list (PCL)

[俄文] Контрольный список пилотов

[注释] 飞行机组人员随身携带的袖珍型飞行运行类手册，其中应有飞行机组人员正常飞行时应进行的例行检查的操作程序。含有飞行机组人员正常飞行时例行检查的操作程序的清单。

[Note] It is a pocket flight operation manual for the flight crew, containing routine inspection procedures for the flight and a list of such procedures.

[Комментарий] Карманное руководство по летной эксплуатации для летного экипажа, содержащее регламентные процедуры досмотра во время полета и перечень таких процедур.

268. **基本空机重量**

[英文] Basic empty weight (BEW)

[俄文] Вес пустого снаряженного воздушного судна

[注释] 基本空机重量是制造空机重量加上标准项目的重量。

[Note] Basic empty weight is the manufacture weight of the empty machine and plus the weight of the standard items.

[Комментарий] Основной вес пустого снаряженного воздушного судна - это вес изготовления пустой машины и плюс вес стандартных изделий.

269. **基于项目的组织**

[英文] Project-based organizations (PBOs)

[俄文] Проектные организации

[注释] 一种组织机构的变化形式，是通过创建临时管理系统来实施项目。

其把大部分活动当项目来做，或提供超越职能分工的项目方案。

[Note] It is a variation of organizations, which is to implement an item by creating a temporary management system. Most of the activities are done as items, or it provides an item plan that has gone beyond the functional division.

[Комментарий] Разновидность организации, которая заключается в реализации элемента путем создания временной системы управления. Большая часть мероприятий выполняется в виде элементов, или он предоставляет план элементов, который вышел за рамки функционального отдела.

270. 绩效审查

[英文] Performance review

[俄文] Обзор результативности

[注释] 绩效审查是指测量、对比和分析进度绩效，如实际开始和完成日期、已完成百分比及当前工作的剩余持续时间。

[Note] Performance review refers to the measurement, contrast and analysis of progress performance, such as the actual start and finish dates, completed percentage, and remaining duration of the current work.

[Комментарий] Обзор результативности относится к измерению, сравнению и анализу результатов выполнения работы, таких как фактические даты начала и окончания, процент выполненных работ и оставшаяся продолжительность текущей работы.

271. 集成

[英文] Integration

[俄文] Интеграция

[注释] 使系统中的各元件能协同运作的行为并使若干分离的功能集中到单个实施过程之中的行为。

[Note] It is the action that enables the various elements of the system to work together and integrate the separate functions into a single implementation process.

[Комментарий] Действие, которое позволяет различным элементам системы работать вместе и интегрировать отдельные функции в единый процесс реализации.

272. 集成产品/项目团队

[英文] Integrated project/product team (IPT)

[俄文] Интегральный проект/группа по проекту

[注释] 面向产品的，为实现项目目标而建立的包含达成目标产品所需各学科、专业、管理、支援人员的临时团队。通常 IPT 内有技术团队和管理团队之分，对 IPT 队长或项目经理负责，并且在可能的情况下，集中办公。

[Note] It is a product-oriented, temporary team established to achieve the project objectives, including members with different disciplines and professions, and management and support personnel. Generally, there are technical and management teams in IPT, who are responsible for the IPT leader or project manager, and will work concentratedly if possible.

[Комментарий] Временная команда, ориентированная на продукт, созданная для достижения целей проекта, включая члены с различными дисциплинами и профессию, а также управленческий и вспомогательный персонал. Как правило, в группе есть технические и управленческие команды, которые отвечают за лидера группы или менеджера проекта и будут работать сосредоточенно, если это возможно.

273. 技术成熟度水平

[英文] Technology readiness level (TRL)

[俄文] Уровень готовности технологии

[注释] 量度技术成熟度的依据。技术成熟度水平的范围从 1 级（基础技术研究）到 9 级（系统试验、试飞和运行）。通常在将技术集成到系统工程流程中时，其技术成熟度水平要达到 6 级（通过相关环境中技术演示验证）以上。

[Note] It is the basis for measuring technical readiness. Technology readiness level ranges from level 1 (basic technology research) to level 9 (system test, flight test and operation). When the technology is integrated into the system engineering process, the technology readiness level should reach level 6 or above (verified by technology demonstration in relevant environment).

[Комментарий] Основа для измерения технической готовности. Уровень технологической готовности варьируется от уровня 1 (фундаментальные технологические исследования) до уровня 9 (системные испытания, летные испытания и эксплуатация). Когда технология интегрирована в процесс системного проектирования, уровень готовности технологии должен достигать уровня 6 или выше (проверяется демонстрацией технологии в соответствующей среде).

274. **技术出版物**

[英文] Technical publication

[俄文] Техническая публикация

[注释] 是指为满足中国民用航空总局 CCAR-25《运输类飞机适航标准》附录 H 和 AC-91-11《航空器的持续适航文件要求》所必需的持续适航文件，以及指导用户（航空公司）运营、维护、修理飞机的技术支持资料。

[Note] It refers to the continuous airworthiness documents necessary to meet the CCAR-25 Standards on the Airworthiness of Transport Aircrafts Appendix H and AC-91-11, Aircraft Continuous Airworthiness Document Requirements, as well as the technical support data to guide users (airlines) in aircraft operating, maintaining and repairing.

[Комментарий] Документы непрерывной летной годности, необходимые для соответствия стандартам CCAR-25 по летной годности транспортных воздушных судов приложения H и AC-91-11, требованиям документов непрерывной летной годности воздушных судов, а также данным технической поддержки для руководства пользователями (авиакомпаниями) при эксплуатации, техническом обслуживании и ремонте воздушных судов.

275. **技术攻关**

[英文] Technology research

[俄文] Исследование технологий

[注释] 简称攻关，对于商用飞机型号研制过程中的关键技术、技术难点，经型号设计师系统确认，需要集合有技术、有经验的专业技术或管理人员之智，在规定的期限内，按照既定的目标，共同解决技术问题的过程。

[Note] It refers to the technical problem solving of key technologies and technical difficulties encountered in the development of commercial aircraft models, which usually need to be systematically confirmed by the model designers and need the collaboration of experienced technicians and management staff to solve them within the specified time based on the set goals.

[Комментарий] Решение технических проблем ключевых технологий и технических трудностей, возникающих при разработке коммерческих моделей самолетов, которые обычно нуждаются в систематическом подтверждении разработчиками моделей и нуждаются в сотрудничестве опытных технических специалистов и управленческого персонала для их решения в установленные сроки исходя из поставленных целей.

276. 技术难点

[英文] Technology difficulty

[俄文] Технологическая трудность

[注释] 技术难点是指除关键技术以外，影响飞机的性能、研制进度及适航取证工作，需要通过攻关活动解决的技术问题。技术难点攻关贯穿于飞机整个研制过程。

[Note] Technology difficulty refers to key problems except the key technologies that affect the performance of aircraft, development progress and airworthiness certification. It needs to be solved by research activities throughout the entire aircraft development process.

[Комментарий] Технологическая трудность относится к ключевым проблемам, за исключением ключевых технологий, влияющих на эксплуатационные характеристики воздушных судов, прогресс разработки и сертификацию летной годности. Она должна решаться научно-исследовательской деятельностью на протяжении всего процесса разработки самолета.

277. 技术审查

[英文] Technical reviews

[俄文] Технические обзоры

[注释] 一系列系统工程活动，该活动通过对照项目的技术或合同要求来评估项目的技术进展情况。技术审查应在合理的转阶段时进行，以便鉴别并纠正已完成工作中存在的问题，不让这些问题打断或推迟技术工作的进展。审查为执行单位和提出任务单位提供一种方法，以便使构型项的研制及其文件的制定更有可能满足合同的要求。

[Note] It refers to a series of system engineering activities that assess the technical progress of the project based on its technical or contract requirements. Technical reviews should be carried out at a reasonable transitional stage in order to identify and rectify the problems in the completed work so that the problems will not interrupt or delay the progress. Reviews provide a method for implementing and task-proposing units to make the development of configuration items and their documentation more likely to meet contractual requirements.

[Комментарий] Серия системных инженерных мероприятий, оценивающих технический прогресс проекта на основе его технических или контрактных требований. Технические обзоры должны проводиться на разумном переходном этапе для выявления и устранения проблем в завершенной работе, с тем чтобы эти проблемы не прерывали и не задерживали прогресс. Обзоры обеспечивают метод внедрения и предложения задач подразделениям, чтобы сделать разработку конфигурационных элементов и их документации более вероятной для удовлетворения контрактных требований.

278. 技术团队

[英文] Technical team

[俄文] Техническая группа

[注释] 由涉及多个学科，拥有相关领域知识、经验、资质和技能，能完成特定技术工作的个人组成的群体。

[Note] It refers to a group of individuals with specialties, experience, qualifications, and skills in a variety of disciplines who are able to finish specific technical tasks.

[Комментарий] Группа лиц, обладающих специальностями, опытом, квалификацией и навыками в различных дисциплинах, способных решать конкретные технические задачи.

279. **技术需求定义流程**

[英文] Technical requirements definition process

[俄文] Процесс определения технических требований

[注释] 用于将干系人期望转换为经确认的完整的技术需求集合的过程，技术需求的表达用需求形式（shall）陈述，用于定义产品分解结构模型和相关辅助产品的设计方案。

[Note] It is a process for converting stakeholder expectations into a confirmed set of complete technical requirements, the representation of which is stated in a demand form for defining a product breakdown structure model and a design of the associated ancillary product.

[Комментарий] Процесс преобразования ожиданий заинтересованных сторон в подтвержденный набор полных технических требований, представление которых излагается в форме спроса для определения модели структуры разбивки продукта и дизайна соответствующего вспомогательного продукта.

280. **架次管理**

[英文] Sorties management

[俄文] Управление вылетом

[注释] 试飞现场通过按架机成立架次管理团队，对各架机进行包括制定试飞计划，组织飞行实施和飞行保障、机上工作安排以及相关协调调度的过程。

[Note] The flight test site shall establish a sorties management team by aircraft to make the flight test plans, flight implementation and flight support, on-board work arrangement and related coordinated dispatching process for each aircraft.

[Комментарий] На летно-испытательном полигоне создается группа управления полетами воздушных судов для составления планов летных испытаний, выполнения полетов и обеспечения полетов, организации бортовой работы и соответствующего согласованного диспетчерского процесса для каждого воздушного судна.

281. **假设**

[英文] Assumption

[俄文] Предположение

[注释] 在规划过程中不需要经验证即可视为正确、真实或确定的因素。

[Note] It refers to the factor which can be regarded as correct, real or definite without empirical evidence in the planning process.

[Комментарий] Фактор, который может рассматривать как правильный, реальный или определенный без эмпирических доказательств в процессе планирования.

282. **减重**

[英文] Weight reduction

[俄文] Уменьшение веса

[注释] 在飞机超出设计目标重量情况下，采取各种切实有效的优化措施去努力实现设计目标的过程叫作减重。

[Note] When the aircraft exceeds its designed target weight, it is necessary to take various practical and effective optimization measures to achieve the designed target weight.

[Комментарий] При превышении самолетом расчетной целевой массы необходимо принимать различные практические и эффективные меры оптимизации для достижения расчетной целевой массы.

283. **减重机会**

[英文] Weight opportunity

[俄文] Возможности уменьшения веса

[注释] 有益于飞机重量减少的各种潜在因素。

[Note] It refers to various potential factors that contribute to weight reduction of the aircraft.

[Комментарий] Различные потенциальные факторы, способствующие снижению веса самолета.

284. 检飞

[英文] Check flight

[俄文] Проверочный полёт

[注释] 检查飞机是否符合规定状态的飞行。包括改装、排故、定检和大修后的最初飞行，以及用于确定飞机部件和系统是否符合相应规定的其他飞行。

[Note] Check flight is to check whether the aircraft complies with the specified flight requirements. It includes initial flights of the aircraft after its refit, fault clearance, periodical inspection and major repair, as well as other flights used to confirm whether aircraft components and systems conform to the relevant requirements.

[Комментарий] Проверка полета заключается в проверке соответствия воздушного судна установленным требованиям полета. Она включает в себя первоначальные полеты воздушного судна после его переоборудования, устранение неисправностей, периодический осмотр и капитальный ремонт, а также другие полеты, используемые для подтверждения соответствия компонентов и систем воздушного судна соответствующим требованиям.

285. 简化技术英语

[英文] Simplified technical English (STE)

[俄文] Упрощённый технический английский

[注释] 由欧洲航空宇航工业（AECMA）组织负责出版编写的，用于编写维修技术文件的简化技术英语使用规范。目的是让母语为非英语的人员正确理解并使用规范的简化技术英语来编写手册、文件和资料。

[Note] It refers to the simplified technical English specifications written and published by European Association of Aerospace Industries (AECMA) and used for compiling technical documentation for maintenance. The purpose is to enable non-native speakers to understand and use standardized simplified technical English to compile manuals, documents and data.

[Комментарий] Упрощенные технические спецификации на английском языке написаны и опубликованы Европейской ассоциацией аэрокосмической промышленности (AECMA) и используются для составления технической документации по техническому обслуживанию. Цель состоит в том, чтобы дать возможность не носителям языка понимать и использовать стандартизированный упрощенный технический английский язык для составления руководств, документов и данных.

286. 建模技术

[英文] Modeling technique (MT)

[俄文] Методика моделирования

[注释] 用于对系统/功能/项目的一个给定方面进行建模的方法。

[Note] It is a method for modeling a given aspect of system, function or project.

[Комментарий] Метод моделирования данного аспекта системы, функции или проекта.

287. 健康管理

[英文] Health management

[俄文] Управление здравоохранением

[注释] 与系统状态监测、故障诊断/预测、故障处理、综合评价、维修保障决策等相关的所有过程的统称。

[Note] It is the general term for all processes related to system status monitoring, fault diagnosis/prediction, fault process, integrated evaluation, maintenance support decision and so on.

[Комментарий] Общий термин для всех процессов, связанных с мониторингом состояния системы, диагностикой неисправностей/ прогнозированием, процессом неисправностей, комплексной оценкой, решением о поддержке технического обслуживания и так далее.

288. **交付验收（试验）**

[英文] Pre-delivery acceptance (test) (PDA)

[俄文] Приемочные работы до поставки (или приемочное испытание до поставки)

[注释] 产品交付前根据功能需求矩阵进行的检查与测试，用以验证产品的功能符合性。

[Note] The product is checked and tested based on the functional requirement matrix before delivery to verify the functional conformity of the product.

[Комментарий] Продукт проверяется и тестируется на основе матрицы функциональных требований перед поставкой для проверки функционального соответствия продукта.

289. **交付重量**

[英文] Delivered weight (DW)

[俄文] Вес при поставке

[注释] 交付重量是指合同规定的交付状态下的重量。

[Note] Delivered weight (DW) refers to the weight in the delivery condition specified in the contract.

[Комментарий] Вес при поставке относится к весу в условиях поставки, указанных в договоре.

290. **接口**

[英文] Interface (INF)

[俄文] Интерфейс

[注释] 一般的边界存在的性能、功能和物理属性。

[Note] It refers to the performance, function and physical properties that exist in general boundaries.

[Комментарий] Характеристики, функции и физические свойства, которые существуют в общих границах.

291. 接口管理

[英文] Interface management (IM)

[俄文] Управление интерфейсом

[注释] 系统工程（SE）的一个元素，帮助确保所有的系统元素在一起工作，完成系统的目标，并且在系统生命周期里，随着改变持续地一起运行。

[Note] It is an element of system engineering (SE) that helps ensure that all system elements work together to achieve the goals of the system and continue to function together with change throughout the system life cycle.

[Комментарий] Элемент системного инжиниринга, который помогает гарантировать, что все элементы системы работают вместе для достижения целей системы и продолжают функционировать вместе с изменениями на протяжении всего жизненного цикла системы.

292. 接口控制文件

[英文] Interface control document (ICD)

[俄文] Документ управления интерфейсом

[注释] 接口控制文件为一份接口控制图或其他文件，以描述产品或组合产品的物理接口、功能接口、性能接口和验证接口。

[Note] Interface control document (ICD) is an interface control chart or document describing the physical interface, functional interface, performance interface and verification interface of the product or combination product.

[Комментарий] Документ управления интерфейсом-это схема управления интерфейсом или документ, описывающий физический интерфейс, функциональный интерфейс, интерфейс характеристики и интерфейс проверки продукта или комбинированного продукта.

293. 结构修理手册

[英文] Structure repair manual (SRM)

[俄文] Руководство по ремонту и эксплуатации

[注释] 为用户提供飞机主要（基本）和次要（辅助）结构的识别、有关允

许损伤和修理的说明性资料。对结构强度和寿命有重要影响的严重损伤，SRM提供了将其结构恢复到满足设计功能要求的状态所需要的资料。

[Note] It is a kind of illustration information that provides the user with the identification of the primary (basic) and secondary (auxiliary) structure of the aircraft, permissible damage and repairs. SRM provides the information needed to restore the structure to meet the functional requirements of the design for severe damage that has a significant impact on the strength and life of the structure.

[Комментарий] Это иллюстративная информация, обеспечивающая пользователю идентификацию первичной (базовой) и вторичной (вспомогательной) конструкции летательного аппарата, допустимых повреждений и ремонтов. Руководство по ремонту и эксплуатации предоставляет информацию, необходимую для восстановления конструкции в соответствии с функциональными требованиями конструкции при серьезных повреждениях, оказывающих значительное влияние на прочность и долговечность конструкции.

294. 襟翼

[英文] Flaps

[俄文] Закрылок

[注释] 襟翼是为了使飞机在起飞和降落时速度较低，又要保持升力而在机翼上附加的活动面。

[Note] Flaps is attached to the wing to help the aircraft to keep a lift force when taking off and landing at a slower speed.

[Комментарий] Закрылки крепятся к крылу, чтобы помочь самолету сохранить подъемную силу при взлете и посадке на более низкой скорости.

295. 紧后活动

[英文] Successor activity

[俄文] Последующая деятельность

[注释] 在进度计划的逻辑路径中，排在某个活动后面的活动。

[Note] It refers to the activity following another one in the logic path of the schedule plan.

[Комментарий] Действие, следующее за другим в логическом пути плана расписания.

296. 紧前关系

[英文] Precedence relationship

[俄文] Отношения предшествования

[注释] 在紧前关系绘图法中表示逻辑关系的术语。但在目前的用法中，无论使用哪种绘图法，紧前关系、逻辑关系和依赖关系等术语经常互换使用。参见“逻辑关系”。

[Note] It is a term refering to a logical relationship in precedence diagramming method. But currently, terms such as precedence relationship, logical relationship and dependence relationship are often used interchangeably, regardless of the diagramming methods. See *logical Relationship*.

[Комментарий] Термин, относящийся к логической связи в методе построения диаграмм приоритета. Но в настоящее время такие термины, как отношение приоритета, логическое отношение и отношение зависимости, часто используются взаимозаменяемо, независимо от методов построения диаграмм. См. *Раздел логическая связь*.

297. 紧前关系绘图法

[英文] Precedence diagramming method (PDM)

[俄文] Метод предшествования

[注释] 创建进度模型的一种技术，用节点表示活动，用一种或多种逻辑关系连接活动，以显示活动的实施顺序。

[Note] It is a technique for establishing progress model in which nodes are used to represent activities which are connected by one or more logical relationships to show their implementation order.

[Комментарий] Метод построения модели прогресса, в которой узлы используются для представления действий, связанных одной или несколькими логическими связями, чтобы показать порядок их реализации.

298. **紧前活动**

[英文] Predecessor activity

[俄文] Предшествующая деятельность

[注释] 在进度计划的逻辑路径中，排在某个依赖活动前面的活动。

[Note] It refers to the activity that precedes a dependency activity in the logical path of the schedule.

[Комментарий] Действие, предшествующее действию зависимости в логическом пути расписания.

299. **进度管理规划**

[英文] Schedule management plan

[俄文] План управления расписанием

[注释] 项目管理规划的组成部分，为编制、监督和控制项目进度建立标准和明确活动。

[Note] As a part of the project management plan, it establishes standards and defines activities to prepare, monitor and control the project schedule.

[Комментарий] Как часть плана управления проектом, он устанавливает стандарты и определяет мероприятия по подготовке, мониторингу и контролю графика проекта.

300. **进度基准**

[英文] Schedule baseline

[俄文] Базовое расписание

[注释] 经过批准的进度模型，只有通过正式的变更控制程序才能进行变更，用作与实际结果进行比较的依据。

[Note] It is an approved schedule model which cannot be changed unless it has obtained approval through formal change control procedure. It is used for comparison with the actual results.

[Комментарий] Утвержденная модель расписания, которая не может быть изменена, если она не получила одобрения с помощью формальной процедуры контроля изменений. Он используется для сравнения с фактическими результатами.

301. **进度模型**

[英文] Schedule model

[俄文] Модель расписания

[注释] 项目活动执行计划的一种表现形式，其中包含持续时间、依赖关系和其他规划信息，用以生成项目进度计划及其他进度资料。

[Note] It is a manifestation of project activity execution, containing duration, dependence relationship and other planning information to generate the project schedule and other schedule data.

[Комментарий] Проявление выполнения проектной деятельности, содержащее продолжительность, зависимость отношения и другую информацию планирования для формирования графика проекта и других данных графика.

302. **进度模型分析**

[英文] Schedule model analysis

[俄文] Анализ модели расписания

[注释] 通过调查或分析进度模型的输出以优化进度的流程。

[Note] It refers to the process of optimizing the schedule by investigating or analyzing the output of the schedule model.

[Комментарий] Процесс оптимизации расписания путем исследования или анализа выходных данных модели расписания.

303. **进度网络分析**

[英文] Schedule network analysis

[俄文] Анализ сети расписания

[注释] 进度网络分析是创建项目进度模型的一种技术。它通过多种分析技术，如关键路径法、关键链法、假设情景分析和资源优化技术等，来计算项目活动未完成部分的最早和最晚开始日期，以及最早和最晚完成日期。

[Note] Schedule network analysis is a technique to create project schedule model. It calculates the earliest and last starting dates for the unfinished portion of item activities, as well as the earliest and last completion dates, through a variety of analytical techniques, such as critical path methods, critical chain methods, hypothetical scenario analysis, and resource optimization techniques.

[Комментарий] Сетевой анализ расписания - это метод создания модели расписания проекта. Он вычисляет самые ранние и последние начальные даты для незавершенной части номенклатурных операций, а также Самые ранние и последние даты завершения с помощью различных аналитических методов, таких как методы критического пути, методы критической цепи, анализ гипотетического сценария и методы оптимизации ресурсов.

304. **进度压缩**

[英文] Schedule compression

[俄文] Сжатие расписания

[注释] 在不缩小项目范围的前提下缩短进度工期的技术。

[Note] It is a technology to shorten the schedule without narrowing the scope of project.

[Комментарий] Технология, позволяющая сократить расписание работы без сужения объема проекта.

305. **进度预测**

[英文] Schedule forecasting

[俄文] Прогнозирование расписания

[注释] 进度预测是根据已有的信息和知识，对项目未来的情况和事件进行的估算或预计。

[Note] Schedule forecasting is an estimation or prediction of the future situation and event of a project based on existing information and knowledge.

[Комментарий] Прогнозирование расписания-это оценка или прогнозирование будущей ситуации и события проекта на основе существующей информации и знаний.

306. 精密进近雷达

[英文] Precision approach radar (PAR)

[俄文] Радиолокационная станция управления заходом на посадку

[注释] 安装在机场，用于观测和引导航空器沿预定的进场路径着陆的三坐标雷达。

[Note] It is a three-coordinate radar installed at an airport which is used to observe and navigate the aircraft to land along a predetermined approach path.

[Комментарий] Трех координатный радар, установленный в аэропорту, который используется для наблюдения и навигации самолета для посадки по заранее заданной траектории захода на посадку.

307. 静力或疲劳试验机

[英文] Static/Fatigue test plane

[俄文] Самолёт для статических/ресурсных испытаний

[注释] 是指在飞机研制阶段，用于进行全尺寸静力/疲劳试验的飞机。

[Note] It refers to the aircraft used for full-scale static/fatigue test during the aircraft development phase.

[Комментарий] Самолет использовался для полномасштабных статических/усталостных испытаний на этапе разработки самолета.

308. 静力试验

[英文] Static test

[俄文] Статическое испытание

[注释] 在静载荷下观测研究航空器机构的强度、刚度和应力、应变分布以验证航空器结构静强度的试验。

[Note] It is a test of measuring the strength, stiffness and stress, and strain distribution of the aircraft structure under static load to verify the static strength of the aircraft.

[Комментарий] Испытание на измерение прочности, жесткости и напряженно-деформированного состояния конструкции летательного аппарата при статической нагрузке с целью проверки статической прочности летательного аппарата.

309. 静态校准

[英文] Static calibration

[俄文] Статическая калибровка

[注释] 在规定条件下，用一定的实验方法，对传感器输入随时间变化很大的物理量，通过适当的数据处理方法，确定传感器的输入—输出特性和精度的过程。

[Note] Under specified conditions and with certain experimental methods, the input-output characteristics and accuracy of the sensor are determined by proper processing of the sensor input that varies significantly with time.

[Комментарий] В заданных условиях и при определенных экспериментальных методах вход-выходные характеристики и точность датчика определяются правильной обработкой входного сигнала датчика, которая значительно изменяется со временем.

310. 绝对高度

[英文] Absolute altitude

[俄文] Абсолютная высота

[注释] 飞机离地面的实际距离。

[Note] It refers to the actual distance of the aircraft away from the ground.

[Комментарий] Фактическое расстояние самолета от Земли.

311. 绝对湿度

[英文] Absolute humidity

[俄文] Абсолютная влажность

[注释] 单位体积空气中所含水蒸气质量。

[Note] It refers to the mass of water vapor contained in air per unit volume.

[Комментарий] Масса водяного пара, содержащегося в воздухе на единицу объема.

312. 校准

[英文] Calibration

[俄文] Калибровка

[注释] 施加已知并精确测定的输入，以保证一个产品产生精确测定或指示的明确输出过程。按照实际情况，校正可包括调整或修正量的记录。

[Note] It applies known and accurately measured inputs to ensure an explicit output of accurate measurement or indication. According to the actual situation, calibration may include a record of the adjustment or correction amount.

[Комментарий] Применяют известные и точные измеренные входные сигналы для обеспечения явного вывода точного измерения или индикации. В соответствии с фактической ситуацией калибровка может включать запись о корректировке или корректирующем количестве.

K

313. 开始到开始

[英文] Start-to-start (SS)

[俄文] Старт-старт

[注释] 只有紧前活动开始，紧后活动才能开始的逻辑关系。

[Note] It is a logical relationship in which the start of the successor activity depends on the start of the precedence activities.

[Комментарий] Логическое отношение, в котором начало последующей деятельности зависит от начала предшествующих действий.

314. 开始到完成

[英文] Start-to-finish (SF)

[俄文] Старт-финиш

[注释] 只有紧前活动开始，紧后活动才能完成的逻辑关系。

[Note] It is a logical relationship in which the completion of the successor activity depends on the start of the precedence one.

[Комментарий] Логическое отношение, в котором завершение последующей деятельности зависит от начала предшествующей.

315. 科目关闭

[英文] Subject close

[俄文] Закрытие предмета

[注释] 对试飞科目的数据和审查资料的符合性进行最终确认的过程。

[Note] It refers to the process of final confirmation of the conformity of the data and the review documentation of the flight test subject.

[Комментарий] Процесс окончательного подтверждения соответствия данных и обзорной документации летного испытуемого.

316. 科目管理

[英文] Subjects management

[俄文] Управление предметами

[注释] 外场试验队将试飞科目分类打包，并成立相应试飞科目联合团队，对试飞科目进行统筹管理的过程。

[Note] It is the overall management process in which the field test team classifies the flight test subjects and then sets up corresponding joint teams for the subjects.

[Комментарий] Общий процесс управления, в котором группа полевых испытаний классифицирует испытуемых и затем создает соответствующие совместные группы для испытуемых.

317. 可接受判据

[英文] Acceptable criteria

[俄文] Приемлемый критерий

[注释] 确定飞行试验等测试结果是否可以被接受的判定标准。

[Note] It refers to the criteria for the acceptance of the test results.

[Комментарий] Критерии принятия результатов испытаний.

318. 可行性论证阶段

[英文] Feasibility study phase

[俄文] Этап технико-экономического обоснования

[注释] 商用飞机研制流程中的一个阶段，是对项目从技术、市场、经济、管理等方面进行的先期评估。

[Note] It is a phase in the commercial aircraft development, which is the feasibility assessment of the project in terms of technology, market, economy and management.

[Комментарий] Этап в развитии коммерческой авиации, который представляет собой технико-экономическую оценку проекта с точки зрения технологии, рынка, экономики и менеджмента.

319. 可行性评审

[英文] Feasibility study review

[俄文] Анализ технико-экономического обоснования

[注释] 对项目从技术、市场、经济、管理等方面进行评估以确定是否正式立项的活动。

[Note] It refers to the evaluation of the project in terms of technology, market, economy and management to determine whether it shall be officially launched.

[Комментарий] Оценка проекта с точки зрения технологии, рынка, экономики и менеджмента для определения того, будет ли он официально запущен.

320. 可追溯性

[英文] Tracea bility (TB)

[俄文] Отслеживаемость

[注释] 在两个或多个逻辑实体（如需求、系统单元、验证、任务）之间的可辨识的联系。

[Note] It refers to the identifiable connection between two or more logical entities (such as requirement, system unit, verification, task).

[Комментарий] Идентифицируемая связь между двумя или более логическими сущностями (такими как требование, системный блок, проверка, задача).

321. 客舱机组操作手册

[英文] Cabin crew operation manual (CCOM)

[俄文] Руководство для бортпроводников

[注释] 提供了客舱机组管理的项目和设备的操作说明，以及正常和非正常情况下的处置程序。

[Note] The manual provides operational instructions for the items and equipment under the control of the cabin crew, as well as the handling procedures for normal and abnormal conditions.

[Комментарий] В руководстве приведены инструкции по эксплуатации предметов и оборудования, находящихся под контролем бортпроводников, а также порядок обращения с ними в нормальных и ненормальных условиях.

322. 空速

[英文] Airspeed

[俄文] Воздушная скорость

[注释] 飞行相对于未扰大气的飞行速度。实践中又分为真实空速、当量空速、校正空速和指示空速。

[Note] It is the flight speed against the undisturbed atmosphere. It can be categorized into true airspeed, equivalent airspeed, calibrated airspeed and indicated airspeed in practice.

[Комментарий] Скорость полета против невозмущенной атмосферы. Его можно разделить на истинную скорость, эквивалентную скорости, калиброванная скорость полета приборная скорость на практике.

323. 空速校准系统

[英文] Airspeed calibration

[俄文] Тарировка указателя воздушной скорости

[注释] 在空速校准试飞中，用于标定空速的设备和仪器。

[Note] It refers to the equipment and instrument used to calibrate airspeed during airspeed calibration flight test.

[Комментарий] Оборудование и прибор, используемые для калибровки скорости полета во время летных испытаний калибровки скорости полета.

324. 空中应急离机系统

[英文] Air emergency escape system

[俄文] Воздушная-аварийная система

[注释] 空中应急离机系统是飞行试验过程中保障试飞机组人员安全的重要设备。在飞机出现不可挽救的情况下，用以保证试飞组人员快速脱离飞机，并跳伞逃生。

[Note] Air emergency escape system is the important device to ensure the safety for the crew during the flight test. It is used to ensure that the crew can quickly leave the aircraft and parachute to escape in the event that the aircraft is irreparable.

[Комментарий] Система воздушной аварийной эвакуации является важным устройством для обеспечения безопасности экипажа во время летных испытаний. Он используется для того, чтобы экипаж мог быстро покинуть самолет и с парашютом спастись в том случае, если самолет непоправим.

325. 控制节点

[英文] Control gate

[俄文] Узел управления

[注释] 参见“里程碑”。

[Note] See *milestone*.

[Комментарий] См. Раздел Вехи.

326. 快速跟进

[英文] Fast tracking

[俄文] Быстрое отслеживание

[注释] 一种进度压缩技术，将正常情况下按顺序进行的活动或阶段改为至少是部分并行开展。

[Note] It is a schedule tightening technique that changes the activities or phases that are normally performed in sequence to parallel implementation.

[Комментарий] Метод ужесточения графика изменяет действия или фазы, которые обычно выполняются последовательно, на параллельную реализацию.

327. 快速检查单

[英文] Quick reference handbook (QRH)

[俄文] Краткое справочное руководство

[注释] 为飞行机组提供在正常情况下驾驶飞机和处理非正常情况时能快速参考的资料，飞机制造商可根据飞机飞行手册编制快速检查单。

[Note] It provides quick reference for flight crew to handle the aircraft under normal and abnormal conditions. The aircraft manufacturer may prepare the quick reference handbook based on the aircraft flight manual.

[Комментарий] Он обеспечивает быструю справку для летного экипажа, чтобы управлять самолет в нормальных и ненормальных условиях. Изготовитель воздушного судна может подготовить краткое справочное руководство на основе руководства по полетам воздушного судна.

L

328. 里程碑

[英文] Milestone

[俄文] Этап

[注释] 也称“控制节点”。项目、工程或项目组合中的重要时间点或事件。

[Note] Also called “control gate”, it refers to the important point of time or event in an item, project, or portfolio.

[Комментарий] Также называется «узел управления». Важный момент или событие в программе, проекте или сочетание программ.

329. 里程碑清单

[英文] Milestone list

[俄文] Перечень этапов

[注释] 里程碑清单列出了所有项目里程碑，并指明每个里程碑是强制性的（如合同要求的）还是选择性的（如根据历史信息确定的）。里程碑与常规的进度活动类似，有相同的结构和属性，但是里程碑的持续时间为零，因为里程碑代表的是一个时间点。

[Note] It lists all the item milestones and clarifies whether the milestone is mandatory (as required by the contract) or optional (as determined by historical information). Milestone is similar to regular schedule activities, with the same structure and attribute, but the duration of the milestone is zero, because it represents a point-in-time.

[Комментарий] В перечень вех перечислены все этапы программ и указано, является каждый этап обязательным (в соответствии с требованиями контракта) или необязательным (в зависимости от исторических данных). Вехи похожи на обычные графики и имеют ту же структуру и атрибут, но продолжительность вехи равна нулю, поскольку веха представляет собой момент времени.

330. 理论重量

[英文] Theoretic weight

[俄文] Теоретический вес

[注释] 理论重量是按飞机生产图纸所计算的，标注在图样上的重量。

[Note] It refers to the weight calculated on the basis of the aircraft production drawing and labeled on it.

[Комментарий] Теоретический вес рассчитывается в соответствии с чертежами производства самолета и весом, указанным на чертеже.

331. **立项论证阶段**

[英文] Project authorization phase

[俄文] Этап утверждения проекта

[注释] 商用飞机研制流程中的一个阶段。在可行性论证得出积极评估结论之后对项目进行正式立项流程操作。

[Note] It is a phase in the commercial aircraft development. After the feasibility study has drawn a positive conclusion, the project will enter into official approval process.

[Комментарий] Этап в процессе разработки коммерческого самолета. После того как технико-экономическое обоснование сделает положительный вывод об оценке, над проектом будет проведена официальная операция по созданию проекта.

332. **立项评审**

[英文] Authorized to proceed (ATP)

[俄文] Уполномоченный действовать

[注释] 项目发起人或项目决策机构对实施项目建议书内容、所需经费和资源的审核过程。

[Note] It is the review process of the project proposal by the project sponsor or project decision-making institution, concerning its content, the expenditure and resources required.

[Комментарий] Процесс рассмотрения спонсором проекта или органом, принимающим решения по проекту, содержания, необходимых средств и ресурсов для предложения по реализации проекта.

333. **立轴**

[英文] Vertical axis

[俄文] Вертикальная ось

[注释] 也叫偏航轴，与纵轴和横轴组成的平面垂直的轴。

[Note] Also called the yaw axis, it refers to a vertical axis perpendicular to the vertical and horizontal axes.

[Комментарий] Также называется осью рыскания, ось перпендикулярна плоскости, состоящей из вертикальной оси и горизонтальной оси.

334. **联合定义**

[英文] Joint definition (JD)

[俄文] Совместное определение

[注释] 商用飞机主制造商及其系统供应商在预发展阶段期间，共同对所研制的机型从结构、设计直至其主要功能单元的需求进行梳理和确认的活动。

[Note] During the pre-development phase, the main commercial aircraft manufacturer and its system suppliers will clarify and confirm the requirements of the developed model from the structure, design to its major functional units.

[Комментарий] На этапе предварительной разработки основные производители коммерческих самолетов и их поставщики систем совместно разобрались и подтвердили потребности разрабатываемых моделей от конструкции и проектирования до потребностей их основных функциональных элементов.

335. **联合概念定义**

[英文] Joint concept definition (JCD)

[俄文] Совместное определение понятий

[注释] 商用飞机主制造商及其系统供应商在预发展阶段期间，共同对所研制的机型顶层需求及工作分解结构纲要进行梳理和确认，并确立产品总体技术方案的活动。

[Note] During the pre-development phase, the main commercial aircraft manufacturer and its system suppliers will jointly sort out and confirm the top-level requirements and work breakdown structure of the developed model, and establish the overall technical solution of the product.

[Комментарий] На этапе предварительной разработки основные производители коммерческих воздушных судов и их поставщики систем совместно разобрались и подтвердили требования к верхнему уровню и схемы структуры работ по разработанным моделям, а также наметили действия для общего технического решения продуктов.

336. 零部件

[英文] Part

[俄文] Деталь

[注释] 一个构成产品结构的基本物理元素，与最终交付客户的产品相关联。零部件可以是零件，也可以是部件、整件和成套设备。

[Note] It refers to the basic physical element that forms the product structure and is associated with the ultimately delivered product. The part can be a part, a component, a whole unit or a set of equipment.

[Комментарий] Основной физический элемент, составляющий структуру продукта, связан с продуктом, который в конечном итоге доставляется покупателю. Часть может быть деталью или компонентом, целым элементом и полным комплектом оборудования.

337. 零组件件号

[英文] Part number (PN)

[俄文] Номер детали

[注释] 对飞机、产品或零组件进行标识的方法，每个零组件件号是唯一的。

[Note] It is the identification of an aircraft, product, or component. Each component part number is unique.

[Комментарий] Метод идентификации самолета, продуктов или компонентов, номер детали для каждого элемента является уникальным.

338. 留置

[英文] Liens

[俄文] Право удержания

[注释] 暂时未能满足，必须在一个给定的时间内解决以推进项目控制节点的需求和任务。

[Note] It refers to the demand and task that are not accomplished temporarily but have to be solved in a given time in order to advance the project control gate.

[Комментарий] Временно не удалось удовлетворить, должны быть решены в течение определенного времени для продвижения потребностей и задач узла управления проектом.

339. **路径分支**

[英文] Path divergence

[俄文] Расхождение траектории

[注释] 表示一个进度活动拥有一个以上的紧后活动的一种关系。

[Note] It is a relationship showing that a schedule activity has more than one successor activity.

[Комментарий] Отношение, указывающее, что у действия выполнения есть больше одного последующего действия.

340. **路径汇聚**

[英文] Path convergence

[俄文] Схождение траектории

[注释] 表示一个进度活动拥有一个以上的紧前活动的一种关系。

[Note] It is a relationship showing that a schedule activity has more than one predecessor activity.

[Комментарий] Отношение, указывающее, что у действия выполнения есть больше одного предыдущего действия.

341. **逻辑分解流程**

[英文] Logical decomposition process

[俄文] Процесс логического разбиения

[注释] 生成详细的功能需求使得工程和项目能够满足干系人最终需要的过程。该流程能辨识系统在各个层次上必须达到的要求，从而保证项目成功。它运用功能分析法生成系统结构，并将系统顶层需求逐层分解，直到项目所需要的最低层次。

[Note] It is the process of generating detailed functional requirements to enable the project to meet the stakeholder's final requirements. This process identifies the requirements that must be met at all levels to ensure the success of the project. It uses functional analysis to generate the system architecture and decomposes the top-level requirements of the system layer by layer to the lowest level required by the project.

[Комментарий] Генерация подробных функциональных требований позволяет проектам и программам соответствовать процессам, которые в конечном итоге необходимы заинтересованным сторонам. Этот процесс может идентифицировать требования, которым система должна соответствовать на всех уровнях, чтобы обеспечить успех программы. Он использует метод функционального анализа для генерации структуры системы и разбивает требования верхнего уровня системы слой за слоем, пока не достигнет самого низкого уровня, требуемого программам.

342. 逻辑分解模型

[英文] Logical decomposition models

[俄文] Модели логического разбиения

[注释] 采用一种或多种方法（如功能、时间、行为、数据流、状态、模式、系统结构）对需求进行分解。

[Note] Requirements are decomposed by one or more methods (for example, function, time, behavior, data flow, state, mode, system structure).

[Комментарий] Использовать один или несколько методов (таких как функция, время, поведение, поток данных, состояние, режим, структура системы) для разложения требований.

343. 逻辑关系

[英文] Logical relationship

[俄文] Логическая взаимосвязь

[注释] 两个活动之间，或者一个活动与一个里程碑之间的依赖关系。

[Note] It refers to the dependence relationship between two activities, or an activity and a milestone.

[Комментарий] Зависимость между двумя действиями или между действием и вехой.

M

344. 每客重量

[英文] Average passenger weight

[俄文] Средний вес пассажира

[注释] 通过科学统计得到的每位乘客的平均重量（含行李），AC120-27E咨询通告给出了每客重量的建议值。

[Note] The average weight per passenger (including luggage) is obtained through scientific statistics and AC120-27E advisory circular gives the recommended weight for average passenger weight.

[Комментарий] Средний вес каждого пассажира (включая багаж), полученный с помощью научной статистики, в уведомлении AC120-27E приводится рекомендуемое значение веса каждого пассажира.

345. 门禁

[英文] Toll gate (TG)

[俄文] Платный шлагбаум

[注释] 项目管理中设立于各发展阶段间，保证项目状态及阶段性交付物符合进入下一阶段的一系列评判准则。参见“成熟节点”。

[Note] It is a series of evaluation criteria set between different development stages of project management to ensure that the project status and the deliverables at different stages are qualified to enter into the next stage. See *maturity gate* (*MG*) for reference.

[Комментарий] Управление программой устанавливается между каждым этапом разработки, чтобы гарантировать, что статус программы и поэтапные результаты соответствуют ряду критериев оценки для перехода на следующий этап. См. *Зрелый узел*.

346. **民用飞机**

[英文] Civil aircraft; civil airplane

[俄文] Гражданское воздушное судно (или Гражданский самолёт)

[注释] 是从事除执行军事、海关、警察飞行任务外的一种民用航空器，使用固定翼面，具有自身动力。

[Note] It refers to the aircraft with fixed airfoil and power that are not used for military, customs, and police flight missions.

[Комментарий] Это гражданский летательный аппарат, помимо того, что выполнять военные, таможенные и полицейские полеты, использует фиксированные крылья и обладает собственной мощностью.

347. **模块**

[英文] Module

[俄文] Модуль

[注释] 在安装层次上定义的零组件及其方位的逻辑组合。模块包括与安装有关的产品定义数据和服务、适用的工艺、工艺装备、技术规范以及它们之间的相互关系。

[Note] It is a logical combination of the parts and their location defined at the installation level. Module includes installation-related product definition data and services, applicable processes, process equipment, technical specifications, and relationships among them.

[Комментарий] Логическая комбинация компонентов и их положения, определенные на уровне установки. Модули включают в себя данные определения продукта и услуги, связанные с установкой, применимыми процессами, технологическим оборудованием, техническими спецификациями и взаимосвязями между ними.

348. **模型**

[英文] Model

[俄文] Модель

[注释] 对系统/功能/设备诸多方面的一种抽象表达方式，以做分析、建模和/或代码生成之用，并具有清晰、明确规定的语法和语义。

[Note] It refers to the abstract representation of various aspects of a system/function/device for analysis, modeling, and/or code generation with clearly defined syntax and semantics.

[Комментарий] Абстрактное выражение многих аспектов, как система / функция/ оборудование для анализа, моделирования и / или генерации кода и имеет четкие и явные заданные программатики и семантики.

349. 目标重量

[英文] Target weight

[俄文] Целевой вес

[注释] 目标重量是在合同中明确定义的，并且要求承制方努力达到的重量，它是比担保重量更高层次的要求。

[Note] Target weight is clearly defined in the contract and requires the contractor to achieve. It is a higher level of weight requirement than the warranted weight.

[Комментарий] Целевой вес четко определен в контракте и требует от подрядчика стремиться к достижению веса, что является более высоким требованием к уровню, чем гарантированный вес.

350. 目视飞行

[英文] Visual flight；contact flight

[俄文] Визуальный полет

[注释] 驾驶员运用对地平线和地标的目视参考，来确认其航空器的姿态并寻找从一地到另一地的路线的飞行。

[Note] It refers to the flight that the pilot use horizons and landmarks as visual references to confirm the attitude of their aircraft and to find the route from one place to another.

[Комментарий] Пилоты используют визуальные справки к горизонту и ориентирам, чтобы подтвердить положение своего самолета и искать маршруты полета из одного места в другое.

351. **目视飞行规则**

[英文] Visual flight rules (VFR)

[俄文] Правила визуальных полётов

[注释] 又称能见飞行规则。在目视气象条件下应遵守的飞行规则，保证飞行员观察地标和空中情况作目视飞行。

[Note] They should be observed under visual meteorological conditions to ensure that the pilot is able to have visual flight by observing landmarks and air conditions.

[Комментарий] Также известен как видимые правила полета. Правила полета должны соблюдаться в визуальных метеорологических условиях, чтобы пилоты наблюдали ориентиры и воздушные условия для визуального полета.

N

352. **耐久性设计**

[英文] Durability design

[俄文] Проектирование долговечности

[注释] 在规定使用寿命期内，使结构具有抗开裂（含应力腐蚀开裂和氢致开裂）、腐蚀、热退化、剥离、磨损和外来物损伤能力的设计。

[Note] It refers to the structural design with resistance to cracking (including stress corrosion cracking and hydrogen induced cracking), corrosion, thermal degradation, peeling, abrasion and foreign object damage during the specified service life.

[Комментарий] В течение указанного срока службы конструкция спроектирована таким образом, чтобы противостоять растрескиванию (включая растрескивание под действием коррозии и напряжением и вызванное водородом растрескивание), коррозии, термическому разложению, отслаиванию, износу и повреждению посторонними объектами.

353. 耐坠毁性

[英文] Crash worthiness

[俄文] Ударопрочность

[注释] 航空器在发生地面坠毁时保证乘员有较高的生存率及设备有较高完好率的性能。

[Note] It refers to the performance of the aircraft that can guarantee a high survival rate of passengers and a high intact rate of the equipment in case of ground crash.

[Комментарий] Когда самолет падает на землю, это обеспечивает высокую выживаемость пассажиров и хорошую производительность оборудования.

354. 能见度

[英文] Visibility (VIS)

[俄文] Видимость

[注释] 反映大气透明度的一个指标，航空界定义为具有正常视力的人能将一定大小的黑色目标物从地平线附近的天空背景中识别出来的最大距离。

[Note] It is an indicator of the atmospheric transparency which is defined as the maximum distance a person with normal vision can discern a black object of a certain size from the background of the sky near the horizon.

[Комментарий] Показатель, отражающий прозрачность атмосферы, в авиационной промышленности определяется как максимальное расстояние, на которое человек с нормальным зрением может распознать черную цель определенного размера от фона неба вблизи горизонта.

355. 逆推法

[英文] Backward pass (BP)

[俄文] Проход назад

[注释] 关键路径法中的一种技术。在进度模型中，从项目完工日期出发，反向推导，计算最晚开始和最晚结束日期。

[Note] It is a technique in the critical path method. In the schedule model, the latest start and end dates are derived backwards from the project completion date.

[Комментарий] Техника в методе критического пути. В модели расписания, начиная с даты завершения проекта, выполняется обратной деривацией для расчета самых поздних дат начала и последних дат окончания.

P

356. 爬升

[英文] Climb

[俄文] Набор высоты

[注释] 飞机连续增加飞行高度的飞行。

[Note] It refers to the continuous increase of flight altitudes.

[Комментарий] Непрерывно увеличивается высота полёта для полёта самолёта.

357. 爬升离场

[英文] Climb-out

[俄文] Уходить с набором высоты

[注释] 起飞和巡航（或航线）高度之间的一段飞行操作。

[Note] It refers to the flight between the take-off and cruise (or airline) altitude.

[Комментарий] Операция полёта между периодом взлёта и крейсерства.

358. 排列活动顺序

[英文] Sequence activities

[俄文] Последовательные мероприятия

[注释] 排列活动顺序是识别和记录项目活动之间的关系的过程。本过程的主要作用是，定义工作之间的逻辑顺序，以便在既定的所有项目制约因素下获得最高的效率。

[Note] Sequence activities are the process of identifying and documenting the relationships between project activities. The primary role of this process is to define the logical sequence of the activities to achieve maximum efficiency under all established project constraints.

[Комментарий] Упорядочение порядка действий - это процесс выявления и регистрации взаимосвязей между программными действиями. Основная цель этого процесса состоит в том, чтобы определить логическую последовательность работы для достижения максимальной эффективности при всех ограничениях программы.

359. 派生需求

[英文] Derived requirements (DR)

[俄文] Производные требования

[注释] 也称“衍生需求”。对于一个项目，派生需求是指那些需要满足工程对项目的要求的需求。

[Note] Also known as “derivative requirements”, it refers to those that need to meet the project’s requirements.

[Комментарий] Также называется «производным спросом». Для программы производные требования-это те, которые должны соответствовать требованиям инженерии для программы.

360. 盘旋

[英文] Turn

[俄文] Полёт по кругу

[注释] 飞机在水平面内连续改变飞行方向而高度保持不变的一种曲线运动，是最常见的机动动作。

[Note] It is a curvilinear motion in which the aircraft continuously changes the flight direction at the horizontal plane, while maintaining a constant altitude. It is the most common maneuver.

[Комментарий] Кривое движение, при котором самолёт непрерывно меняет направление полета в горизонтальной плоскости, в то время как его высота остается неизменной, является наиболее распространенным маневренным действием.

361. 跑道

[英文] Runway

[俄文] Взлётно-посадочная полоса

[注释] 陆上机场的一个划定的矩形区域，其表面经过加工，供航空器沿其长度方向进行着陆和起飞滑跑。

[Note] It refers to the defined rectangular area of the land airport whose surface has been paved for aircraft to land and taxi along its length.

[Комментарий] Демаркационная прямоугольная зона наземного аэропорта, поверхность которого обрабатывается для посадки, взлета воздушного судна по его длине.

362. 跑道方位

[英文] Runway bearing；runway orientation

[俄文] Ориентация взлётно-посадочной полосы

[注释] 跑道中心线的磁方向或真方位，从磁北或真北开始测量。

[Note] It refers to the magnetic direction or true orientation of the runway centerline, measured from the magnetic north or true north.

[Комментарий] Магнитное направление или истинное направление осевой линии ВПП измеряется от магнитного севера или истинного севера.

363. 跑道起飞长度

[英文] Runway length-takeoff

[俄文] Длина взлетно-посадочной полосы для взлёта

[注释] 从规定开始起飞处到跑道端头测得的长度。

[Note] It refers to the length measured from the defined take-off point to the end of runway.

[Комментарий] Длина измеряется от указанного начального взлета до конца ВПП.

364. 跑道实际长度

[英文] Runway length-physical

[俄文] Фактическая длина взлетно-посадочной полосы

[注释] 跑道的实测长度。

[Note] It is the actual length of the runway.

[Комментарий] Измеренная длина ВПП.

365. 跑道污染

[英文] Runway contamination

[俄文] Загрязнение взлётно-посадочной полосы

[注释] 沉积或留存在跑道表面上的灰尘、油脂、橡胶或其他材料，对航空器的正常运行具有不利影响或对铺筑面产生化学腐蚀。

[Note] It refers to the dust, grease, rubber or other materialson the runway surface which may affect the normal operation of the aircraft or cause chemical corrosion of the pavement.

[Комментарий] Пыль, смазка, резина или другие материалы, осажденные или оставленные на поверхности ВПП, негативно влияют на нормальную эксплуатацию самолета или вызывают химическую коррозию на асфальтированной поверхности.

366. 跑道着陆长度

[英文] Runway length-landing

[俄文] Длина взлетно-посадочной полосы для посадки

[注释] 从跑道入口到跑道端头测得的长度。

[Note] It refers to the length measured from runway entrance to runway end.

[Комментарий] Длина измеряется от входа до конца ВПП.

367. 配平

[英文] Trim

[俄文] Триммирование

[注释] 操纵面处于某种位置，使飞机的姿态相对于所有轴线保持不变的状态。

[Note] The control surface is in a position that makes the attitude of the aircraft constant against all axes.

[Комментарий] Поверхность управления находится в определенном положении, так что положение самолета остается неизменным относительно всех осей.

368. 配重

[英文] Ballast

[俄文] Балласт

[注释] 配重是专门为调整重心而加装的货物。

[Note] It refers to the cargo loaded to adjust the center of gravity.

[Комментарий] Противовес-это груз, специально добавленный для регулировки центра тяжести.

369. 批生产和产业化阶段

[英文] Batch production and industrialization phase

[俄文] Этап серийного производства и индустриализации

[注释] 商用飞机研制流程中的一个阶段。紧接于工程发展阶段，标志着项目产品的研制符合顶层技术需求，可进入批量生产。

[Note] It is a phase in the commercial aircraft development, swiftly following the engineering development phrase and indicating that the development of the product meets the top-level technical requirements and can enter into mass production.

[Комментарий] Этап в процессе разработки коммерческого самолета. Сразу после стадии разработки программы отмечается, что разработка продуктов программы отвечает техническим требованиям высшего уровня и может быть запущена в серийное производство.

370. **偏离**

[英文] Deviation

[俄文] Отклонение

[注释] 一种特定的书面授权，其规定了某项目中一定数目的个体或在一个特定的时间段内可以偏离已批准构型文件中的某项要求，该项目尽管偏离了特定的要求，但仍旧被认为合格或经过批准的方法修理后合格。（偏离与工程更改的不同之处在于，工程更改批准后，要求该项目对应的已批准构型文件进行修订，而偏离则不对已批准构型文件进行修改。）

[Note] It is a specific written authorization that specifies that a certain number of items in the project or one item in a specific period of timemay deviate from a requirement in the approved configuration document. Although the project is deviated from a specific requirement, it is still deemed as eligible or eligible after the repair by approved method. (The difference between the deviation and the project change lies in that the corresponding approved configuration documentation needs to be revised after the project change is approved, while the deviation does not have such a need.)

[Комментарий] Конкретное письменное разрешение, которое предусматривает, что определенное количество индивидуальности в программе может отклоняться от определенного требования в утвержденном файле конфигурации в течение определенного периода времени. Хотя программа отклоняется от конкретных требований, он все ещесчитается квалифицированным или квалифицированным после ремонта утвержденными методами. (Разница между отклонением и техническим изменением заключается в том, что после утверждения технического изменения необходимо проверить утвержденный файл конфигурации, соответствующий программе, в то время как отклонение не изменяет утвержденный файл конфигурации.)

371. **平行跑道**

[英文] Parallel runways

[俄文] Параллельные взлетно-посадочные полосы

[注释] 同一机场上与中心线平行的两条或更多条跑道。

[Note] It is two or more runways parallel to the centerline at the same airport.

[Комментарий] Две или более взлетно-посадочных полосы параллельны центральной линии в одном аэропорту.

372. **破损安全结构**

[英文] Fail safe structure

[俄文] Отказо устойчивая конструкция

[注释] 机体受力构建破损后，可通过其相邻传力途径传递载荷或通过裂纹止裂措施，在预定的定期检查之前仍可承受规定的载荷以保证飞行安全的结构。

[Note] It refers to the structure that can still bear the specified load to guarantee the flight safety before the scheduled regular inspection after fail of the aircraft frame stress construction by transmitting the load through its adjacent force transmission or by crack arrest.

[Комментарий] После того, как конструкция повреждена силой, нагрузка может быть передана через соседний путь передачи силы или с помощью мер по предотвращению образования трещин, а перед намеченнойрегулярной проверкой она может выдержать указанную нагрузку для обеспечения безопасности полета.

Q

373. 起飞

[英文] Takeoff

[俄文] Взлёт

[注释] 航空器从停止状态加速到飞行状态开始飞行的动作。

[Note] It refers to the act of accelerating an aircraft from a stalled state to a flying state.

[Комментарий] Действие летательного аппарата, ускоряющегося из состояния остановки в состояние полета, чтобы начать полет.

374. 起飞安全速度

[英文] Takeoff safety speed

[俄文] Безопасная скорость взлёта

[注释] 飞机离地后上升到规定的安全高度时所必须达到的瞬时速度。

[Note] It refers to the instantaneous speed that the aircraft has to reach when ascending to a specified safe altitude after takeoff.

[Комментарий] Мгновенная скорость, которую самолет должен достичь, когда он поднимается до указанной безопасной высоты после ухода с земли.

375. 起飞后限

[英文] Aft limit for takeoff

[俄文] Предельнозаднее положение для взлёта

[注释] 飞机在起飞阶段要求不超过某一后重心位置，这一重心就是飞机的起飞后限。

[Note] The aircraft is not allowed to exceed a certain rear center of gravity during take-off, which is the aft limit for takeoff.

[Комментарий] Воздушному судну требуется не более определенной позиции центра задней тяжести во время фазы взлета, которая является пределом после взлета самолёта.

376. **起飞距离**

[英文] Takeoff distance (TOD)

[俄文] Взлётная дистанция

[注释] 飞机从起飞线开始滑跑、离地、加速爬升到安全高度所经过的水平距离。它是飞机主要飞行性能指标之一。

[Note] It is the horizontal distance that an aircraft travels from taxiing, taking off, accelerated climbing to the safe altitude. It is one of the main flight performance indexes of the aircraft.

[Комментарий] Горизонтальное расстояние, на которое самолет отлетел от линии взлета, покинул землю и разогналось до безопасной высоты. Это один из основных показателей летной характеристики самолета.

377. **起飞决断速度**

[英文] Takeoff decision speed

[俄文] Скорость принятия решения на взлёте

[注释] 根据联邦适航条例的规则和程序，起飞决断速度指飞机能进行中断起飞且在剩余场长内停止的最大速度。它是在起飞滑跑时仍可停住飞机的最后决策点。

[Note] According to the rules and procedures of the Federal Airworthiness Regulations, it is the maximum speed at which an aircraft can abort the takeoff and make a stop within the remaining length of the runway. It is the final decision speed to stop the aircraft while it is taxiing for takeoff.

[Комментарий] В соответствии с правилами и процедурами Федеральных правил летной годности скорость принятия решения о взлете означает максимальную скорость, с которой самолет может взлетать и останавливаться в пределах оставшейся длины поля. Это окончательное решение о том, чтобы остановить самолет во время взлета и руления.

378. 起飞前限

[英文] Forward limit for takeoff

[俄文] Предельно допустимое переднее положение для взлёта

[注释] 飞机在起飞阶段要求不超过某一前重心位置，这一重心就是飞机的起飞前限。

[Note] The aircraft is not allowed to exceed a certain forward center of gravity during takeoff, which is the forward limit for takeoff.

[Комментарий] Во время фазы взлета воздушного судна требуется, чтобы он не превышал определенного переднего центра тяжести, который является пределом перед взлетом воздушного судна.

379. 起落架

[英文] Landing gear

[俄文] Шасси

[注释] 民用飞机绝大多数是在陆上起飞、着陆的，使用轮式起落架，一般包括刹车装置、减震装置、收放装置和前轮转弯机构几个部分。

[Note] Most civil aircraft take off and land on land, so they use wheeled landing gear, generally including brakes, absorbers, retracting devices and nose wheel steering.

[Комментарий] Подавляющее большинство гражданских самолетов взлетают и приземляются на земле, используя колесные шасси, как правило, включая тормоза, амортизаторы, убирающиеся устройства и механизм поворота передних колес.

380. 起落架系统

[英文] Landing gear system

[俄文] Система Шасси

[注释] 起落架是飞机下部用于起飞降落或地面（水面）滑行时支撑飞机并

用于地面（水面）移动的附件装置。

[Note] The landing gear is an accessory device at the lower part of the aircraft that supports the aircraft and is used for movement during takeoff, landing, or ground (water) taxiing.

[Комментарий] Шасси - это вспомогательное устройство, используемое для поддержки самолета во время взлета и посадки или когда рулевое колесо (поверхность воды) и для перемещения земли (поверхность воды).

381. 强度

[英文] Strength

[俄文] Прочность

[注释] 材料或结构在不同的环境条件下承受外载荷的能力。

[Note] It refers to the capability of a material or structure to withstand external loads under different environmental conditions.

[Комментарий] Способность материалов или конструкций выдерживать внешние нагрузки в различных условиях окружающей среды.

382. 确认（产品）

[英文] Validation (of a product)

[俄文] Валидация (продукта)

[注释] 对正式产品能够实现预期目的的外部评估。确认的手段有试验、分析、演示或其组合。

[Note] It refers to the external assessment of the accomplishment of the intended purpose of a formal product, usually by means of test, analysis, demonstration, or their combinations.

[Комментарий] Внешняя оценка способности формального продукта достичь поставленной цели. Средствами подтверждения является тестирование, анализ, демонстрация или их комбинация.

R

383. 燃油系统

[英文] Fuel system

[俄文] Топливая система

[注释] 燃油系统一般是由燃油泵、燃油滤、喷油嘴等组成，其作用是保证发动机在各种工作状态和条件下所需要的燃油流量。

[Note] Fuel system is generally composed of fuel pump, fuel filter, and fuel nozzle, whose function is to ensure the fuel flow required by the engine in various working conditions.

[Комментарий] Топливная система, как правило, состоит из топливного насоса, топливного фильтра, форсунки впрыска топлива и т. д. Ее роль заключается в обеспечении потока топлива, требуемого двигателем при различных рабочих режимах и условиях.

384. 扰流板

[英文] Spoiler

[俄文] Плоский интерцептор

[注释] 扰流板是铰接在翼面上表面的板，它只能向上打开，可以增加阻力。

[Note] Spoiler is a panel that is hinged to the upper surface of the wing and can only be opened upward to increase drag.

[Комментарий] Интерцептор представляет собой пластину, прикрепленную к поверхности крыла, который может быть выпущен только вверх, чтобы увеличить сопротивление.

385. 人力资源管理计划

[英文] Human resource management plan (HRMP)

[俄文] План управление человеческими ресурсами

[注释] 项目管理规划的组成部分，描述将如何安排项目的角色与职责、报告关系和人员配备管理。

[Note] It is part of the project management plan, describing the arrangement of project roles and responsibilities, the reporting relationships and staffing management.

[Комментарий] Неотъемлемая часть плана управления программой, описывающая, как будут организованы роли и обязанности программы, отношения отчетности и управление персоналом.

386. 人员配备管理计划

[英文] Staffing management plan (or manpower loading plan)

[俄文] План управления персоналом

[注释] 人力资源规划的组成部分，说明将在何时、以何种方式获得项目团队成员，以及他们需要在项目中工作多久。

[Note] It is part of the human resources planning, specifying when and how the project team members will be acquired and how long they will need to work on the project.

[Комментарий] Составная часть планирования людских ресурсов, с указанием того, когда и как будут приобретены члены программной команды и сколько времени они должны работать над программой.

387. 软件缺陷

[英文] Software defect; software fault

[俄文] Дефект программного обеспечения;ошибка программного обеспечения

[注释] 软件错误的具体体现。它的存在可能引起软件故障。

[Note] It refers to the concrete manifestation of software error, which may cause software failure.

[Комментарий] Конкретные проявления программных ошибок. Его существование может вызвать сбой программного обеспечения.

388. **软件失效**

[英文] Software failure

[俄文] Сбой программного обеспечения

[注释] 又称软件故障。由于软件故障，在规定的数据环境下，导致软件系统丧失完成规定功能的能力事件。

[Note] Software failure, also called software malfunction, can result in the inability of the software system to perform the specified functionsunder the defined data environment.

[Комментарий] Также известен как программный сбой. Из-за сбоя программного обеспечения в указанной среде данных программная система теряет способность выполнять указанную функцию.

S

389. **商用飞机**

[英文] Commercial aircraft; commercial airplane

[俄文] Коммерческое воздушное судно (или Коммерческий самолёт)

[注释] 是用于商业经营如航空运输的民用飞机。

[Note] It refers to the civil aircraft used for commercial operations such as air transport.

[Комментарий] Это гражданский самолет, используемый для коммерческих операций, таких как воздушные перевозки.

390. **设计方案定义流程**

[英文] Design solution definition process

[俄文] Процесс определения проектного решения

[注释] 将根据干系人的期望和逻辑分解过程得到的高层需求转变为设计解决方案的过程。

[Note] It refers to the process of transforming top-level requirements obtained from stakeholder expectations and logical decomposition into the design solutions.

[Комментарий] Процесс преобразования требований высокого уровня на основе ожиданий заинтересованных сторон и логической декомпозиции в процесс разработки решения.

391. **设计构型数据**

[英文] Design configuration data

[俄文] Данные конфигурации проекта

[注释] 设计构型数据是指定义试验对象（如试验件和试验机）设计构型的数据，通常包括：①试验件或试验机相关的顶层/各系统设计要求文件；②试验件或试验机相关的设计图样、数模、细目表、软件等（含工程部门发出的架内改装图、假件图、堵孔补加工文件或图样等）；③零组件清册；④装机设备/成品件清册；⑤机载软件构型状态清册。

[Note] It refers to the data defining the design configuration of test objects (such as test article and test aircraft), usually including: ① Top level/systems design requirement documents related to test articles or test aircraft; ② design drawings, digital models, breakdown tables and software related to test items or test aircraft (containing in-frame modification drawings, fake parts drawings, hole blocking repair documents or drawings issued by the engineering department); ③ component inventory;④ installed equipment/finished parts inventory;⑤ airborne softwareconfiguration inventory.

[Комментарий] Данные проектной конфигурации относятся к данным, определяют проектную конфигурацию тестируемого объекта (например, тестируемого образца и испытательной машины), который обычно включает: ① верхний слой, относящийся к испытательному образцу или испытательной машине / документам с требованиями к конструкции каждой системы; ② связан с испытательным образцом или испытательной машиной Разработка чертежей, цифровых моделей, графиков, программного обеспечения и т.д. (Включая чертежи модификации в стойке, поддельные чертежи, документы по ремонту и подключению оборудования, выданные техническим отделом); ③ инвентаризация компонентов; ④ инвентаризация установленного оборудования / готовых деталей; ⑤ Инвентаризация состояния конфигурации бортового программного обеспечения.

392. **设计过程**

[英文] Design process

[俄文] процесс проектирования

[注释] 根据一系列要求来构建系统或产品的过程。

[Note] It refers to the construction of a system or product based on a set of requirements.

[Комментарий] Процесс построения системы или продукта на основе ряда требований.

393. **设计基线**

[英文] Design baseline (DBL)

[俄文] Проектная база

[注释] 设计基线用已批准的设计构型文件来标识。设计构型文件指成套的工程设计资料，包括根据功能和分配基线中的要求而设计的详细的数模（包含数模所引用的技术文件）、机载软件构型资料或其他产品定义和要求信息。

[Note] The design baseline is identified by the approved design configuration files, that is, a complete set of engineering design data. They include the specified digital model designed on the basis of functions and requirements of the allocation baseline (containing the technical document referenced by the digital model), the airborne software configuration data, or other product definitions and requirements.

[Комментарий] Базовая линия проекта определяется с помощью утвержденного файла конфигурации проекта. Файл проектной конфигурации относится к полному набору материалов для инженерного проектирования, включая подробные цифровые модели (включая технические документы, на которые ссылаются цифровые модели), бортовые материалы конфигурации программного обеспечения или другие определения и требования к продукту, разработанные в соответствии с требованиями в функциональных и распределительных базовых показателях.

394. 深度失速

[英文] Deep stall

[俄文] Глубокое сваливание

[注释] 又称深失速。飞机的一种失速飞行状态，在这种状态中，飞机迎角将保持超过失速迎角或限制器迎角，而旋转速度可忽略不计。在深度失速时，可能出现某种缓慢振荡的偏航、滚转或俯仰运动，这取决于飞机的外部载荷、重心位置和襟翼等构型状态情况。失速后的飞机不能利用操纵舵面脱离失速的现象。

[Note] It is the stalled flight condition in which the angle of attack maintains above the stalling angle of attack or the limiter angle of attack, while the rotational speed is negligible. At deep stall, some slowly oscillating yaw, roll, or pitch motion may occur, depending on the aircraft's external load, center of gravity position, and flap configuration. The stalled aircraft cannot escape the stall by steering surface.

[Комментарий] Также известный как глубокое сваливание. Состояние полета самолета в тупике: в этом состоянии угол атаки самолета будет оставаться выше угла атаки сваливания или ограничителя угла атаки, а скорость вращения незначительна. В глубоком сваливании могут наблюдаться некоторые медленно колеблющиеся движения рыскания, крена или тангажа в зависимости от конфигурации внешней нагрузки самолета, центра тяжести и закрылков. После сваливания самолет не может использовать поверхность управления для выхода из сваливания.

395. 审定重心限制

[英文] Certified CG limit

[俄文] Сертифицированный предел центра тяжести

[注释] 经过适航当局审定并批准的飞机可安全运营的重心范围。

[Note] It refers to the center-of-gravity range for safe operation of aircraftreviewed and approved by airworthiness authorities.

[Комментарий] Центр тяжести летательного аппарата, который может безопасно эксплуатироваться после утверждения и одобрения органом по летной годности.

396. 升降舵

[英文] Elevator

[俄文] Руль высоты

[注释] 升降舵，顾名思义就是控制飞机升降的“舵面”，当我们需要操纵飞机抬头或低头时（一般来说，抬头即意味着飞机爬升，低头同理），水平尾翼中的升降舵就会发生作用。升降舵是水平尾翼中可操纵的翼面部分，其作用是对飞机进行俯仰操纵。

[Note] Elevators are flight control surfaces. The elevator hinged to the horizontal tailplane will function to fly the aircraft upward or downward (that is, climbing or descending). In other words, the elevator is the controllable wing surface of the horizontal tail, which controls the pitch of aircraft.

[Комментарий] Руль высоты, как следует из названия, является «поверхностью руля», которая управляет подъемом самолета. Когда нам нужно управлять самолетом, чтобы поднимать или опускать его голову (как правило, поднятие головы означает, что самолет поднимается, то же самое относится и к опусканию головы), руль высоты в горизонтальном оперении будет функционировать. Руль высоты является управляемой частью крыла горизонтального оперения, и его роль заключается в контроле высоты полета самолета.

397. 升限

[英文] Ceiling

[俄文] Практический потолок

[注释] 飞机能保持等速直线水平飞行状态的最大高度。它分为理论静升限（即最大爬升率等于零的高度）、实用静升限（即爬升率为 0.5 ~ 5m/s 时的高度）和理论动升限等。

[Note] A ceiling is the maximum density altitude at which an aircraft can sustain level flight. It can be divided into theoretical static ceiling (the altitude at which the rate of climb is zero), service static ceiling (the altitude at which the rate of climb is 0.5 ~ 5m/s), and theoretical dynamic ceiling.

[Комментарий] Максимальная высота, на которой самолет может поддерживать прямой полет с постоянной скоростью и уровнем. Он делится на теоретический предел статического подъема (то есть высота с максимальной скоростью набора высоты, равной нулю), практический предел статического подъема (то есть высота, когда скорость набора высоты составляет от 0,5 до 5 м / с), и теоретический предел динамического подъема.

398. 生产试飞

[英文] Production flight test

[俄文] Продуктивное лётное испытание

[注释] 飞机制造商向客户交付批生产飞机之前对飞机进行的最重要的一项飞行试验，也包括适航当局的接收飞行和对客户的演示飞行。

[Note] It is the most important flight test before the aircraft manufacturer delivers batch produced aircraft to clients, including acceptance flights for airworthiness authorities and demonstration flights for customers.

[Комментарий] Наиболее важные летные испытания, выполняемые изготовителем воздушного судна на самолёте перед доставкой заказчику серийного самолета, также включают в себя приемочный полет авиационной властью и демонстрационный полет к заказчику.

399. 生产准备（状态）评审

[英文] Production readiness review (PRR)

[俄文] Проверка готовности производства

[注释] 生产准备评审用来确定系统开发者是否已经准备就绪，可以有效地开展所需求数量产品的生产。通过评审，确保在生产计划，制造、组装和辅助产品集成，人员到位等方面达到开始生产的要求。

[Note] Production readiness review is to confirm whether the system developer is ready to produce the required number of products. The review can ensure that production requirements are met in terms of production planning, manufacturing, assembly and auxiliary product integration, and personnel in place.

[Комментарий] Проверка подготовки производства используется для определения того, готов ли разработчик системы эффективно производить необходимое количество продуктов. Благодаря проверке обеспечивается соблюдение требований для запуска производства с точки зрения планирования, производства, сборки и интеграции вспомогательных продуктов, а также присутствия персонала.

400. 剩余强度

[英文] Residual strength

[俄文] Остаточная прочность

[注释] 结构内部出现裂纹型的损伤后所具有的承载能力。

[Note] It refers to the bearing capacity of the structure after crack damage.

[Комментарий] Несущая способность после повреждения в виде трещины происходит внутри конструкции.

401. 失速

[英文] Stall

[俄文] Сваливание

[注释] 当飞机发生非指令性俯仰、滚转或偏航，或出现不可忍受的抖动或结构振动，或升力系数随迎角增加而开始下降等三种情况之一的异常现象。其机理在大迎角（或激波诱导）机翼边界层分离。当迎角达到临界迎角时，升力系数达到最大值，若迎角进一步增大，则升力不但不增大反而会迅速下降，这种现象称为失速。

[Note] A stall is a condition in aviation wherein there is uncontrolled pitch, roll, or yaw, or unacceptable or structural vibration occurs, or the angle of attack increases such that lift coefficient begins to decrease.The mechanism lies in the separation of wing boundary layers at high angles of attack (or shock induced). When the angle of attack reaches the critical angle of attack, the maximum lift coefficient occurs. If the angle of attack increases further, the lift will decrease rapidly instead of increasing, which is called stall.

[Комментарий] Когда самолет подвергается неуправляемому тангажу, крену или рысканию, или невыносимому дрожанию, или конструкционной вибрации, или коэффициент подъемной силы начинает уменьшаться с увеличением угла атаки, это ненормальное явление. Механизм находится под большим углом атаки (или вызван ударом) отрыва пограничного слоя крыла. Когда угол атаки достигает критического угла атаки, коэффициент подъема достигает максимального значения. Если угол атаки еще больше увеличивается, подъемная сила не только увеличивается, но и быстро уменьшается. Это явление называется сваливанием.

402. **失速改出伞系统**

[英文] Stall recovery parachute system

[俄文] Парашютная система восстановления из сваливания

[注释] 用于实现飞机从失速状态改出到正常飞行状态的伞及其控制装置。

[Note] It refers to the parachute and its control devices that help the aircraft to recover from the stall condition.

[Комментарий] Зонт и его управляющее устройство используются для осуществления перехода самолета из состояния сваливания в нормальное состояние полета.

403. **失速速度**

[英文] Stalling speed

[俄文] Скорость сваливания

[注释] 飞机在水平飞行中由最大可用升力系数（配平）所对应的飞行速度。低于此速度的飞机将不能保持平飞而下降高度或进入尾旋。在 CCAR25.103（c）所述：从稳定的配平状态开始，使用纵向操纵减速飞机，使速度降低不超过 1kn/s 的机动过程中，当载荷因素-修正升力系数第一次最大时获得的校正空速。此外，当该机动受到在选定迎角突然将机头下推的装置限制时，不得小于该装置作动那一瞬间存在的速度。

[Note] It is the speed that corresponds to the maximum lift coefficient available (trim) during the aircraft's level flight. Below this speed, the aircraft is unable to sustain a level flight and will descend or begin spinning. As stated in CCAR25.103 (c): Starting from the stable trim state, it is the calibrated airspeed obtained when the maximum load factor-modified lift coefficient occurs for the first time in the maneuvering process in which the speed reduced by the longitudinal control deceleration is not beyond 1kn/s. In addition, when this maneuver is limited by devices that suddenly push the nose down at the selected angle of attack, it shall not be less than the speed presenting at the instant that the device is actuated.

[Комментарий] Скорость полета, соответствующая максимально располагаемому коэффициенту подъема (балансировки) самолета в горизонтальном полете. Самолеты ниже этой скорости не смогут поддерживать ровный полет и снижаться до высоты или вращаться. Как описано в CCAR 25.103 (c): Из стабильного состояния балансировки продольный маневр используется для снижения скорости воздушного судна, чтобы снизить скорость не более чем на 1 кн / с. исправить скорость полета. Кроме того, когда маневр ограничен устройством, которое внезапно толкает нос при выбранном угле атаки, оно не должно быть меньше скорости, существующей в момент активации устройства.

404. 失速迎角

[英文] Stall angle

[俄文] Угол атаки сваливания

[注释] 又称临界迎角。升力系数达到最大值时所对应的迎角。

[Note] Also known as critical angle of attack, it refers to the angle of attack at which the maximum lift coefficient occurs.

[Комментарий] Также известен как критический угол атаки. Угол атаки соответствует максимальному коэффициенту подъема.

405. 失效

[英文] Failure

[俄文] Отказ

[注释] 产品丧失完成规定功能的能力。

[Note] The product loses the capability to perform the specified functions.

[Комментарий] Продукт теряет способность выполнять указанную функцию.

406. **湿度**

[英文] Humidity

[俄文] Влажность

[注释] 表示空气中水蒸气含量的物理量。

[Note] Humidity is the amount of water vapor present in the air.

[Комментарий] Физическая величина, представляющая содержание водяного пара в воздух.

407. **湿跑道**

[英文] Wet runway

[俄文] Мокрая взлетно-посадочная полоса

[注释] 当跑道表面覆盖着深度等于或大于 3 mm 的水或等同物时，或者当跑道表面虽无大片积水区，但非常潮湿到能出现映像时被认为是湿跑道。换言之，只要有闪光现象，且在其道面有部分积水也不致有出现滑水现象的风险，水深小于 3 mm，这种道面称为湿跑道。与湿跑道相当的跑道覆盖的污染物等同于或小于：2 mm（0.8 in）的雪浆；3 mm（0.12 in）的积水；4 mm（0.16 in）的湿雪；15 mm（0.59 in）的干雪。

[Note] A runway is considered wet when its surface is soaked with 3 mm or above water or some equivalents, or when the surface is wet enough to make image occur though there are no large patches of standing water. In other words, if the surface is reflecting and the patches of standing water are unlikely to cause water sliding, and the water depth is less than 3 mm, the runway can be called a wet runway. The runway covering the following pollutants is regarded as equivalent to a wet runway: 2 mm (0.8 in) snow; 3 mm (0.12 in) standing water; 4 mm (0.16 in) wet snow; 15 mm (0.59 in) dry snow.

[Комментарий] Когда поверхность ВПП покрыта водой или ее

эквивалентом на глубине, равной или превышающей 3 мм, или если поверхность ВПП не имеет большой площади скопления воды, но она настолько влажная, что могут появляться изображения, она считается влажной ВПП. Другими словами, до тех пор, пока есть явление мигания и на поверхности дороги есть скопление воды, риск катания на водных лыжах отсутствует. Глубина воды составляет менее 3 мм. Эта поверхность дороги называется мокрой взлетно-посадочной полосой. Загрязняющие вещества, покрытые ВПП, эквивалентные влажной ВПП, равны или меньше: 2 мм (0,8 дюйма) снежной массы, 3 мм (0,12 дюйма) стоялой воды, 4 мм (0,16 дюйма) мокрого снега, 15 мм (0,59 дюйма) сухого снега.

408. 时标进度网络图

[英文] Time-scaled schedule network diagram

[俄文] Сетевая диаграмма с расписанием по времени

[注释] 以进度活动的位置与长度表示其持续时间的项目进度网络图，实质上是含有进度网络逻辑的横道图。

[Note] It is a project schedule network diagram showing the duration of an activity by means of its position and length. It is essentially a bar chart containing the schedule network logic.

[Комментарий] Диаграмма сети хода выполнения проекта, показывающая продолжительность действия расписания с точки зрения его положения и длины, по сути представляет собой горизонтальную диаграмму, содержащую логику сети расписания.

409. 实称重量

[英文] Weighted weight

[俄文] Взвешенный вес

[注释] 通过称重方式确定的重量。

[Note] The weight is determined by weighing.

[Комментарий] Вес определяется путем взвешивания.

410. 实时数据处理

[英文] Real-time data processing

[俄文] Обработка данных в реальном времени

[注释] 在数据采集过程中立即进行的数据处理。

[Note] The data is processed immediately during the process of data acquisition.

[Комментарий] Незамедлительно идёт обработка данных во время сбора данных.

411. 实时遥测

[英文] Real-time telemetry

[俄文] Телеметрия в реальном времени

[注释] 将采集到的数据立即发送的遥测。

[Note] It refers to the telemetry that transmits the collected data immediately.

[Комментарий] Телеметрия, которая отправляет собранные данные немедленно.

412. 使用空机重量

[英文] Operational empty weight (OEW)

[俄文] Вес пустого с наряженного воздушного судна (без пассажиров)

[注释] 使用空机重量是基本空机重量加上使用项目的重量。

[Note] Operational empty weight (OEW) is the basic empty weight plus the operational item weight.

[Комментарий] Вес пустогосамолёта - это вес основной пустого самолёта плюс вес используемых предметов.

413. 使用项目

[英文] Operator’s item (OI)

[俄文] Элемент оператора

[注释] 使用项目是指对于具体使用要求所必需的并且未包括在基本空机重量中的人员、设备和补给品。这些设备项目的重量对不同航班的飞机是不同

的。这些项目包括但不局限于以下各项目：机组人员与行李、食品和饮料等补给品、厨房插件、厨房和厕所使用的纯净水、随机文件与工具包、其他未包含在基本空机重量中的有用液体（如盥洗室清洁液等）。

[Note] Operator's item (OI) refers to the personnel, equipment and supplies that are necessary for specific operational requirements but are not included in the basic empty weight. The weight of these items varies from different flights.These items include, but are not limited to, crew and supplies such as luggage, food and beverages, kitchen plugs, purified water for kitchen and toilet use, onboard documentation and toolkit, and other useful liquids (such as toilet cleaning liquids) that are not included in the basic empty weight.

[Комментарий] Предметы использования относятся к персоналу, оборудованию и расходным материалам, которые необходимы для конкретных требований использования и не включены в основной вес пустого самолета. Вес этих предметов оборудования различен для разных самолетов. Эти предметы включают, но не ограничиваются следующими: экипаж и багаж, расходные материалы, такие как продукты питания и напитки, кухонные модули, чистая вода для кухни и туалета, случайные документы и наборы инструментов, другие предметы, не включенные в основную массу пустого самолета Полезные жидкости (например, жидкость для чистки туалета и т. д).

414. 事后处理

[英文] Post-mission processing

[俄文] Обработка после миссии

[注释] 试验结束后，对记录的原始数据进行全面的综合的分析处理，给出最终的处理结果。

[Note] After the test, the recorded raw data are comprehensively analyzed and processed, and the final processing results are given.

[Комментарий] После окончания испытания проводится всесторонний анализ записанных исходных данных для получения окончательных результатов обработки.

415. **试飞报告**

[英文] Flight report

[俄文] Отчет о лётных испытаний

[注释] 对具体试飞科目的试飞情况和结果进行分析和总结的技术文件。

[Note] It is the technical documents for analysis and summary of test flight information for specific flight test subjects.

[Комментарий] Технический докуменгт, в котором анализируются и обобщаются положения и результаты испытания для конкретных предметов лётного испытания.

416. **试飞大纲**

[英文] Flight test program

[俄文] Программа летных испытаний

[注释] 根据试飞要求编制的实施飞行试验的纲领性技术文件，是编制试飞改装技术方案、试飞任务单等试飞文件和制定试飞有关各项技术指标的主要依据。

[Note] A programmatic technical document for the implementation of flight test is compiled according to the requirements of flight test. It is the main basis for compiling flight test refitting technical scheme, flight test task sheet and other flight test documents and for formulating technical indexes related to flight test.

[Комментарий] Программная техническая документация для проведения летных испытаний, подготовленная в соответствии с требованиями летных испытаний, является главной основой для подготовки технических планов модификации летных испытаний, перечней задач испытательных полетов и других документов летных испытаний, а также для разработки технических показателей, связанных с испытательными полетами.

417. **试飞方法**

[英文] Flight test method

[俄文] Метод летных испытаний

[注释] 进行飞行试验的操作方法和程序。

[Note] It refers to operation methods and procedures for conducting flight tests.

[Комментарий] Метод операции и программа для ведения лётного испытания.

418. **试飞改装**

[英文] Test refit

[俄文] Переоснащение для испытаний

[注释] 在飞机上安装测试设备和对飞机结构、测试对象进行的局部更改。

[Note] It refers to the installation of test equipment and partial modifications to aircraft's structures and test objects.

[Комментарий] Установка испытательного оборудования и локальные изменения для конструкции самолета и испытательных объектов на самолете.

419. **试飞工程师**

[英文] Flight test engineer (FTE)

[俄文] Инженер по летным испытаниям

[注释] 飞行试验中在飞机上直接参与飞行试验的工程技术人员。

[Note] It refers to engineers and technicians who are directly involved in flight tests on board.

[Комментарий] Инженерно-технические персоналы, которые непосредственно участвуют во время летных испытаний самолёта.

420. **试飞工程师工作台**

[英文] Flight test engineer station

[俄文] Станция инженера по летным испытаниям

[注释] 为实现试飞数据监控和分析判断而安装在飞机上供试飞工程师使用的实时数据处理和监控终端。

[Note] It is the real-time data processing and monitoring terminal that is installed on the aircraft for flight test engineers to monitor and process flight test data during flight test.

[Комментарий] Терминал обработки и мониторинга данных в реальном времени, установленный на самолете, для использования инженерами по летным испытаниям с целью контроля и анализа данных летных испытаний.

421. **试飞构型**

[英文] Flight test configuration

[俄文] Конфигурация летных испытаний

[注释] 在飞行试验机构型的基础上，由试飞单位再进行加装和改装试验设备，以满足一个或几个飞行试验科目要求的飞机构型。

[Note] On the basis of the flight test aircraft configuration, the test flight unit shall retrofit and refit test equipment to meet the requirements for one or more flight test items.

[Комментарий] На основе конфигурации самолёта летных испытаний, организация лётного испытания установит и модифицирует испытательное оборудование в соответствии с требованиями одного или нескольких предметов летных испытаний.

422. **试飞故障**

[英文] Flight test failure

[俄文] Сбой в летных испытаниях

[注释] 在试飞过程中，飞机的设备或系统出现不能符合规定性能或丧失执行预定功能的偶然事故状态。

[Note] During the flight test, the aircraft's equipment or systems accidentally fail to conform to the specified performance or fail to perform the predetermined functions.

[Комментарий] Во время летных испытаний оборудование или система самолета попали в случайную ситуацию, которая не соответствовала заданным характеристикам или утратила предназначенную функцию.

423. **试飞计划**

[英文] Flight test plan

[俄文] План летных испытаний

[注释] 试飞科目的顺序和进度安排。

[Note] It refers to the order and schedule of flight test items.

[Комментарий] Порядок предметов лётного испытания и расписание.

424. 试飞架次

[英文] Flight test sortie

[俄文] Вылет на лётное испытание

[注释] 飞机执行一次从静止起飞到着陆停止的完整飞行称为一个架次。

[Note] It refers to a complete flight from takeoff to landing.

[Комментарий] Самолет, совершающий полный полет от статического взлета до посадочной остановки, называется вылетом самолёта.

425. 试飞结果

[英文] Flight test result

[俄文] Результат летного испытания

[注释] 飞行试验中产生的有效数据、记录及飞行员评述。

[Note] It refers to the valid data, records and pilot reviews generated in flight tests.

[Комментарий] Эффективные данные, записи и комментарии пилота генерируются во время летных испытаний.

426. 试飞结果确认

[英文] Flight test results confirmation

[俄文] Подтверждение результатов летных испытаний

[注释] 试飞结果确认是对试飞结果进行确认的过程，主要包括试飞架次有效性确认、试飞科目完成情况确认、试飞科目关闭确认。

[Note] It is the process of confirming the flight test results, mainly including the validity of flight test sorties, the completion of flight test item and the closure of flight test item.

[Комментарий] Подтверждение результата лётного испытания представляет собой процесс, в котором в основном включает подтверждение эффективности вылета самолёта, выполнения и закрытия предметов лётного испытания.

427. 试飞科目

[英文] Flight test item

[俄文] Предметы летных испытаний

[注释] 飞行试验的具体试验项目，如空速校准试飞、失速试飞等。

[Note] It refers to the specific test items, such as airspeed calibration flight test, stall flight test, etc.

[Комментарий] Конкретны предметы летных испытаний, такие как лётное испытание для калибровки воздушной скорости и сваливания и т.д.

428. 试飞任务

[英文] Flight test task

[俄文] Задача летного испытания

[注释] 商用飞机试飞任务是为取得适航当局的型号合格证所需进行的飞行试验科目，以及型号设计方为研究和扩展飞机性能所进行的试验飞行，分为申请人试飞、审定试飞、AEG 试飞，以及其他类型试飞。

[Note] Commercial aircraft flight test tasks are flight test items required to obtain the model certification from the airworthiness authorities, and flight tests conducted by the model designer for the purpose of studying and expanding the aircraft's performance. The tasks include applicant flight test, approval flight test, AEG flight test, and other types of flight test.

[Комментарий] Задача летных испытаний коммерческих самолетов - это предметы летных испытаний, необходимые для получения сертификата типа авиационной власти, испытательный полет, проводимый разработчиком модели для изучения и повышения летно-технических характеристик самолета, которые подразделяются на летные испытания заявителя, сертификационного типа, AEG и другие.

429. 试飞任务单

[英文] Flight test card

[俄文] Карта летных испытаний

[注释] 根据试飞大纲编制的实施试飞任务的指令性技术文件。

[Note] It is the instructive technical documents for flight test execution compiled on the basis of flight test program.

[Комментарий] Это инструктивная техническая документация для проведения летных испытаний, составленная на основе программы летных испытаний.

430. 试飞要求

[英文] Flight test request

[俄文] Требования на испытательный полет

[注释] 对试飞过程中需要进行的飞行试验的具体要求进行规定的技术文件。包括试飞目的、验证条款、试飞条件、测试参数、试飞方法/内容及可接受判据等。

[Note] It refers to the technical documents specifying the specific requirements for flight test items during the flight test, including flight test purpose, verification terms, test conditions, test parameters, test method/content and acceptable criteria.

[Комментарий] Техническая документация с указанием конкретных требований к летным испытаниям, проводимым во время летных испытаний. Включая цель испытательного полета, условия проверки, условия лётного испытания, параметров испытания, методы / содержание испытательного полета и критерии приемки и т. д.

431. 试飞员

[英文] Flight test pilot

[俄文] Лётчик-испытатель

[注释] 专门承担飞行试验任务的飞机驾驶员，是飞行试验的执行者和（或）

监控者。

[Note] It refers to an aircraft pilot who undertakes a flight test task and acts as the executor and/or monitor of the flight test.

[Комментарий] Пилоты самолетов, которые несут особую ответственность за выполнение задач летных испытаний, являются исполнителями и/или контролерами летных испытаний.

432. 试飞专项计划

[英文] Special plan for flight-test

[俄文] Специальный план летных испытаний

[注释] 针对每个试飞科目，特别是重点试飞任务制定的专项计划。

[Note] Special plan is made concerning every flight test item, especially the key flight test tasks.

[Комментарий] Специальный план составлен для важных задач по каждым предметам лётного испытания.

433. 试验大纲/程序

[英文] Test plan/procedure

[俄文] План/процедура испытаний

[注释] 由承试方依据大型试验任务书或试验规划/方案编写的试验实施文件。

[Note] It is the test execution documents compiled by the test taker on the basis of the test task specifications or test plan/scheme.

[Комментарий] Документы для ведения испытания подготовлены организациями лётного испытания на основе задания крупномасштабных испытаний или программы/проекта испытания.

434. 试验构型数据

[英文] Test configuration documentation

[俄文] Документация по испытательной конфигурации

[注释] 试验程序数据是指定义试验目的、试验环境、试验程序、试验数据处理办法等内容的数据，通常包括试验大纲、试验任务书、试验程序等。此外

飞行试验机架外改装相关文件、图样、执行情况说明等也暂定归为这一类。

[Note] They are the data that define the test purpose, environment, procedures, data processing methods, usually including test program, test task statement, test procedure and so on. At present, the data also include the relevant documents, drawings and implementation descriptions for the external modification of the aircraft frame.

[Комментарий] Данные процедуры испытания относятся к данным, которые определяют цели, среды, процедуры испытания и метод обработки данных испытания и т.д. Обычно включают программу, задачи, процедуру испытания и т.д. Кроме того, документы, чертежи и инструкции по внедрению для модификации вне рамок летных испытаний также временно относятся к этой категории.

435. **试验规划/方案**

[英文] Test program

[俄文] Программа испытаний

[注释] 在大型试验任务确定后，试验项目提出方编制的试验指导性文件。

[Note] It refers to the documents for test guidance compiled by the test project sponsor after the large-scale test tasks are determined.

[Комментарий] После определения задачи крупномасштабного испытания руководящий документ подготовлен автором проекта испытания.

436. **试验件**

[英文] Test article

[俄文] Испытуемый образец

[注释] 用于进行试验的零组件，本文中的试验件包括风洞模型试验件、研发试验结构试验件、铁鸟试验件和工程样机试验件和样段试验件等。

[Note] It is the part used for testing, including test parts of the wind tunnel model, R&D test structure, iron bird, engineering prototype and sample section.

[Комментарий] Компоненты, использованные для тестирования. Испытательные образцы, представленные в этой статье, включают в себя испытательные образцы модели аэродинамической трубы, конструкции R & D, железной птицы, инженерного образца и секции образца.

437. 试验任务书

[英文] Test task file

[俄文] Файл заданий на испытания

[注释] 试验项目提出方编制的大型试验指导性文件，是对试验规划/方案的细化和具体化。

[Note] It is a large-scale test guidance compiled by the sponsor of the test project, which is the refinement and specification of the test program.

[Комментарий] Крупномасштабный руководящий документ по испытаниям, подготовленный разработчиком проекта испытаний, предназначен для уточнения и конкретизации плана/варианта испытания.

438. 试验形态

[英文] Test condition

[俄文] Условие испытаний

[注释] 在某一特定飞行阶段中，飞机操纵面、起落架等的位置。比如起飞形态、着陆形态等。

[Note] It involves the position of the aircraft’s control surface and landing gear during a particular flight stage, for example, the takeoff and landing conditions.

[Комментарий] Положение поверхность управления самолётом и шасси во время определённой фазе полёта. Например, положение взлёта и посадки.

439. 试验状态点

[英文] Test point

[俄文] Контрольная точка испытания

[注释] 试飞任务的最小子集，包括试飞高度、速度、起落架形态、发动机形态等。

[Note] It is the minimum subset of flight test tasks, including flight test altitude, speed, landing gear conditions, and engine conditions, etc.

[Комментарий] Минимальный подбор задачи лётных испытаний, включая положение высоты, скорости, шасси и двигателя.

440. 试验准备状态评审

[英文] Test readiness review (TRR)

[俄文] Проверка готовности к испытаниям

[注释] 试验前对试验软硬件、试验设备、和试验程序的准备状态和参试人员的资质所做的评估活动，以确保试验的开展、数据采集、还原和控制。

[Note] It is the evaluation of test software and hardware, test equipment, preparation of test procedures, and qualifications of test staff before the test to ensure the test execution, data collection, restoration and control.

[Комментарий] Перед испытанием проводятся оценки состояния подготовки аппаратного и программного обеспечения, испытательного оборудования и процедур испытаний, а также квалификации участников испытания, чтобы обеспечить ведение, сбор данных, восстановление и контроль для испытаний.

441. 适航标签

[英文] Airworthiness tag

[俄文] Бирка летной годности

[注释] 适航当局出具的表明产品或试验件已通过适航制造符合性检查的文件，是适航产品或试验件交付必备的文件。

[Note] It is a document issued by the airworthiness authority indicating that the product or test items have passed the airworthiness manufacturing compliance inspection. It is the indispensable document for the delivery of the airworthiness products or test items.

[Комментарий] Документ, выданный органом по летной годности, в котором указывается, что изделие или испытательный образец прошел проверку на соответствие изготовлению для летной годности, является необходимым документом для доставки годного к полетам изделия или испытательного образца.

442. 首飞

[英文] First flight (FF)

[俄文] Первый полёт

[注释] 商用飞机产品的第一次飞行试验。是商用飞机研发流程的重要里程碑。

[Note] It is the first flight test of a commercial aircraft product, which is a significant milestone in the commercial aircraft development.

[Комментарий] Первое лётное испытание коммерческого самолёта является важной вехой процедур разработки самолёта.

443. 首件检验

[英文] First article inspection (FAI)

[俄文] Инспекция первого серийного образца

[注释] 针对首件正式装机件的质量检验。是商用飞机研发流程的重要里程碑。

[Note] It is the quality inspection of the first formal installed parts, which is an important milestone in the commercial aircraft development.

[Комментарий] Для проверки качества первых официально установленных деталей машин. Это важная веха в процессе исследований и разработок коммерческих самолетов.

444. 数据处理

[英文] Data processing

[俄文] Обработка данных

[注释] 对已获得的原始数据进行变化、相关、平滑、滤波、压缩、误差分析等运算及逻辑处理。

[Note] The raw data obtained need some calculation and logical processing, including change, correlation, smoothing, filtering, compression, and error analysis and so on.

[Комментарий] Выполните расчет, логическую обработку, такую как изменение, корреляция, сглаживание, фильтрация, сжатие, анализ ошибок на полученных исходных данных.

445. 数据监控终端

[英文] Data monitoring terminal (DMT)

[俄文] Терминал контроля данных

[注释] 各专业监控点，用于实现对某关键专业试飞过程的监控。

[Note] It refers to the various specialized monitoring systems which are used to monitor the flight test for a key specialized field.

[Комментарий] Контрольная точка каждой специальности используется для контроля ключевой специальности по лётному испытанию.

446. 数据日期

[英文] Data date (DD)

[俄文] Дата данных

[注释] 记录项目状况的时间点。

[Note] It refers to the point of time for recording the project status.

[Комментарий] Время для записи статуса программы.

447. 水平飞行

[英文] Horizontal flight

[俄文] Горизонтальный полет

[注释] 飞机保持恒定海拔高度的飞行。

[Note] It refers to the flight during which the aircraft flies at a constant altitude.

[Комментарий] Самолёт продолжает летать на постоянной высоте.

448. 水平尾翼

[英文] Horizontal fin

[俄文] Горизонтальное оперение

[注释] 水平尾翼是由水平安定面（Horizontal stabilizer）和升降舵组成，水平安定面是固定的，而升降舵可以上、下转动。

[Note] The horizontal fin is composed of horizontal stabilizer and elevator. The stabilizer is fixed, while the elevator can rotate up and down.

[Комментарий] Горизонтальное оперение состоит из стабилизатора и руля высоты. Стабилизатор зафиксирован, руль высоты может поворачиваться верх и вниз.

449. 顺推法

[英文] Forward pass (FP)

[俄文] Прямой проход

[注释] 关键路径法中的一种技术。在进度模型中，从项目开始日期或某给定时点出发，正向推导，计算最早开始和最早结束日期。

[Note] It is a technique in critical path method. In the schedule model, the earliest start and end dates are derived forward from the start date of the project or a given point of time.

[Комментарий] Техника в методе критического пути. В модели расписания, начиная с даты начала программы или заданного момента времени, прямое деривация вычисляет самые ранние даты начала и самые ранние даты окончания.

450. 顺序图（活动）

[英文] Precedence diagram

[俄文] Схема последовательности операций

[注释] 甘特图的典型表现方式—— 将置入方框的活动用表示依赖关系的箭头连接的工作流程图。

[Note] It is a typical representation of the Gantt chart—a work flow diagram that links the activities in the boxes with arrows representing their dependencies.

[Комментарий] Типичное представление диаграммы Ганта - схема рабочего процесса, которая связывает действия, помещенные в поле, со стрелками, представляющими зависимости.

T

451. 特定飞机构型表

[英文] Airplane special configuration table

[俄文] Таблица специальной конфигурации самолета

[注释] 反映飞机技术状态定义中特定的选项、模块、零件关系及其生产服务信息等内容的数据包清单。

[Note] It is a list of data packets containing specific options, modules, part relationships and their production and service information in the aircraft technical status definitions.

[Комментарий] Список пакетов данных, которые отражают конкретные опции, модули, взаимосвязи деталей и информацию о производственном обслуживании в определении технического статуса воздушного судна.

452. 特定风险

[英文] Particular risk

[俄文] Конкретный риск

[注释] 飞机外部或者飞机内的系统或组件外部的事件或影响，特定风险可能破坏失效独立性声明。

[Note] It refers to the events or effects of the components or systems inside or outside aircraft. Particular risks may undermine the independence statement of invalidation.

[Комментарий] События или эффекты вне самолета, или вне системы или компонентов внутри самолета, конкретные риски могут нарушить декларацию независимости отказа.

453. 特殊人力资源管理

[英文] Special human resource management

[俄文] Специальное управление персоналом

[注释] 试飞现场经过特殊培训，具有一定资质的技术人员管理过程，主要有飞行员资质管理、试飞工程师资质管理、地勤人员资质管理和制造人员资质管理。

[Note] It is the management process of technicians with certain qualifications after special training at the flight test site, mainly including the qualification anagement of the pilots, flight test engineers, ground staff and manufacturing personnel.

[Комментарий] Это процесс управления техниками с определенной квалификацией после специальной подготовки на полигоне летных испытаний, в основном включающий управление квалификацией пилотов, инженеров по летным испытаниям, наземного персонала и производственного персонала.

454. 提前量

[英文] Lead time

[俄文] Опережение времени

[注释] 相对于紧前活动，紧后活动可以提前的时间量。

[Note] It is the amount of time that a successor activity can advance regarding the predecessor activity.

[Комментарий] В отношение предыдущего действия, время для следующего действия можно продвинуть вперёд.

455. 通用地面支援设备

[英文] General ground support equipment

[俄文] Универсальное средство наземной поддержки

[注释] 通用地面支援设备是指能适用多种型号飞机维护、维修使用的地面支援设备。通用地面支援设备一般是在市场上可直接采购到的货架成品。

[Note] It refers to the ground support equipment that is applicable to the maintenance and repair of multiple types of aircraft. They are usually available on market as finished products.

[Комментарий] Общее наземное вспомогательное оборудование относится к наземному вспомогательному оборудованию, которое может использоваться для технического обслуживания и ремонта различных типов воздушных судов. Основное наземное вспомогательное оборудование, как правило, представляет собой продукт на полке, который можно приобрести непосредственно на рынке.

456. 同行评审

[英文] Peer review

[俄文] Экспертная оценка

[注释] 由商用飞机项目团队内部或外部的专业领域专家进行的独立评估。这些专家在被评审的产品上没有既得利益。同行评审可以是针对选定的工作产品进行的有计划专门评审，用于在该产品进入里程碑评审或审批环节之前辨识其存在的瑕疵和问题。

[Note] It is the independent evaluations conducted by experts in specialized areas both inside and outside the commercial aircraft project team. These experts shall have no vested interest in the reviewed products. Peer reviews can be planned ad hoc reviews of selected work products to identify defects and problems prior to the milestone review or approval phase.

[Комментарий] Независимая оценка, проводимая экспертами в профессиональной области, внутренней или внешней для команды проекта коммерческого самолета. Эти эксперты не заинтересованы в рассматриваемых продуктах. Ревизионная проверка может быть запланированной и конкретной проверкой выбранного рабочего продукта для выявления дефектов и проблем до того, как продукт войдет в контрольный этап процесса проверки или утверждения.

457. 投入使用

[英文] Entry into service (EIS)

[俄文] Ввод в эксплуатацию

[注释] 商用飞机产品研发流程重要节点之一，标志飞机产品正式交付客户服役。

[Note] It is one of the important gates in the R&D process of commercial aircraft, marking the formal delivery of aircraft products to customers for service.

[Комментарий] Одним из важных узлов процесса разработки продукции для коммерческих самолетов является официальная доставка авиационной продукции клиентам.

458. **推进系统**

[英文] Propulsion system

[俄文] Двигательная система

[注释] 利用反作用原理为飞行器提供推力的装置。

[Note] It is the device to provide thrust for the aircraft based on reaction principle.

[Комментарий] Устройство, обеспечивающее тягу летательного аппарата с использованием принципа реакции.

459. **退役评审**

[英文] Decommissioning review (DR)

[俄文] Анализ вывода из эксплуатации

[注释] 对项目产品做出系统终止和退役的决定，并评估系统资产安全退役和处置的准备状态的活动。

[Note] It refers to the activities of deciding system termination and decommissioning of the products and evaluating the readiness of system assets for safe decommissioning and disposal.

[Комментарий] Принимать решения о прекращении и выводе системы из эксплуатации по программным продуктам и оценивать системные активы на предмет безопасного вывода из эксплуатации и готовности к утилизации.

W

460. WBS 词典

[英文] WBS dictionary

[俄文] Словарь структуры разбивки работ

[注释] 也称“工作分解结构词典”，是针对每个工作分解结构单元，详细描述可交付成果、活动和进度计划信息的文件。

[Note] Also known as the Work Breakdown Structure Dictionary, it is a document that details deliverables, activities, and schedule information for each work breakdown structure unit.

[Комментарий] Этот файл, также известный как «словарь структурной разбивки работ», представляет собой файл, подробно описывающий конечные результаты, действия и информацию о расписании для каждой единицы структурной разбивки работ.

461. 外测

[英文] Exterior parameters measurement

[俄文] Измерение внешних параметров

[注释] 测量飞机和其他试验件精确的瞬态位置、飞行轨迹及其动态参数（如速度、减速度）；对危险和临界试飞项目提供的实时显示、预警、监控指挥的参数和图像信息；检测、校验飞行器及其试飞仪器、设备的位移、方位、姿态等参数的指示的精确度。

[Note] It involves the following measurement: the precise transient positions, flight trajectories and their dynamic parameters (e.g. speed, deceleration) of the aircraft and other test items; the real-time displays, early warnings, monitoring parameters and their image information for hazardous and critical flight test items; the accuracy of parameter indications of the displacement, azimuth and attitude of the aircraft and its flight test instruments and equipment.

[Комментарий] Измерение точного переходного положения, траектории полета и динамических параметров (таких, как скорость и скорость замедления) самолета и других испытательных образцов, обеспечение отображения в реальном времени, раннего предупреждения, параметров мониторинга и команд и информации об изображении для опасных и критических проектов летных испытаний; обнаружение, калибровка. Точность указания смещения, азимута, ориентации и других параметров самолета и его летных испытаний приборов и оборудования.

462. 外场试验队

[英文] Outfield testing team

[俄文] Группа полевых испытаний

[注释] 外场试验队通常直属型号项目最高管理层，在规定时间内，为保障商用飞机研制过程中飞行试验、重大地面试验及其他工作的顺利进行，由项目相关人员组成的派驻外场的工作团队。

[Note] The outfield testing team is usually directly under the top management of the aircraft project. In given time, in order to ensure that flight tests, major ground tests and other work go smoothly during the development of the commercial aircraft, the team of relevant personnel from the project will be stationed in the field.

[Комментарий] Команда полевых испытаний обычно находится под непосредственным руководством программы. В течение указанного времени для обеспечения успешного проведения летных испытаний, крупных наземных испытаний и других работ во время разработки коммерческого воздушного судна группа полевого персонала, работающего над программой, дислоцируется на местах.

463. 完成百分比

[英文] Percent complete

[俄文] Процент обработки

[注释] 对某活动或工作分解结构组件的已完成工作量的百分比估算。

[Note] It refers to the percentage estimation of the completed workload for an activity or component of the work breakdown structure.

[Комментарий] Оценить процент выполненной работы для компонента деятельности или структуры разбивки работ.

464. 完成到开始

[英文] Finish-to-start (FS)

[俄文] Финиш-старт

[注释] 只有紧前活动完成，紧后活动才能开始的逻辑关系。

[Note] It is the logical relationship that only when the predecessor activity has finished can the successor activity start.

[Комментарий] Логическое отношение действует так, что лишь после завершения предыдущего действия, следующее действие начинается действовать.

465. 完成到完成

[英文] Finish-to-finish (FF)

[俄文] Финиш-финиш

[注释] 只有紧前活动完成，紧后活动才能完成的逻辑关系。

[Note] It is the logical relationship that only when the predecessor activity has finished can the successor activity be completed.

[Комментарий] Логическое отношение действует так, что лишь завершается предыдущее действие, следующее действие завершится.

466. 维修程序

[英文] Maintenance procedure

[俄文] Процедуратехнического обслуживания

[注释] 为对产品进行定期检查、维修而规定的流程和方法。

[Note] It is the processes and methods specified for periodic inspection and maintenance of the products.

[Комментарий] Процедуры и методы, указанные для периодической проверки и обслуживания продуктов.

467. **维修计划文件**

[英文] Maintenance plan document

[俄文] Документ по планированию технического обслуживания

[注释] 由航空器制造厂家提供的该型航空器所必需的维护信息和方案，航空器运营人可依据该方案制定适合自己机队情况的维护计划。该方案包含了所有制造厂家推荐的、满足制造国当局的持续适航要求的维修任务和计划。

[Note] It refers to the required maintenance information and solutions provided by the aircraft manufacturer for the aircraft model, on the basis of which the aircraft operator can develop the maintenance plan appropriate for its team. The document contains all maintenance tasks and schedules recommended by the manufacturers and meeting the airworthiness requirements of the authorities of the manufacturing country.

[Комментарий] Производители воздушных судов предоставляют информацию о техническом обслуживании и планы, необходимые для этого типа воздушных судов. Операторы воздушных судов могут разрабатывать планы технического обслуживания, подходящие для их воздушных судов в соответствии с этим планом. План включает в себя все задачи по техническому обслуживанию и планы, рекомендованные производителями для удовлетворения постоянных требований летной годности властей страны-производителя.

468. **维修审查委员会报告**

[英文] Maintenance review board report

[俄文] Отчет комиссии по анализу техобслуживания и ремонта

[注释] 由制造国当局制定和批准的、针对衍生型号或新型号审定航空器的初始最低维护\检查要求，该报告包含了对航空器、在翼发动机维修方案的初始最低维护\检查要求，但并未包含对独立未装机发动机的维修方案。该报告将成为航空器运营人建立自己维修方案的一个基础，其中的要求对相同型号的航空器都是适用的。

[Note] The report describes the initial minimum maintenance/inspection requirements for derivative or new models specified and approved by the authorities of the manufacturing country. It includes such requirements for the maintenance plan of the aircraft and on-wing engines, but does not include maintenance plans for independent uninstalled engines. The report will serve as a basis for aircraft operators to establish their own maintenance programs, the requirements of which apply to all aircraft of the same type.

[Комментарий] Первоначальные минимальные требования к техническому обслуживанию \ инспекции для сертификации производных или новых моделей, разработанные и утвержденные властями страны- производителя. В этом отчете содержатся первоначальные минимальные требования к техническому обслуживанию \ инспекции для самолетов и программ ремонта крылатых двигателей, но они не включают план технического обслуживания независимых неустановленных двигателей. Отчет станет основой для эксплуатантов воздушных судов для разработки собственных программ технического обслуживания, требования которых применяются к воздушным судам того же типа.

469. 维修事件

[英文] Maintenance event

[俄文] Событие технического обслуживания

[注释] 由于故障、虚警或按预定维修计划进行的一种或多种维修活动。

[Note] It refers to one or more maintenance activities due to failure, false alarm, or scheduled maintenance.

[Комментарий] Одно или несколько действий по обслуживанию, выполненных из-за сбоев, ложных предупреждений или по плану обслуживания.

470. 维修性

[英文] Maintainability

[俄文] Ремонто-пригодность

[注释] 产品在规定的条件下和规定的时间内，按规定的程序和方法进行维修时，保持或恢复到规定状态的能力。

[Note] It refers to the capability of products to maintain or restore the specified condition under specified conditions and time limit when they are maintained or repaired in accordance with specified procedures and methods.

[Комментарий] Способность продукта поддерживать или восстанавливать до указанного состояния во время обслуживания при указанных условиях и времени.

471. 维修性保证

[英文] Maintainability assurance

[俄文] Обеспечение ремонтопригодности

[注释] 为使人们确信产品满足给定的维修性要求所必须进行的有计划、有组织、有系统的全部活动。

[Note] It refers to all the planned, organized, and systematic activities necessary to assure those concerned that the product meets the given maintainability requirements.

[Комментарий] Все запланированные, организованные и систематические действия, которые должны быть выполнены, чтобы люди поверили, что продукт соответствует заданным требованиям в отношении эксплуатационной технологичности.

472. 维修性大纲

[英文] Maintainability program

[俄文] Программа ремонтопригодности

[注释] 为了保证产品满足规定的维修性要求而制定的一套文件。它包括按进度安排的、必要的维修性组织机构及其职责，要求实施的工作项目、工作程序和需要的资源等。

[Note] It is a set of documents designed to ensure the fulfillment of the specified maintainability requirements of the product. It include snecessary maintenance organizations and their responsibilities based on the schedule, work items and procedures that needs to be executed, and required resources.

[Комментарий] Набор документов, сформулированных для обеспечения того, чтобы продукт соответствовал требованиям эксплуатационной технологичности. Он включает в себя необходимые организации по обслуживанию и их обязанности, организованные в соответствии с графиком, необходимые рабочие элементы, рабочие процедуры и необходимые ресурсы.

473. 维修性分配

[英文] Maintainability allocation

[俄文] Распределение ремонтопригодности

[注释] 为了把产品的维修性定量要求按照规定的准则和方法分配给各组成部分而进行的工作。

[Note] It is the assignment of the product's quantitative requirements to different components in accordance with prescribed criteria and methods.

[Комментарий] Работы выполняются с целью выделения количественных требований к эксплуатационной технологичности продукта для каждого компонента в соответствии с установленными критериями и методами.

474. 维修性管理

[英文] Maintainability management

[俄文] Управление ремонтопригодностью

[注释] 为确定和满足产品维修性要求所必须进行的一系列组织、计划、协调和监督等工作。

[Note] It refers to a series of organizing, planning, coordinating, and supervising activities necessary to determine and fulfill the maintainability requirements of the product.

[Комментарий] Серия работ по организации, планированию, координации и надзору, которые необходимо выполнить, чтобы определить и удовлетворить требования к эксплуатационной технологичности продукции.

475. 维修性计划

[英文] Maintainability plan

[俄文] План ремонтопригодности

[注释] 规定必须进行的工作及这些工作在何时进行的文件。

[Note] It is the document specifying what must be done and when it is to be done.

[Комментарий] Документы, в которых оговариваются работы, которые должны быть выполнены и когда эти работы будут выполнены.

476. 维修性预计

[英文] Maintainability prediction

[俄文] Прогнозирование ремонтопригодности

[注释] 为了估计产品在给定的工作条件下的维修性而进行的工作。估计时应考虑到产品各组成部分的设计水平、工艺条件等因素。

[Note] It is the work performed to estimate the maintainability of the product under given operating conditions. When doing this, the elements such as the design level and process conditions of each component shall be taken into account.

[Комментарий] Работы выполняются для оценки эксплуатационной технологичности продукта при данных условиях труда. Такие факторы, как уровень проектирования и условия процесса каждого компонента продукта, должны учитываться при оценке.

477. 维修资源

[英文] Maintenance resource

[俄文] Ресурс технического обслуживания

[注释] 在产品的使用环境中，可用于该产品维修的支援设备、特殊工具、人员、消耗品和备件、技术资料等。

[Note] It refers to the supporting equipment, special tools, personnel, consumables and spare parts, technical data, etc. that can be used for maintenance in the environment in which the product is used.

[Комментарий] В среде использования продукта можно употреблять вспомогательные оборудования, специальные инструменты, персоналы, расходные материалы, запасные части и технические материалы и т.д для обслуживания продукта.

478. **尾撬**

[英文] Tailskid

[俄文] Хвостовой костыль

[注释] 又称尾撑、机尾座。加装在飞机尾部的保护设施。当进行最小离地速度、误操作起飞、最大可用速率抬前轮等科目试飞时，由于迎角过大，可用尾撬吸收机尾与地面接触而产生的撞击和摩擦能量。

[Note] It is a protective device fitted to the rear of an aircraft. When executing such flight test items as minimum take-off speed, mishandling take-off and maximum available rate to lift the front wheel, due to excessivelarge angle of attack, the tailskid can be used to absorb the impact and friction energy generated by the contact of aircraft tail with the ground.

[Комментарий] Также известный как бабка. Защитные сооружения установлены в хвостовой части самолета. При выполнении испытательных полетов, таких как минимальная скорость относительно земли, взлет при неправильной работе и максимальная доступная скорость для поднятия переднего колеса, можно использовать опору хвоста для поглощения энергии удара и трения, создаваемой контактом хвоста с землей, поскольку угол атаки слишком велик.

479. **尾旋**

[英文] Spin

[俄文] Вращение

[注释] 旧称螺旋。超过失速迎角以后的一种持续偏航旋转。这种尾旋运动可能在俯仰、滚转和偏航方向上具有叠加的振荡。

[Note] It refers to the continuous yaw rotation after exceeding stall angle of attack. This spinning motion can have superimposed oscillations in pitch, roll and yaw.

[Комментарий] Старое имя спиральное. Непрерывное вращение рыскания после превышения угла сваливания. Это вращательное движение может иметь наложенные колебания в направлениях тангажа, крена и рыскания.

480. 尾翼

[英文] Tail

[俄文] Хвост

[注释] 尾翼是飞机尾部的水平尾翼和垂直尾翼的统称，它的作用是保证飞机三个轴的方向稳定性和操纵性。

[Note] It is general name for the horizontal and vertical tail wings at the aircraft rear, whose function is to guarantee the directional stability and controllability of the three axes of the aircraft.

[Комментарий] Хвост - это собирательное название горизонтального хвоста и вертикального хвоста самолета, его функция-обеспечение курсовой устойчивости и маневренности трех осей самолета.

481. 稳定飞行

[英文] Stabilized flight

[俄文] Стабилизированный полёт

[注释] 依靠惯性稳定装置控制航空器姿态的航空器飞行，例如，用自动驾驶仪控制的飞行。

[Note] It is the flight of an aircraft that relies on an inertial stabilization device to control the attitude of the aircraft, for example, autopilot-controlled flight.

[Комментарий] Полет самолета, в котором используется устройство инерционной стабилизации для управления положением самолета, например полет, управляемый автопилотом.

482. 污染跑道

[英文] Contaminated runway

[俄文] Загрязнённая взлетно-посадочная полоса

[注释] 当要求的跑道长度和宽度内有 25%的跑道表面区域上有以下覆盖

物，则该跑道被认为是污染跑道。积水：由大量降水或跑道排水不充分造成，其厚度超过 3 mm。雪浆：含雪的水，用脚跟或脚尖拍击地面时会溅开的雪，密度 0.5 ~ 0.8 kg/L。气温约 5 ℃时会遇到这种情况，其密度约为 0.85 kg/L（7.1 lb/USgal）。湿雪：用手挤紧时会黏在一起并趋于形成一个雪球的雪，密度 0.35 ~ 0.5 kg/L，但不包括 0.5 kg/L，其密度约为 0.4 kg/L（3.35 lb/USgal）。干雪：雪松散时可被吹走，或用手挤紧再放开时会散落的雪，密度 0.35 kg/L 以下，但不包括 0.35 kg/L，其密度约为 0.2 kg/L（1.7 lb/USgal）。压实的雪：已被压成固体的雪，它能抗拒更大挤压，并在拾取时结合在一起或破碎成大块，密度 0.5 kg/L 及以上（典型的摩擦系数为 0.2）。冰：摩擦系数小于等于 0.05 的状态。

[Note] A runway is considered to be contaminated if 25% of the runway with required length and width is covered with the following substances. Stagnant water: caused by heavy rainfall or inadequate runway drainage, the thickness of which exceeds 3 mm. Snow slurry: watery snow, which splashes when slamming the ground with a heel or tiptoe, with a density of 0.5~0.8 kg/L. This occurs at about 5 ℃, with a density of about 0.85 kg/L (7.1 lb/USgal). Wet snow: snow that sticks together and tends to form a snowball when squeezed by hand, with a density of 0.35~0.5 kg/L(excluding 0.5 kg/L). The usual density of it is about 0.4 kg/L (3.35 lb/USgal). Dry snow: snow that can be blown away when it is loose or snow that scatters when squeezing and then releasing by hand, with a density below 0.35 kg/L, but excluding 0.35 kg/L. Its density is approximately 0.2 kg/L (1.7 lb/USgal). Compacted snow: snow that has been compacted into solid, and can resist greater compression. When picking up, it is bound together or broken into large pieces, with a density of 0.5 kg/L and above (typically,the friction coefficient is 0.2). Ice: the state in which the friction coefficient is less than or equal to 0.05.

[Комментарий] Когда 25% площади поверхности ВПП в пределах требуемой длины и ширины ВПП имеют следующее покрытие, ВПП считается загрязненной ВПП. Накопление воды: вызвано большим количеством осадков или недостаточным дренажом ВПП, а ее толщина превышает 3 мм. Снежный навоз: вода, содержащая снег, который будет разбрызгиваться при ударе о землю каблуками или пальцами, с плотностью от 0,5 до 0,8 кг / л. Это случай, когда температура составляет около 5 ℃, а ее плотность составляет около 0,85 кг / л (7,1 фунта / галлон США). Мокрый снег: снег, который слипается и имеет тенденцию образовывать снежный ком при сжатии рукой, с плотностью 0,35-0,5 кг / л, но не включая 0,5 кг / л, и его плотность составляет примерно 0,4 кг / л (3,35 фунта / USgal). Сухой снег: снег, который можно сдувать, когда кедр рыхлый, или разбрасывать, когда его сжимают руками, а затем выпускают. Плотность ниже 0,35 кг / л, но исключая 0,35 кг / л, и его плотность составляет около 0,2 кг / л (1,7 фунт / USgal). Уплотненный снег: снег был спрессован в твердое вещество, которое может противостоять большему сдавливанию и при поднятии собирается или разбивается на большие куски с плотностью 0,5 кг / л и выше (типичный коэффициент трения равен 0,2). Лед: состояние, в котором коэффициент трения меньше или равен 0,05.

483. 物理构型审核（构型检查）

[英文] Physical configuration audits (PCA)

[俄文] Аудиты физических конфигураций

[注释] 是对产品物理构型的检查，用以验证该产品是否与在关键设计评审中批准的产品控制基线文件定义的物理构型相吻合。PCA 针对硬件和软件构型进行。

[Note] It is the check of the product's physical configuration to verify that it conforms to the physical configuration defined by the product control baseline documentation approved in the critical design review. PCA is conducted with regard to the hardware and software configurations.

[Комментарий] Это проверка физической конфигурации продукта, чтобы проверить, соответствует ли продукт физической конфигурации, определенной в базовом документе управления продуктом, утвержденном в критическом обзоре проекта. PCA проводится для конфигурации аппаратного и программного обеспечения.

484. 物理特性

[英文] Physical performance

[俄文] Физическая характеристика

[注释] 产品的形体特征，如组成成分、尺寸、表面状态、形状、配合、公差、重量等。

[Note] The physical characteristics of the product, such as composition, size, surface state, shape, fit, tolerance, weight, etc.

[Комментарий] Физические характеристики изделия, такие как состав, размер, состояние поверхности, форма, посадка, допуск, вес и т. д.

X

485. 系统

[英文] System

[俄文] Система

[注释] 系统是由相互作用和相互依赖的若干组成部分（要素）结合而成的、具有特定功能的有机整体。

[Note] A system is an organic integrated whole with specific functions, consisting of many components (elements) that interact with and depend on each other.

[Комментарий] Система - это органическое целое с определенными функциями, представляющее собой комбинацию нескольких компонентов (элементов), которые взаимодействуют и зависят друг от друга.

486. 系统安全性

[英文] System safety

[俄文] Безопасность системы

[注释] 在系统全寿命周期内，在工作效率、适用性、进度和费用的限制条件下，通过应用工程和管理的原则、标准和技术，使得事故风险处于一个可接受的水平。

[Note] Throughout the life cycle of the system, under the constraints of efficiency, suitability, schedule and cost, the application of engineering and management principles, standards and techniques can make failure risks maintain at an acceptable level.

[Комментарий] Благодаря применению инженерных и управленческих принципов, стандартов и технологий, риск несчастного случая находится на приемлемом уровне с учетом ограничений эффективности работы, применимости, графика и стоимости в течение всего жизненного цикла системы.

487. 系统安全性管理

[英文] System safety management

[俄文] Управление безопасностью системы

[注释] 在产品（飞机、系统、软件、硬件等）的全寿命周期内，应用了检验、评估、减轻、持续跟踪、控制和记录关于环境、安全和人员健康等方面事故风险的所有计划和活动，其中包括制定安全性大纲和安全性计划等安全性管理文件，开展相关的安全性管理活动和进行供应商安全性管理等。

[Note] It refers to all plans and activities to inspect, evaluate, reduce, track continuously, control and record the failure risks with regard to environment, safety and human health throughout the life cycle of the product (aircraft, systems, software, hardware, etc.).They include the preparation of safety management documents such as safety programs and safety plans, the implementation of related safety management activities and supplier safety management.

[Комментарий] В течение всего жизненного цикла продуктов (самолетов, систем, программного обеспечения, аппаратного обеспечения и т. д.) Применяются все планы и действия для проверки, оценки, смягчения, постоянного отслеживания, контроля и регистрации рисков аварий, связанных с окружающей средой, безопасностью и здоровьем человека. Включая разработку документов по управлению безопасностью, таких как схемы безопасности и планы безопасности, разработка соответствующих мероприятий по управлению безопасностью и управление безопасностью поставщиков.

488. 系统安全性评估

[英文] System safety assessment (SSA)

[俄文] Оценка безопасности системы

[注释] 一种为表明系统是否满足相关的安全性要求而对所实现的系统进行系统而综合的评定。

[Note] It is a systematic and comprehensive assessment of an accomplished system to indicate whether it meets relevant safety requirements.

[Комментарий] Систематическая и всесторонняя оценка реализованной системы, чтобы определить, отвечает ли система соответствующим требованиям безопасности.

489. 系统定义评审

[英文] System definition review (SDR)

[俄文] Обзор определения системы

[注释] 检查所提议系统结构及设计以及其全部功能单元的评审活动。

[Note] It refers to review activities to inspect the proposed system structure and design as well as all its functional units.

[Комментарий] Проверить предложенную структуру системы и проектирование и рассмотреть действия всех ее функциональных подразделений.

490. 系统方法

[英文] Systems approach

[俄文] Системный подход

[注释] 一种系统的、严格的工程方法，可量化、可递归、可迭代、并可重复应用在项目或工程的寿命周期中那些集成为一个整体的系统的开发、运行和维护过程中。

[Note] It is a systematic, rigorous engineering approach that is quantifiable, recursive, iterative, and reusable in the development, operation, and maintenance of systems that are integrated into a whole throughout the life cycle of a project.

[Комментарий] Систематический и строгий инженерный метод, который может быть количественным, рекурсивным, повторяемым и может многократно применяться для разработки, эксплуатации и обслуживания интегрированной системы в течение жизненного цикла программы или проекта.

491. 系统工程

[英文] Systems engineering (SE)

[俄文] Системная инженерия разработка систем

[注释] 系统工程指的是把各种（可能是根本不同的）功能和硬件要素放入一个更大的系统中以满足客户需求和要求的一个有序过程。

[Note] It refers to the orderly process of putting various(maybe entirely different) functions and hardware elements into a larger system to meet customer needs and requirements.

[Комментарий] Системная инженерия относится к упорядоченному процессу помещения различных (возможно, принципиально разных) функций и элементов аппаратного обеспечения в большую систему для удовлетворения потребностей и требований клиентов.

492. 系统级需求

[英文] System revel requirements

[俄文] Требования к уровню системы

[注释] 各系统设计团队根据飞机级需求、本系统的行业标准和规范、企业标准和规范和其他系统的相关要求，形成本系统的设计输入。主要内容包括系统概述、功能需求、性能、安全性、可靠性、维修性、安全、环境、适航、外形和体积、重量、电源、原材料、成长性和人为因素需求。

[Note] Each system design team shall form the design input of the system according to the aircraft-level requirements, the industry standards and specifications of the system, the enterprise standards and specifications and the relevant requirements of other systems. It mainly includes system overview, functional requirements, performance, safeness, reliability, maintainability, safety, environment, airworthiness, exterior shape and volume, weight, power supply, raw materials, growth and human factor requirements.

[Комментарий] Каждая группа разработчиков системы формирует исходные данные для этой системы в соответствии с требованиями уровня самолета, отраслевыми стандартами и спецификациями системы, корпоративными стандартами и спецификациями и соответствующими требованиями других систем. Основное содержание включает в себя обзор системы, функциональные требования, производительность, безопасность, надежность, ремонтопригодность, безопасность, окружающую среду, летную годность, форму и объем, вес, электропитание, сырье, рост и требования человеческого фактора.

493. 系统集成

[英文] System integration (SI)

[俄文] Интеграция системы

[注释] 以系统工程方法为指导，以需求分解为基础，以下一层集成产品为对象，以满足本级需求为目标，以确认和验证为手段，形成复杂目标产品的过程。

[Note] It is the forming of a complex target product, with guidance of the system engineering approach, on the basis of requirement decomposition, with the next layer integrated products as the object, with the fulfillment of the requirements of this level, and by means of confirmation and verification.

[Комментарий] Руководствуясь методами системного проектирования, основанными на декомпозиции требований, целью является следующий уровень интегрированных продуктов, цель которого состоит в том, чтобы удовлетворить потребности этого уровня и процесс формирования сложного целевого продукта посредством подтверждения и проверки.

494. 系统集成评审

[英文] System integration review

[俄文] Обзор системной интеграции

[注释] 为保证系统集成已准备就绪，系统部段、部件和子系统已为集成准备就绪，保证集成设施、保障人员、集成规划和技术规程已为集成准备就绪进行的评审。

[Note] It is the review to ensure that the system integration is ready, the system segments, components and subsystems are ready for integration, and the integration facilities, support personnel, integration planning, and technical procedures are also ready for integration.

[Комментарий] Чтобы гарантировать, что системная интеграция готова, системные секции, компоненты и подсистемы готовы к интеграции и что средства интеграции, вспомогательный персонал, планирование интеграции и технические регламенты проверяются на готовность к интеграции.

495. **系统架构**

[英文] System architecture (SA)

[俄文] Архитектура системы

[注释] 把一个系统划分为模块（或单元），使每个模块同其他模块之间具有明确的界面，这样的一种划分，称之为系统架构。

[Note] A system is divided into modules (or units) so that each module has a clear interface with other modules.

[Комментарий] Разделить систему на модули (или блоки), чтобы каждый модуль имел четкий интерфейс с другими модулями. Такое разделение называется системной структурой.

496. **系统需求评审**

[英文] System requirements review (SRR)

[俄文] Обзор системных требований

[注释] 为检查系统的功能需求和接口需求定义，检查初步的工程或项目计划，确保需求和选定的概念满足任务要求而进行的评审。

[Note] It is a review to check the requirements definitions of system function and interface, and the preliminary engineering or project plans, to ensure that the needs and selected concepts meet the task requirements.

[Комментарий] Чтобы проверить функциональные требования системы и определить требования к интерфейсу, проверить предварительный проект или план программы и убедить, что требования и выбранные концепции соответствуют требованиям задачи.

497. 系统验收评审

[英文] System acceptance review (SAR)

[俄文] Обзор приема системы

[注释] 为了验证最终系统产品是否达到期望成熟度水平，其质量和完整性是否满足干系人期望水平而进行的评估活动。

[Note] It is the assessment to verify whether the final system product meets the desired maturity level and whether its quality and completeness meets the stakeholder’s expectations.

[Комментарий] Чтобы проверить, достигает ли конечный системный продукт ожидаемого уровня зрелости и соответствует ли его качество и целостность ожиданиям заинтересованных сторон.

498. 现场指挥部

[英文] Field command post

[俄文] Полевой командный пункт

[注释] 型号项目管理方和试飞管理方在型号试飞现场联合成立的现场指挥机构。主要负责安排试飞取证重点工作，决策影响试飞取证的重点问题，协调资源调度。

[Note] It is the on-site command organization jointly established by the aircraft project management team and the flight test management team at the flight test site. It is mainly responsible for arranging the critical tasks of flight test certification, making decisions on key issues affecting flight test certification, and coordinating resource scheduling.

[Комментарий] Организация командования на месте, совместно созданная стороной, управляющей модельным проектом, и стороной, управляющей летными испытаниями, на площадке модельных летных испытаний. В основном отвечает за организацию ключевых задач для летных испытаний и сертификации, принятие решений по ключевым вопросам, касающимся летных испытаний и сертификации, а также за координацию планирования ресурсов.

499. 详细设计评审

[英文] Details design review (DDR)

[俄文] Анализ (Оценка) экскизного проектирования

[注释] 商用飞机产品全部设计工作完成后，在整机层面检查其设计是否符合产品需求并完整，是否具备进入批生产阶段状态的评估活动。

[Note] Upon completion of all design work for commercial aircraft products, the aircraft will be checked as a whole to see whether the design meets the product requirements and is completed, and whether it is qualified to enter batch production.

[Комментарий] После того, как все работы по проектированию продукции для коммерческих самолетов завершены, проверить, соответствует ли проект требованиям к продукту и выполнен ли он на всем уровне самолета, и есть ли у него действия по оценке, чтобы войти в стадию серийного производства.

500. 项目分段计划

[英文] Phased project planning (PPP)

[俄文] Поэтапное планирование проекта

[注释] 将项目全寿命周期按一定的原则分段执行、管理的技术。

[Note] It is the technique of executing and managing the whole life cycle of a project in stages according to certain principles.

[Комментарий] Технология для реализации и управления всем жизненным циклом программы в несколько этапов в соответствии с определенными принципами.

501. 项目沟通管理

[英文] Project communication management

[俄文] Управление взаимодействием по проекту

[注释] 项目沟通管理包括为确保项目信息及时恰当地规划、收集、生成、发布、存储、检索、管理、控制、监督和最终处置所需的各个过程。

[Note] Project communication management includes the processes required to ensure that project information is planned, collected, generated, released, stored, retrieved, managed, controlled, supervised and ultimately disposed of in a timely and appropriate manner.

[Комментарий] Программное коммуникационное управление включает в себя различные процессы, необходимые для обеспечения того, чтобы информация о проекте планировалась, собиралась, генерировалась, распространялась, хранилась, извлекалась, управлялась, контролировалась и, наконец, своевременно и надлежащим образом утилизировалась.

502. 项目技术评审

[英文] Project technical review (PTR)

[俄文] Технический обзор проекта

[注释] 项目团队内部由技术负责人组织的对于技术成熟度水平状态的评估活动。

[Note] It is the evaluation of technology maturity level organized by the technical leader within the project team.

[Комментарий] Деятельность по оценке уровня технической зрелости, организованная техническим руководителем в рамках команды программы.

503. 项目技术团队

[英文] Project technical team

[俄文] Техническая группа проекта

[注释] 参与项目开发的全部技术团队。

[Note] It refers to all technical teams involved in project development.

[Комментарий] Все технические команды, вовлеченные в разработку программы.

504. **项目进度（计划）**

[英文] Project schedule

[俄文] График проекта

[注释] 进度模型的输出，为各个相互关联的活动标注了计划日期、持续时间、里程碑和资源等信息。

[Note] It is the output of the progress model, marking the planned date, duration, milestones, resources, and other information for various interrelated activities.

[Комментарий] Выходные данные модели расписания отмечали запланированную дату, продолжительность, этапы и ресурсы для каждого взаимосвязанного действия.

505. **项目进度网络图**

[英文] Project schedule network diagram

[俄文] Схема сетевого графика проекта

[注释] 项目进度网络图是表示项目进度活动之间的逻辑关系（也叫依赖关系）的图形。

[Note] It is a diagram representing the logical relationships (also known as dependencies) between project progress activities.

[Комментарий] Диаграмма сети графика программы-это график, который представляет логическую связь (также называемую зависимостью) между действиями графика проекта.

506. **项目日历**

[英文] Project calendar

[俄文] Календарь проекта

[注释] 表明进度活动的可用工作日和工作班次的日历。

[Note] It is a calendar showingthe available workdays and work shifts of the progress activities.

[Комментарий] Календарь, показывающий доступные рабочие дни и рабочие смены для выполнения работ.

507. **项目团队**

[英文] Project team

[俄文] Проектная группа

[注释] 项目团队包括项目经理，以及为实现项目目标而一起工作的一群人。项目团队包括项目经理、项目管理人员，以及其他执行项目工作但不一定参与项目管理的团队成员。

[Note] The project team includes the project manager and a group of people who work together to achieve the project objectives. The team includes project manager, project administrative staff and other team members who conduct tasks while not participate in management.

[Комментарий] Команда программы включает менеджера программы и группу людей, работающих вместе для достижения целей программы. В состав программной команды входят руководители, менеджеры программы и другие члены команды, которые выполняют программные работы, но не обязательно участвуют в управлении программой.

508. **项目组织图**

[英文] Project organization chart

[俄文] Организационная схема проекта

[注释] 以图形方式描述一个具体项目中项目团队成员及其相互关系的文件。

[Note] It is a document presented by means of chart to illustrate the project team members and their relationships in a specific project.

[Комментарий] Документ, который графически описывает членов команды программы и их отношения в конкретной программе.

509. **信号调节器**

[英文] Signal conditioner

[俄文] Регулятор сигнала

[注释] 信号调节器将来自传感器的信号（电荷、电压、电流、频率、相位或电阻、电容和电感变化量）变换成适于记录器（或采集器）接收的信号。是

机载测量系统中传感器与记录器（采集器）之间电子匹配装置的总称。

[Note] The signal conditioner conditions the signals (charge, voltage, current, frequency, phase or variation of resistance, capacitance and inductance) from the sensor into signals suitable for the recorder (or collector) reception. It is the generic term of the electronic matching devices between the sensor and the recorder (collector)in the airborne measurement system.

[Комментарий] Устройство формирования сигнала преобразует сигнал (заряд, напряжение, ток, частоту, фазу или изменение сопротивления, емкости и индуктивности) от датчика в сигнал, подходящий для принимающего устройства записи (или коллектора). Это общий термин для электронного согласующего устройства между датчиком и регистратором (коллектором) в бортовой измерительной системе.

510. **信号转换器**

[英文] Signal converter

[俄文] Преобразователь сигнала

[注释] 将一种表示信息的电量转换成另一种表示同样信息的电量的器件。

[Note] It refers to the device that converts one kind of electricity into another kind of electricity that represents the same information.

[Комментарий] Устройство преобразует количество энергии, которое представляет информацию, в другую мощность, которая представляет ту же информацию.

511. **型号构型**

[英文] Type configuration

[俄文] Конфигурация типа

[注释] 是与型号合格证所对应的该型别飞机设计构型状态的定义和表述。

[Note] It is an expression used for defining the design configuration corresponding to the type of aircraft listed in the model certificate.

[Комментарий] Это определение и выражение состояния программной конфигурации типа воздушного судна, соответствующего сертификату типа.

512. 性能

[英文] Performance

[俄文] Характеристика

[注释] 与完成某一操作或功能相关的、描述物理特性或功能特性的定量度量，如数量（多少）、质量（怎么样）、广度（面积多大，距离多远）、及时性（如何响应、频率多少）、完好状态（可用性、任务/操作的就绪情况）。

[Note] It is a quantitative measurement used for describing the physical and functional property related to a certain operation or function, e.g., amount, quality, area and length, timeliness (type of response, frequency), and condition (availability, readiness of task and operation).

[Комментарий] Количественные метрики, описывающие физические или функциональные характеристики, связанные с завершением операции или функции, такие как количество (сколько), качество (как), ширина (какая площадь, как далеко) и своевременность (как реагировать, как часто), неповрежденное состояние (доступность, готовность к заданию / операции).

513. 需求

[英文] Requirement

[俄文] Требование

[注释] 技术规范中可识别的元素，该元素能够被确认，且可以相对该元素的实施而进行验证。

[Note] It is an identifiable element in a technical specification that can be confirmed and the implementation of that element can be validated.

[Комментарий] Идентифицируемый элемент в технической спецификации, который может быть подтвержден и может быть сверен с реализацией элемента.

514. 需求分配表

[英文] Requirements allocation sheet

[俄文] Таблица распределения требований

[注释] 描述功能分配、性能分配和物理系统关联关系的文档。

[Note] It is a document used for describing function allocation, performance allocation, and co-relation in a physical system.

[Комментарий] Документы, описывающие взаимосвязь между распределением функций, распределением производительности и физической системой.

515. 需求跟踪矩阵

[英文] Requirements traceability matrix

[俄文] Матрица прослеживаемости требований

[注释] 把产品需求从其来源连接到能满足需求的可交付成果的一种表格。

[Note] It is a table that links the origin of the product to the final state of the product when it can be delivered to meet the requirements.

[Комментарий] Форма связывает требования продукта из их источников с конечными результатами, которые могут удовлетворить требования.

516. 需求工程

[英文] Requirements engineering (RE)

[俄文] Разработка требований

[注释] 系统工程重要的方面是需求分析和分解，与其对应的学科称作“需求工程”。

[Note] An important aspect of system engineering is demand analysis and distribution, whose corresponding discipline is called “demand engineering”.

[Комментарий] Важным аспектом системотехники является анализ и декомпозиция требований, и соответствующая дисциплина называется «системотехника».

517. 需求管理

[英文] Requirements management (RM)

[俄文] Управление требованиями

[注释] 在产品的全寿命周期中，需求管理以可追溯的、一致的、相关的和可验证的方式，对需求及其相关文件进行引用、识别、开发、管理和控制。需

求管理通过对更改的分配、验证、调整和控制，来确保解决方案满足相关方的需求和期望。

[Note] Throughout the life cycle of the product，requirements management is used to quote, recognize, develop, manage and control the requirements and the relevant documents in a traceable, consistent, relevant, and verifiable manner. Requirements management is also used to ensure that solutions meet the needs and expectations of relevant parties by assigning, validating, adjusting, and controlling the changes.

[Комментарий] На протяжении всего жизненного цикла продукта управление спросом использует отслеживаемый, последовательный, актуальный и проверяемый способ для ссылки, идентификации, разработки, управления и контроля спроса и связанных с ним документов. Управление спросом гарантирует, что решение отвечает потребностям и ожиданиям связанных сторон посредством распределения, проверки, корректировки и контроля изменений.

518. 需求管理规划

[英文] Requirements management plan

[俄文] План управления требованиями

[注释] 项目或工程管理规划的组成部分，描述将如何分析、记录和管理需求。

[Note] It is an integral part of a project or project management plan that describes how to analyze, document, and manage the requirements.

[Комментарий] Компонент программы или плана управления проектированием, который описывает как анализировать, записывать и управлять потребностью.

519. 需求管理流程

[英文] Requirements management process

[俄文] Процесс управления требованиями

[注释] 用于管理从所有干系人的期望、客户需求、技术产品需求到最低层次的产品部件需求的流程。

[Note] It is a process for managing all the requirements starting from stakeholder expectations, customer requirements, technical product requirements, and ending at the requirements of the product components at the lowest level.

[Комментарий] Он используется для управления процессом от ожиданий всех заинтересованных сторон, потребностей клиентов, технических требований к продукту до самого низкого уровня требований к компонентам продукта.

520. 需求模型

[英文] Requirements model (RM)

[俄文] Модель требований

[注释] 完全或部分地表现出抽象度要求的模型。

[Note] It is a model that fully or partially represents requirements of the level of abstraction.

[Комментарий] Модель, которая полностью или частично предъявляет требования к абстракции.

521. 需求确认

[英文] Requirements validation (RV)

[俄文] Утверждение требований

[注释] 确定对产品的需求是正确和完整的。

[Note] Requirements validation is used to ensure that the requirements for the product are correct and complete.

[Комментарий] Определять, что потребность на продукт является правильным и полным.

522. 需求验证

[英文] Requirements verification (RV)

[俄文] Проверка требований

[注释] 对要求的实施过程进行评估，以确定是否已满足这些要求。

[Note] Requirements verification is used to assess the implementation process of the requirements to determine whether they have been met.

[Комментарий] Провести оценку для процесса реализации требования и определять, что удовлетворяет ли эти требования.

523. 选项

[英文] Option

[俄文] Опция

[注释] 指用于定义一款特定飞机的性能、功能、设备或服务，并且主制造商可提供这些内容给客户，进行客户化构型配置。

[Note] Option is used to define the performance, function, equipment or service of a particular type of the aircraft, which can be provided by the master manufacturer to the customer for customized type configuration.

[Комментарий] Относиться к характеристикам, функциям, оборудованию или обслуживанию, используемым для определения конкретного воздушного судна, и основной производитель может предоставить содержание клиентам для настройки конфигурации с индивидуальной конфигурацией.

524. 选项定义

[英文] Option definition

[俄文] Определение опций

[注释] 指对选项进行唯一标识和描述的过程，选项定义内容主要包括：选项编号、选项描述、相关产品数据或其他信息的描述。

[Note] It refers to the process of uniquely identifying and describing options. The option definition mainly includes: option number, option description, description of relevant product data or other information.

[Комментарий] Относиться к процессу уникальной идентификации и описания опций. Определения опций в основном включают в себя: номер опции, описание опции, описание связанных данных продукта или другую информацию.

525. 选项清单

[英文] Option list

[俄文] Список опций

[注释] 是指供客户选择的选项编号及名称的简要汇总，用于提供给客户进行客户化选择的清单。

[Note] It is a brief summary list of the number and name of the options, which is provided to the customer for their customized choice.

[Комментарий] Относиться к краткой сводке номеров опций и названия для выбора клиентов и используется для предоставления клиентам списка индивидуальных вариантов.

526. 选项特征约束

[英文] Option characteristic restriction

[俄文] Ограничения опционных характеристик

[注释] 一组选项之间的约束关系，主要分为以下四大类：①必选其一（Required，select one）：该选项特征为必选，但只能从两个以上选项中选择一个选项；②可选（Optional）：该选项特征为可选，并且该选项特征下仅有一个选项；③可选其一（Optional，select one）：该选项特征为可选，但只能从两个以上选项中选择一个选项；④可选一个或多个（Optional，select one or more）：该选项特征为可选，如选择该选项特征，必须选择一个或一个以上的选项，如确定数量或其他要求，可补充说明。

[Note] It refers to the restriction relationship between a group of options, which is mainly divided into the following four categories: ①Required (select one): this option is a required one, and only one option shall be selected from more than two options;②Optional: this option feature is an optional one, and there is only one option under this option feature.③ Optional, select one: this option feature is an optional one, and only one option shall be selected from more than two options; ④ Optional, select one or more (Optional, select one or more) : this option feature is an optional, and one or more options shall be selected if this feature is selected. Remarks may be added in the event that the quantity needs to be decided or other requirements are added.

[Комментарий] Отношение ограничений между набором параметров в основном делится на следующие четыре категории: ① Обязательный, выбрить один: функция этого параметра является обязательной, но из более чем двух вариантов может быть выбран только один параметр; ② Необязательно: эта опция не является обязательной, и под этой опцией есть только одна опция; ③ Необязательно, выбрить одну: эта опция является необязательной, но только из двух или более опций. Выбрить один вариант. ④ Необязательно, выбрить один или несколько: Функция этого параметра является необязательной. Если вы выбираете функцию этого параметра, вы должны выбрать один или несколько параметров, таких как определение количества или других требований, Может быть дополнено.

527. **眩光**

[英文] Glare

[俄文] Блики

[注释] 一定强度的光照射到飞行员眼睛，引起飞行员视觉感受性降低或者降低目标可见性，这种现象称为眩目现象或眩目效应。引起眩目效应的光称为眩光。

[Note] Light of certain intensity irradiates the pilot's eyes, causing the pilot to lose his visual perception or reduce the visibility of the target. This phenomenon is called blinding phenomenon or blinding effect. The light which causes a blinding effect is called glare.

[Комментарий] Определенная интенсивность света освещает глаза пилота, заставляя зрительное восприятие пилота уменьшать или уменьшать видимость цели. Это явление называется ослепительным явлением или ослепительным эффектом. Свет, который вызывает блики, называется бликами.

528. **巡航**

[英文] Cruise

[俄文] Крейсерский режим

[注释] 速度接近定常，经济性较好，可长时间连续进行的一种飞行状态。

[Note] It is a state of flight in which the speed is close to a steady and economical state, which can last a long time.

[Комментарий] Скорость близка к постоянной, экономика хороша, и она может быть непрерывно летающим в течение длительного времени.

Y

529. 研发试飞

[英文] Development flight test

[俄文] Опытные лётные испытания

[注释] 为使飞机及其系统和机载设备符合型号合格审定试飞状态而进行的飞行试验。

[Note] Flight tests carried out to make sure that the aircraft and its experimental analysis and on-board electric equipment satisfy type approval conditions.

[Комментарий] Лётные испытания с целью соответствия воздушного судна, его систем и бортового оборудования статусу проверки сертификационного типа лётных испытаний.

530. 研制保证

[英文] Development assurance

[俄文] Обеспечение разработки

[注释] 在足够的置信度水平下，所有用于证明要求、设计和实施中的错误已经被识别和纠正，从而系统能够满足可适用的认证基准而采取的有计划的系统措施。

[Note] At a sufficient level of confidence, all the errors found in the process of validating the requirements, design, and implementation have been identified and corrected so that the system can meet the applicable certification benchmark. The planned systematic measures are referred to as the development assurance.

[Комментарий] С достаточным уровнем достоверности все ошибки, использованные для подтверждения требований, проектирования и реализации, были выявлены и исправлены, чтобы система могла соответствовать применимым стандартам сертификации и принимать систематические меры.

531. **研制试飞阶段**

[英文] Development flight test phase

[俄文] Этап опытных лётных испытаний

[注释] 研制试飞阶段是指飞机从总装下线交付试飞到取得首个TIA前飞行的阶段，其中又包括首飞前滑行试验、首飞及研制试飞。根据实际情况需要，研制试飞可分阶段执行。

[Note] The development flight test phase refers to the period from the delivery of the product from the final assembly line to the first TIA flight, including the first taxiing test, the first flight and the development flight test. According to the actual situation, the development flight test can be implemented in a number of stages.

[Комментарий] Стадия разработки и лётных испытаний относится к стадии от лётного испытания окончательной сборки самолета до первого полета перед TIA, что также включает в себя испытание на руление перед первым полетом, первый полёт и лётное испытание в ходе разработки. В соответствии с актуальными потребностями, опытно-конструкторский полет можно проводить поэтапно.

532. **衍生需求**

[英文] Derived requirements

[俄文] Производные требования

[注释] 研制过程期间，由设计或实施的决策所引起的附加需求，但这些衍生需求不能直接追溯到更高层次的需求。

[Note] Additional requirements arising from design or implementation decisions during the development process, which cannot be directly traced back to the requirements at the higher level.

[Комментарий] В процессе разработки дополнительные требования вызваны решениями по проектированию или реализации, но эти производные требования не могут быть напрямую связаны с требованиями более высокого уровня.

533. **验证**

[英文] Verification

[俄文] Верификация

[注释] 对需求的实施过程进行评估，以确定是否已满足这些需求。(是否已确立了正确的飞机/系统/功能/项目)。

[Note] Verification is used to assess the implementation process of requirements to determine whether they have been met, i.e., whether the right aircraft/ experimental analysis/ functions/ item has been established.

[Комментарий] Оценить процесс реализации требований, чтобы определить, были ли выполнены эти требования. (Был ли установлен правильный самолет / система / функция / программа).

534. **验证(产品)**

[英文] Verification (of a product)

[俄文] Верификация (продукта)

[注释] 符合规范的证明。验证的手段有试验、分析、演示或其组合。

[Note] Evidence of compliance with the specification. The means of verification includes test, analysis, demonstration, or their combination.

[Комментарий] Доказательство в соответствия с нормами. Средства проверки включают эксперимент, анализ, демонстрацию или их комбинацию.

535. **验证矩阵**

[英文] Verification matrix (VM)

[俄文] Матрица верификации

[注释] 一种常用的显示每一条需求及其对应的验证方法和结果的二维表

单。验证矩阵是确认需求符合性的重要载体。

[Note] A commonly two-dimensional sheet in which each requirement and its corresponding verification method and results are displayed. The verification matrix is an important means to confirm the compliance of the requirement.

[Комментарий] Обычно используется двумерная форма, которая отображает каждое требование и соответствующий метод проверки и результат. Матрица проверки является важным носителем для подтверждения соответствия требованиям.

536. 验证试飞

[英文] Certification flight test

[俄文] Сертификационные лётные испытания

[注释] 验证试飞是商用飞机适航申请人组织，适航当局参与并控制的飞行试验。

[Note] Certification flight test is a flight test organized by airworthiness applicants of commercial aircraft, co-organized and managed by the airworthiness authorities

[Комментарий] Проверочные летные испытания - это летные испытания, проводимые организуемые соискателями летной годности коммерческого самолета, которые совместно организуется и управляются органами по обеспечению летной годности.

537. 验证试飞阶段

[英文] Certification flight test phase

[俄文] Этап сертификационных лётных испытаний

[注释] 验证试飞阶段是指自取得首个 TIA 后第一次飞行开始，至最后一个 TIA 飞行结束的阶段。在验证试飞阶段可穿插研制试飞科目。

[Note] Certification flight test phase refers to the stage starting from the first flight after the acquisition of the first TIA and ending at the last TIA flight. In the certification flight test phase, the development flight test can also be implemented.

[Комментарий] Стадия испытательного полета относится к этапу от первого полета после получения первого TIA до конца последнего полета TIA. Объекты летных испытаний могут быть разбросаны во время этапа проверочных летных испытаний.

538. **验证与确认**

[英文] Verification and validation (V&V)

[俄文] Верификация и валидация

[注释] 也称“双 V 过程”，是先自上而下地将顶层需求层层分解到产品实现的最低层级，并确保需求的追溯性之后，再自下而上地将产品制造集成并通过验证手段确认所有需求已经满足的过程。该过程被国际商用飞机企业普遍采用，并且是适航当局规定的符合性验证和技术管理方法。

[Note] Verification and validation, also known as the “Double V process”, is a process in which the requirements at the top level are divided from the top to the bottom of the product. When the traceability of the requirements is ensured, the manufacturing integration of the product is implemented from the bottom to the top and confirmed by means of verification to ensure that all the requirements have been met. This process is generally adopted by the international commercial aircraft companies and is the compliance verification and technical management method required by the airworthiness authorities.

[Комментарий] Также известный как «двойной V-процесс», он сначала разлагает требования верхнего уровня до самого низкого уровня реализации продукта сверху вниз и обеспечивает отслеживаемость требований, а затем интегрирует производство продукта снизу вверх и подтверждает его с помощью средств проверки. Процесс, в котором были выполнены все требования. Этот процесс обычно используется международными коммерческими авиационными компаниями и является методом проверки соответствия и технического управления, предписанным органами по летной годности.

539. **遥测参数**

[英文] Telemetry parameter

[俄文] Телеметрический параметр

[注释] 遥测系统所测量和传输的被测对象的参量和信息。

[Note] Parameters and information of the object under the test measured and transmitted by the telemetry system.

[Комментарий] Параметры и информация измеряемого объекта измеряются и передаются системой телеметрии.

540. **遥测大纲**

[英文] Telemetry program

[俄文] Телеметрическая программа

[注释] 遥测系统参加飞行试验的纲领性、协调性文件。全面规定遥测系统的技术状态，实验测量任务与要求，是试验实施单位组织飞行试验，进行数据处理的依据。

[Note] A programmatic and coordinated document on the application of telemetry systems in the flight tests. The technical status, experimental measurement tasks and requirements of the telemetry system, which are the basis for the test implementation team to organize the flight test and conduct data processing are specified in this document.

[Комментарий] Программные и согласованные документы для участия телеметрических систем в летных испытаниях. Комплексное регулирование технического состояния системы телеметрии, экспериментальных измерительных задач и требований является основой для подразделения по внедрению испытаний для организации летных испытаний и обработки данных.

541. **遥测系统**

[英文] Telemetry system

[俄文] Телеметрическая система

[注释] 在飞行试验中，采用无线电通信技术将测得的试验数据发送到地面进行记录、显示、监控及数据处理的整套设备。

[Note] A complete set of equipment in flight tests used to send data acquired from the test to the ground for recording, display, monitoring, and data processing via radio communication technology.

[Комментарий] В ходе летных испытаний технология радиосвязи используется для отправки измеренных данных испытаний на землю для записи, отображения, мониторинга и обработки данных.

542. 遥测站

[英文] Telemetry station

[俄文] Телеметрическая станция

[注释] 用于接收、记录、处理飞行器遥测信息，并以不同形式提供中间或最终结果的设施。

[Note] A facility for receiving, recording, and processing telemetry information of aircraft and for providing intermediate or final results in various forms.

[Комментарий] Средства, используемые для получения, записи и обработки информации телеметрии воздушных судов, а также для предоставления промежуточных или окончательных результатов в различных формах.

543. 液压系统

[英文] Hydraulic system

[俄文] Гидравлическая система

[注释] 液压系统的作用为通过改变压强增大作用力。一个完整的液压系统由五个部分组成，即动力元件、执行元件、控制元件、辅助元件（附件）和液压油。液压系统可分为两类：液压传动系统和液压控制系统。液压传动系统以传递动力和运动为主要功能；液压控制系统则要使液压系统输出满足特定的性能要求（特别是动态性能），通常所说的液压系统主要指液压传动系统。

[Note] The hydraulic system is used to increase the force by changing the pressure. A complete hydraulic system consists of five parts: power element, actuator, control element, auxiliary element (accessories) and hydraulic oil. The hydraulic system can be divided into two types: hydraulic transmission system and hydraulic control system. The main function of hydraulic transmission system is to transmit power and motion. The hydraulic control system is used to enable the output of the hydraulic system to meet the specific performance requirements (especially the dynamic performance). the hydraulic system generally refers to the hydraulic transmission system.

[Комментарий] Роль гидравлической системы заключается в увеличении силы путем изменения давления. Полная гидравлическая система состоит из пяти частей, а именно силовых компонентов, исполнительных компонентов, компонентов управления, вспомогательных компонентов (принадлежностей) и гидравлического масла. Гидравлические системы можно разделить на две категории: системы гидравлического привода и гидравлические системы управления. Основная функция гидравлической трансмиссионной системы заключается в передаче мощности и движения; гидравлическая система управления должна обеспечивать соответствие производительности гидравлической системы определенным требованиям к производительности (особенно динамическим характеристикам). Гидравлическая система обычно относится к гидравлической трансмиссионной системе.

544. 一般试验

[英文] General test

[俄文] Общие эксперименты

[注释] 商用飞机项目中，除大型试验以外的试验项目

[Note] The test item in the commercial aircraft project apart from the large-scale test.

[Комментарий] Кроме крупных испытаний, испытательные проекты среди программ коммерческих самолётов.

545. 仪表飞行

[英文] Instrument operation

[俄文] Полётпо приборам

[注释] 航空器按照仪表飞行规则、飞行计划进行的飞行，或者有航站管制

设施或空中航路交通管制中心提供仪表飞行规则航空器间隔距离的飞行。

[Note] Aircraft flights in accordance with IFRs and flight plans, or flights in accordance with IFRs and intervals provided by terminal control facilities or air route traffic control center.

[Комментарий] Воздушные суда, выполняющие полеты в соответствии с правилами полетов по приборам и планами полетов, или полеты с оконечными средствами управления или центрами управления воздушным движением, обеспечивающие правила полетов по приборам для расстояний эшелонирования воздушных судов.

546. 仪表飞行规则

[英文] Instrument flight rules (IFR)

[俄文] Правила полета по приборам

[注释] 气象条件低于目视飞行的最低条件时，飞行员必须遵循的按仪表飞行的规则。

[Note] Instrumented flight rules that pilots must follow when the meteorological conditions are below the minimum conditions for visual flight.

[Комментарий] Когда погодные условия ниже минимальных условий для визуального полета, пилот должен соблюдать правила полета по приборам.

547. 仪表进近

[英文] Instrument approach

[俄文] Заход на посадку по приборам

[注释] 又称仪表进场。当能见度低于 3 mile 和（或）云底高度处于或低于最小初始高度时，按照仪表飞行规则飞行计划飞行的航空器，向机场意图着陆的进近。

[Note] Aircraft approaching the airport for intended landing.in accordance with the IFR flight plan when visibility is less than 3 mile and/or the cloud base altitude is at or below the minimum initial altitude.

[Комментарий] Также называется инструментальным подходом. Когда видимость составляет менее 3 миль и / или высота нижней границы облаков равна или ниже минимальной начальной высоты, воздушное судно, летящее в соответствии с планом полета по приборам, будет приближаться к аэропорту с намерением приземлиться.

548. **已控制基线**

[英文] As-deployed baseline

[俄文] Контрольный базис

[注释] 指研制阶段的数据达到一定的成熟度且经过各方确认或评审通过后，即可进行构型控制的状态，达到冻结状态后的所有变更将写入技术文档被记录。

[Note] This refers to the state of configuration control after the data in the development stage reaches a certain standard and is confirmed or reviewed by all parties. All changes after the frozen state will be recorded in the technical documents.

[Комментарий] Относится к состоянию, в котором контроль конфигурации может выполняться после того, как данные на этапе разработки достигают определенной степени зрелости и подтверждаются или проверяются всеми сторонами. Все изменения после достижения замороженного состояния будут записаны в технический файл и записаны.

549. **已确认需求**

[英文] Validated requirements

[俄文] Утвержденные требования

[注释] 经过良好定义的（清晰，无歧义）、完整的（与客户和干系人的需要和期望相符）、一致的（无冲突），以及可个别验证和追溯到更高层次需求或系统目标的一组需求。

[Note] A set of requirements that are well-defined (disambiguated), complete (consistent with the needs and expectations of customers and stakeholders), consistent (non-conflicting), and can be individually verified and traced to higher level requirements or system goals.

[Комментарий] Четко определенная (четкая и недвусмысленная), полная (в соответствии с потребностями и ожиданиями клиентов и заинтересованных сторон), согласованная (без конфликтов) и группа, которую можно индивидуально проверить и проследить до требований более высокого уровня или системных целей спрос.

550. **有效跑道长度**

[英文] Effective runway length

[俄文] Эффективная длина взлетно-посадочной полосы

[注释] 起飞的有效跑道长度，指从开始起飞的跑道端头到跑道另一端头的相关越障飞行高度面与跑道中心线的相交点的距离；着陆的有效跑道长度，指从跑道进近端的相关越障飞行高度面同跑道中心线的相交点到跑道远端的距离。

[Note] The effective runway length for takeoff refers to the distance from the starting terminal of the runway to the intersecting point of the relevant obstacle crossing flightaltitudeplaneattheotherterminalandthecenterlineofrunway; The effective length of the landing runway refers to the distance from the intersection point of the relevant obstacle crossing flight altitude plane at the approach end of the runway and the center line of the runway totheotherendoftherunway.

[Комментарий] Эффективная длина ВПП для взлета относится к расстоянию от конца ВПП, с которого начинается взлет, до пересечения соответствующей высотной плоскости полета, пересекающей препятствие, и осевой линии ВПП, эффективная длина ВПП для посадки относится к относительному расстоянию от конца захода на посадку до ВПП. Расстояние от точки пересечения высоты полета самолета и осевой линии ВПП до дальнего конца ВПП.

551. **有效性**

[英文] Effectivity

[俄文] Эффективность

[注释] 一种定义产品范围的标识，例如特定产品构型所对应的，或者当对特定产品进行更改时，更改生效的或受影响的，或者某种产品变化所对应的产

品序列号、批号、型号、日期或事件。

[Note] An identification that defines the property of a product, such as a product serial number, batch number, model number, date or event that corresponds to a particular product configuration, or to a changed or affected product when a product is modified, or to a change in a product.

[Комментарий] Идентификация, которая определяет свойство продукта, такое как серийный номер продукта, номер партии, номер модели, дата или событие, которое соответствует конкретной конфигурации продукта, или измененному или затронутому продукту, когда продукт модифицирован, или изменение в продукте.

552. 预处理

[英文] Preprocessing

[俄文] Предварительная обработка

[注释] 在进行数据处理之前，对原始数据进行整理、剪辑、打标记、消除缺陷等加工过程。

[Note] The process of sorting, editing, marking, the original data and removing defects from the original data prior to data processing.

[Комментарий] Перед обработкой данных исходные данные сортируются, редактируются, маркируются и устраняются дефекты.

553. 预发展阶段

[英文] Pre-development phase

[俄文] Этап предварительной разработки

[注释] 商用飞机研制流程中的一个阶段。包含联合概念定义和初步设计阶段。

[Note] A phase in the commercial aircraft development process, including the joint concept definitions and preliminary design phases.

[Комментарий] Этап в процессе разработки коммерческого самолета. Включая определение общей концепции и предварительные этапы проектирования.

554. 云高

[英文] Vertical height

[俄文] Высота облаков

[注释] 又称云底高度。云或遮暗现象的最底层距地面的高度。遮暗现象用“裂云”“阴云”或“遮暗”表示，而不用“厚薄”或“局部”表示。

[Note] Also known as cloud base height, vertical height refers to the height from the lowest layer of a cloud or shading to the ground. Shading is expressed in terms of “split cloud”, “dark cloud” or “darkening” rather than by “thickness” or “locality”.

[Комментарий] Также известен как высота нижней границы облаков. Высота самого нижнего слоя облаков или затемнение от земли. Явление затемнения представлено «треснутым облаком», «облачным облаком» или «тенью» вместо «толщины» или «частичного».

555. 云量

[英文] Cloud amount

[俄文] Количество облаков

[注释] 云遮蔽天空视野的成数。

[Note] The percentage of clouds that obscure the sky.

[Комментарий] Количество облаков, затрудняющих вид неба.

556. 运行准备（状态）评审

[英文] Operational readiness review (ORR)

[俄文] Проверка готовности к эксплуатации

[注释] 用于考核实际系统特征及系统或产品运行使用的技术规程，并确保所有系统和（飞行、地面）保障硬件、软件、人员、技术规程、用户文档能

精确反映系统的部署状态而进行的评估活动。

[Note] The assessment to test the technical procedures used in system of product operation and the characteristics of the actual system and to ensure that all systems and (flight, ground) hardware, software, personnel, technical procedures and user documentation can accurately reflect the deployment status of the system.

[Комментарий] Он используется для оценки фактических характеристик системы и технических регламентов, используемых при эксплуатации системы или продуктов, и для обеспечения того, чтобы все системы и (полет, земля) поддерживали аппаратное обеспечение, программное обеспечение, персонал, технические регламенты и пользовательскую документацию. Операция оценки, которая точно отражает состояние развертывания системы.

Z

557. 载重平衡图

[英文] Weight and balance manifest

[俄文] Декларация о загрузке и центровке

[注释] 载重平衡图是反映航班飞机重量重心数据、装载数据的真实情况，是一份非常重要的随机业务文件和存档文件。

[Note] Weight and balance manifest is a very important onboard business document and archived document, which reflects the actual situation of the data of the weight center of gravity and loading data of flight aircraft.

[Комментарий] Диаграмма баланса нагрузки отражает реальную ситуацию с данными центра тяжести летного самолета и данными о нагрузке, это очень важный бортовой деловой документ и архивный документ.

558. 责任分配矩阵

[英文] Responsibility assignment matrix (RAM)

[俄文] Матрица распределения ответственности

[注释] 一种展示项目资源在各个工作包中的任务分配的表格。

[Note] A sheet showing the assignment of project resources among various work packages.

[Комментарий] Таблица, показывающая распределение ресурсов программы в каждом рабочем пакете.

559. 增重风险

[英文] Weight pressure

[俄文] Весовое давление

[注释] 引起飞机重量增加的各种潜在因素。

[Note] Various potential factors contributing to the gain of the aircraft weight.

[Комментарий] Различные потенциальные факторы, которые вызывают увеличение веса самолета.

560. 账户编码

[英文] Code of accounts

[俄文] Код счётов

[注释] 用于唯一地识别工作分解结构每个组件的编号系统。

[Note] A numbering system that uniquely identifies each component of the breakdown structure of the work.

[Комментарий] Система нумерации используется для уникальной идентификации каждого компонента структуры разбивки работ.

561. 整体试飞计划

[英文] Overall flight-test plan

[俄文] Общий план летных испытаний

[注释] 所有试飞计划的总成，包括：取证试飞计划、年度试飞计划、月度试飞计划以及试飞准备工作计划。

[Note] The overall flight-test components including: flight test program for certification, annual flight test program, monthly flight test program and flight test preparation program.

[Комментарий] Сборка всех планов летных испытаний, включая план сертификационных летных испытаний, годовой план летных испытаний, ежемесячный план летных испытаний и план подготовки к летным испытаниям.

562. 支持人员

[英文] Support staff

[俄文] Вспомогательный персонал

[注释] 支持人员是可以轮换或根据现场工作需要阶段性派驻外场，承担试验试飞工作具体任务的人员。

[Note] Support staff are those who can be temporarily rotated or stationed in the field according to the needs of site work to undertake specific tasks of flight test.

[Комментарий] Вспомогательный персонал - это персонал, который может периодически меняться или отправляться на поле в соответствии с местными работами, необходимыми для выполнения конкретных задач для лётного испытания.

563. 支线客机

[英文] Regional airliner (or feeder liner)

[俄文] Региональный пассажирский самолет

[注释] 商用飞机的一种。通常可指载客量少于 100 人，航程 3 000 千米以下，执行国内大城市与中小城市或中小城市之间区域内固定航线旅客运输的商用飞机。

[Note] A kind of commercial aircraft carrying less than 100 passengers and having a flight range of less than 3,000 kilometers, which performs passenger transport by fixed routes between large and small and medium-sized cities or between small and medium-sized cities on a domestic basis.

[Комментарий] Тип коммерческого самолета. Как правило, он может относиться к коммерческим воздушным судам, которые перевозят менее 100 пассажиров и имеют дальность полета менее 3,000 км. Он осуществляет пассажирские перевозки по фиксированным маршрутам между большими и малыми городами или малыми и средними городами Китая.

564. 支援设备需求分析

[英文] Support equipment requirement analysis

[俄文] Анализ требований к вспомогательному оборудованию

[注释] 在飞机支援性分析中提出飞机使用、维修对地面支援设备需求的过程。需求分析的结果形成支援设备需求分析报告。

[Note] The process in the aircraft support analysis of identifying requirements for ground support equipment aircraft usage and maintenance. The results of the requirements analysis are summarized in an analysis report of the supporting equipment requirements.

[Комментарий] В анализе пригодности воздушного судна предложен процесс использования воздушного судна и требования к техническому обслуживанию наземного вспомогательного оборудования. В результате анализа спроса формируется отчет по анализу спроса на вспомогательное оборудование.

565. 执行组织

[英文] Performing organization

[俄文] Исполняющая организация

[注释] 其人员最直接地参与项目或工程工作的机构。

[Note] The organization whose personnel are most directly involved in the work of the project or the works.

[Комментарий] Организация, персонал которой непосредственно вовлечен в проект или инженерные работы.

566. 制造构型

[英文] As-built

[俄文] Как построенный

[注释] 产品正式下线时的结构状态。

[Note] Structural state of the product when it officially rolls off the production line.

[Комментарий] Структурный статус, когда продукт официально поступать в производственные линии.

567. **制造构型数据**

[英文] Manufacture configuration documentation

[俄文] Документация конфигурации производства

[注释] 制造构型数据是指试验对象制造过程产生的构型数据，通常包括：①试验件或试验机相关的制造要求文件、工艺文件等；②试验件或试验机相关的故障拒收单清单；③试验件或试验机相关的代料单清单；④试验件或试验机相关的保留项目清单等。

[Note] Manufacturing configuration data refers to the configuration data generated in the manufacturing process of test objects including: ①manufacturing requirements documents and process documents related to the test piece or test machine, etc.②fault rejection list related to the test pieces or test machine;③ material replacement list related to the test pieces or test machine ;④retention of the list of items related to the test pieces or test machine .

[Комментарий] Данные конфигурации производства относятся к данным конфигурации, сгенерированным в процессе производства тестового объекта, которые обычно включают: ① Документы с требованиями к производству и технологические документы, относящиеся к испытательному образцу илииспытательной машине; ② Список заказов на отклонение отказов, относящихся к испытательному образцу или испытательной машине; ③ Перечень материалов для испытательных деталей или испытательных машин; ④ Список зарезервированных предметов для испытательных деталей или испытательных машинит. д.

568. **制造空机重量**

[英文] Manufacturer’s empty weight (MEW)

[俄文] Пустой вес от производителя

[注释] 制造空机重量包括结构、动力装置、内部设备、系统和其他一些属于某一具体飞机构型组成部分的重量。

[Note] Manufacturer’s empty weight includes the weight of the structure, power plant, internal equipment, systems, and other components that are part of a specific aircraft configuration.

[Комментарий] Вес изготовленного пустого самолета включает вес конструкции, силовой установки, внутреннего оборудования, системы и других компонентов, которые относятся к конкретному типу самолета.

569. 制造顺序号

[英文] Manufacturing serial number (MSN)

[俄文] Производственный серийный номер

[注释] 生产制造部门可根据制造和装配计划以及出厂顺序为每架飞机分配一个唯一的制造用标识号，该标识号称为制造顺序号，制造顺序号又可称为制造流水号。

[Note] Manufacturing serial number is a unique manufacturing identification number assigned to each aircraft according to the manufacturing and assembly plan and the date of the production bymanufacturer, which is also referred to as the manufacturing number.

[Комментарий] Производственный отдел может назначить уникальный идентификационный номер производства каждому воздушному судну в соответствии с планом изготовления и сборки и порядком поставки. Идентификационный номер называется порядковым номером изготовления, а порядковый номер изготовления также называется порядковым номером изготовления.

570. 制造准备评审

[英文] Manufacturing readiness review (MRR)

[俄文] Проверка готовности к производству

[注释] 对商用飞机产品批生产制造所需的工作准备状态进行的评估活动，通常作为详细设计评审的输入之一。

[Note] An assessment of the preparation work required for the mass production of commercial aircraft products, which is usually used as one of the inputs to the detailed design review.

[Комментарий] Деятельность по оценке готовности к работе, необходимая для серийного производства продукции для коммерческих самолетов, обычно используется в качестве одного из входных данных подробной проверки и оценки проектирования.

571. 质量分布

[英文] Mass distribution

[俄文] Распределение массы

[注释] 建立飞机网格模型并计算分布在各网格内的重量、重心和惯量。

[Note] A grid model of the aircraft is established for the calculation of the weight, center of gravity and inertia distributed in each grid.

[Комментарий] Создать модель сетки самолётов и рассчитать вес, центр тяжести и инерцию, распределенные в каждой сетки.

572. 滞后量

[英文] Lag

[俄文] Запаздывание

[注释] 相对于紧前活动，紧后活动需要推迟的时间量。

[Note] The amount of time that a post activity needs to be delayed compared to a preceding activity.

[Комментарий] Количество времени, которому необходимо отложить для слудующих действий, связанных с предыдущими действиями.

573. 中断进近

[英文] Missed approach

[俄文] Прерываниезахода на посадку

[注释] 由于以下原因未完成着陆的仪表进近：在批准的最低气象条件下未实现目视接地；或因其他原因未完成着陆；或根据空中交通管制部门的指令。

[Note] Instrument approach that fail to complete landing, the reasons for which include: visual grounding has not been achieved under the approved minimum meteorological conditions; failure to complete the landing for other reasons; following the direction of air traffic control.

[Комментарий] Приборный подход, который не завершил посадку по следующим причинам: визуальное приземление не было достигнуто при утвержденных минимальных погодных условиях, или посадка не была завершена по другим причинам, или в соответствии с инструкциями департамента управления воздушным движением.

574. 中断起飞

[英文] Aborted takeoff

[俄文] Прерванный взлёт

[注释] 由于任何原因而不得继续进行的起飞。

[Note] A takeoff that must not be continued for any reason.

[Комментарий] По любой причине взлет не должен продолжаться.

575. 重量

[英文] Weight

[俄文] Вес

[注释] 在地心引力的作用下，飞机所具有的向下的、指向地心的力的大小。

[Note] The downward, geocentric force of an aircraft under the action of gravity.

[Комментарий] Под действием силы тяжести величина нисходящей силы, направленной на центр земли, который имеет самолет.

576. 重量工程

[英文] Weight engineering

[俄文] Весовая техника

[注释] 飞机研制过程中，负责重量估算、指标分解、质量分布计算、设计与制造重量管控等重量计算，因其牵扯专业广且贯穿飞机型号研制的全寿命，统称为重量工程。（中国商飞用语）

[Note] In the process of aircraft development, weight engineering includes weight estimation, index decomposition, mass distribution calculation, design and manufacturing weight control and other weight calculations, which involve a wide range of activities and run through the whole life of aircraft model development. (Terms of Commercial Airlines of China)

[Комментарий] В процессе разработки самолета он отвечает за расчеты веса, такие как оценка веса, декомпозиция индекса, расчет распределения массы, контроль веса при проектировании и изготовлении и т. д., поскольку он включает в себя широкий спектр знаний и опыта в течение всего срока разработки модели самолета, в совокупности именуемой конструированием веса. (Термин COMAC)

577. 重量工程办公室

[英文] Weight Engineering Office (WEO)

[俄文] Отдел весовой техники

[注释] 重量工程办公室是重量管理委员会和重量工程委员会的具体办事机构，在重量工程委员会的领导和授权下开展重量控制的相关工作。

[Note] The Weight Engineering Office is the specific office of the Weight Management Committee and the Weight Engineering Committee, under the leadership and authorization of the Weight Engineering Committee, to carry out weight control related work.

[Комментарий] Бюро по разработке веса является специальным отделением комитета по управлению весом и комитета по разработке веса и выполняет работу по контролю веса под руководством и поручением комитета по разработке веса.

578. 重量工程师

[英文] Weight Engineer (WE)

[俄文] Инженер-весовщик

[注释] 重量工程师是指从事重量工程专业的设计研究人员。

[Note] The weight engineer means a design researcher specializing in weight engineering.

[Комментарий] Специалисты по весу относятся к исследователям, занимающимся конструированием веса.

579. 重量工程团队

[英文] Weight engineering team

[俄文] Группа весового проектирования

[注释] 重量工程团队是以各设计研究部为团队单位组建，每个团队在重量工程委员会的领导和重量工程办公室的指导下，负责协调处理各团队在飞机从设计到制造过程中所有重量控制的相关工作。（中国商飞用语）

[Note] The weight engineering team is established on the basis of each design and research department. Under the leadership of the Weight Engineering Committee and the guidance of the Weight Engineering Office, each team is responsible for coordinating and handling all weight control work of each team in the aircraft design and manufacturing process. (Terms of Commercial Airlines of China)

[Комментарий] Команда инженеров по весу организована конструкторскими и исследовательскими отделами как единое целое. Под руководством комитета по весу и под руководством офиса по весу каждая команда отвечает за координацию и управление всей работой каждой команды, связанной с контролем веса, от проектирования до производства самолёта. (Термин COMAC)

580. 重量工程委员会

[英文] Weight Engineering Board (WEB)

[俄文] Комиссия по весовой технике

[注释] 重量工程委员会由重量管理委员会批准建立，全面负责飞机的重量控制工作，包括制定重量控制工作计划及重量控制要求及规定、重量管理及控制工作的定期检查等。

[Note] The Weight Engineering Board, established with the approval of the Weight Management Committee, is fully responsible for the weight control of aircraft, including the formulation of weight control work plans and weight control requirements and provisions, and the regular inspection of weight management and control work.

[Комментарий] Комитет по разработке веса был создан с одобрения комитета по управлению весом и несет полную ответственность за контроль веса самолета, включая разработку планов работы по контролю веса и требований и правил контроля веса, управление весом и регулярные проверки работы контроля и т. д.

581. 重量公差

[英文] Weight tolerance

[俄文] Допуск по весу

[注释] 飞机零组部件的实际制造重量与理论重量的允许变动量。

[Note] Allowable variations in actual and theoretical manufactured weights of aircraft components.

[Комментарий] Допустимое отклонение между фактическим весом производства и теоретическим весом компонентов самолета.

582. 重量管理委员会

[英文] Weight Management Board (WMB)

[俄文] Комиссия по управлению весом

[注释] 重量管理委员会是飞机重量工程工作的最高决策机构，全面规划和负责飞机的重量工程工作，主要包括构建飞机的重量工程的组织体系、建立重量控制的顶层管理体系文件、确定飞机主要重量指标、决策将导致主要重量指标更改的技术方案等。

[Note] The Weight Management Board, as the highest decision-making body for aircraft weight engineering work, makes the overall plan and takes the full responsibility for the aircraft weight engineering work, including the construction of the aircraft weight engineering organization system, the establishment of top-level weight control management system documents, the determination of aircraft's main weight indicators, deciding the changes in the main weight indicators of the technical program.

[Комментарий] Комитет по управлению весом является высшим органом, принимающим решения в области весовой инженерии самолета, он всесторонне планирует и отвечает за работу по весовой инженерии самолета, в основном включает в себя создание системы организации веса самолета, разработку документов системы управления на высшем уровне для контроля веса, определение основных весовых показателей самолета и принятие решений. Технические решения, которые приведут к изменению основных весовых показателей и т. д.

583. 重量平衡手册

[英文] Weight and balance manual (WBM)

[俄文] Руководство по центровке и загрузке

[注释] 制造商向航空公司传递飞机重量和平衡数据的手册，其中含有航空公司重量工程师和其他有关人员可以分析和确定航空公司使用的重量和平衡程序。

[Note] Manufacturer's manual for the transmission of aircraft weight and balance data to airlines, which contains weight and balance procedures that can be analyzed and determined by airline weight engineers and other relevant personnel.

[Комментарий] Производитель передает в авиакомпанию руководство по данным о весе и балансе самолета, в котором содержатся инженеры по весу и другой соответствующий персонал, и персонал может анализировать и определять процедуры взвешивания и балансировки, используемые авиакомпанией.

584. 重心

[英文] Centre of gravity (CG)

[俄文] Центр тяжести

[注释] 飞机各部分重力合力的着力点。

[Note] The point of focus of the resultant gravitational forces on each part of the aircraft.

[Комментарий] Координационная точка объединяет силу тяжести каждой части самолета.

585. **重心后极限**

[英文] Aft CG limit

[俄文] Предельно-задняя центровка

[注释] 为保证飞机具有足够的稳定性而要求飞机重心不超过某一后重心位置，这一重心就是飞机的重心后极限。

[Note] The center of gravity of an aircraft should not exceed the position of a certain rear center of gravity in order to ensure sufficient stability of the aircraft, and this center of gravity is the aft CG limit.

[Комментарий] Чтобы обеспечить достаточную устойчивость самолета, требуется, чтобы центр тяжести самолета не превышал определенного положения заднего центра тяжести.

586. **重心前极限**

[英文] Forward CG limit

[俄文] Предельно допустимая передняя центровка

[注释] 为保证飞机具有足够的操纵性而要求飞机重心不超过某一前重心位置，这一重心就是飞机的重心前极限。（中国商飞用语）

[Note] In order to ensure that the aircraft has enough ease of control, the center of gravity of the aircraft should not exceed the position of a certain forward center of gravity, which is the forward CG limit. (Commercial Aircraft Corporation of China)

[Комментарий] Чтобы гарантировать, что летательный аппарат обладает достаточной маневренностью, требуется, чтобы центр тяжести летательного аппарата не превышал определенного положения переднего центра тяжести, который является передним пределом центра тяжести летательного аппарата. (Термин COMAC)

587. **重心自动调节控制系统**

[英文] Automatic adjust and control system

[俄文] Автоматическая система регулировки и управления

[注释] 在重心包线扩展试飞中，用于进行飞机前后重心调节的设备、仪器

和设施。

[Note] Equipment, instrumentation, and facilities used to adjust the forward and rear center of gravity of an aircraft during the center of gravity envelope expansion flight test.

[Комментарий] Оборудование, приборы и средства, используемые для регулировки центра тяжести самолета в ходе длительных летных испытаний диапазона центра тяжести.

588. 主最低设备清单

[英文] Master minimum equipment list (MMEL)

[俄文] Основной перечень минимального оборудования

[注释] 一种设备和功能清单，只要保证在机型适航审定时所规定补偿保护措施的基础上，这些设备或功能的不工作不会对飞机的持续安全飞行与着陆产生影响。

[Note] A list of equipment and functions that do not affect the continuous safe flight and landing of an aircraft when they stop working, provided that they are designed on the basis of the compensating protections specified at the time of airworthiness certification.

[Комментарий] Перечень оборудования и функций, при условии, что неработоспособность этого оборудования или функций не повлияет на непрерывный безопасный полет и посадку воздушного судна на основе мер компенсации и защиты, указанных в ходе сертификации летной годности воздушного судна.

589. 专用地面支援设备

[英文] Specially designed GSE

[俄文] Специальное оборудование наземного обслуживания

[注释] 专用地面支援设备是为保障某一特定飞机机型或机型系列而设计的地面支援设备。

[Note] Specially designed GSE is ground support equipment designed to support a particular aircraft type or series of aircraft.

[Комментарий] Специально разработанное GSE-это наземное вспомогательное оборудование, предназначенное для поддержки конкретного типа или серии самолетов.

590. 转场飞行

[英文] Ferry flight

[俄文] Перегоночный полёт

[注释] 为将航空器返回基地或飞往和飞离其他基地的飞行。在某种情况下，按照特许飞行进行转场飞行。

[Note] An aircraft returns to a base or flies to and from another base. In some cases, ferry flights are conducted according to licensed flights.

[Комментарий] Полет для возвращения самолета на базу или перелет на другие базы и с других баз. При определенных обстоятельствах переходный рейс выполняется в соответствии с лицензированным рейсом.

591. 转动惯量

[英文] Moment of inertia

[俄文] Момент инерции

[注释] 飞机做转动运动时其惯性的度量。

[Note] A measurement of the inertia of an aircraft in rotational motion.

[Комментарий] Мера инерции самолета, когда он вращается.

592. 状态重量

[英文] Status weight

[俄文] Вес на состояния

[注释] 状态重量能反映飞机在各设计阶段的重量，并能动态反映飞机重量变化情况。

[Note] The state weight can reflect the weight of the aircraft in each design stage, and can dynamically reflect the weight change of the aircraft.

[Комментарий] Вес состояния может отражать вес самолета на каждом этапе проектирования и может динамически отражать изменение веса самолета.

593. **着陆后限**

[英文] Aft limit for landing

[俄文] Предельно-заднее положение для посадки

[注释] 飞机在着陆阶段要求不超过某一后重心位置，这一重心就是飞机的着陆后限。

[Note] The aircraft is required not to exceed a certain rear center of gravity in the landing phase, which is the aircraft's aft limit for landing.

[Комментарий] Самолет должен не превышать определенный задний центр тяжести во время режима посадки, и этот центр тяжести является пределом после посадки самолета.

594. **着陆进场**

[英文] Landing approach

[俄文] Заход на посадку

[注释] 又称着陆进近。飞机着陆接地前在空中对准跑道的下滑段。

[Note] Landing approach refers to the fact that the aircraft should aim at the runway downhill before landing.

[Комментарий] Также известный как заход на посадку. Самолет был выровнен по скользящей части взлетно-посадочной полосы в воздухе перед посадкой.

595. **着陆前限**

[英文] Forward limit for landing

[俄文] Предельно допустимое переднее положение для посадки

[注释] 飞机在着陆阶段要求不超过某一前重心位置，这一重心就是飞机的着陆前限。

[Note] The aircraft is required not to exceed a certain forward center of gravity in the landing phase, which is the aircraft's forward limit for landing.

[Комментарий] Самолет должен не превышать определенный передний центр тяжести во время режима посадки, и этот центр тяжести является пределом предварительной посадки самолета.

596. 资源分解结构

[英文] Resource breakdown structure (RBS)

[俄文] Иерархическая структура ресурсов

[注释] 资源依类别和类型的层次展现。

[Note] Resources are presented at different levels in terms of categories and types.

[Комментарий] Ресурсы отображаются на уровне категории и типа.

597. 资源平衡

[英文] Resource leveling

[俄文] Выравнивание ресурсов

[注释] 为了在资源需求与资源供给之间取得平衡，根据资源制约对开始日期和结束日期进行调整的一种技术。

[Note] It is a technique for adjusting the start and end dates in order to maintain a balance between resource demand and supply.

[Комментарий] Для достижения баланса между спросом и предложением ресурсов - технология, которая корректирует дату начала и дату окончания в соответствии с ограничениями ресурса.

598. 资源日历

[英文] Resource calendar

[俄文] Календарь ресурсов

[注释] 表明每种具体资源的可用工作日或工作班次的日历。

[Note] It is a calendar indicating the workdays or shifts available for each specific resource.

[Комментарий] Календарь с указанием доступных рабочих дней или рабочих смен для каждого конкретного ресурса.

599. **资源优化技术**

[英文] Resource optimization technology

[俄文] Технология оптимизации ресурсов

[注释] 资源优化技术是根据资源供需情况，来调整进度模型的技术，包括（但不限于）资源平衡和资源平滑。

[Note] Resource optimization technology is a technology to adjust the schedule model according to the supply and demand of resources, including (but not limited to) resource balance and resource smoothing.

[Комментарий] Технология оптимизации ресурсов - это технология, которая корректирует модель расписания в соответствии со спросом и предложением ресурсов, включая (но не ограничиваясь) балансировку ресурсов и сглаживание ресурсов.

600. **子系统级需求**

[英文] Subsystem level requirements (SLR)

[俄文] Требования к уровню подсистемы

[注释] 各子系统设计团队根据系统级需求、本专业的行业标准和规范、企业标准和规范和其他系统的相关要求，形成本子系统的设计输入。主要内容包括系统概述、功能需求、性能、安全性、可靠性、维修性、安全、环境、适航、外形和体积、重量、电源、原材料、成长性和人为因素需求。复杂系统可将系统分解为若干子系统，形成子系统级需求，简单系统不必形成子系统需求。

[Note] The design team of each subsystem shall form the design input of this subsystem according to the system-level requirements, the professional industry standards and specifications, the enterprise standards and specifications, and the relevant requirements of other systems. Main contents include system overview, functional requirements, performance, safeness, reliability, maintainability, safety, environment, airworthiness, shape and volume, weight, power, raw materials, growth and human factor requirements. Complex systems can be decomposed into several subsystems to form subsystem-level requirements. Simple systems do not need to form subsystem requirements.

[Комментарий] Каждая команда разработчиков подсистем формирует исходные данные для этой подсистемы в соответствии с требованиями системного уровня, отраслевыми стандартами и спецификациями профессии, корпоративными стандартами и спецификациями и другими системными требованиями. Основное содержание включает в себя обзор системы, функциональные требования, производительность, безопасность, надежность, эксплуатационную технологичность, безопасность, окружающую среду, летную годность, форму и объем, вес, электропитание, сырье, рост и требования человеческого фактора. Сложные системы могут разложить систему на несколько подсистем, чтобы сформировать требования уровня подсистемы, в то время как простые системы не должны формировать требования подсистемы.

601. 自由浮动时间

[英文] Free float

[俄文] Свободно плавающее время

[注释] 在不延误任何紧后活动最早开始日期或违反进度制约因素的前提下，某进度活动可以推迟的时间量。

[Note] It is the amount of time a scheduled activity can be postponed without delaying the earliest start date of any successor activity or violating schedule constraints factors.

[Комментарий] Время, на которое запланированное событие может быть отложено без задержки самой ранней даты начала любого последующего события или нарушения ограничений графика.

602. 总浮动时间

[英文] Total float (TF)

[俄文] Общий поплавок времени

[注释] 在不延误项目完成日期或违反进度制约因素的前提下，进度活动可以从其最早开始日期推迟或拖延的时间量。

[Note] The amount of time that a schedule activity can be postponed or delayed from its earliest start date without delaying the completion date of the project or violating schedule constraints.

[Комментарий] Количество времени, в течение которого действие по расписанию может быть отложено или отложено с самой ранней даты начала, не задерживая дату завершения проекта или не нарушая ограничения по расписанию.

603. **总航迹**

[英文] Gross flight path

[俄文] Полная траектория полета

[注释] 起飞总航迹是指从离起飞面 35 ft 起到起飞飞行航迹终点为止，飞机实际飞过的航迹。

[Note] Gross flight path is the trajectory that the aircraft actually flies from 35 ft above the take-off surface to the end of the take-off trajectory.

[Комментарий] Общая траектория полета при взлете означает траекторию полета, на которой самолет фактически летит с высоты 35 футов от поверхности взлета до конца траектории полета при взлете.

604. **总装推出**

[英文] Roll out (RO)

[俄文] Выкатка

[注释] 商用飞机产品研发流程重要节点之一，标志飞机产品总体集成完毕，准备进入整机测试和试飞活动（经整合）。

[Note] It is one of the key nodes in the commercial aircraft development, marking the completion of the overall integration of aircraft product which is ready for aircraft testing and flight test (after integrated).

[Комментарий] Один из важных узлов в процессе исследований и разработок коммерческих авиационных продуктов, отмечающий завершение общей интеграции авиационных продуктов и подготовку к участию во всех испытательных и летных испытаниях самолетов (после интеграции).

605. **总装线**

[英文] Final assembly line (FAL)

[俄文] Линия окончательной сборки

[注释] 将飞机各部段及系统最终集成装配在一起的生产流水线。

[Note] It refers to production lines that ultimately integrate and assemble aircraft segments and systems together.

[Комментарий] Производственная линия, которая, наконец, объединяет и собирает различные секции и системы самолета.

606. **纵轴**

[英文] Longitudinal axis

[俄文] Продольная ось

[注释] 也叫俯仰轴，从机头到机尾的轴。

[Note] Also known as the pitch axis, it refers to the nose-to-tail axis.

[Комментарий] Также называется осью тангажа, осью от носа к хвосту.

607. **组织分解结构**

[英文] Organizational breakdown structure (OBS)

[俄文] Организационная структура

[注释] 对项目组织的一种层级描述，展示了项目活动与执行这些活动的组织单元之间的关系。

[Note] It is a hierarchical description of the project organization that shows the relationship between the project activity and the organizational unit that performs it.

[Комментарий] Иерархическое описание организации программы показывает связь между программными действиями и организационными единицами, которые выполняют эти действия.

608. **组织过程资产**

[英文] Organizational process assets

[俄文] Активы организационного процесса

[注释] 执行组织所特有的并被其使用的计划、流程、政策、程序和知识库。

[Note] The plans, processes, policies, procedures, and database that are specific to and used by the performing organization.

[Комментарий] Реализовать планы, процессы, политики, процедуры и базы знаний, которые являются уникальными для организации и используются ею.

609. 组织级项目管理成熟度

[英文] Organizational project management maturity

[俄文] Уровень развития управления организационными проектами

[注释] 一个组织以可预期、可控制和可靠的方式，实现期望的战略结果的能力水平。

[Note] The ability of an organization to achieve the desired strategic results in a predictable, controllable and reliable manner.

[Комментарий] Уровень способности организации достичь желаемых стратегических результатов предсказуемым, контролируемым и надежным способом.

610. 最悲观持续时间

[英文] Pessimistic duration

[俄文] Наиболее пессимистичная продолжительность

[注释] 考虑了可能对结果产生影响的所有已知变量，而得到的最长的活动持续时间估算。

[Note] It is the longest duration of activity estimated by taking into account all known variables that may have an impact on the outcome.

[Комментарий] Это самая продолжительная продолжительность деятельности, оцененная с учетом всех известных переменных, которые могут повлиять на результат.

611. 最大滑行重量

[英文] Maximum taxi weight (MTW)

[俄文] Максимальный вес при рулении

[注释] 最大滑行重量是受飞机强度和适航标准限制的地面机动的最大重量。它由在飞机引擎和辅助动力装置中用于飞机滑行、准备起飞的燃油重量和最大起飞重量组成。(中国商飞用语)

[Note] Maximum taxi weight (MTW) is the maximum weight authorized for manoeuvring (taxiing or towing) an aircraft on the ground as limited by aircraft strength and airworthiness requirements. It includes the weight of taxi and run-up fuel for the engines and the auxiliary power unit and the maximum takeoff weight. (A term for Commercial Aircraft Corporation of China)

[Комментарий] Максимальный вес руления - это максимальный вес при наземных маневрах с учетом прочности самолета и стандартов летной годности. Он состоит из массы топлива и максимальной взлетной массы, используемой в авиационных двигателях и вспомогательных силовых установках для руления самолета и подготовки к взлету. (Термин COMAC)

612. **最大可用燃油重量**

[英文] Maximum usable fuel weight (MUFW)

[俄文] Максимальный вес используемого топлива

[注释] 最大可用燃油重量是飞机燃油重量减去不可用燃油重量。

[Note] Maximum usable fuel weight (MUFW) is the aircraft fuel weight minus the unusable fuel weight.

[Комментарий] Максимальный вес используемого топлива - это вес топлива самолета за вычетом неиспользованного веса топлива.

613. **最大零油重量**

[英文] Maximum zero fuel weight (MZFW)

[俄文] Максимальный вес без топлива

[注释] 最大零油重量是受飞机强度和适航标准限制的，是使用空机重量加上最大商载，无可用燃油的最大重量。

[Note] Maximum zero fuel weight (MZFW) is the total weight of the operational empty weight and the maximum payload before usable fuel and other specified usable agents (engine injection fluid, and other consumable propulsion agents) are loaded in defined sections of the aircraft as limited by aircraft strength and airworthiness requirements.

[Комментарий] Максимальный нулевой вес топлива ограничен стандартами прочности и летной годности воздушного судна и представляет собой максимальный вес с весом пустого воздушного судна плюс максимальная коммерческая загрузка и отсутствие топлива.

614. 最大起飞重量

[英文] Maximum takeoff weight (MTOW)

[俄文] Максимально допустимый взлётный вес

[注释] 最大起飞重量是受飞机强度和适航标准限制的最大重量，即在起飞滑跑开始时的最大重量，也称最大松刹车重量。它由使用空机、标准商载和设计燃油组成。

[Note] Maximum takeoff weight (MTOW) is the maximum weight as limited by aircraft strength and airworthiness requirements, that is, the maximum weight at the take-off run, also known as the maximum brake release weight. It includes the operational empty aircraft, standard payload and design fuel weight.

[Комментарий] Максимальный взлетный вес - это максимальный вес, ограниченный стандартами прочности и летной годности воздушного судна, то есть максимальный вес в начале взлетного руления, также называемый максимальным весом для отпускания тормоза. Он состоит из использования пустых самолетов, стандартных коммерческих транспортных средств и дизайна топлива.

615. 最大燃油重量

[英文] Maximum fuel weight (MFW)

[俄文] Максимальный вес топлива

[注释] 最大燃油重量是飞机油箱能允许的最大燃油量，包括可用的和不可用的燃油量。

[Note] Maximum fuel weight (MFW) is the maximum amount of fuel allowed in aircraft tank, including both usable fuel and unusable fuel.

[Комментарий] Максимальный вес топлива - это максимальное количество топлива, которое может позволить топливный бак самолета, включая доступное и непригодное топливо.

616. **最大容许装载**

[英文] Maximum permissible load

[俄文] Максимально допустимая нагрузка

[注释] 飞机上具有储放功能的部位如货舱、衣帽间和厨房等由于受自身强度和容积等因素的限制所允许的最大装载重量。

[Note] Maximum permissible load is the maximum load weight allowed by the storage sections on the aircraft such as cargo hold, cloakroom and galley as limited by their strength and capacity.

[Комментарий] Части с функциями хранения на самолете, такие как грузовые отсеки, раздевалки и камбузы, имеют максимально допустимый вес груза, который органичен их прочностью и вместимостью.

617. **最大商载**

[英文] Maximum payload (MPL)

[俄文] Максимальная полезная нагрузка

[注释] 最大商载是最大零油重量减去使用空机重量。

[Note] Maximum payload (MPL) is the maximum zero fuel weight minus operational empty weight.

[Комментарий] Максимальная коммерческая нагрузка - это максимальный нулевой вес топлива минус вес пустого самолета.

618. **最大着陆重量**

[英文] Maximum landing weight (MLW)

[俄文] Максимальный посадочный вес

[注释] 最大着陆重量是受飞机强度和适航标准限制的着陆最大重量。它由使用空机、最大商载和余油组成，处于最大允许起飞重量和最大零油重量之间。

[Note] Maximum landing weight (MLW) is the maximum weight on landing as limited by aircraft strength and airworthiness requirements. It consists of operational empty weight, maximum payload and residual oil, which is between the maximum permissible takeoff weight and the maximum zero fuel weight.

[Комментарий] Максимальная посадочная масса - это максимальная посадочная масса, ограниченная стандартами прочности и летной годности самолета. Он состоит из пустого воздушного судна, максимальной коммерческой нагрузки и оставшегося топлива, и находится между максимально допустимой взлетной массой и максимальной нулевой массой топлива.

619. 最低设备清单

[英文] Minimum equipment list (MEL)

[俄文] Перечень минимального оборудования

[注释] 一种经批准的产品清单，单内所列的产品在规定的条件下飞行可以不工作，该清单由运营商与适航当局制定。

[Note] It is a product list, determined and approved by the operator and the airworthiness authorities. The listed products are allowed not to work under specified conditions.

[Комментарий] Список утвержденных продуктов, в которых продукты, перечисленные в списке, могут не работать при определенных условиях. Список составляется оператором и Управлением летной годности.

620. 最可能持续时间

[英文] Most likely duration (MLD)

[俄文] Наиболее вероятная продолжительность

[注释] 考虑了可能对结果产生影响的所有已知变量，而得到的最可能的活动持续时间估算。

[Note] It is the most likely duration of activities estimated by taking into account all known variables that may have an impact on the outcome.

[Комментарий] Учитывая все известные переменные, которые могут влиять на результаты, получается наиболее вероятная оценка продолжительности деятельности.

621. 最乐观持续时间

[英文] Optimistic duration

[俄文] Оптимистическая продолжительность

[注释] 考虑了可能对结果产生影响的所有已知变量，而得到的最短的活动持续时间估算。

[Note] It is the shortest duration of activities estimated by taking into account all known variables that may have an impact on the outcome.

[Комментарий] Учитывая все известные переменные, которые могут повлиять на результаты, получается кратчайшая оценка продолжительности деятельности.

622. 最晚开始日期

[英文] Late start date (LS)

[俄文] Дата позднего начала

[注释] 在关键路径法中，基于进度网络逻辑、项目完成日期和进度制约因素，进度活动未完成部分可能的最晚开始时点。

[Note] In the critical path method, it is the latest possible starting time for the unfinished part of a schedule activity based on the schedule network logic, the project's completion date and the schedule constraints.

[Комментарий] В методе критического пути, основанном на сетевой логике расписания, дате завершения проекта и ограничениях расписания, самое позднее возможное время начала незавершенной части действия расписания.

623. 最晚完成日期

[英文] Late finish date (LF)

[俄文] Самая поздняя дата окончания

[注释] 在关键路径法中，基于进度网络逻辑、项目完成日期和进度制约因素，进度活动未完成部分可能的最晚完成时点。

[Note] In the critical path method, it is the latest possible finishing time for the unfinished part of a schedule activity based on the schedulenetwork logic, the project's completion date and the schedule constraints.

[Комментарий] В методе критического пути, основанном на сетевой логике расписания, дате завершения проекта и ограничениях расписания, самое позднее возможное время завершения незавершенной части действия расписания.

624. **最小离地速度**

[英文] Minimum unstick speed

[俄文] Минимальная скорость отрыва

[注释] 在等于或高于该速度时，在全发工作或一发失效情况下飞机能安全离地并继续起飞，不会出现机尾触地的危险。

[Note] At speeds equal to or above the minimum unstick speed, the aircraft can safely depart from the ground and continue to take off in the event of all engine operation or one engine inoperative, without the risk of tail strike.

[Комментарий] Когда скорость равна или превышает эту скорость, летательный аппарат может безопасно покинуть землю и продолжать взлет в случае полной работы двигателя или выхода из строя первого двигателя, безопасности того, что хвост коснется земли.

625. **最小速度**

[英文] Minimum speed

[俄文] Минимальная скорость

[注释] 又称最小平飞速度。能维持飞机等速水平直线飞行的最低速度。

[Note] Also known as minimum level speed,it is the lowest speed that can make the aircraft keep flying horizontally in straight line and at constant speed.

[Комментарий] Также известна как минимальная скорость полета уровня. Минимальная скорость, с которой самолет может поддерживать прямой горизонтальный полет с постоянной скоростью.

626. **最小重量**

[英文] Minimum weight (MW)

[俄文] Минимальный вес

[注释] 最小重量是由飞机强度与适航要求限制的飞行最小重量，由基本空机重量、最少机组人员、最少余油组成。

[Note] Minimum weight (MW) is the minimum flight weight as limited by aircraft strength and airworthiness requirements, including basic empty weight, minimum flight crew, and minimum residual fuel.

[Комментарий] Минимальный вес - это минимальный вес во время полета, ограниченный требованиями к прочности и летной годности воздушного судна, и состоит из основного веса пустого воздушного судна, минимального экипажа и минимального оставшегося топлива.

627. 最早开始日期

[英文] Early start date (ES)

[俄文] Самая ранняя дата начала

[注释] 在关键路径法中，基于进度网络逻辑、项目完成日期和进度制约因素，某进度活动未完成部分可能开始的最早时点。

[Note] It is the earliest starting time for the unfinished part of a schedule activity, based on the schedule network logic, project's completion date, and schedule constraints in the critical path method.

[Комментарий] В методе критического пути, основанном на сетевой логике расписания, дате завершения проекта и ограничениях расписания, самый ранний момент времени, в который может начаться незавершенная часть действия расписания.

628. 最早完成日期

[英文] Early finish date (EF)

[俄文] Самая ранняя дата завершения

[注释] 在关键路径法中，基于进度网络逻辑、项目完成日期和进度制约因素，某进度活动未完成部分可能完成的最早时点。

[Note] It is the earliest finishing time for the unfinished part of a schedule activity based on the schedule network logic, project's completion date and schedule constraints in the critical path method.

[Комментарий] В методе критического пути, основанном на сетевой логике расписания, дате завершения проекта и ограничениях графика, самый ранний возможный момент времени для незавершенной части действия расписания должен быть выполнен.

商务管理术语

BUSINESS MANAGEMENT TERMS

ТЕРМИН УПРАВЛЕНИЯ БИЗНЕСА

B

1. BFE 初步设计审核会议

[英文] BFE primary design review

[俄文] Совещание по предварительному рассмотрению проекта BFE

[注释] 在设计制造阶段，针对 BFE 进行的初步评审会。供应商、客户和飞机制造商参与。

[Note] It is a preliminary review meeting for the BFE during the design and manufacturing stage. Suppliers, customers and aircraft manufacturers are involved in.

[Комментарий] Это предварительное обзорное совещание по BFE на стадии проектирования и производства. В этом участвуют поставщики, заказчики и производители самолетов.

2. BFE 关键设计审核会议

[英文] BFE critical design review

[俄文] Совещание по анализу ключевого проекта BFE

[注释] 在设计制造阶段，针对 BFE 进行的关键评审会。供应商、客户和飞机制造商参与。

[Note] It is a critical review meeting for the BFE during the design and manufacturing stage. Suppliers, customers and aircraft manufacturers are involved in.

[Комментарий] Это совещание по критическому рассмотрению BFE на стадии проектирования и производства. В этом участвуют поставщики, заказчики и производители самолетов.

3. 半寿状态

[英文] Half-life state

[俄文] Состояние полураспада

[注释] “半寿状态”的含义并不是“使用寿命的一半”，指的是在价值评

估时不考虑飞机的实际维修状态。这样使得在不同的机型和机龄之间，可以进行价值比较，不受维修状态的影响。“半寿状态”假设飞机的机体、发动机、起落架和所有主部件处于两次大修的中期，所有时限件（Life limited parts）使用到寿命的一半。

[Note] The meaning of “half-life state” is not “half of the service life”. It means that the actual maintenance status of the aircraft is not considered in the value assessment. This allows value comparisons between different models and ages without being affected by maintenance conditions. The “half-life state” assumes that the aircraft’s body, engine, landing gear and all main components are in the middle of two major overhauls, and all life limited parts are used for half of the life.

[Комментарий] Значение «Состояние полураспада» не означает «половина ресурса». Это означает, что фактическое обслуживание самолета не учитывается при оценке стоимости. Это позволяет сравнивать значения между разными типами и возрастами самолетов без влияния состояние полураспада и предполагает, что корпус самолета, двигатель, шасси и все основные компоненты находятся в середине двух капитальных ремонтов, а все главные части с ограниченным сроком службы используются в течение половины ресурса.

4. 包机

[英文] Charter

[俄文] Чартер

[注释] 承运人根据与包机人所签订的包机合同，按约定的起飞时间、航线所进行的运输飞行。包机按包用形式划分，可分为整机包用、全座舱包用和部分舱位、部分座位的包用等。

[Note] Charters are those flights flown by the carriers according to the agreed departure time and the route in the charter contract signed with the charterer. Charters have different types according to the charter form, including all airplane charter, full cabin charter, some berth charter and some seats charter and so on.

[Комментарий] Чартерные рейсы - это рейсы, выполняемые перевозчиками в соответствии с согласованным временем отправления и маршрутом в договоре фрахтования, подписанном с фрахтователем. Чартеры бывают разных типов в зависимости от формы чартера, включая чартер всех самолетов, чартер с полной каютой, чартер некоторых мест, чартер мест и т.д.

5. 包装

[英文] Packing

[俄文] Упаковка

[注释] 是在流通过程中保护产品、方便储运、促进销售，按一定技术方法而采用的容器、材料及辅助等手段的总体概念，以及为达到上述目的而进行的操作。

[Note] Packing is a general concept for those approaches by using containers, materials or some other ways to protect, storage and transport products and promote sales.

[Комментарий] Упаковка - Это общая концепция контейнеров, материалов и вспомогательных методов, используемых в соответствии с определенными техническими методами для защиты продуктов, облегчения хранения и транспортировки, а также стимулирования продаж в процессе обращения, а также операций для достижения вышеуказанных целей.

6. 保付代理

[英文] Del credere agent

[俄文] Гарантированный агент

[注释] 指承担有信用的代理。若它介绍的买方无力付款或撕毁合同，则由该代理商负责赔款。一般来说，保付代理要收取较高的佣金。

[Note] Del credere agent is an agent who is credible and trustworthy. If the buyer recommended by him fails to pay or breaks the contract, the agent is responsible to do the reparations. Normally, del credere agent will charge a higher commission.

[Комментарий] Гарантированный агент - это надежный и заслуживающий доверия агент. Если рекомендованный им покупатель не оплачивает или нарушает договор, агент несет ответственность за возмещение ущерба.

Обычно гарантированный агент взимает более высокую комиссию.

7. **保密协议**

[英文] Confidentiality agreement

[俄文] Соглашение о конфиденциальности

[注释] 当私募投资者对企业产生兴趣，需要进一步深层次了解企业，确认投资意向时，为了保护企业的利益不受侵害，在私募投资者了解企业商业秘密时所签订的商业机密保密协议称为私募保密协议。

[Note] When the private equity investor has some interests in an enterprise, he needs to further know the company and then confirm the investment intention. In order to protect the interests of those enterprises, the confidentiality agreement signed with private investors when they get to know the business secrets is called the private confidentiality agreement.

[Комментарий] Когда у частного инвестора есть какие-то интересы в предприятии, ему необходимо больше узнать о компании, а затем подтвердить намерение инвестировать. В целях защиты интересов этих предприятий соглашение о конфиденциальности, подписанное с частными инвесторами, когда они узнают коммерческую тайну, называется соглашением о конфиденциальности.

8. **保税区**

[英文] Bonded zones

[俄文] Бондовая зона

[注释] 又称保税仓库区，是海关所设置的或经海关所批准注册的，受海关监督的特定地区和仓库，进口商品存入保税区内，可以暂时不缴纳进口税；如再出口，不缴纳出口税；如要运进所在国的国内市场，则经办理报关手续，缴纳进口税。

[Note] Bonded zones, which are also called bonded warehouses, are the specific areas and warehouses set, approved, registered and supervised by customs. Import products are without payment of duty when they are deposited in the bonded zones and are exported again. If the import products enter the domestic market of host country, the owner should clear customs and pay import tax.

[Комментарий] Бондовые зоны, которые также называются таможенными складами, представляют собой особые зоны и склады, установленные, утвержденные, зарегистрированные и контролируемые таможней, в этом случае импортные продукции хранятся в бондовых зонах и не подлежат временно уплате пошлины; Если продукции экспортируются, тогда не должны быть уплачиваться. Если импортные продукции поступают на внутренний рынок страны пребывания, владелец должен пройти таможенную очистку и уплатить налог на импорт.

9. 备份油政策

[英文] Reserve fuel policy

[俄文] Резервная топливная политика

[注释] 飞机必须携带符合适航要求的备份油，这将影响飞行重量，从而对飞机的轮挡性能产生影响。备份油一般要考虑三部分要求：在目的地机场上空等待着陆用油，飞往备降机场的用油，以及航线机动油。

[Note] The aircraft must carry reserve oil that meets airworthiness requirements, which will affect the flight weight and the aircraft's gear performance. Reserve fuel generally has three parts: landing fuel for waiting overhead the destination airport, fuel flying to the alternate airport, and route reserve fuel.

[Комментарий] Самолет должен иметь запас топлива, отвечающий требованиям летной годности, что повлияет на полетную массу и характеристики колёсной колодки. Резервное топливо обычно состоит из трех требований: посадочное топливо для ожидания над аэропортом назначения, топливо для полета на запасной аэропорт и разный маршрут.

10. 本票

[英文] Promissory note

[俄文] Вексель

[注释] 本票又称期票，是出票人约定于见票时或于一定日期，向受款人或其指定人支付一定金额的无条件的书面承诺。

[Note] A promissory note, sometimes referred to as a note payable, is a legal instrument, in which one party (the maker or issuer) promises in writing to unconditionally pay a determinate sum of money to the other (the payee), either at a fixed or determinable future time or on demand of the payee, under specific terms.

[Комментарий] Вексель, также называют простым векселем, представляет собой безусловное письменное обещание о том, что вексель соглашается выплатить определенную сумму денег получателю платежа или назначенному ему лицу, когда вексель будет виден или в определенный день.

11. **比较优势（国际贸易中的）**

[英文] Comparative advantage

[俄文] Сравнительное преимущество (в международной торговле)

[注释] 比较优势法则指出：一国专门生产和出口那些该国能以相对低的成本生产的商品，并进口那些自己生产成本相对高的商品。由此可见，是比较优势而不是绝对优势在影响贸易格局。

[Note] Comparative advantage rule requires that a country specially produces and exports goods which can be produced at relatively low cost, and imports goods which are relatively expensive to produce. It can be seen that it is a comparative advantage rather than an absolute advantage that affects the trade pattern.

[Комментарий] Правило сравнительного преимущества указывает, что страна специально производит и экспортирует изделии, которые могут производиться по относительно низким ценам, и импортирует изделии, которые по относительно дороги в производстве. Можно видеть, что на структуру торговли влияет скорее сравнительное, чем абсолютное преимущество.

12. **壁垒**

[英文] Barrier

[俄文] Барьер

[注释] 壁垒在现代社会的应用，多体现在市场营销中。固有“进入壁垒”的说法。所谓进入壁垒，是指行业外其他厂商为进入该行业而必须付出的固有代价，已在业内的厂商则不用。

[Note] The application of barriers in modern society is mostly reflected in marketing. A barrier to entry, is a fixed cost that must be incurred by a new entrant into a market that incumbents do not have.

[Комментарий] Применение барьеров в современном обществе в основном отражается в маркетинге. Неотъемлемая версия «Барьер для входа». Так называемые входной барьер относится к внутренней цене, которую другие производители вне отрасли должны платить, чтобы войти в отрасль, в то время как производители, уже работающие в отрасли, этого не делают.

13. 边际收益

[英文] Marginal revenue

[俄文] Предельный доход

[注释] 指增加一单位产品的销售所增加的收益，即最后一单位产品的售出所取得的收益。

[Note] Marginal revenue is the additional revenue that will be generated by increasing product sales by one unit, in other words, it is the profit made by the sale of the last unit of product.

[Комментарий] Предельный доход относится к увеличению дохода от продажи одной единицы изделии, то есть от продажи последней единицы изделии.

14. 边缘化

[英文] Marginalization or deculturation

[俄文] Маргинализация

[注释] 人们不仅失去自己原有的文化身份，而且与广大社会失去了心理联系。

[Note] People not only lose their original cultural identity, but also lose their psychological connection with the general society.

[Комментарий] Люди не только теряют свою изначальную культурную идентичность, но и теряют психологическую связь с обществом в целом.

15. 编码

[英文] Encoding

[俄文] Кодировка

[注释] 是指将信息转换成代码的行为过程。

[Note] Encoding is the behavioral process of converting information from a source into symbols for communication or storage.

[Комментарий] Это относится к процессу преобразования информации в код.

16. 变动成本

[英文] Variable cost

[俄文] Переменные издержки

[注释] 指那些成本的总发生额在相关范围内随着业务量的变动而呈线性变动的成本。

[Note] Variable costs are costs whose total amount change linearly with the change of volume of business within a relevant scope.

[Комментарий] Это относится к тем затратам, общая понесенная сумма которых изменяется линейно с изменениями объемов бизнеса в соответствующем диапазоне.

17. 标价/要价

[英文] Asking price

[俄文] Уставленная цена/Цена продажи

[注释] 卖主向买主提出所售货物的价格。

[Note] It is the price the sellers state they will accept when selling the goods.

[Комментарий] Продавец предлагает покупателю цену проданнойизделии.

18. 标准规范

[英文] Standard specification

[俄文] Стандартная спецификация

[注释] 标准规范是一份描述基本构型飞机的合同文件，是包含产品要求和性能要求的最高等级文件，内容包括飞机的基本外形尺寸、地板承重强度、客舱容积、设计重量、设计速度以及机载系统等。飞机标准规范内容的编排顺序

一般与美国航空运输协会（ATA）对机务工程系统的编号一致，每个章节都有统一的格式。

[Note] The standard specification is a contract document describing the basic configuration of aircrafts, which is the supreme-grade file containing product requirements and performance requirements. Its contents include the basic boundary dimensions of the aircraft, floor load-bearing strength, cabin volume, design weight, design speed, and airborne systems, etc. The order of the aircraft standard specification contents is generally consistent with the number assigned by the American Air Transport Association (ATA) for the engineering system, and each chapter has a uniform format.

[Комментарий] Стандартная спецификация - это контрактный документ, описывающий базовую конфигурацию самолета. Это документ самого высшего уровня, содержащий требования к продукции и эксплуатационным характеристикам. Содержание включает в себя основные размеры самолета, прочность опоры пола, объём салона, расчётный вес, расчетную скорость, и бортовые системы т.д. Последовательность размещения стандартных спецификаций воздушных судов в целом соответствует нумерации системы технического обслуживания Американской ассоциации воздушного транспорта (ATA), и каждая глава имеет унифицированный формат.

19. 补偿贸易

[英文] Compensation trade

[俄文] Компенсационная торговля

[注释] 指当进口商与出口商达成协议，以互换特定商品作为互相支付的方式。

[Note] It refers to exchanging specific goods as a way of mutual payment when an importer and an exporter have an agreement.

[Комментарий] Это относится к моменту, когда импортер и экспортер достигают соглашения об обмене конкретными изделиями в качестве метода взаимной оплаты.

20. 不规则需求

[英文] Irregular demand

[俄文] Нерегулярный спрос

[注释] 指市场对某些产品的需求在不同季节、不同日期、同一天的不同钟点呈现出很大波动的状况。

[Note] It means that the demands for certain products in the market shows great fluctuations in different seasons, different dates and different hours on the same day.

[Комментарий] Это означает ситуацию, когда рыночный спрос на определенные изделии сильно колеблется в разное время года, в разные даты и в разное время в один и тот же день.

21. 不可撤销信用证

[英文] Irrevocable L/C

[俄文] Безотзывный аккредитив

[注释] 指开证行对它所出的信用证，在有效期内未经受益人同意，不得撤销和修改信用证。只要受益人履行了信用证规定的条件，即使开证人破了产，开证行也必须履行付款义务。

[Note] It refers to the letter of credit issued by the issuing bank, and it may not be revoked or amended without the consent of the beneficiary during the period of validity. As long as the beneficiary fulfills the conditions stipulated in the letter of credit, even if the issuer goes broke, the issuing bank must fulfill the payment obligation.

[Комментарий] Относится к аккредитиву, выданному ему банком-эмитентом в течение срока действия без согласия бенефициара, не может отозвать или изменить аккредитив. Пока бенефициар выполняет условия, указанные в аккредитиве, даже в случае банкротства эмитента банк-эмитент должен выполнять свои платежные обязательства.

22. 不足额保险

[英文] Under insurance

[俄文] Не полное страхование

[注释] 指保险金额低于保险价额的保险。

[Note] The insurance term used when calculating a payout against a claim where the policy undervalues the sum insured.

[Комментарий] Относится к страхованию, при котором страховая сумма ниже страховой цены.

C

23. 财务总监

[英文] Chief financial office (CFO)

[俄文] Финансовый контролер

[注释] 是企业管理阶层中仅次于总经理这一级别的核心职位。

[Note] It is the core position next to the general manager in the enterprise management.

[Комментарий] Это основная позиция, уступающая только генеральному директору в корпоративном управлении.

24. 餐饮费

[英文] Catering cost

[俄文] Расходы на питание

[注释] 在直接运行成本中与旅客餐饮服务相关的成本，通常是航线距离与餐位等级的函数。

[Note] Catering cost is the cost associated with passenger catering services in direct operating costs, which is usually a function of route distance and meal level.

[Комментарий] Среди прямых эксплуатационных расходов затраты, связанные с обслуживанием пассажиров, обычно зависят от расстояния маршрута и уровня стола.

25. 残值

[英文] Residual value

[俄文] Остаточная стоимость

[注释] 残值指的是飞机、发动机或其他资产项目在未来某一日期的价值。按照这一定义，预测的飞机基本价值，就是相应日期飞机的残值。

[Note] Residual value refers to the value of an aircraft, engine or other asset item at a specified date in the future. According to this definition, the predicted basic value of the aircraft is the residual value of the aircraft on the corresponding date.

[Комментарий] Остаточная стоимость относится к стоимости самолета, двигателя или другого объекта активов на определенную дату в будущем. Согласно этому определению, прогнозируемая базовая стоимость самолета - это остаточная стоимость самолета на соответствующую дату.

26. 仓储管理

[英文] Warehousing management

[俄文] Управление складом

[注释] 是对库存物品和仓库设施及其布局等进行规划、控制的活动。

[Note] It is an activity to plan and control inventory items and warehouse facilities and their layout.

[Комментарий] Это деятельность по планированию и контролю товарно-материальных ценностей и складских помещений и их расположения.

27. 产品数据管理

[英文] Product data management (PDM)

[俄文] Управление данными изделиями

[注释] 用来管理所有与产品相关的信息（包括零件信息、构型、文档、CAD 文件、结构、权限信息等）和所有与产品相关过程（包括过程定义和管理）的技术。

[Note] It is a technology used to manage all product-related information (including parts information, configuration, documentation, CAD files, structure, permissions information, etc.) and all product-related processes, including process definition and management.

[Комментарий] Технология, используемая для управления всей информацией, относящейся к продукции (включая информацию о деталях, конфигурацию, документы, файлы САПР, конструкцию, авторитетную информацию и т. д.), и всеми процессами, относящимися к технике продукции (включая определение и управлениепроцессов).

28. 产品线扩展

[英文] Product line extension

[俄文] Расширение линии изделии

[注释] 指企业现有的产品线使用同一品牌，当增加该产品线的产品时，仍沿用原有的品牌。

[Note] A product line extension is the use of an established product brand name for a new item in the same product category.

[Комментарий] Относится к существующей линии изделии предприятия, использующей тот же бренд, и при добавлении изделии в линию по-прежнему используется исходный бренд.

29. 产品责任

[英文] Product liability

[俄文] Ответственность за продукцию

[注释] 由产品缺陷导致消费者、使用者或第三人人身、财产损害时，该产品的生产者或销售者所应承担的责任。

[Note] The responsibility producers or sellers shall bear when the product defect causes bodily injury and property damage to the consumer, the user or the third person.

[Комментарий] Если дефект продукции причиняет личный или имущественный ущерб потребителям, пользователям или третьим лицам, производитель или продавец продукции несут ответственность.

30. 超额供给

[英文] Excess supply

[俄文] Избыточное предложение

[注释] 一般来讲，均衡状态下供给等于需求。假如供给大于需求，市场处于非出清（非均衡）状态，此时供给比需求多的部分叫超额供给。

[Note] In general, supply is equal to demand in equilibrium. If the supply is more than the demand, the market is in a non-clearing (unbalanced) state. At this time, the excess of supply over the demand called excess supply.

[Комментарий] Вообще говоря, предложение равно спросу в равновесии. Если предложение превышает спрос, рынок находится в не клиринговом (несбалансированном) состоянии. В это время превышение предложения над спросом называется избытком предложения.

31. 超售

[英文] Oversale

[俄文] Овербукинг

[注释] 当机票销售的数额大于飞机的实际座位数，并且出现了实超时，即飞机旅客人数超过了飞机实际座位数，出现的拒载情况。

[Note] When the number of reserved tickets and the boarding passengers are both greater than the capacity of the aircraft, the passengers are refused to board.

[Комментарий] Когда сумма продажи билетов превышает реальное количество мест в самолете, и есть реальная сверхурочная работа, то есть количество пассажиров в самолете превышает фактическое количество мест в самолете, и происходит отказ от пассажиров.

32. 成本工程

[英文] Cost engineering

[俄文] Инжиниринг затрат

[注释] 成本工程是为实现对费用设计目标而开展的工程方面的成本控制系列工作。

[Note] Cost engineering is a series activities of cost control in engineering to meet the designed cost goals.

[Комментарий] Инжиниринг затрат - это серия работ по контролю затрат, выполняемых для достижения целей проектирования затрат.

33. 成本加运费

[英文] Cost and freight (CFR)

[俄文] Стоимость и фрахт

[注释] 指在装运港货物越过船舷卖方即完成交货，卖方必须支付将货物运至指定目的地港所需的运费和费用，办理出口清关手续。该术语仅适用于海运和内河航运。

[Note] It means that the seller completes the delivery when the goods have been loaded on board the ship in the country of export. The seller must pay the freight and expenses required to transport the goods to the designated destination port, and clear the goods for export. This term applies only to sea freight and inland waterway transport.

[Комментарий] Означает, что продавец завершает доставку товара через поручни судна в порту отгрузки. Продавец должен оплатить фрахт и расходы, необходимые для транспортировки товара в указанный порт назначения, и пройти процедуры экспортной таможенной очистки. Этот термин применяется только к морскому и внутреннему водному транспорту.

34. 成本价

[英文] Cost price

[俄文] Себестоимость

[注释] 成本价就是商品取得的价值。如果是自己生产的商品，其成本价包括转移到商品里的原材料、工人工资、应该分摊的折旧费、生产管理人员工资、水电费、维修费等；如果是购进的商品，成本价即商品的购进价值。某些时候也称出厂价。

[Note] Cost price is the value of the goods. If the goods are produced by themselves, its cost price includes the raw materials transferred to the commodity, the wages of the workers, the depreciation expenses that should be apportioned, the wages of the production management personnel, the water and electricity charges, the maintenance fee, etc. If it is a purchased commodity, the cost price is the purchasing value. Sometimes it is called the ex-factory price.

[Комментарий] Себестоимость - это стоимость товара. Если товар собственного производства, то его себестоимость включает в себя сырье, переданное в товар, заработную плату рабочих, амортизационные расходы, которые должны быть распределены, заработную плату управленческого персонала, коммунальные услуги, затраты на техническое обслуживание и т. д.; если это приобретенный товар, то себестоимостью товара является покупная стоимость, иногда называется отпускной ценой.

35. **成本签图**

[英文] Cost approve

[俄文] Утверждение стоимости

[注释] 对飞机数模图样成本信息审签要求，用于飞机项目的单机成本控制管理工作。飞机产品数据的成本审签是飞机成本控制的基本要求，成本指标是飞机产品数据成本信息审签的依据。

[Note] Cost approve is the requirements for the cost information review of aircraft digital model. It is used for the stand-alone cost control management of aircraft projects. The cost verification of aircraft product data is the basic requirement of aircraft cost control. And the cost indicator is the basis for the audit of aircraft product data cost information.

[Комментарий] Требования к проверке информации о затратах для чертежей цифровых моделей самолетов, используются для контроля затрат и управления единицы проекта самолета. Проверка стоимости данных о продукции самолета является основным требованием к контролю затрат на самолет, а индекс стоимости является основой для проверки информации о стоимости данных о продукции самолета.

36. 成本中心

[英文] Cost center

[俄文] Центрсебестоимости

[注释] 是指可以对其所耗用的资源进行衡量的责任中心。

[Note] It is a responsibility center that can measure the resource consumption.

[Комментарий] Это относится к центру ответственности, который может измерять потребляемые ресурсы.

37. 成熟市场

[英文] Mature market

[俄文] Развитый рынок

[注释] 是与新兴市场相对而言的高收入国家或地区的股市，是指那些低增长率，高占有率的市场。

[Note] It is a market in high-income countries or regions as opposed to emerging markets and is considered to be in a state when there is an absence of significant growth and high market share.

[Комментарий] Развитый рынок относится к фондовому рынку стран или регионов с высоким уровнем дохода, а не к развивающимся рынкам. Он относится к рынкам с низкими темпами роста и высокой долей рынка.

38. 承兑交单

[英文] Document against acceptance (D/A)

[俄文] Документ против акцепта

[注释] 买方承兑汇票后可代收行取货运单据，待汇票到期时再汇款。

[Note] After the buyer accepts the draft, the freight receipt can be collected, and the money will be remitted when the bill is due.

[Комментарий] После того, как покупатель примет тратту, можно получить квитанцию о доставке, и деньги будут переведены в срок оплаты счета.

39. 城市对

[英文] City-to-city pairs

[俄文] Городская пара

[注释] 客票或客票的一部分所规定的可以在其间旅行的两个城市，或者根据货运舱单或货运舱单的一部分所规定的在其间进行货运的两个城市。

[Note] Two cities within which passengers travel according to the tickets, or two cities in which cargo is carried out as specified in the cargo manifest or part of the freight manifest.

[Комментарий] Два города, в которых может путешествовать в соответствии с правилом пассажирского билета или части пассажирского билета, илидва города, в которых осуществляется грузовая перевозка в соответствии с грузовым манифестом или частью грузового манифеста.

40. 城市对航线网络

[英文] City-to-city network/Point-to-point network

[俄文] Сетьм между городами и маршрутами

[注释] 又被称为点对点航线网络。这种航线网络中的航线是指从各个城市自身的需求出发，建立的城市与城市间的直飞航线，旅客不需要经过第三个机场（或城市）进行中转，且航线间安排航班时也无须考虑衔接问题。

[Note] It is also called point-to-point network. The direct flights are carried out between the city pairs based on the local air transportation demand in the network. Passengers do not need to transfer through other airports (or cities). And the connection problem doesn't need to be considered when arranging the flight schedule among these lines.

[Комментарий] Также известна как сеть маршрутов точка-точка. Маршрут в такой сети маршрутов относится к прямому маршруту между городами, установленному с учетом потребностей каждого города. Пассажирам не нужно проходить транзитом через третий аэропорт (или город), а также необходимо организовать перелеты между маршрутами, нет необходимости рассматривать вопросы связи, когда устанавливать рейс между маршрутами.

41. 城市对运量

[英文] City-to-city traffic volume

[俄文] Объем трафика между парами городов

[注释] 航线上各城市对之间运送的收费旅客和货邮数量。

[Note] Volume of passengers, cargoes and mails transported between city pairs on the route.

[Комментарий] Количество оплаченных пассажиров, грузов и почты, перевезенных между парами городов по маршруту.

42. 持续经营

[英文] Going concern

[俄文] Непрерывная деятельность

[注释] 是假设企业在可以预见的将来能够继续存在并完成现有的各项目标。

[Note] It is assumed that the company will continue to set and complete the existing goals in the foreseeable future.

[Комментарий] Предполагается, что предприятие в обозримом будущем сможет продолжить свое существование и достичь поставленных целей.

43. 充分需求

[英文] Full demand

[俄文] Полныйспрос

[注释] 指产品的需求水平和时间与预期相一致的需求状况。

[Note] It refers to the demand condition in which the demand level and time of products are consistent with expectations.

[Комментарий] Относится к ситуации спроса, когда уровень спроса и время выпуска продукции соответствуют ожиданиям.

44. 出价人/投标人

[英文] Bidder

[俄文] Участники торгов

[注释] 投标人是按照招标文件的规定参加投标竞争的自然人、法人或其他社会经济组织。投标人参加投标，必须首先具备一定的圆满履行合同的能力和条件，包括与招标文件要求相适应的人力、物力和财力，以及招标文件要求的

资质、工作经验与业绩等。

[Note] A bidder is the natural person or legal person, or other social economic organization that participates in the bidding competition in accordance with the provisions of the bidding documents. Bidders must firstly have certain ability and conditions to successfully perform the contract, including the human, material and financial resources appropriate to the requirements of the bidding documents, as well as the qualifications, work experience and performance required by the bidding documents.

[Комментарий] Участники торгов - это физические, юридическое лицо или другие социально-экономические организации, которые участвуют в торгах в соответствии с положениями тендерной документации. Участники торгов, участвующие в торгах, должны сначала иметь возможность и условия для удовлетворительного выполнения контракта, включая человеческие, материальные и финансовые ресурсы, которые совместимы с требованиями тендерной документации, а также квалификацию, опыт работы и производительность, требуемые в тендерной документации.

45. 出口加工区

[英文] Export processing zones

[俄文] Зоны экспортной обработки

[注释] 是一个国家或地区在其港口或邻近港口、机场的地方，划出一定的范围，新建或扩建码头、车站、道路、仓库和厂房等基础设施以及提供免税的优惠待遇,鼓励外国企业在区内投资设厂,生产以出口为主的制成品的加工区域。

[Note] Export processing zones are the certain range set up by a country or a region at a port or the place near the ports or airports. Buildings or expansion infrastructures such as docks, stations, roads, warehouses and factories will be established there and duty-free preferential treatment will be provided to encourage foreign enterprises to invest in the region, where export-oriented goods are manufactured.

[Комментарий] Это страна или регион, которые разграничивают

определенные районы в своих портах или местах, прилегающих к портам и аэропортам, для строительства или расширения инфраструктуры, такой как доки, станции, дороги, склады и фабрики, а также предоставляют льготный режим, не облагаемый налогом, и поощряют иностранные компании в зоне инвестиции в создание заводов по производству участков для переработки экспортноориентированной готовой продукции.

46. 出租飞机运营商

[英文] Air charter operator

[俄文] Оператор аренды самолета

[注释] 提供按需（非定期的）商用航空运输的公司，也叫包机运营商。

[Note] A company that provides demand-based (unscheduled) commercial air transportation, also known as air charter operators.

[Комментарий] Оператор аренды самолета, который предоставляет коммерческие авиаперевозки по требованию (не по расписанию), также известные как чартерный оператор.

47. 初始技术协调会

[英文] Initial technical coordinate meeting

[俄文] Первоначальное совещаниепо технической координации

[注释] 是指制造商与航空公司客户召开的首次客户选型技术协调会。

[Note] It refers to the initial technical coordinate meeting about the aircraft type between the manufacturer and the airlines.

[Комментарий] Это первое техническое координационное совещание для выбора клиентов между производителями и клиентами авиакомпаний.

48. 储存

[英文] Store

[俄文] Хранение

[注释] 储存就是通过对储存物的保管保养，克服产品的生产与消费在时间上的差异，创造物资的时间效用，以保证流通和生产的顺利进行。

[Note] Store is to protect and maintain the products to overcome the time difference between its production and consumption. This can create the time utility of materials to ensure their circulation and production.

[Комментарий] Хранение предназначено для преодоления разницы во времени между производством и потреблением продукции за счет обслуживания хранимых предметов и создания полезности времени материалов, для обеспечения плавного хода обращения и производства.

49. **处置成本**

[英文] Disposal cost

[俄文] Стоимость утилизации

[注释] 飞机进入处置阶段发生的成本。飞机可能转售或租赁给其他用户运营，或改装成货机，或被封存/解体。

[Note] Disposal cost is the cost of the aircraft during the disposal phase. The aircraft may be resold or leased to other users, or converted to cargo aircraft, or sealed/disassembled.

[Комментарий] Себестоимость самолета, поступающего в стадию утилизации. Самолет может быть перепродан или сдан в аренду другим пользователям для эксплуатации, или преобразован в грузовой самолет, или опломбирован / демонтирован.

D

50. **代理（代为处理）**

[英文] Agency

[俄文] Агент

[注释] 是指代理人按照本人（又称被代理人）的授权，代表本人同第三人订立合同或做其他的法律行为，由此而产生的权利与义务直接对本人发生效力。

[Note] It means that the agent makes a contract or other legal acts on the behalf of the principal or the third-party by the authorization. The resulted rights and obligations are directly effective to the principal.

[Комментарий] Это означает, что в соответствии с полномочиями лица (также известного как принципал)агент подписывает договор с третьей стороной или выполняет другие юридические действия от его имени, и права и обязанности, вытекающие из этого, имеют прямое действие на принципала.

51. 单边关税

[英文] Unilateral duty

[俄文] Односторонняя таможенная пошлина

[注释] 指为惩罚一国的不正当贸易行为，根据行政命令对其加强的一种关税。

[Note] It's a kind of tariff that is imposed on one country to publish the illicit trade.

[Комментарий] Относится к таможенной пошлине, налагаемой на страну в соответствии с административными постановлениями для наказания за ненадлежащую торговую практику.

52. 单机成本

[英文] Unit manufacturing cost (UMC)

[俄文] Себестоимость изготовления единицы самолета

[注释] 飞机的单机成本是指构成飞机本体的结构件以及作为飞机有机组成部分的系统设备（包括动力装置、航空电子设备、内部装饰）、随机器件等构成的成本支出。

[Note] The unit manufacturing cost of an aircraft refers to the cost of the structural components that make up the aircraft's body and the system equipment (including power plants, avionics, interiors) that are integral parts of the aircraft, and random devices.

[Комментарий] Себестоимость изготовления единицы самолета относится к стоимости конструктивных частей, составляющих корпус самолета, системного оборудования (включая силовые установки, авионику, внутреннюю отделку) и случайных компонентов, которые являются органической частью самолета.

53. 单位可用座千米成本

[英文] Cost available seat kilometer (CASK)

[俄文] Стоимость единицы доступного места в километре.

[注释] 每个座位飞行 1 千米的平均成本。

[Note] Average cost of per kilometer per seat.

[Комментарий] Средняя стоимость полета 1 км на место.

54. 单位可用座千米收入

[英文] Revenue per available seat kilometer (RASK)

[俄文] Выручка в километрах от единицы доступного места

[注释] 航空公司从所提供的所有可用座位上获得的收入。等于总运营收入除以可用座千米(ASK)。

[Note] It's the airline's revenue from all available seats, which equals to the total operating revenue divided by available seat kilometers (ASK).

[Комментарий] Выручка авиакомпании от всех предоставленных мест. Равно общей эксплуатационной выручке, разделенной на количество доступных мест в километрах.

55. 单一投资租赁

[英文] Straight investment lease

[俄文] Разовая инвестиционная аренда

[注释] 在一项租赁交易中，设备的购置资金全部由出租人独自承担并在购买设备后交付承租人使用的一项租赁交易。

[Note] Straight investment lease is a lease transaction in which the purchase of equipment is solely the responsibility of the lessor and is delivered to the lessee after purchase of the equipment.

[Комментарий] При сделке аренды покупка оборудования оплачивается исключительно арендодателем и доставляется арендатору для использования после покупки оборудования.

56. 当前价值

[英文] Current values

[俄文] Текущая стоимость

[注释] 对飞机当前价值的评估。评估人通常按照“半寿期”和“全寿期”两种维修状态给出“当前市场价值”（Current market values）和“当前基本价值”（Current base value）。

[Note] It refers to the current value assessment of the aircraft. The assessor usually gives “current market values” and “current base value” according to the “half-life” and “full-life” maintenance status.

[Комментарий] Оценка текущей стоимости самолета. Оценщик обычно дает «текущую рыночную стоимость» и «текущую базовую стоимость» в соответствии с двумя состояниями обслуживания: «период полураспада» и «полный срок ресурса».

57. 导航费

[英文] Navigation charges

[俄文] Плата за навигацию

[注释] 导航费包括航路导航费和进近指挥费，按飞机重量及航线距离收费。与机场收费类似，导航费存在明显的地区差异。

[Note] Navigation charges include the route navigation fee and the approach command fee, which is charged according to the weight of the aircraft and the distance of routes. Similar to airport charges, there are significant regional differences in navigation fees.

[Комментарий] Плата за навигацию включает сборы за навигацию по маршруту и сборы за команду подхода, которые взимаются в зависимости от веса воздушного судна и расстояния по маршруту. Как и в случае аэропортовых сборов, существуют очевидные региональные различия в навигационных сборах.

58. 到岸价

[英文] Cost, insurance and freight (CIF)

[俄文] Стоимость, страхование и фрахт

[注释] 指在装运港当货物越过船舷时卖方即完成交货，买方必须支付将货物运至指定目的港所需的运费和费用，订立保险合同并支付保险费，办理出关清关手续，该术语仅适用于海运和内河航运。

[Note] It means that the seller completes the delivery when the goods cross the ship's rail at the port of shipment. The buyer must pay the freight and expenses required to transport the goods to the designated port, and make an insurance contract and pay the insurance premium. And then they can handle the customs clearance. This term is only applicable to sea freight and inland waterway transport.

[Комментарий] Означает, что продавец завершает поставку, когда товар пересекает поручни судна в порту отгрузки. Покупатель должен оплатить фрахт и расходы, необходимые для транспортировки товара в указанный порт назначения, заключить договор страхования и уплатить страховой взнос, пройти процедуры таможенного оформления. Этот термин применяется только для морского и внутреннего судоходства.

59. 到坞/上线日期

[英文] On-dock date (ODD)

[俄文] Дата прибытия/онлайн

[注释] 针对 BFE 设备而言，买方确保设备按飞机制造商的 ODD 时间运抵工厂。

[Note] For BFE equipment, the buyer ensures that the equipment arrives at the factory according to the aircraft manufacturer's ODD time.

[Комментарий] Что касается оборудования BFE, покупатель гарантирует, что оборудование прибывает на завод в ODD время производителя самолета.

60. 地面服务费

[英文] Ground handling charges

[俄文] Плата за наземное обслуживание

[注释] 地面服务费包括：配载、通信、集装设备管理及旅客与行李服务费；客梯、装卸和地面运输服务费；过站服务费；飞机例行检查和放行费。这些项

目大多按飞机最大商载或座位数收费。

[Note] Ground handling charges include: loading, communication, container equipment management, passenger and baggage service fees; passenger elevator, loading and unloading and ground transportation service fees; transfer service fees; aircraft routine inspection and release fees. Most of these items are charged according to the maximum volume of commercial capacity or seats.

[Комментарий] Плата за наземное обслуживание включает в себя: укладку, связь, управление контейнерным оборудованием и обслуживание пассажиров и багажа; сборы за обслуживание пассажирских лифтов, погрузки и разгрузки и наземного транспорта; сборы за транзитные услуги; сборы за текущий осмотр и выпуск самолетов. Плата за большинство этих предметов взимается в соответствии с максимальной коммерческой вместимостью самолета или количеством мест.

61. 地区航线

[英文] Regional route

[俄文] Региональный маршрут

[注释] 见航线。

[Note] See "*Air route*".

[Комментарий] См. *Посмотреть маршрут*.

62. 第三方物流

[英文] Third-party logistics

[俄文] Третья сторонняя логистика

[注释] 是由供方与需方以外的物流企业提供物流服务的业务模式。

[Note] It is a business model that provides logistics services from logistics companies other than suppliers and demanders.

[Комментарий] Это бизнес-модель, в которой логистические услуги предоставляют логистические компании, не являющиеся поставщиком и потребителем.

63. 电子仓库

[英文] Data vault

[俄文] Электронный склад

[注释]（产品数据管理）的核心，由数据（元数据）以及指向描述产品不同方面的物理数据和文件的指针组成，为 PDM 控制环境和外部（用户和应用系统）环境之间的传递数据提供一种安全手段。

[Note] Data vault is the core of product data management. It consists of metadata and pointers to physical data and files that describe different aspects of the product, providing a security method of communicating data between the PDM control environment and the external (user and application system) environment.

[Комментарий] Ядро (управления данными о продукции) состоит из данных (метаданных) и указателей на физические данные и файлов, описывающих различные аспекты продукции. Оно представляет меры безопасности для передачи данных между средой управления PDM и внешней (пользовательской и прикладной системой).

64. 跌市

[英文] Falling market

[俄文] Падение фондового рынка

[注释] 市况持续下跌称为跌市。跌市通常在对经济前景看法悲观或利率趋升的情况下最容易出现。

[Note] The continued decline in market conditions is called falling market. It is most likely to appear when the outlook for the economy is pessimistic or interest rates are rising.

[Комментарий] Продолжающееся снижение рыночных условий называется падением фондового рынка. Падение фондовых рынков обычно наиболее вероятно, когда перспективы для экономики пессимистичны или процентные ставки растут.

65. 订购代理

[英文] Indent agent

[俄文] Агент заказа

[注释] 指受委托人之命在一定区域内推销并宣传产品的代理人。

[Note] It refers to the agent who sells and promotes products in a certain area by the commission of the client.

[Комментарий] Агент заказа относится к агенту, которому приказано продавать и рекламировать товары в определенной области.

66. 订货周期

[英文] Order cycle time

[俄文] Цикл заказа

[注释] 两次订单的间隔时间。

[Note] Order cycle time means the interval between two orders.

[Комментарий] Интервал между двумя заказами.

67. 定额耗油

[英文] Fuel quota

[俄文] Нормированный расход топлива

[注释] 在报告期内各机型执行航空运输、通用航空生产飞行任务的航空燃油定额数，以吨为计算单位。一般按机型种类、航线长度、飞行高度等因素分别确定。

[Note] Fuel quota is the number of aviation fuels measured in tons for each type of aircraft performing air transport and general aviation production during the report period. It is generally determined by factors such as type of aircraft, length of route, altitude of flight, etc.

[Комментарий] В течение отчетного периода фиксированный объем авиатоплива для каждого типа ВС, для выполнения воздушных перевозок и производственных задач авиации общего назначения исчисляется в тоннах. Как правило, он определяется отдельно в зависимости от таких факторов, как тип самолета, длина маршрута и высота полета.

68. 定费用设计

[英文] Design to cost (DTC)

[俄文] Дизайн с фиксированной стоимостью

[注释] 定费用设计是在综合考虑民用飞机整体性能、安全、可靠以及技术工业发展水平基础上，研究飞机目标销售价格，将确定并细化的飞机目标成本（包括各研制阶段研制成本、单机成本和直接运营成本）作为设计的一项重要输入。它将项目成本控制的起始点前移到设计研发阶段，对从项目起点到全面试制的整个过程在最佳节点对成本进行有效控制并实时动态反馈，从根本上保证项目成本目标的实现，以满足市场要求的销售价格和性能指标。

[Note] Design to cost (DTC) studies the target sales price of the aircraft based on a comprehensive consideration of the overall performance, safety, reliability and technical industrial development level of the civil aircraft, and takes the determined and refined target cost of the aircraft (including the development cost, stand-alone cost and direct operating costs of each development stage) as a design parameter in the product development activities. It moves the starting point of project cost control to the design and development stage, and effectively controls the cost and real-time dynamic feedback at the optimal node from the starting point of the project to the full trial production process, fundamentally guaranteeing the realization of the project cost target to meet the sales prices and performance metrics that market requires.

[Комментарий] Дизайн с фиксированной стоимостью предназначена для изучения целевой продажной цены самолета на основе всестороннего рассмотрения общих характеристик, безопасности, надежности, а также технического и промышленного развития гражданского самолета. Определенная и детализированная целевая стоимость самолета (включая стоимость разработки на каждом этапе разработки, стоимость единицы самолета и прямые эксплуатационные расходы) является важным вкладом в проектирование. Оно перемещает отправную точку контроля затрат проекта на этап проектирования и разработки, эффективно контролирует затраты на лучшем узле всего процесса от начальной точки проекта до полного производства, а также обеспечивает динамическую обратную связь в реальном времени, для фундаментального обеспечения реализации плановой стоимости проекта, соответствие рыночной цене и показателям характеристик.

69. 定牌

[英文] Brands designated by the buyer

[俄文] Маркировка

[注释] 在国际贸易中，买方要求卖方在出售的商品或包装上标明买方指定的商标或牌名的做法。

[Note] In international trade, the buyer asks the seller to indicate the trademark or brand name specified by the buyer on goods or packaging.

[Комментарий] В международной торговле покупатель требует, чтобы продавец указывал товарный знак или торговую марку, обозначенную покупателем, на проданных товарах или упаковках.

70. 定期航班

[英文] Scheduled flight

[俄文] Рейс по расписанию

[注释] 按向社会公布的班期和时刻运营的航班，包括正班和加班。

[Note] Flights operated following schedules announced to the public, including regular and extra schedule flights.

[Комментарий] Рейсы выполнялись по расписанию, объявленным общественности, включая регулярные и сверхурочные.

71. 定势

[英文] Stereotypes

[俄文] Стереотипы

[注释] 针对目标群体成员所持有的正面或某一方面的判断。

[Note] Stereotypes are the positive or specific judgments to the members of target group.

[Комментарий] Положительный или определенный аспект суждения членов целевой группы.

72. 动态定价

[英文] Dynamic pricing

[俄文] Динамическая расценка

[注释] 动态定价是指根据市场对产品的需求以及顾客的购买力来对产品进行定价。

[Note] Dynamic pricing refers to pricing a product based on the demand and the purchasing power of the customer.

[Комментарий] Динамическая расценка относится к ценообразованию на продукции, основанные на рыночном спросе на продукции и покупательной способности клиентов.

73. 独立鉴定人/独立公证人

[英文] Independent surveyor/Public surveyor

[俄文] Независимый оценщик/Независимы нотариус

[注释] 指具有专业知识，专门鉴定或检验货物品质规格数量的鉴定人。

[Note] Independent surveyor/Public surveyor refers to an expert who has the expertise to specifically identify or inspect the quality and quantity of the goods.

[Комментарий] Относится к оценщику, обладающему профессиональными знаниями и специализирующемуся на оценке или проверке качества и количества товаров.

74. 对价

[英文] Consideration

[俄文] Услуга за услугу

[注释] 有些资本主义国家法律要求，一项在法律上有效的合同，除了当事人之间意思表示一致以外，还必须具备另一项要素。这个要素英美法称为“对价”，法国法称为“约因”。

[Note] Some capitalist state laws require that a legally valid contract must have another element, in addition to the agreement between the parties. This element is called "consideration" in the Anglo-American law, and "joining" in the French law.

[Комментарий] Законы некоторых капиталистических стран требуют, чтобы юридически действующий контракт содержал еще один элемент в дополнение к соглашению между сторонами. Этот элемент называется «услугой за услугу» в англо-американском праве и «причиной» во французском праве.

75. 对外贸易额

[英文] Foreign trade volume

[俄文] Объём внешней торговли

[注释] 即在一定时期内，一国从国外进口货物和向国外出口货物的全部价值的总额。

[Note] The total value of a country's import and export over a certain period of time.

[Комментарий] В течение определенного периода, общая стоимость импорта товаров и экспорта товаров за границу.

76. 多边净额

[英文] Multilateral netting

[俄文] Многосторонняя чистая сумма

[注释] 是在多国进行经营、并在多国之间具有货币流动的公司的一种重要的现金管理工具。

[Note] Multilateral netting is an important cash management tool for companies operation and currency flows in multiple countries.

[Комментарий] Это важный инструмент управления денежными средствами для компаний, которые работают в нескольких странах и имеют валютные потоки между несколькими странами.

F

77. 发盘和还盘

[英文] Offer and counter-offer

[俄文] Коммерческое и встречное предложение

[注释] 发盘是卖方向买方提出的签订合同的建议，对发盘表示接受但载有添加、限制或其他更改的答复，即为拒绝该项发盘并构成还盘。

[Note] Offer is a proposal proposed by the seller to the buyer to sign a contract. Offer and acceptance with additions, restrictions or other changes is to reject the offer and constitute a counter-offer.

[Комментарий] Коммерческое предложение - это предложение, сделанное продавцом покупателю о подписании контракта, и ответ, выражающий принятие предложения, но содержащий дополнения, ограничения или другие изменения, должен отклонить коммерческое предложение и представлять собой встречное предложение.

78. 发运通知

[英文] Notice of dispatch

[俄文] Извещение об отправке

[注释] 货物装船后，出口方应及时地向国外方发出“装运通知”及相关证明，以便对方准备付款、赎单、办理进口报关和接货手续。装船通知的内容一般有：订单号或合同号、信用证号、数量、总值、唛头、船名、航次、预计开航日和预定到达日等。

[Note] After the goods are loaded on board , the exporter shall promptly send the shipment notice and relevant certificates to the foreign party so that they can prepare the payment, redemption documents, the import declaration and goods receiving. The contents of the shipping notice generally include order number or contract number, letter of credit number, quantity, total value, shipping mark, ship name, voyage, estimated sailing date and scheduled arrival date, etc.

[Комментарий] После загрузки товаров на судно экспортер должен незамедлительно выдать «извещение об отгрузке» и соответствующие сертификаты иностранной стороне, чтобы другая сторона могла подготовить платеж, выкуп, а также обработать импортную декларацию и процедуры получения. Содержание уведомления об отправке обычно включает: номер заказа или номер контракта, номер аккредитива, количество, общую стоимость, марку, название судна, рейс, ожидаемую дату отплытия и запланированную дату прибытия и т. д.

79. 飞机吨位数

[英文] Payload

[俄文] Тоннаж самолета

[注释] 飞机可以提供的最大业载数。

[Note] Payload is the maximum carrying capacity of an aircraft.

[Комментарий] Максимальное количество полезных нагрузок, которые может предоставить самолет.

80. 飞机排班

[英文] Tail number assignment

[俄文] Расписание самолетов

[注释] 也称机尾号指派，根据航班时刻表（包括航线、时刻、班次、班期、机型）、飞机维修计划以及每一架飞机的技术状况，为每一架飞机安排一连串需执行的航班，即飞机路线。

[Note] Tail number assignment, also called aircraft routing, is the flight string arranged to the aircraft according to the flight schedule (including route, time, shift, schedule, type), aircraft maintenance plan and the technical status of each aircraft.

[Комментарий] Также называется присвоением бортового номера, в соответствии с расписанием полетов (включая маршрут, время, рейс, расписание, тип самолета), планом обслуживания воздушного судна и техническим состоянием каждого воздушного судна, для каждого воздушного судна организована серия выполняемых рейсов, а именно маршрутсамолета.

81. 飞机生产率

[英文] Aircraft productivity

[俄文] Производительность самолета

[注释] 飞机的平均巡航速与最大业载的乘积，单位为吨千米/小时。也可为平均航速与座位数的乘积，单位为座千米/小时。

[Note] Aircraft productivity is the product of the average cruising speed of the aircraft and its maximum payload, in FTK per hour. It can also be the product of the average speed and the number of seats, in units of seat kilometers per hour.

[Комментарий] Произведение средней крейсерской скорости самолета и максимально-полезной нагрузки в тонно-километрах в час. Это также может быть произведение средней скорости и количества мест, а единицей является место-километр в час.

82. 飞机座位数

[英文] Seats

[俄文] Еоличество места пассажиров

[注释] 飞机实际安装的座位数。

[Note] It refers to the actual number of seats installed in the aircraft.

[Комментарий] Фактическое количество мест, установленных в самолете.

83. 飞行机组成本

[英文] Flight crew cost

[俄文] Стоимость летного экипажа

[注释] 飞行机组成本包括工资（含福利）、驻外津贴和培训费。飞机的吨位不同，飞行速度不同，飞行机组的工资和福利待遇等级有差异。地区不同、航空公司运营的市场（低成本航线、国内干线或国际干线）不同，飞行机组的工资和福利待遇会有很大差异。

[Note] Flight crew costs include wages (including staff welfare), perdiem and training fees. The wage and welfare levels of the flight crew vary with aircraft types, different region and the aviation market (low cost routes, domestic trunks and international trunks).

[Комментарий] Стоимость летного экипажа включает заработную плату (включая льготы), надбавки за границу и плату за обучение. У самолетов разный тоннаж, разная скорость полета, разный уровень заработной платы и благосостояния летного экипажа. Различные регионы и рынки, обслуживаемые авиакомпаниями (недорогие маршруты, внутренние или международные маршруты), приведут к большим различиям в заработной плате и льготах летных экипажей.

84. 飞行区指标 I

[英文] Flight zone index I

[俄文] Индекс I зоны полёта

[注释] 按拟使用机场跑道的各类飞机中最长的基准飞行场地长度，分为 1、2、3、4 四个等级。（见运输机场）等级 1：飞机基准飞行场地长度 < 800 m；等级 2：飞机基准飞行场地长度 800~1 200 m；等级 3：飞机基准飞行场地长度 1 200~1 800 m；等级 4：飞机基准飞行场地长度≥飞 800 m。

[Note] According to the longest length of aeroplane reference field among the various types of aircraft to be used for the airport runway, flight zone are divided into four levels: 1, 2, 3, and 4. (See *Airport*) Level 1: Aeroplane reference field length is less than 800 m; Level 2: Aeroplane reference field length is 800~1,200 m; Level 3: Aeroplane reference field length is 1,200~1,800 m; Level 4: Aeroplane reference field length is more than 1,800 m.

[Комментарий] В соответствии с самой эталонной длиной поля полета среди всех типов самолетов, которые намереваются использовать взлетно-посадочную полосу аэропорта, она разделена на четыре уровня: 1, 2, 3 и 4. (См. *Транспортный аэропорт*) Уровень 1: Длина эталонного поля полета самолета <800 м; Уровень 2: Длина эталонного поля полета самолета 800 ~ 1,200 м; Уровень 3: Длина эталонного поля полета самолета 1,200 ~ 1,800 м; Уровень 4: Длина эталонного поляполетасамолета≥1,800 м.

85. **飞行区指标Ⅱ**

[英文] Flight zone index Ⅱ

[俄文] ИндексⅡ зоны полёта

[注释] 按使用该机场飞行区的各类飞机中的最大翼展或最大主起落架外轮外侧边的间距，分为 A、B、C、D、E、F 六个等级。(见运输机场）等级 A：翼展 < 15 m，主起落架外轮外侧边间距 < 4.5 m；等级 B：翼展 15~24 m，主起落架外轮外侧边间距 4.5~6 m；等级 C：翼展 24~36 m，主起落架外轮外侧边间距 6~9 m；等级 D：翼展 36~52 m，主起落架外轮外侧边间距 9~14 m；等级 E：翼展 52~65 m，主起落架外轮外侧边间距 9~14 m；等级 F：翼展 65~80 m，主起落架外轮外侧边间距 14~16 m。

[Note] According to the maximum wing span of the various types of aircraft using the flight zone of the airport or the outer side of the outer wheel of the largest main landing gear, flight zone can be divided into six grades: A, B, C, D, E, and F. (See *Airport*) Grade A: the length of wingspan is less than 15 m, the length of outer side of the main landing gear is less than 4.5 m; Grade B: the length of wingspan is 15-24 m, the length of outer side of the main landing gear is 4.5-6 m; C: the length of wingspan is 24-36 m, the length of outer side of the main landing gear is 6-9 m; the grade D: the length of wingspan is 36-52 m, the length of outer side of the main landing gear is 9-14 m; grade E: the length of wingspan is 52-65 m, the length of outer side of the main landing gear is 9-14 m; the grade F: the length of wingspan is 65-80 m, and the length of outer side of the main landing gear is 14-16 m.

[Комментарий] В соответствии с максимальным размахом крыльев различных самолетов, использующим зону полета аэропорта или расстоянием между внешними колесами наибольшего основного шасси, можно разделить на шесть уровней: A, B, C, D, E и Ф. (См. *Транспортный аэропорт*) Класс A: размах крыльев <15 м, расстояние между внешними колесами основных шасси <4,5 м; класс B: размах крыльев 15-24 м, расстояние между внешними колесами основных шасси 4.5-6 м; класс C: размах крыльев 24-36 м, расстояние между внешними колесами основных шасси 6-9 м; класс D: размах крыльев 36-52 м, расстояние между внешними сторонами основных шасси

9-14 м; класс E: размах крыльев 52-65 м, внешняя сторона внешнего колеса основных шасси, расстояние между колесами составляет 9-14 м; класс F: размах крыльев 65-80 м, внешняя сторона внешнего колеса основных шасси, расстояние между колесами составляет 14-16 м.

86. 飞行小时生产率

[英文] Hourly productivity

[俄文] Производительность летного часа

[注释] 指每一运输飞行小时平均所完成的吨千米数，以“吨千米/时”（t·km/h）为计算单位。计算公式：飞行小时生产率（t·km/h）=报告期运输总周转量（t·km/h) /运输飞行小时×1 000。

[Note] Hourly productivity is the average number of tons of kilometers completed per transport flight hour, calculated in terms of ton·km/h. Calculation formula: hourly productivity (t·km/h) = total transportation volume during the report period (t·km/h) / transport flight hours × 1,000.

[Комментарий] Относится к среднему количеству выполненных тонно-километров за час транспортного полета с единицей расчета «тонно-километры в час» (т · км / ч). Формула расчета: производительность летного часа (т · км / ч) = общий объём грузооборота за отчетный период (т · км / ч) / количество летного часа перевозки × 1,000.

87. 非正式组织

[英文] Informal organization

[俄文] Неофициальная организация

[注释] 是人们在共同的工作过程中自然形成的以感情、喜好等情绪为基础的松散的、没有正式规定的群体。

[Note] It is a loose, unregulated group based on emotions, preferences that people naturally form in the common work process.

[Комментарий] Это свободная, неформально регулируемая группа, основанная на эмоциях, предпочтениях, которые люди естественным образом формируют в процессе совместной работы.

88. 非重复性成本

[英文] Non-recurring cost (NRC)

[俄文] Единовременные затраты

[注释] 非重复性成本（设计成本），包括概念设计、初步设计和详细设计；机体结构和系统的试验和验证；适航验证和试飞；新工艺的开发；工装的设计和制造等。

[Note] Non-recurring costs (design costs) include conceptual design, preliminary design and detailed design cost; testing and verification cost of the structure and system of the aircraft; airworthiness verification and flight test cost; development cost of new processes; design and manufacture cost of tooling.

[Комментарий] Единовременные затраты (стоимость проектирования), включая концептуальный проект, предварительный проект и детальный проект; испытание и проверку конструкции и системы планера; проверку летной годности и летные испытания; разработку новой технологии; проектирование и изготовление оснастки и т. д.

89. 分配/发货/分销

[英文] Distribute

[俄文] Распределение/отправка/распродажа в розницу

[注释] 在西方经济学中，分销的含义是建立销售渠道的意思，即产品通过一定渠道销售给消费者。从这个角度来讲，任何一种销售方式我们都可以把它称之为分销。亦即分销是产品由生产地点向销售地点运动的过程，产品必须通过某一种分销方式才能到达消费者手中。

[Note] In Western economics, the meaning of distribution is the establishment of sales channels. Products are sold to consumers through certain channels. From this perspective, we can call any kind of sales channel as distribution, which is the process of moving the product from the place of production to the place of sale. The products must reach the consumer through a certain distribution method.

[Комментарий] В западной экономике значение распродажа в розницу заключается в установлении каналов продаж, то есть продукции продаются потребителям через определенные каналы. С этой точки зрения мы можем назвать это распределением для любой формы продаж. Иными словами, распродажа в розницу - это процесс, в котором продукции перемещаются с места производства к месту продажи, и продукции должны пройти через определенный метод распределения, чтобы достичь потребителей.

90. 分批生产

[英文] Batch production

[俄文] Производство партиями

[注释] 分批生产是运用在生产中的一种技术。分批生产就是通过一系列工作站一批一批、一组一组的生产。

[Note] Batch production is a technique used in manufacturing, in which the object is created stage by stage and batch by batch over a series of workstations.

[Комментарий] Производство партиями - это технология, используемая в процессе производства. Производство партиямиявляется производством партий и групп серией рабочих станций.

91. 分区定价

[英文] Zone pricing

[俄文] Цены по зонам

[注释] 企业把全国（或某些地区）分为若干价格区，对于卖给不同价格区顾客的某种产品，分别制定不同的地区价格。

[Note] The enterprises divide the country (or certain regions) into several price zones, and set different regional prices for certain products sold to customers in different price zones.

[Комментарий] Предприятия делят всю страну (или отдельные регионы) на несколько ценовых зон и устанавливают разные региональные цены на определенные товары, продаваемые покупателям в разных ценовых зонах.

92. 服务

[英文] Service

[俄文] Услуга

[注释] 包括两类：一类是纯服务，另一类是功能性服务。

[Note] There are two categories: one is pure service and the other is functional service.

[Комментарий] Есть две категории: одна - это чистая услуга, а другая - функциональная услуга.

93. **负需求**

[英文] Negative demand

[俄文] Негативный спрос

[注释] 指多数潜在顾客不喜欢、甚至甘愿付出代价也要回避某种产品的需求状况。

[Note] It means that most potential customers do not like, and even willing to pay to avoid the demand of a certain product.

[Комментарий] Это означает, что большинство потенциальных клиентов не любит или даже охотно платят цену, чтобы избежать возникновения спроса на определенную продукцию.

G

94. **概率抽样**

[英文] Probability sampling

[俄文] Вероятностный выбор

[注释] 指在调查总体样本中的每个单位都具有同等被抽中的可能性。

[Note] Probability sample is a sample in which every unit survey population has an equal chance of being selected.

[Комментарий] Это означает, что каждая единица в общем выборе обследования имеет одинаковую вероятность быть выбранной.

95. 干租

[英文] Dry lease

[俄文] Сухаяаренда

[注释] 仅涉及飞机的租赁，不包括机组和备件，承租人必须自己提供机组、燃油，有时也包括工程及维修服务。

[Note] It only involves the leasing of aircraft, excluding the crew and spare parts. The lessee must provide the crew, fuel, and sometimes engineering and maintenance services themselves.

[Комментарий] Это только касается аренда самолета, за исключением экипажа и запасных частей. Арендатор сам по себе должен предоставить экипаж, топливо, а иногда и инженерно-технические услуги.

96. 杠杆租赁

[英文] Leveraged lease

[俄文] Кредитный лизинг

[注释] 出租人只需投资飞机购买价格 20%~40%的资金，其余的大部分资金以出租人的名义借贷获得，但出租人必须以飞机座抵押并将有关权益转让给贷款人。

[Note] The lessor only needs to invest 20%~40% of the purchase price of the aircraft. The rest of the funds are borrowed in the name of the lessor, but the lessor must mortgage the aircraft seats and transfer the relevant rights to the lender.

[Комментарий] Арендодателю необходимо инвестировать только 20%-40% от покупной цены самолета, а большая часть оставшихся средств получена путем заимствования на имя арендодателя, но арендодатель должен использовать самолет в качестве залога и передать соответствующие права и интересы кредитору.

97. 高峰日旅客吞吐量

[英文] Peak-day passenger throughput

[俄文] Пассажиропоток в пиковый день

[注释] 机场在报告期（通常按一年计算）内，日旅客吞吐量最多一天的进出港旅客数。

[Note] The largest number of passengers arriving and leaving the airport in one day during the report period (usually calculated in one year).

[Комментарий] В течение отчетного периода (обычно рассчитываемого как один год) в аэропорту ежедневная пассажирооборотная способность - это максимальное количество прибывающих и вылетающих пассажиров за один день.

98. 高峰日起降架次

[英文] Peak day aircraft movement

[俄文] Взлеты и посадки воздушных судов в пиковые дни

[注释] 机场在报告期（通常按一年计算）内，飞机起降最多一天的起降架次数。

[Note] The largest number of takeoff/landing cycles of the aircraft per day during the report period (usually calculated in one year).

[Комментарий] Количество взлетов и посадок воздушных судов за один день в аэропорту за отчетный период (обычно рассчитывается по году).

99. 高峰小时旅客吞吐量

[英文] Peak hour passenger throughput

[俄文] Пассажиропоток в пиковый день в часпик

[注释] 机场在报告期（通常按一年计算）内，每个小时的旅客进出港人数按数值大小排列（以整点小时计算），第 30 个高峰值的旅客进出港人数就称为高峰小时旅客吞吐量。

[Note] During the report period (usually calculated in one year), the number of passengers entering and leaving the airport in each hour are ranked on the hour. The number of passengers entering and leaving the airport at the 30th highest peak is called peak hour passenger throughput.

[Комментарий] В аэропорту в течение отчетного периода (обычно рассчитывается по году) количество пассажиров, заходящих и выходящих из порта в час, упорядочивается по числовому значению (рассчитывается в часовых часах). 30-е максимальное количество пассажиров, заходящих и выходящих из порта, называютПассажиропотоком в пиковый день в часпик.

100. 高峰小时起降架次

[英文] Peak hour aircraft movement

[俄文] Взлеты и посадки воздушных судов в часпик

[注释] 机场在报告期（通常按一年计算）内，机场每个小时的飞机进出港的起降架次按数值大小排列（以整点小时计算），第 30 个高峰值的起降架次就称为高峰小时起降架次。

[Note] During the report period (usually calculated in one year), the number of take-off and landing movements of the aircraft in the airport per hour are ranked by numerical value (on the hour), and takeoff/ landing cycles at the 30th highest peak is called peak hour aircraft movement.

[Комментарий] В аэропорту в течение отчетного периода (обычно рассчитывается за один год) количество самолетов, заходящих в порт и выходящих из него в каждый час аэропорта, упорядочивается по числовым значениям (рассчитывается по часам). 30-е максимальное количество взлетов и посадок, называют взлетами и посадками воздушных судов в часпик.

101. 个人主义

[英文] Individualism

[俄文] Индивидуализм

[注释] 个人只关心自己的利益，实现自己的目标，个人利益胜于集体利益。

[Note] Individualists promote the exercise of one’s goals and desires. Personal interests outweigh collective interests.

[Комментарий] Люди заботятся только о своих интересах и достигают своих целей. Личные интересы высше коллективных.

102. 更改请求单

[英文] Request for change (RFC)

[俄文] Запрос на изменение

[注释] 指记录客户为完成飞机产品客户化而提出的针对飞机标准规范的更改请求。实际交付的飞机与标准规范会有一定的差别，航空公司通过更改请求单向制造商提出规范修改要求，而制造商会以规范更改通知的形式与航空公司约定更改的内容。

[Note] It records the request for changes to the aircraft standard specification proposed by the customer to complete the customization of the aircraft product. The actual delivered aircraft will not perfectly to the standard specifications. The airline proposes a specification modification request through RFC to the manufacturer, and the manufacturer will agree with the airline to change the content in the form of a specification change notice.

[Комментарий] Относится к записи запроса клиента на изменение стандартов и правила самолетов для завершения клиентизации авиационной продукции. Между фактически поставленным воздушным судном и стандартными техническими характеристиками будут некоторые различия. Авиакомпания предлагает производителю запрос на изменение правила, и производитель согласовывает содержание изменения в форме уведомления об изменении правила.

103. 工程协调备忘录

[英文] Engineering coordination memo (ECM)

[俄文] Меморандум о технической координации

[注释] 工程协调备忘录是主制造商、供应商之间在工程、制造工艺、适航管理、质量管理等专业领域内进行信息交流、工作协调的正式文件。

[Note] Engineering coordination memo is an official document for information exchange and work coordination between the main manufacturer and supplier in the fields of engineering, manufacturing process, airworthiness management, and quality management.

[Комментарий] Меморандум о технической координации является официальным документом для обмена информацией и координации работы между основными производителями и поставщиками в профессиональных областях производственной технологии, управления летной годностью и управления качеством.

104. 工装费用

[英文] Tooling cost

[俄文] Расходы на оснастку

[注释] 工装费用包括工装设计、计划、制造、生产试验设备、工具、测试、维修等工时与费用。

[Note] Tooling costs include tooling design, planning, manufacturing, production test equipment, tools, testing, maintenance, etc.

[Комментарий] Расходы на оснастку включают рабочее время и затраты на проектирование, планирование, изготовление, производство, производственное испытательное оборудование, инструменты, тестирование и обслуживание.

105. 公积金

[英文] Accumulation fund

[俄文] Неделимый фонд

[注释] 是公司为了预备弥补亏损和扩大生产规模在注册资本之外准备的基金。

[Note] It is a fund prepared by the company in preparation for making up for losses and expanding the scale of production in addition to the registered capital.

[Комментарий] Это фонд, который компания готовит сверх уставного капитала, чтобы компенсировать убытки и расширить масштабы крупного производства.

106. 公司债券

[英文] Corporate bonds

[俄文] Облигация компании

[注释] 是公司为了筹集生产经营资金，依照公司法和证券法及有关行政法规的规定公开发行并约定在一定期限内还本付息的有价证券。

[Note] Corporate bonds are the securities that the company publicly issues in accordance with the provisions of the Company Law, the Securities Law and relevant administrative regulations in order to raise production and operation funds and agree to repay the principal and interest within a certain period of time.

[Комментарий] Для мобилизации производственных и операционных средств компания публично выпускает ценные бумаги в соответствии с положениями Закона о компаниях, Закона о ценных бумагах и соответствующих административных положений и соглашается выплатить основную сумму и проценты в течение определенного периода времени.

107. **公司治理**

[英文] Corporate governance

[俄文] Корпоративное управление

[注释] 目前对公司治理尚未有统一的定义，但各国普遍认为，公司治理机制实际上是一种制度性的安排。它是在法律保障的前提下，处理因两权分离而产生的委托代理关系所适用的一整套制度安排，其宗旨是使公司的管理人员能够为公司股东的整体利益服务。

[Note] At present, there is no unified definition of corporate governance. In some countries, corporate governance mechanism is a kind of institutional arrangement. It is a set of institutional arrangements applicable to the principal-agent relationship arising from the separation of the two powers under the premise of legal protection. Its purpose is to enable the company's managers to serve the overall interests of the company's shareholders.

[Комментарий] В настоящее время не существует единого определения корпоративного управления, но страны в целом считают, что механизм корпоративного управления на самом деле является институциональным механизмом. В соответствии с предпосылкой правовой защиты это набор институциональных механизмов, применимых к отношениям доверенного лица и агента, возникающим в результате разделения двух полномочий. Его цель - дать возможность менеджерам компании служить общим интересам акционеров компании.

108. **公务航空**

[英文] Business aviation

[俄文] Деловая авиация

[注释] 公务航空是通用航空的组成部分，服务于公务活动的航空运输，但其航班不是由军事航空或者运输航空提供。

[Note] Business aviation is a part of general aviation that focuses on the business use of airplanes and helicopters, while flights of which are not conducted by the military or the scheduled airlines.

[Комментарий] Деловая авиация является неотъемлемой частью авиации общего назначения и обслуживает воздушный транспорт для служебной деятельности, но ее полеты не выполняются военной или транспортной авиацией.

109. **购机协议**

[英文] Purchase agreement

[俄文] Соглашение о покупке самолета

[注释] 购机协议是实际完成飞机销售的契约，内容包括飞机的销售价格（包括付款方式和调价条款等）、飞机的交付方式、飞机构型、初期航材保障、培训、全部的担保和索赔条款以及其他一些双方协商的内容。

[Note] The purchase agreement is a contract for the actual completion of aircraft sales, including the sale price of the aircraft (including payment methods and price adjustment terms, etc.), the delivery method of the aircraft, the aircraft configuration, the preliminary aviation material security, training, all guarantees and claim terms, and other contents negotiated by the contracting parties.

[Комментарий] Соглашение о покупке самолета представляет собой договор о фактическом завершении продажи самолета. В его содержание входят цена продажи самолета (включая способы оплаты, положения о корректировке цен и т. д.), способ доставки самолета, тип самолета, первоначальная гарантия на авиационные материалы, повышение квалификации, все пункты о гарантиях и претензиях, некоторый другой контент, согласованный обеими сторонами.

110. 购买决策

[英文] Purchase decision

[俄文] Решений о покупке

[注释] 指消费者谨慎地评价某一产品、品牌或服务的属性并进行选择、购买能满足某一特定需要的产品的过程。

[Note] Purchase decision is the decision-making process used by consumers, in which consumers carefully evaluate the properties of the product, brand or service and make choices of purchasing to meet the particular need.

[Комментарий] Относится к процессу, в ходе которого потребители тщательно оценивают атрибуты определенной продукции, бренда или услуги, делают выбор и покупают продукции, соответствующие конкретной потребности.

111. 购物报价

[英文] Buying offer

[俄文] Торговое предложение

[注释] 指买方为购买货物，主动向卖方发出的报价。

[Note] It refers to the quotation that the buyer voluntarily send to the seller for purchasing the goods.

[Комментарий] Относится к коммерческому предложению, которое покупатель заранее отправляет продавцу для приобретения товара.

112. 股份转让

[英文] Share transfers

[俄文] Передача акции

[注释] 是指股份有限公司的股份持有人依法自愿将自己的股份转让给他人，是他人取得股份成为股东的法律行为。

[Note] It means that the stock holders of limited liability company voluntarily transfer their shares to others in accordance with the law, which is the legal act of others to obtain shares to be stock holders.

[Комментарий] Передача акции относится к правовому акту, в соответствии с которым держатели акционерного общества с ограниченной ответственностью добровольно передают свои акции другим лицам в соответствии с законом, а другие получают акции и становятся акционерами.

113. 固定基地运营商

[英文] Fixed base operator (FBO)

[俄文] Оператор фиксированной базы

[注释] 提供燃油、临时停机坪、乘客等待区域及机库和维修服务的经机场授权的飞机服务公司。

[Note] A fixed-base operator (FBO) is an organization granted the right by an airport to provide aeronautical services such as fueling, hangar, tie-down and parking, aircraft rental, aircraft maintenance, flight instruction, and similar services.

[Комментарий] Компания по обслуживанию самолетов, уполномоченная аэропортом, которая предоставляет топливо, временные перроны, зоны ожидания пассажиров, ангары и услуги по техническому обслуживанию.

114. 固定资产/非金融资本资产

[英文] Fixed asset

[俄文] Фиксированный актив/не финансовые капитальные активы

[注释] 它服务的时间较长且专门特定的生产过程，一般只有在一定的生产时期后，才有可能完全收回其成本。如厂房、建筑等。

[Note] This kind of assets always have long service life and specific production process, and they are generally possible to be fully recovered only after a certain production period. Such as plants, buildings, etc.

[Комментарий] Фиксированный актив служит долгое время и специализируется на конкретных производственных процессах, как правило, полностью окупить его затраты можно только после определенного периода производства. Например, цех, здания и т. д.

115. **寡头市场**

[英文] Oligopoly market

[俄文] Рынок олигополии

[注释] 指一种商品的生产和销售由少数几家大厂商所控制的市场结构。

[Note] It is a market form wherein a market or industry is dominated by a small number of large sellers (oligopolists).

[Комментарий] Относится к рыночной структуре, при которой производство и продажа товара контролируется несколькими крупными производителями.

116. **关系营销**

[英文] Relationship marketing

[俄文] Маркетинг партнерских отношений

[注释] 是指市场营销者与顾客、经销商、供应商等建立、保持和加强合作关系，通过互利交换及共同履行诺言，使各方实现各自目的的营销方式。

[Note] It is defined as a form of marketing in which marketers establish, maintain and strengthen the cooperative relationships with customers, distributor and suppliers through exchanging mutual benefits and fulfill the promises jointly, so that all parties can achieve their respective purposes.

[Комментарий] Это форма маркетинга, при котором маркетологи устанавливают, поддерживают и укрепляют отношения сотрудничества с клиентами, дистрибьюторами, поставщиками и т. д. Посредством взаимовыгодного обмена и совместного выполнения своих обещаний, чтобы все стороны могли достичь своих целей.

117. **管理协调备忘录**

[英文] Management coordination memo (MCM)

[俄文] Меморандум о координации управления

[注释] 管理协调备忘录是主制造商、供应商之间在项目管理、合同商务管

理领域内进行信息交流、工作协调的正式文件。

[Note] The management coordination memo is an official document for information exchange and work coordination between the main manufacturer and supplier in the field of project management and contract business management.

[Комментарий] Меморандум о координации управления является официальным документом для обмена информацией и координации работы между основными производителями и поставщиками в области управления проектами и управления контрактным бизнесом.

118. 管理信息系统

[英文] Management information system (MIS)

[俄文] Информационная система управления

[注释] 是信息系统发展的一个重要分支。是指一个由人、计算机等组成的能进行信息收集、传送、储存、加工、维护和使用的系统。

[Note] It is an important branch of information system development. It refers to a system composed of people, computers and some other things that can collect, transfer, store, process, maintain and use the information.

[Комментарий] Это важная отрасль развития информационных систем. Относится к системе, состоящей из людей и компьютеров, которые могут собирать, передавать, хранить, обрабатывать, поддерживать и использовать информацию.

119. 规范更改通知

[英文] Specification change notice (SCN)

[俄文] Уведомление об изменении спецификации

[注释] 飞机制造商与航空公司约定标准规范更改的变更说明，分别包含商务和工程内容。SCN 一经签署确认后，将会成为购机合同文件的一部分。

[Note] Specification change notice is the change description agreed between aircraft manufacturers and airlines of the changes to the standard specification, including business and engineering content. Once the SCN is signed and confirmed, it will become a part of the purchase contract.

[Комментарий] Производитель самолета и авиакомпания согласовали описание изменений стандартных спецификаций, включая коммерческое и техническое содержание соответственно. После подписания и подтверждения SCN станет частью договора покупки самолета.

120. 规模报酬

[英文] Returns to scale

[俄文] Отдача от масштаба

[注释] 指在其他条件不变的情况下，企业内部各种生产要素按相同比例变化时所带来的产量变化。

[Note] It refers to the rate of increase in output (production) relative to the inputs (the factors of production) that are variable and subject to change due to a given increase in scale when other conditions remain unchanged.

[Комментарий] Относится к изменению выпуска, вызванному тем, что различные факторы производства на предприятии изменяются в одинаковой пропорции при других неизменных условиях.

121. 国际惯例

[英文] International general practice

[俄文] Международный обычай

[注释] 在国际交往中逐渐形成的一些习惯做法和先例。

[Note] Some customary practices and precedents that have evolved in international interactions.

[Комментарий] Некоторые привычные практики и прецеденты постепенно сформировались в международных обменах.

122. 国际航空运输协会

[英文] International air transport association (IATA)

[俄文] Международная ассоциация воздушного транспорта (ИАТА)

[注释] 国际航空承运人的组织，其主要功能包括票价和运行的协调。

[Note] It is a trade association of the world’s airlines, whose main functions include the coordination of fares and operations.

[Комментарий] Организация международных авиаперевозчиков, в ее основные функции входит координация тарифов и операций.

123. **国际航线**

[英文] International route

[俄文] Международный маршрут

[注释] 见“航线”。

[Note] See *Air route*.

[Комментарий] См. *Маршрут*.

124. **国际贸易**

[英文] International trade

[俄文] Международная торговля

[注释] 国际贸易也称通商，是指跨越国境的货品和服务交易，一般由进口贸易和出口贸易所组成，因此也可称之为进出口贸易。

[Note] International trade is the exchange of capital, goods, and services across international borders or territories, generally consisting of import and export. So, it is also called import and export trade.

[Комментарий] Международная торговля также называется коммерцией, которая относится к сделкам с товарами и услугами, которые пересекают национальные границы, которые обычно состоят из импортной и экспортной торговли, поэтому ее также можно назвать импортной и экспортной торговлей.

125. **国际民航组织**

[英文] International civil aviation organization (ICAO)

[俄文] Международная организация гражданской авиации (ИКАО)

[注释] 联合国的专业机构。通过制定国际标准、程序，促进航行的安全、一致性以及效率来推动国际航空运输的发展。

[Note] It is the is a specialized agency of the United Nations. It codifies the principles and techniques of international air navigation and fosters the planning and development of international air transport to ensure safety, orderly growth and efficiency.

[Комментарий] Профессиональное агентство ООН. Содействовать развитию международного воздушного транспорта путем разработки международных стандартов и процедур, направленных на обеспечение безопасности, согласованности и эффективности.

126. 国际商法

[英文] International commercial law

[俄文] Международный коммерческийзакон

[注释] 调整国际商事交易和商事组织的各种法律规范的总称。它强调的是各国商人（企业）之间从事商业活动，尤其是贸易和投资活动方面的法律总称。主要内容包括：商行为法、商组织法、宏观调控法，商事权利救济法。

[Note] It is the collection of legal norms to adjust international commercial transactions and commercial organizations. It emphasizes the generic legal term considering commercial activities between merchants (enterprises) from various countries, especially the trade and investment activities. The main contents include: the Commercial Conduct Law, the Commercial Organization Law, the Macro Control Law, and the Commercial Rights Relief Law.

[Комментарий] Отрегулировать общее название различных законов и правил международных коммерческих сделок и коммерческих организаций. Международный коммерческий закон подчеркивает общий юридический термин для деловой активности между предпринимателями (предприятиями) разных стран, особенно торговой и инвестиционной деятельности. Основное содержание включает: Закон о коммерческом поведении, Закон о коммерческих организациях, Закон о макро-контроле, Закон о защите коммерческих прав.

127. 国家间交际

[英文] Internation communication

[俄文] Межгосударственное общение

[注释] 指国家和政府而非个人之间的交际，此种交际非常正式和仪式化。

[Note] It refers to the communication between the states and the governments rather than individuals, which is very formal and ritualized.

[Комментарий] Относится к общению между государством и правительством, а не между людьми. Эта форма общения носит очень формальный и ритуальный характер.

128. 国内航线

[英文] Domestic route

[俄文] Внутренний маршрут

[注释] 见航线。

[Note] See *Air route*.

[Комментарий] См. *Маршрут*.

129. 国外市场潜力

[英文] Foreign potential market

[俄文] Потенциал зарубежного рынка

[注释] 是指在某一特定时期和特定条件下，对某一国外市场对某一产品购买量的最乐观估计。

[Note] It refers to the most optimistic estimate of the purchase amount of a certain product in a foreign market under specified time and conditions.

[Комментарий] Потенциал зарубежного рынка относится к наиболее оптимистичной оценке объема закупок определенной продукции на определенном зарубежном рынке в определенный период и при определенных условиях.

130. 过量需求

[英文] Overfull demand

[俄文] Чрезмерная потребность

[注释] 指产品的市场需求超过企业所能供给或愿意供给水平的需求状况。

[Note] It refers to the demand condition under which the market demand for products exceeds the level that the enterprise can supply or is willing to supply.

[Комментарий] Относится к ситуации, в которой рыночный спрос на товары превышает уровень, компания может поставить или готова поставить.

131. 过站时间

[英文] Turn-around time (TAT)

[俄文] Транзитное время

[注释] 飞机在前一次飞行着陆后至执行下一次起飞前的时间，称为过站时间。

[Note] Turn-around time is the amount of time between the landing time of the previous flight to the departure time of the next flight.

[Комментарий] Время между приземлением предыдущего рейса и до следующего взлета называется транзитным временем.

H

132. 海上路货

[英文] Sea road goods

[俄文] Морские перевозки

[注释] 当卖方先把货物装上开往某个目的地的船舶，然后再寻找适当的买方订立买卖合同时，这种交易就是在运输途中进行的货物买卖，在外贸业务中称为“海上路货”。

[Note] After the cargo is loaded on the ship to the destination, the seller will find the appropriate buyer and sign the contract. The transaction is completed in the period of cargo transportation, which is also called “sea road goods” in the foreign trade business.

[Комментарий] Когда продавец загружает товар на судно, направляющееся в определенный пункт назначения, а затем находит подходящего покупателя для подписания договора купли-продажи, этот вид транзакции представляет собой продажу товаров в пути, которая во внешней торговле называется «морскими перевозками».

133. 航班

[英文] Flight

[俄文] Рейс

[注释] 一架飞机在两个城市之间的一次单向飞行。

[Note] It refers to a unidirectional flying between two cities performed by an aircraft.

[Комментарий] Полёт самолета в одну сторону между двумя городами.

134. 航班计划

[英文] Flight scheduling

[俄文] Расписание рейса

[注释] 定期航班的频率、班期、时刻以及机型指派等决策问题。

[Note] It is the decision problem about frequency, schedule, time of scheduled flights and fleet assignment.

[Комментарий] Вопросы принятия решений, такие как частота, расписание, время и назначение запланированных рейсов.

135. 航班频率

[英文] Frequency

[俄文] Частота полетов

[注释] 航空公司一天（或一个星期）在同一条航线市场上的航班量。

[Note] It refers to the volume of flights on the certain route market during one day (or one week).

[Комментарий] Количество рейсов авиакомпаний по одному и тому же маршруту за день (или неделю).

136. 航班座位控制

[英文] Seat inventory control

[俄文] Управление местами рейса

[注释] 是一个决策过程，即航空公司要决定是应该将座位销售给现在这名旅客，还是将座位留给后面愿意出更高价钱的旅客。

[Note] It is a decision-making process in which the airline decides whether it should sell the seat to the current passenger or leave the seat to the passenger who is willing to pay a higher price.

[Комментарий] Это процесс принятия решения, в процессе авиакомпания решает, продать ли место текущему пассажиру или зарезервировать место для более позднего пассажира, который готов заплатить более высокую цену.

137. **航段**

[英文] Segment

[俄文] Сегмент полета

[注释] 飞机从起飞到下一次着陆之间的飞行。一条航线可以是一个或多个航段。凡航段的两端都在国内（不含港澳台）的称为国内航段，两端或有一端在国外的称为国际航段，两端或有一端是香港、澳门的称为地区航段。

[Note] It is the aircraft flying from takeoff to the next landing. A route can be composed by one or more segments. Segments with both ends in the same country (excluding HongKong, Macao and Taiwan) are called domestic segments, with one or two ends in foreign countries called international segments, with one or two ends in Hong Kong or Macao called regional segments.

[Комментарий] Полет самолета от взлета до следующей посадки. Маршрут может состоять из одного или нескольких сегментов полета. Если оба конца полетного сегмента находятся во внутренней стране, он называется внутренним полетным сегментом, если оба конца или один конец находится за границей, называется международным полетным сегментом, а сегмент с Гонконгом или Макао на обоих концах называется региональным полетным сегментом.

138. **航段运量**

[英文] Segment volume

[俄文] Объем перевозок сегмента

[注释] 航线中某个航段上全部的旅客、货物、邮件数量。旅客以人为计算单位，货物、邮件以吨为计算单位。

[Note] The total number of passengers, cargo, and mails on a certain segment of the route. Passengers are calculated in person. Cargo and mails are calculated in tons.

[Комментарий] Общее количество пассажиров, груза и почты на определенном участке сегмента. Пассажиров рассчитывают по людям, а грузов и почты - по тоннам.

139. 航空产品档案

[英文] Aeronautic (Aviation) product archives

[俄文] Архивы авиационных продукции

[注释] 在航空产品及配套产品科研、生产、服务过程中形成的具有保存价值的图样、表格、文字、数据、电子、声像等各种形式、载体的文件材料。

[Note] File materials of preservation values in various forms and carriers such as drawings, tables, texts, data, electronics, sound images and so on, are formed during the research, production and service process of aviation products and auxiliary products.

[Комментарий] Документы и материалы в различных формах и на носителях, такие как чертежи, таблицы, текст, данные, электроника, аудио и видео и т. д., которые формируются в процессе научных исследований, производства и обслуживания авиационной продукции и сопутствующих товаров.

140. 航空市场预测

[英文] Aviation market forecasting

[俄文] Прогноз авиационного рынка

[注释] 航空市场预测是指通过各种航空业务量预测，为科学决策、制定使航空运输资源得到优化配置的计划奠定基础。航空运输市场预测一般包括客运预测和货运预测两个方面。客运预测包括旅客出行产生预测和旅客出行分布预测。货运预测包括货运发生预测和货运吸引预测。同时按照预测时间的长短，

航空运输市场预测又可分为长期预测、中期预测和短期预测。

[Note] Aviation market forecasting is the basis of scientific decision-making and plan-establishing to optimize the allocation of air transport resources through various aviation traffic forecasts. Air transportation market forecasting generally includes passenger forecasting and freight forecasting. Passenger forecasting includes passenger trip generation forecasts and passenger travel distribution forecasts. Freight forecasts include freight generation forecasting and freight attraction forecasts. Similarly, according to the length of forecasting, Aviation market forecasting can be divided into long-term forecasting, medium-term forecasting and short-term forecasting according to the length of forecasting time.

[Комментарий] Прогноз авиационного рынка относится к прогнозированию различных объемов авиационного бизнеса, чтобы заложить основу для принятия научных решений и разработки планов по оптимизации распределения ресурсов воздушного транспорта. Прогнозы рынка воздушного транспорта обычно включают прогнозы по пассажирским перевозкам и прогнозы грузовых перевозок. Прогноз пассажирских перевозок включает прогноз генерирования пассажирских перевозок и прогноз распределения пассажирских перевозок. Прогнозы перевозок включают прогнозы возникновения пассажиров и прогнозы привлечения пассажиров. При этом по длительности времени прогноза, прогноз рынка авиаперевозок можно разделяется на долгосрочный прогноз, среднесрочный прогноз и краткосрочный прогноз.

141. **航线**

[英文] Air route

[俄文] Маршрут

[注释] 飞机飞行的空中路线。其中，各航段的起讫点（技术经停点除外）都在国内（不含港澳台）的航线称为国内航线；航线中任意一个航段的起讫点（技术经停除外）在外国领土上的航线称为国际航线；航线中任意一个航段的起讫点在香港、澳门的航线称为地区航线（经香港、澳门飞往外国的航线统称为国际航线）。

[Note] The air route of the flight performed by the airplanes. If the starting and ending points are in the same country (excluding Hong Kong, Macao and Taiwan), the air routes are domestic routes. If one of the starting and ending points is in Hong Kong or Macao, the air routes are regional routes (The routes flying to foreign countries via HongKong or Macao are called international routes).

[Комментарий] Воздушный маршрут полета, выполняемого самолетами. Если начальная и конечная точки находятся в одной стране, воздушные маршруты являются внутренними маршрутами. Если одна из начальных и конечных точек находится в Гонконге или Макао, воздушные маршруты являются региональными маршрутами (маршруты, летящие в зарубежные страны через Гонконг или Макао, называются международными маршрутами).

142. **航线网络**

[英文] Route network

[俄文] Сеть маршрутов

[注释] 某一地域内的航线按一定方式连接而成的构造系统，由机场和航线等要素构成了航空运输的空间分布。

[Note] Route network is a structural system in which routes in a certain area are connected in a certain way, and the spatial distribution of air transportation is constituted by elements such as airports and routes.

[Комментарий] Структурная система, образованная путем соединения воздушных маршрутов в определенной области определенным образом, а пространственное распределение воздушного транспорта состоит из таких элементов, как аэропорты и воздушные маршруты.

143. **航行资料汇编**

[英文] Aviation information publication (AIP)

[俄文] Сборник аэронацигационной информации

[注释] 国家权威机构的出版物,内容包括最新航空信息,对空中导航很重要。

[Note] It refers to the publications published by national authorities, including up-to-date aviation information which is important for air navigation.

[Комментарий] Публикации национальных властей, включая самую свежую авиационную информацию, что очень важно для аэронавигации.

144. 合格供货商清单

[英文] Qualified vendor list/Approved vendor list (QVL)

[俄文] Список квалифицированных поставщиков

[注释] 参见“已批准供应商清单”。

[Note] See *Approved Supplier List* (*ASL*).

[Комментарий] См. *Список утвержденных поставщиков*.

145. 合伙

[英文] Partnership

[俄文] Партнёрство

[注释] 合伙是两个或两个以上的合伙人为经营共同事业，共同出资、共享利润、共担风险而组成的企业。

[Note] A partnership is a group of two or more partners who operate joint undertaking, jointly fund, share profits and share risks.

[Комментарий] Партнерство - это предприятие, образованное двумя или более партнерами для ведения общего бизнеса, совместного вклада капитала, распределения прибыли и разделения рисков.

146. 合同/构型定义冻结

[英文] Contractual/Configuration define freeze (CDF)

[俄文] Контракт/Заморозка определения конфигурации

[注释] 飞机客户选型中，买卖双方对构型状态的合同化的冻结。

[Note] In the selection of aircraft, contracting parties freeze the configuration status contractually.

[Комментарий] При выборе заказчиков самолетов покупатели и продавцы фиксируют статус конфигурации по контракту.

147. 合同成交价格

[英文] Contract value

[俄文] Покупная цена по контракту

[注释] 指的是飞机购机合同价格，通常是商业机密。合同成交价格=基本价格+所有 SCN 的价格+特别客户服务项目附加费。SCN 为《技术说明书更改通知》(Specification Change Notice) 的缩写。

[Note] It refers to the aircraft purchase contract price, usually a trade secret. Contract transaction price = base price + price of all SCN + special customer service item surcharge. SCN is an abbreviation for "Specification Change Notice".

[Комментарий] Относится к цене контракта на покупку самолета, которая обычно является коммерческой тайной. Цена сделки по контракту = базовая цена + все цены SCN + надбавки по проекту специального обслуживания клиентов. SCN - это сокращение от «Уведомление об изменении спецификации».

148. 合同承运人

[英文] Contract carrier

[俄文] Перевозчик по контракту

[注释] 承运人在海上货物运输合同下的义务，主要有使船舶适航、管理货物、不得进行不合理绕航三项。

[Note] The carrier's obligations under the contract mainly include airworthiness of the ship, management of the goods, and refraining from unreasonable circumvention.

[Комментарий] Обязательства перевозчика по контракту морской перевозки грузов заключаются в основном в обеспечении мореходности судна, управлении грузом и недопущении необоснованных обходов.

149. 核心产品

[英文] Core product

[俄文] Основная продукция

[注释] 指向顾客提供的产品的基本效用或利益。

[Note] It refers to the basic utility or benefits of the product provided for the customer.

[Комментарий] Указать основную полезность или выгоду продукции, предоставляемой покупателем.

150. **横线支票**

[英文] Crossed cheque

[俄文] Кроссированный чек

[注释] 由出票人、背书人或执票人在支票正面划有两道平行线，或在平行线内载明银行名称的支票。横线支票的特点是收款人只能是银行。

[Note] It is a kind of cheque that the drawer, the endorser or the ticket holder draw two parallel lines on the front of it, or specify the bank name in the parallel line. It is characterized by the fact that the payee can only be a bank.

[Комментарий] Чек с двумя параллельными линиями, проведенными банком, индоссантом или держателем на лицевой стороне чека, или с названием банка на параллельной линии. Особенностью горизонтального чека является то, что получателем платежа может быть только банк.

151. **宏观机队规划**

[英文] A macro approach to fleet planning

[俄文] Марко-планирование флота

[注释] 一种从机队规模预测的角度进行分析研究，主要解决长期规划问题，按“从上而下”（即从宏观到微观）的顺序进行分析预测的机队规划（见168.机队规划）方法。

[Note] It refers to fleet planning problem analyzed and predicted about the scale of fleets mainly to solve long-term planning problems, according to the order of “from top to bottom” (that is from macro to micro) (See “*Fleet planning*”).

[Комментарий] Вид анализа и исследования с точки зрения прогнозирования масштаба флота, который в основном решает проблемы долгосрочного планирования, а также анализирует и прогнозирует планированнный методфлота в порядке «сверху вниз» (то есть от макро к микро) (См. *Планирование флота*).

152. 后向一体化

[英文] Backward vertical integration

[俄文] Регрессивная интеграция

[注释] 企业通过收购或兼并若干原材料供应商，实行供产一体化。

[Note] Enterprises take over or merger the raw materials suppliers to realize supply-produce integration.

[Комментарий] Предприятия осуществляют интеграцию поставок и производства путем приобретения или слияния ряда поставщиков сырья.

153. 互补品

[英文] Complement goods

[俄文] Взаимодополняемые товары

[注释] 指两种商品必须互相配合才能共同满足消费者的同一种需要。

[Note] Material or commodity whose use is interrelated with the use of an associated commodity to meet the certain needs of consumers.

[Комментарий] Это означает, что два товара должны взаимодействовать друг с другом, чтобы удовлетворять одни и те же потребности потребителей.

154. 汇票

[英文] Draft

[俄文] Тратта

[注释] 汇票是由出票人签名出具的要求受票人于见票时或于规定的日期或于将来可以确定的时间内向特定人或凭特定人的指示或向持票人支付一定数额金钱的无条件的书面支付命令。

[Note] Draft is an unconditional written warrant issued by the drawer to the drawee to pay a certain amount of money to a particular person or the cheque holder at sight or on a specified date or a determined time in the future.

[Комментарий] Тратта - это безусловный платеж, оформляемый подписью векселя, который требует от плательщика уплаты определенной суммы определенному лицу, или по указанию определенного лица, или держателю в момент появления векселя, или в указанную дату или в течение определенного времени в будущем. Письменное платежное поручение.

155. 汇票的背书

[英文] Draft endorsement

[俄文] Вексельный индоссамент

[注释] 汇票的背书指执票人在汇票背面签名，并把它交给对方的行为。

[Note] The draft endorsement refers to the act of the bearer signing on the back of the draft and handing it over to the other party.

[Комментарий] Вексельный индоссамент означает, что предъявитель подписывает обратную сторону векселя и передает его другой стороне.

156. 汇票的承兑

[英文] Draft against acceptance

[俄文] Акцепт переводного векселя

[注释] 汇票的付款人接受出票人的付款委托，同意承担支付汇票金额的义务，承兑是指将此项意思以书面文字记载于汇票之上的行为。

[Note] The payer of the draft accepts the payment requests of the drawer and agrees to bear the obligation to pay the amount of the draft. Draft against acceptance means the act of writing the above on the draft in written form.

[Комментарий] Плательщик переводного векселя принимает платежное поручение векселя и соглашается принять на себя обязательство по оплате суммы переводного векселя. Акцепт - это акт внесения письменного заявления на переводной вексель.

157. 汇票的提示

[英文] Draft hints

[俄文] Предъявление переводного векселя

[注释] 执票人向付款人出示汇票，请求其承兑或付款的行为。

[Note] The bearer presents the draft to the payer and asks for his acceptance or payment.

[Комментарий] Акт предъявления переводного векселя плательщику держателем для запроса акцепта или платежа.

158. 汇票的伪造签名

[英文] Counterfeit signature on drafts

[俄文] Поддельная подпись переводного векселя

[注释] 汇票上的伪造签名是指假冒他人名义或未经授权而用他人的名义在汇票上签名的行为。包括假冒出票人、背书人、承兑人的名义在汇票上签名，也包括盗用他人的印章在汇票上盖章。

[Note] It refers to the act of counterfeiting another person to write the signature on the draft without authorization. It includes the counterfeit signature of the drawer, the endorser, and the acceptor on the draft, and embezzled seals of the other people on the draft.

[Комментарий] Подделанная подпись на переводном векселе означает акт выдачи себя за другое лицо или подписание векселя от имени другого лица без разрешения. Это включает в себя подписание переводного векселя от имени векселя, индоссанта и акцептанта, а также присвоение печати другого лица для запечатывания векселя.

159. 汇票的追索权

[英文] The right of recourse of draft

[俄文] Право регресса на тратты

[注释] 当汇票遭到拒付时，为了保护执票人的利益，各国法律都认为执票人有权向前手背书人以及汇票的出票人请求偿还汇票上的金额，这项权利在票据法上称为追索权。

[Note] When the draft is refused, in order to protect the interests of the bearer, the holder has the right to request the reimbursement of the amount on the draft with the prior endorser and the drawer by law. This right is known as the right of recourse.

[Комментарий] В случае отказа в переводном векселе, в целях защиты интересов держателя законы всех стран полагают, что держатель имеет право потребовать выплаты суммы по векселю индоссантом и векселем. Это право закреплено в Законе об оборотных инструментах и называется правом регресса.

160. 货比三家

[英文] Comparison-shop

[俄文] Сравнивать цены в трех магазинах

[注释] 本意为同样的货要进行三家对比，现一般指在采购或交易过程中进行多家比较或性价对比的过程。

[Note] The intention is to make comparisons among three shops for the same goods. Now it generally refers to the process of comparing the property and price during purchasing or trading.

[Комментарий] Первоначально это означало, что одни и те же товары должны сравнива цены в трехмагазинах. Теперь это обычно относится к процессу множественных сравнений или сравнений цен в процессе закупок или транзакции.

161. 货到付款

[英文] Cash on delivery (COD)

[俄文] Оплата после доставки

[注释] 卖方交运后，将代表货物所有权的单证交付买方，买方付款后承受单据，取得货物所有权。

[Note] After the seller delivers the goods, the documents of ownership of goods will be delivered to the buyer. The buyer receives the documents after payment and obtains the ownership of the goods.

[Комментарий] После доставки продавец доставит покупателю документы, подтверждающие право собственности на товар, а покупатель примет документы после оплаты и получит право собственности на товар.

162. 货物承揽公司

[英文] Freight forwarding company

[俄文] Грузовая подрядная компания

[注释] 此种公司介于运送人和委托人之间，受托运人的委托以本身名义处理进出口货物装卸的水陆运输业务，并收取运费和手续费作为报酬。

[Note] It is the company in the medium of the carriers and the clients. It organizes shipments of the import and export including ships, airplanes, trucks, and railroads for individuals or corporations to get the freight fee or the commission.

[Комментарий] Компания такого типа находится между перевозчиком и доверителем, перевозчик поручает ей заниматься водными и наземными перевозками по погрузке и разгрузке импортных и экспортных товаров от своего имени и взимает плату за фрахт и комиссию в качестве вознаграждения.

163. **货物运输量**

[英文] Freight transportation volume

[俄文] Объём грузов

[注释] 运输飞行所载运的货物重量。原始数据以千克为计算单位。汇总时以吨为计算单位。每一特定航班（同一航班）的货物只应计算一次，不能按航段重复计算，但对既经过国内航段、又经过国际航段航班的货物，则同时统计为国内货物和国际货物。不定期航班运送的货物每一特定航班（同一航班）只计算一次。

[Note] It is the volume of the cargo carried in the transport flight. The raw data is calculated in kilograms. The sum is calculated in tons. The cargo of each particular flight (the same flight) should only be calculated once and cannot be calculated repeatedly according to the flight segment. However, those goods in both domestic and international flight segments are counted as domestic goods and international goods simultaneously. Goods carried on non-scheduled flights are counted only once per particular flight (the same flight).

[Комментарий] Вес груза, перевозимого транспортным рейсом. Исходные данные рассчитываются в килограммах. Тонны используются как единица расчета при подведении итогов. Груз каждого конкретного рейса (того же рейса) должен учитываться только один раз, и расчет не может повторяться для каждого полетного сегмента. Однако груз, который проходит через внутренние и международные полетные сегменты, учитывается как внутренний и международный груз одновременно. Товары, перевозимые нерегулярными рейсами, учитываются только один раз для каждого конкретного рейса (того же рейса).

164. **货物周转量**

[英文] Freight ton kilometers (FTKs)

[俄文] Грузооборот

[注释] 反映航空货物在空中实现位移的综合性生产指标，体现航空运输企业所完成的货物运输工作量。计算单位为吨千米，汇总时，以万吨千米为计算单位填报。计算公式：货物周转量（吨千米）=∑公航段货物运输量[吨] ×航段距离[千米])。

[Note] It is a comprehensive production index that reflects air cargo transportation volume. The unit is freight-ton-kilometer. When summarizing, it is reported in the unit of 10,000 freight-ton-kilometer. Calculation formula: Freight ton kilometers (FTK) =∑(segment cargo volume[ton] ×segment distance[km]).

[Комментарий] Комплексный производственный индекс, отражающий перемещение грузовых авиаперевозок в воздухе и отражающий объем грузоперевозок, выполняемый авиатранспортными компаниями. Единица расчета - тонно-километры, при обобщении единицы расчета - тонно-километры. Формула расчета: грузооборот (тонно-километров) = ∑ (объем грузоперевозок на полетном участке [тонны] × расстояние полетного участка [км]).

165. **货邮吞吐量**

[英文] Freight and post throughput

[俄文] Пропускная способность грузов и почты

[注释] 报告期内货物和邮件的进出港数量，以千克和吨为计算单位。汇总时，以吨为计算单位。

[Note] It refers to the number of inbound and outbound cargo and mails during the report period calculated in kilograms and tons. When summarizing, it is calculated in tons.

[Комментарий] Количество грузов и почты, поступающих и покидающих порт за отчетный период, исчисляется в килограммах и тоннах. При подведении итогов в качестве единицы тонны.

J

166. 机场收费

[英文] Airport charges

[俄文] Сборы аэропорта

[注释] 中国机场收费项目包括：起降费、停场费、旅客服务费、安检费和客桥费等，与欧洲机场所公布的收费项目是基本一致的。

[Note] Chinese airport charges include: landing fees, parking fees, passenger service fees, security fees and bridge fees, which are basically the same as those charges announced by European airports.

[Комментарий] Пункты взимания сборов китайских аэропортов включают в себя: сборы за взлет и посадку, плату за парковку, плату за обслуживание пассажиров, плату за безопасность, сборы за пассажирский мост и т. д., которые в основном совпадают с теми, они объявляются европейскими аэропортами.

167. 机队

[英文] Fleet

[俄文] Авиаотряд

[注释] 航空公司所拥有的飞机总称，包括飞机的数量和不同型号飞机构成比例关系，前者叫机队规模，后者叫机队结构。机队规模体现了航空公司的运输能力（简称运力），也用总座位数（客运运力）和总吨位数（货运运力）表示，机队结构则直接影响航空公司的成本，它与航线结构和 O-D 流需求等因素

有关。

[Note] It is the generic term of the aircraft owned by the airline, including the number of aircraft and the proportion of different types of aircraft. The former is called the fleet size, the latter is called the fleet structure. Fleet size reflects the airline's transportation capacity (be called capacity for short), and is calculated by the total number of seats (passenger capacity) and the total tonnage (cargo capacity). Fleet structure directly affects the cost of the airline. It is related with the route structure and OD flow demand etc.

[Комментарий] Общее название самолета, принадлежащего авиакомпании, включает количество самолетов и соотношение между различными типами самолетов. Первое называется размером отряда, а второе - структурой отряда. Размер отряда отражает пропускную способность авиакомпании (называемую пропускной способностью), а также выражается в терминах общего количества мест (пассажировместимость) и валовой вместимости (грузоподъемность). Структура отряда прямо влияет на стоимость эксплуатации авиакомпании. Она связана со структурой маршрута, потребностью в потоке OD и другими факторами.

168. 机队规划

[英文] Fleet planning

[俄文] Планирование отряда

[注释] 包含飞机选型、机队规模发展计划、机队结构优化、机队更新替换计划、机队部署（在各基地）计划，包括宏观机队规划和微观机队规划。

[Note] Fleet planning includes aircraft selection, fleet size development plan, fleet structure optimization, fleet renewal replacement plan, fleet deployment (at each base) plan, including macro fleet planning and micro fleet planning.

[Комментарий] Включая выбор самолетов, план развития размера отряда, оптимизацию структуры отряда, план обновления и замены отряда, план размещения отряда (на каждой базе), включая планирование отряда на макроуровне и микроуровне.

169. 机队配置

[英文] Fleet configuration

[俄文] Базирование отряда

[注释] 航空公司在各基地机场投放的飞机类型和数量。

[Note] It refers to the type and number of aircraft that airlines place at every base airport.

[Комментарий] Тип и количество самолетов, которые авиакомпания размещает на каждом базовом аэропорту.

170. 机队置换

[英文] Fleet replacement

[俄文] Замена отряда

[注释] 航空公司处理旧飞机和购买或租赁新飞机的活动。

[Note] Airlines deal with the old aircraft and purchase or lease new ones.

[Комментарий] Деятельность авиакомпаний, обслуживающих старые воздушные суда и покупающих или сдающих в аренду новые воздушные суда.

171. 机型指派

[英文] Fleet assignment

[俄文] Назначение типа самолета

[注释] 根据飞机舱位容量、运营成本、潜在收益及飞机可用性，将具有不同舱位容量的机型指派给各定期航班。

[Note] It is a mapping from flight legs to fleet types according to the aircraft cabin capacity, operating costs, potential revenue, and aircraft availability.

[Комментарий] В зависимости от вместимости салона воздушного судна, эксплуатационных расходов, потенциальных преимуществ и доступности самолетов для каждого регулярного рейса назначаются типы самолетов с различной вместимостью салона.

172. 机组排班

[英文] Crew scheduling

[俄文] Расписание экипажа

[注释] 在一定周期内，为每个机组人员（包括飞行员和乘务人员）编排飞行值班计划。

[Note] Crew scheduling refers to assigning the crews (including pilots and cabin crews) to the flight duty plan over a certain period of time.

[Комментарий] В определенный период подготовить план вахты для каждого члена экипажа (включая пилотов и бортпроводников).

173. **基本价格**

[英文] Base price

[俄文] Базовая цена

[注释] 指的是由飞机《标准技术说明书》（*Standard specification*）所定义的飞机构型和标准客户服务项目条件下的飞机价格，价格中不包含客户采购设备（Buyer furnished equipment）（例如座椅和厨房插件等），不包含客户选装设备（例如屏显、第二套气象雷达和 ETOPS 等常列为客户选装设备或功能），不包含客户可能提出的特殊客户服务项目。

[Note] It refers to the aircraft price under the conditions of aircraft type and standard customer service items defined by the aircraft's *Standard specification*. The price excludes buyer furnished equipment (such as seat and kitchen inserts, etc.), customer-selected equipment (such as screen display, the second set of weather radar and ETOPS, etc., which are often listed as customer optional) and special customer service items that customers may propose.

[Комментарий] Это относится к цене самолета в соответствии с условиями типа самолета и стандартного обслуживания клиентов, определенных в «Стандартной спецификации» самолета. Цена не включает оборудование, поставляемое покупателем (например, вставки для сидений и кухни и т. Д.), Оборудование, выбранное клиентом (например, экранный дисплей, второй набор метеорологических радаров и ETOPS и т. д., которые часто указываются как дополнительные), а также специальное оборудование. Элементы обслуживания клиентов, которые могут предложить клиенты.

174. 基本价值

[英文] Base value

[俄文] Базовая ценность

[注释] 指的是当飞机处于开放的、无限制、供求平衡的稳定市场环境中的飞机价值。飞机的基本价值，是按照飞机价值的历史趋势和对未来价值趋势的预测确定的，在具备意愿、能力和相关知识的各方谨慎行事、没有强迫的情况下、发生的合同价格。

[Note] It refers to the value of aircraft, which is in an open, unrestricted and supply-demand balanced environment. The base value of an aircraft is determined by its historical trends and forecast of future value trends. It is the contract price decided by the parties with will, ability and knowledge under the cautious and unforced condition.

[Комментарий] Это относится к стоимости самолета в открытой, неограниченной, стабильной рыночной среде со сбалансированным спросом и предложением. Базовая стоимость самолета определяется в соответствии с исторической тенденцией стоимости самолета и прогнозом будущей тенденции изменения стоимости, а также контрактной ценой, понесенной сторонами, обладающими волей, способностями и соответствующими знаниями, чтобы действовать осторожно и без принуждения.

175. 绩效考评

[英文] Performance evaluation

[俄文] Оценка выполнения работ

[注释] 是指企业按一定的标准，采用科学的方法对员工的思想、品德、业务、学识、工作能力、工作态度和成绩，以及身体状况等方面进行的考核和评定。

[Note] It refers to the evaluation and assessment of employees' thinking, morality, business skill, knowledge, work ability, work attitude, performance and physical condition according to certain standards by scientific methods.

[Комментарий] Это относится к оценке мышления, морали, деловой активности, знаний, трудоспособности, отношения к работе и производительности, а также физического состояния сотрудников на предприятии согласно определенным стандартам и научным методам.

176. 集团多元化

[英文] Conglomerate diversification

[俄文] Диверсификация корпорации

[注释] 收购、兼并其他行业的企业，或者把业务扩展到其他行业。

[Note] It refers to the act of acquiring or merging companies in other industries or expanding business into other industries.

[Комментарий] Приобретать и объединять предприятии в других отраслях или расширять свой бизнес в других отраслях.

177. 架份

[英文] Shipset

[俄文] Порция оборудования

[注释] 飞机机载系统设备的数量单位。

[Note] It is the unit of aircraft airborne system equipment.

[Комментарий] Единица количества оборудования бортовой системы самолета.

178. 间接贸易

[英文] Indirect trade

[俄文] Косвенная торговля

[注释] 指商品生产国与商品消费国通过第三国进行买卖商品的行为。

[Note] It refers to the commodities trade between the manufacturing country and consuming country through a third country.

[Комментарий] Это относится к торговле товарами между страной-производителем и страной-потребителем через третью страну.

179. 间接运行成本

[英文] Indirect operating cost

[俄文] Косвенные эксплуатационные расходы

[注释] 间接运行成本指与机队运行无关但与运营环境和商业模式关系密切的成本，主要取决于航空公司的运营。

[Note] Indirect operating cost is the cost unrelated to fleet operations but closely related to the operating environment and business model. It depends primarily on the airline's operations.

[Комментарий] Косвенные эксплуатационные расходы относятся к затратам, которые не имеют ничего общего с эксплуатацией отряда, но тесно связаны с операционной средой и бизнес-формой и в основном зависят от работы авиакомпании.

180. 监事会

[英文] The board of supervisors

[俄文] Ревизионная комиссия

[注释] 即监察委员会，是对公司业务管理机构实施监督的机关。

[Note] It refers to the supervisory committee. It is a governing body that supervises the company's business management organization.

[Комментарий] Это означает ревизионную комиссию - это агентство, которое контролирует организацию управления бизнесом компании.

181. 减税租赁

[英文] Tax credit/oriented lease

[俄文] Аренда с пониженным налогом

[注释] 出租人购买飞机并把它租给承租人使用，出租人是飞机的法定所有人和经济所有人，获得其所在国投资、折旧利息等减税的经济利益，并以降低租金的方式向承租人转让部分税收优惠，承租人取得飞机的使用权并按期支付租金。

[Note] The lessor purchases the aircraft and leases it to the lessee. The lessor is the legal owner and economic owner of the aircraft and obtains the economic benefits of tax reductions such as investment and depreciation interest and transfers part of the tax concessions by reducing the rent. The lessee obtains the right to use the aircraft and pays the rent on time.

[Комментарий] Арендодатель покупает самолет и сдает его в аренду арендатору. Арендодатель является законным владельцем и экономическим владельцем самолета. Он получает экономические выгоды от налоговых льгот, таких как инвестиционные и амортизационные проценты в стране, где он расположен. Арендодатель предоставляет арендатору путем уменьшения арендной платы. Передавая часть налоговых льгот, арендатор получает право на использование воздушного судна и вносит арендную плату по графику.

182. 检验报告

[英文] Survey report

[俄文] Отчет о проверке

[注释] 可分为品质证书和数量证书。

[Note] It can be divided into quality certificates and quantity certificates.

[Комментарий] Можно разделить на сертификат качества и сертификат количества.

183. 交换

[英文] Exchange

[俄文] Обмен

[注释] 是指通过提供某种东西作为回报，从别人那里获得所需之物的行为。

[Note] It refers to the act of obtaining something from others by providing something in return.

[Комментарий] Относится к получению того, что нужно от других, путем предложения чего-то взамен.

184. 交易

[英文] Transaction

[俄文] транзакция

[注释] 在交换的过程中，如果双方达成一项协议，就称之为发生了交易。

[Note] In the process of exchange, if the two parties reach an agreement, it is called transaction.

[Комментарий] В процессе обмена, если две стороны достигают соглашения, мы называем это транзакцией.

185. 交易的磋商

[英文] Business negotiation

[俄文] Согласование транзакции

[注释] 交易磋商是指买卖双方通过直接洽谈或函电的形式，就某项交易的达成进行协商，以求完成交易的过程。

[Note] Business negotiation refers to the process in which the buyer and the seller negotiate to complete a transaction through direct negotiation or correspondence.

[Комментарий] Согласование транзакции относится к процессу, в котором покупатели и продавцы обсуждают заключение транзакции посредством прямых переговоров или письма и телеграммы для завершения транзакции.

186. 接口协调备忘录

[英文] Interface coordination memo (ICM)

[俄文] Меморандум о согласовании интерфейса

[注释] 接口协调备忘录用于供应商之间、供应商和主制造商之间的直接书面通讯，可包括 MCM、ECM、CCM 等。

[Note] The interface coordination memo is used for direct written communication between suppliers, suppliers and main manufacturers, which may include MCM, ECM, CCM, etc.

[Комментарий] Меморандум о согласовании интерфейса используется для прямого письменного общения между поставщиками и между поставщиками и основными производителями и может включать MCM, ECM, CCM и т. д.

187. 进入壁垒

[英文] Barrier to entry

[俄文] Барьер входа

[注释] 指产业内既存企业对于潜在进入企业和刚刚进入这个产业的新企业所具有的某种优势的程度。

[Note] It refers to that the existing enterprises in the industry have certain advantages over potential entry firms and new enterprises to a certain degree.

[Комментарий] Это относится к тому, что существующие предприятия в отрасли имеют определенные преимущества перед потенциальными фирмами для входа и в определенной степени новыми предприятиями.

188. 禁忌语

[英文] Taboo

[俄文] Табу

[注释] 在特定文化中出于宗教或社会原因被一特定群体所避免使用的一些词语或行为。

[Note] Some words or behaviors that are avoided by a particular group for religious or social reasons in a particular culture.

[Комментарий] Некоторые слова или действия, которых определенная группа избегает по религиозным или социальным причинам в определенной культуре.

189. 经济成本

[英文] Economic cost

[俄文] Экономическая стоимость

[注释] 指由于课税而使纳税人被迫改变经济行为所造成的效率损失。

[Note] It refers to the efficiency loss caused by taxpayers who are forced to change economic behavior due to taxation.

[Комментарий] Относится к потере эффективности, вызванной налогоплательщиками, вынужденными изменить свое экономическое поведение из- за налогообложения.

190. 经济订货批量

[英文] Economic order quantity (EOQ)

[俄文] Оптимальный размер заказа

[注释] 是通过平衡采购进货成本和保管仓储成本核算，以实现总库存成本

最低的最佳订货量。

[Note] Economic order quantity (EOQ) is the order quantity that minimizes the total holding costs and ordering costs in inventory management.

[Комментарий] Это необходимо для достижения наилучшего количества заказа с наименьшими общими затратами на товарно-материальные запасы путем уравновешивания закупочной стоимости и стоимости хранения.

191. 经济特区

[英文] Special economical zone

[俄文] Специальная экономическая зона

[注释] 是指我国设置的实行特殊的经济政策、经济管理体制的地区，如深圳、珠海、汕头、厦门特区。

[Note] A special economic zone (SEZ) is an area in which business management system and trade laws are different from the rest area in China, such as Shenzhen, Zhuhai, Shantou and Xiamen.

[Комментарий] Это касается областей в нашей стране, которые реализуют особую экономическую политику и системы экономического управления, таких как Шэньчжэнь, Чжухай, Шаньтоу и специальная экономическая зона Сямынь.

192. 经济性评审

[英文] Economy appraise

[俄文] Оценка экономичности

[注释] 对民用飞机项目设计方案进行综合经济性评价和分析，即通过对设计方案中研制成本、单机成本、直接运营成本（DOC 含维修维护成本）等经济性指标的综合比较分析，结合技术方案适用性提出优化设计的相关建议和意见，使在现有技术水平条件下完成飞机项目设计及制造所耗用资源最少，实现技术性能、成本、效益综合平衡的目的。

[Note] It is the comprehensive economic evaluation and analysis of the civil aircraft project design plan. That is, through comprehensive comparative analysis of economic indicators in the design plan including development cost, stand-alone cost, direct operation cost (DOC, including maintenance cost) , combined with the applicability of the technical solution, relevant suggestions and opinions are proposed for optimizing the design. In order to minimize the aircraft design and manufacture resources using and keep the technical performance, cost and benefit in balance under the existing technical level.

[Комментарий] Всесторонняя экономическая оценка и анализ плана проектирования гражданского самолета, то есть посредством всестороннего сравнения и анализа экономических показателей, таких как стоимость разработки, одиночные затраты и прямые эксплуатационные расходы (DOC, включая затраты на техническое обслуживание и ремонт) в проектный план в сочетании с применимостью технического плана, представлять соответствующие предложения и мнения по оптимизированным проектам, чтобы завершить проектирование и производство самолета на текущем техническом уровне и потреблять минимум ресурсов, а также достичь цели всестороннего баланса технические характеристики, стоимость и выгода.

193. 经济周期

[英文] Economic cycle

[俄文] Экономический период

[注释] 是指经济发展处于循环状态，这种循环一般经历萧条、复苏、上升、高涨、回落等几个反复性阶段。

[Note] It is circular state of economic development. These fluctuations typically involve several iterative stages such as depression, recovery, rising, and falling.

[Комментарий] Это означает, что экономическое развитие находится в циклическом состоянии. Этот цикл обычно проходит несколько повторяющихся стадий, таких как депрессия, восстановление, подъем и падение.

194. 经营租赁

[英文] Operating leasing

[俄文] Операционный лизинг

[注释] 是一项可撤销的、不完全支付的短期飞机租赁形式。租赁公司需向承租人（航空公司）提供飞机的使用权。承租人需在租期内按期支付租金，且可在租赁到期后续租或退租。

[Note] It is a form of short-term aircraft leasing that can be revoked with incomplete payment. The leasing company is required to provide the tenant (airline) with the right of using aircraft. The lessee is required to pay the rent on time within the lease term, and could extend the lease or cancel the lease after the contract expires.

[Комментарий] Это форма отзываемая, не полностью оплаченной краткосрочной аренды самолета. Лизинговая компания должна предоставить арендатору (авиакомпании) право пользования воздушным судном. Арендатор обязан своевременно вносить арендную плату в течение срока аренды и может сдать ее в аренду или отказаться от нее после истечения срока аренды.

195. **净租**

[英文] Net lease

[俄文] Чистый лизинг

[注释] 出租人只提供承租人要求的飞机，有时还包括备份发动机，承租人必须负责所有的有关飞机的生产费用，其中包括机组、维修、飞机机身及发动机的翻修、保险及税务。

[Note] The lessor only provides the aircraft required by the lessee, and sometimes including the backup engine. The lessee must be responsible for all production costs related to aircraft, including crew, maintenance, aircraft fuselage and engine overhaul, insurance and tax.

[Комментарий] Арендодатель предоставляет только самолет, запрошенный арендатором, иногда включая резервные двигатели. Арендатор должен нести ответственность за все связанные с ним производственные расходы, включая экипаж, техническое обслуживание, капитальный ремонт фюзеляжа самолета и двигателя, страхование и налоги.

196. **绝对优势（国际贸易中的）**

[英文] Absolute advantage

[俄文] Абсолютное преимущество

[注释] A 国所具有的比 B 国能更加有效地（即单位投入的产出水平比较高等）生产某种商品的能力。这种优势并不意味着 A 国必然能将该商品成功地出口到 B 国。因为 B 国还可能有一种我们所说的比较优势或比较利益。

[Note] Country A has more effective ability to produce a commodity than country B (the output level of the unit input is relatively high). This advantage does not mean that country A can successfully export the goods to country B because country B may also have a comparative advantage or comparative benefit as we said.

[Комментарий] Страна A имеет возможность производить определенный товар более эффективно (то есть уровень выпуска на единицу затрат выше), чем у страны B. Это преимущество не означает, что страна A сможет успешно экспортировать продукции в страну B. Потому что страна B может также иметь сравнительное преимущество или сравнительные интересы.

K

197. **可供业载**

[英文] Available payload

[俄文] Доступная полезная нагрузка

[注释] 飞机每次运输飞行时，按照有关参数计算出的飞机在该航段上所允许装载的最大商务载量。

[Note] The maximum commercial load on the flight segment is calculated according to the relevant parameters for each flight of the aircraft.

[Комментарий] Максимальная коммерческая нагрузка, разрешенная воздушным судном на маршруте полета, рассчитывается согласно соответствующим параметрам во время каждого транспортного полета воздушного судна.

198. **可供座位**

[英文] Available seats

[俄文] Доступные места

[注释] 可以向旅客出售客票的最大商务座位数。

[Note] It refers to the maximum number of commercial seats that can be sold to passengers.

[Комментарий] Максимальное количество бизнес-мест, которое может быть продано пассажирам.

199. **可提供吨千米**

[英文] Available tonne kilometers (ATKs)

[俄文] Располагаемые тонн-километры

[注释] 指可提供业载与航段距离的乘积，反映运输飞行中飞机的综合运载能力。计算公式：可提供吨千米=∑[可提供业载×航段距离（千米）]

[Note] It equals to the product of available payload and the distance of segment, reflecting the comprehensive carrying capacity of the aircraft during the transport flight. Calculation formula: available tonne kilometers = ∑ [available payload × segment distance (km)]

[Комментарий] Располагаемые тонн-километры, которые могут определять произведение между расстоянием сегмента и служебной нагрузкой, отражают полную грузоподъемность воздушного судна в транспортном полете. Формула расчета: Располагаемый тонно-километр =∑[доступная бизнес-нагрузка×расстоние полетного сегмента (км)]

200. **可提供座千米**

[英文] Available average seats kilometers (ASKs)

[俄文] Располагаемые места в километрах

[注释] 指每一航段可提供座位与该航段距离的乘积之和，反映运输飞行运载能力。计算公式：可提供座位千米=∑(航段可提供座位数×航段距离[千米])。

[Note] It equals to the product of available seats and the distance of segment, reflecting the comprehensive carrying capacity of the aircraft during the transport flight. Calculation formula: available average seats kilometers = ∑ (available seats × segment distance [km])

[Комментарий] Относится к сумме произведения доступных мест для каждого полетного сегмента и расстояния полетного сегмента, отражающей пропускную способность транспортного рейса. Формула расчета: количество доступных мест в километрах = ∑ (количество доступных мест для полетного сегмента × расстояние в полетном сегменте [км]).

201. 客舱布局图

[英文] Layout of passenger accommodation (LOPA)

[俄文] Компоновка салона

[注释] 买卖双方确认飞机客舱布局的正式客舱布局图纸文件。

[Note] It is the official cabin layout drawing file of the aircraft passenger accommodation confirmed by the buyer and the seller.

[Комментарий] Покупатель и продавец подтверждают официальный чертеж компоновки салона воздушного судна.

202. 客舱乘务成本

[英文] Cabin crew cost

[俄文] Себестоимость экипажа кабины

[注释] 客舱乘务成本包括工资（含福利）、驻外津贴。每个空乘机组的乘务人数要根据客舱座位数和舱位划分来确定。

[Note] Cabin crew cost includes wages (including benefits) and perdiem. The number of crew members of each flight is determined by the number of cabin seats and cabin classification.

[Комментарий] Расходы на бортпроводников включают заработную плату (включая пособия) и надбавки за границу. Количество членов экипажа каждого бортпроводника должно определяться в зависимости от количества мест в кабине и разделения кабин.

203. 客户代表

[英文] Account executive

[俄文] Представитель клиента

[注释] 客户代表是和客户建立联系，保持联系，为公司带来客户的订单，为客户推荐公司推出的最新项目，并随时为客户提供服务，解决客户在使用公司产品或服务遇到的问题的角色。

[Note] Account executives are responsible for establishing contacts with customers, keeping in touch with them, bringing their orders to the company, recommending the latest project launched by the company to them, and providing services to them at any time to solve their problems encountered in using company's products or services.

[Комментарий] Представитель клиента должен устанавливать контакт с клиентами, поддерживать связь, доставлять заказы клиентов в компанию, рекомендовать клиентам последние проекты, запущенные компанией, и предоставлять услуги клиентам в любое время, а также решать роль клиентов, которые используют продукции или услуги.

204. 客户服务协调备忘录

[英文] Customer service coordination memo (CCM)

[俄文] Меморандум о координации обслуживания клиентов

[注释] 客户服务协调备忘录是主制造商、供应商之间在供应商客户服务等领域内进行信息交流、工作协调的正式文件。

[Note] The customer service coordination memo is an official document for information exchange and work coordination between the main manufacturer and the supplier in the field of customer service, etc.

[Комментарий] Меморандум о координации обслуживания клиентов является официальным документом для обмена информацией и координации работы между основными производителями и поставщиками в области обслуживания клиентов поставщика.

205. **客户选型**

[英文] Product customization

[俄文] Выбор клиента

[注释] 客户选型也称为飞机产品客户化，是指制造商和航空公司客户间约定飞机交付构型的过程。

[Note] Product customization, is also known as aircraft product customization. It refers to the process of the aircraft delivery configuration arrangement between manufacturers and airline customers.

[Комментарий] Выбор клиента также известен как кастомизацией авиационных изделий. Относится к процессу согласования формы доставки между производителем и заказчиком авиакомпании.

206. **空侧**

[英文] Air side

[俄文] Контролируемая зона

[注释] 由跑道、滑行道和停机坪组成，是飞机活动的场所。

[Note] It consists of runways, taxiways and parking aprons, and is a place for aircraft activities.

[Комментарий] Контролируемая зона состоит из взлетно-посадочной полосы, рулежной дорожки и перрона, это место для работы самолетов.

207. **库存**

[英文] Stock

[俄文] Складские запасы

[注释] 所谓库存是指处于储存状态的物品，主要是今后按预定的目的使用而目前处于闲置或非生产状态的物料。

[Note] The term “stock” refers to an item in a state of storage. It is mainly the material that is for a predetermined purpose, which currently in an idle or unproductive state.

[Комментарий] Складские запасы относятся к предметам в состоянии хранения, в основном к материалам, которые в настоящее время простоят или не будут использоваться для заранее определенной цели в будущем.

208. 跨文化能力

[英文] Intercultural competence

[俄文] Межкультурная компетенция

[注释] 指理解和适应目标文化的能力，指对文化多样性的敏感性，也就是根据具体的交际环境选择恰当的得体行为调整交际与交往的能力。

[Note] It refers to the ability to understand and adapt to the target culture and the sensitivity to cultural diversity. That is, the ability to adjust communication by choosing appropriate behavior according to the specific communicative environment.

[Комментарий] Относится к способности понимать и адаптироваться к целевой культуре, и относится к чувствительности к культурному разнообразию, то есть к способности выбирать подходящие поведения для корректировки общения и общения в соответствии с конкретной коммуникативной средой.

L

209. 利用率

[英文] Utilization

[俄文] Коэффициент использования

[注释] 飞机每日（或每年）飞行的轮挡小时数，是航空公司运营的关键指标之一。追求高利用率是低成本航空的重要经营特色。飞机所有权成本是固定成本，高的飞机有效利用率有利于把飞机所有权成本分摊到更多的飞行起落上，从而降低座千米成本。

[Note] It is the number of aircraft's daily (or annual) block hours. It is one of the key indicators of airline operation. Pursuing high utilization is a main operating feature of low cost carriers. The cost of ownership of the aircraft is a fixed cost, and high effective utilization of aircraft is conducive to allocating the ownership cost to more flights to reduce the cost of the seat-kilometer.

[Комментарий] Основной налет часов в каждый день (или каждый год), является одним из ключевых показателей работы авиакомпаний. Стремление к высокому коэффициенту использования - важная особенность деятельности бюджетных авиакомпаний. Стоимость владения воздушным судном - это фиксированная стоимость, и высокая эффективная степень использования воздушного судна способствует распределению стоимости владения воздушным судном на большее количество полетов, тем самым снижая стоимость мест-километра.

210. 两合公司

[英文] Combined company

[俄文] Объединенная компания

[注释] 由一人以上无限责任股东与一人以上有限责任股东组织，前者对公司债务负连带无限责任，后者仅负有限责任的公司。

[Note] Combined companies are organized by one or more unlimited liability shareholders and one or more limited liability shareholders. The former has unlimited joint and several liability for company’s debt and the latter has only limited liability.

[Комментарий] Компания, организованная одним или несколькими акционерами с неограниченной ответственностью и одним или несколькими акционерами с ограниченной ответственностью. Первый несет солидарную неограниченную ответственность по долгам компании, а второй несет только ограниченную ответственность.

211. 流程管理

[英文] Process management

[俄文] Управление процессом

[注释] 所谓流程管理是从一组相互依赖的业务流程出发，根据企业经营战略的要求，对流程的规划、设计、构造和调控等环节实行系统管理，全面协调各种经营流程之间的相互匹配关系，以及与管理流程的适应问题。

[Note] The process management is managing the steps of planning, design, construction and regulation of the process systematically based on a set of interdependent business processes, according to the requirements of the business strategy. The problems are coordinated comprehensively, including the matching relationship between various business processes and adaptability issues with the management process.

[Комментарий] Управление процессом начинается с набора взаимосвязанных бизнес-процессов. В соответствии с требованиями бизнес-стратегии предприятия оно реализует систематическое управление процессом планирования, проектирования, строительства и регулирования, а также всесторонне координирует взаимосвязь между различными бизнес- процессами и проблему адаптации к процессу управления.

212. 陆侧

[英文] Landside

[俄文] Земляная сторона

[注释] 由航站楼和地面到达系统组成，是旅客转换交通模式的地方。

[Note] It consists of terminal building and ground arrival system. It is the place where passengers transfer the traffic patterns.

[Комментарий] Земляная сторона состоит из терминала аэропорта и наземной системы прибытия, это место, где пассажиры меняют вид транспорта.

213. 旅客平均重量标准

[英文] Standard average of passenger weight

[俄文] Норма среднего веса пассажира

[注释] 满座重量=标准旅客平均重量（含行李）×旅客座位数。旅客平均重量的取用标准，将影响满座重量，也就影响了设计航程。多数现役民用客机的旅客平均重量（包含行李）采用 200 磅的标准。中国民航目前采用的旅客平均重量（包含行李）统计标准是 95 kg。

[Note] Full weight = standard average of passenger weight (including baggage) × number of passenger seats. The standard average of passenger weight will affect the full weight and the designed flying range. The standard average of passenger weight (including baggage) of most civil passenger planes on active service is 200 pounds. The standard average of passenger weight (including baggage) is 95kg in China.

[Комментарий] Полная масса сиденья = средний вес стандартных пассажиров (включая багаж) × количество пассажирских мест. Стандарт для среднего веса пассажира повлияет на полную массу сиденья и, следовательно, на расчетный рейс. Средний вес пассажира (включая багаж) наиболее активных гражданских авиалайнеров соответствует стандарту 200 фунтов. Текущий статистический стандарт среднего веса пассажира (включая багаж), принятый Гражданской авиацией Китая, составляет 95 кг.

214. 旅客吞吐量

[英文] Passenger through put

[俄文] Пассажиропоток

[注释] 报告期内进港（机场）和出港的旅客人数，以人为计算单位。其中成人和儿童按一人次计算，婴儿不计人次。

[Note] The number of arrival and departure passengers in the harbor (airport) during the report period, which is calculated in person-time. Adults and children are counted as one person. Babies are not counted.

[Комментарий] За отчетный период количество пассажиров, прибывающих и отправляющихся из порта (аэропорта), исчисляется в человеке. Среди них взрослые и дети считаются одним человеком, а младенцы не учитываются.

215. **旅客运输量**

[英文] Passenger transportation volume

[俄文] Объем пассажироперевозок

[注释] 运输飞行所载运的旅客人数。成人和儿童各按一人计算，婴儿因不占座位不计人数。原始数据以人为计算单位，汇总时以万人为计算单位。统计时，每一特定航班（同一航班）的每一旅客只应计算一次，不能按航段重复计算。而对同一航班上的既经过国内航段、又经过国际航段的旅客，应同时统计为一个国内旅客和一个国际旅客。不定期航班运送的旅客则每一特定航班只计算一次。

[Note] It is the number of passengers carried by the transport flight. Adults and children are separately counted as one person, and babies are not counted because they do not occupy seats. The raw data is calculated in, and the total is calculated in 10,000 people. Each passenger on each particular flight (same flight) should only be counted once and cannot be double calculated according to the flight segments. If passengers on the flight with domestic segments and international segments, they should be counted as one domestic passenger and one international passenger simultaneously. Passengers traveling on non-scheduled flights are counted only once per specific flight.

[Комментарий] Количество пассажиров, перевезенных транспортным рейсом. Взрослые и дети считаются по одному человеку, а младенцы не учитываются, поскольку они не занимают места. Исходные данные используют людей в качестве единицы расчета, а 10 000 человек используются в качестве единицы расчета при подведении итогов. В статистике каждый пассажир на каждом конкретном рейсе (тот же рейс) должен учитываться только один раз, и расчет не может быть повторен для каждого полетного сегмента. Пассажиры одного и того же рейса, которые проходят как внутренние, так и международные сегменты, должны одновременно учитываться как один внутренний пассажир и один международный пассажир. Пассажиры, перевозимые нерегулярными рейсами, учитываются только один раз на каждом конкретном рейсе.

216. 旅客周转量

[英文] Revenue passenger kilometers (RPKs)

[俄文] Пассажирооборот

[注释] 反映旅客在空中实现位移的综合性生产指标，体现航空运输企业所完成的旅客运输工作量。计算单位为人千米（或称“客千米”）和吨千米。计算公式：旅客周转量（人千米）= ∑ [航段旅客运输量（人）×航段距离（公里）]，汇总时以万人千米为计算单位。

[Note] It is a comprehensive production index reflecting the passenger's displacement in the air and the passenger transportation workload completed by airlines. The unit is person kilometers (or "passenger kilometers") and ton kilometers. Calculation formula: Revenue passenger kilometers (person kilometers) = ∑ [volume of passenger traffic (person) × distance of leg (km)] . Its unit is 10,000 people kilometers in the summarization.

[Комментарий] Комплексный производственный индекс, отражающий перемещение пассажиров в воздухе, отражающий объем пассажирских перевозок, выполняемый авиатранспортными компаниями. Единица измерения - человеко-километр (или «гостевой километр») и тонно-километр. Формула расчета: пассажирооборот (человеко-километр) = ∑ [объем пассажиропотока (человек) × протяженность участка полета (км)] , а единица расчета - 10 000 километров при подведении итогов.

217. 轮挡航程

[英文] Block range

[俄文] Дальность налета

[注释] 爬升段、巡航段和下降段所飞越的水平距离之总和。

[Note] Block range is the sum of the horizontal distances including climbing, cruising and descending.

[Комментарий] Сумма горизонтальных расстояний, пройденных во время набора высоты, крейсерского полета и снижения.

218. 轮挡时间

[英文] Block hour

[俄文] Время упорной колодки

[注释] 从飞机滑动前撤除轮挡滑行起飞，直至着陆滑行停稳后安放轮挡为止，所经过的全部时间称为轮挡时间。

[Note] Block hour equals to the entire time from removing the chock before aircraft's gliding until putting the chock after its taking off.

[Комментарий] Упорная колодка снимается перед скольжением и рулением самолета, пока упорная колодка не будет установлена после посадки и руления. Общее время, которое истекает, называется временем упорной колодки.

219. 轮挡油耗

[英文] Block fuel

[俄文] Расход топлива упорной колодки

[注释] 从飞机滑动前撤除轮挡滑行起飞，直至飞机着陆滑行停稳后安放轮挡为止，发动机和 APU（辅助动力装置）所消耗的全部燃油称为轮挡耗油。

[Note] Block fuel is entire fuel consumed by the engine and APU (auxiliary power unit) from removing the chock before aircraft's taking off until putting the chock after its gliding and stoping.

[Комментарий] Снимается упорная колодка перед скольжением и рулением для взлета, пока самолет не приземлится, не рулит и не остановится после того, как упорная колодка будет установлена. Все топливо, потребляемое двигателем и вспомогательной силовой установкой, называется расходом топлива упорной колодки.

M

220. 买方提供设备

[英文] Buyer furnished equipment (BFE)

[俄文] Покупатель предоставляет оборудования

[注释] 由买方提供，并由卖方安装在飞机上的所有设备项目。

[Note] Buyer furnished equipment refers to all equipment items provided by the buyer and installed by the seller on the aircraft.

[Комментарий] Все оборудования предоставляются покупателем и устанавливаются на самолете продавцом.

221. 卖方提供设备

[英文] Seller furnished equipment (SFE)

[俄文] Продавец предоставляет оборудования

[注释] 由卖方提供并安装在飞机上的所有设备项目。

[Note] Seller furnished equipment refers to all equipment items provided by the seller and installed on the aircraft.

[Комментарий] Все оборудования предоставляются и устанавливаются на самолете продавцом.

222. 贸易顺差

[英文] Trade surplus

[俄文] Положительный торговый баланс

[注释] 贸易顺差是指在特定年度一国出口贸易总额大于进口贸易总额，又称“出超”，表示该国当年对外贸易处于有利地位。

[Note] Trade surplus is an economic measure of a positive balance of trade, where a country’s exports exceed its imports. It is also known as “export surplus”. Trade surplus indicates that the country’s foreign trade is in a favorable position.

[Комментарий] Положительный торговый баланс означает, что общий объем экспортной торговли страны превышает общий объем импортной торговли в определенном году. Он также известен как «дополнительный экспорт», означает, что в этом году страна находилась в благоприятном положении для внешней торговли.

223. 贸易谈判回合

[英文] Round of trade negotiations

[俄文] Раунд торговых переговоров

[注释] 是指国家代表之间的一系列会议，旨在形成新的方法来鼓励世界范围内的贸易自由和开放。

[Note] It refers to a series of conferences between national representatives aimed at creating new ways to encourage worldwide freedom and openness of trade.

[Комментарий] Относится к серии встреч между национальными представителями, направленных на формирование новых методов и поощрения свободной и открытой торговли во всем мире.

224. 贸易协定

[英文] Trade agreement

[俄文] Торговое соглашение

[注释] 指两个或两个以上的主权国家为确定彼此的经济关系，特别是贸易关系方面的权利和义务而缔结额的书面协议。

[Note] It is a written agreement between two or more sovereign states to determine mutual economic relations, especially the rights and obligations in aspects of trade relations.

[Комментарий] Относится к письменному соглашению, заключенному двумя или более суверенными государствами для определения их экономических отношений, особенно прав и обязанностей торговых отношений.

225. 免税政策

[英文] Tax rebate policy

[俄文] Политика осводождения от налогов

[注释] 免税政策是指国家提出的按照税法规定不征收销项税额，同时进项税额不可抵扣应该转出。

[Note] Tax rebate policy refers to not levying output tax and transferring input tax instead of deducting in accordance with the tax law proposed by the state.

[Комментарий] Политика освобождения от налогов относится к предложению штата о том, что выходной налог не взимается в соответствии с налоговым законодательством, а предварительный налог не подлежит вычету и должен быть переведен.

226. **民航发展基金**

[英文] CAAC development fund

[俄文] Фонд развития гражданской авиации

[注释] 民航发展基金是中国特有的直接运行成本项目，在中国境内乘坐国内、国际和地区（香港、澳门和台湾）航班的旅客都将承担，国家按照飞机最大起飞重量、航段距离和航线类型向航空公司征收。

[Note] CAAC development fund is a kind of typical direct operating cost project in China. Passengers having flights within the territory of China on domestic, international and regional (Hong Kong, Macao and Taiwan) will undertake it. The country will levy it from airlines according to the maximum takeoff weight, flight segment distance and route type.

[Комментарий] Фонд развития гражданской авиации - это статья прямых операционных расходов, уникальный для Китая. Пассажиры, выполняющие внутренние, международные и региональные рейсы (Гонконг, Макао и Тайвань) в пределах Китая, будут нести их. Страна будет предоставлять авиационные услуги в зависимости от максимального веса взлета, расстояния и типа маршрута.

227. **名义价格**

[英文] Nominal price

[俄文] Номинальная цена

[注释] 在租期结束时，承租人以远远低于飞机实际的价格，如 1 美元、1000 日元就取得了飞机的全部所有权。名义价格并不反映飞机在市场上销售的公平价格。

[Note] At the end of the lease period, the lessee acquires full ownership of the aircraft at a price far below the actual price of the aircraft, such as 1 dollar or 1000 yen. Nominal value does not reflect the fair price of the aircraft being sold in the market.

[Комментарий] По истечении срока аренды арендатор получает право собственности на самолет по цене, намного ниже чем фактической цены самолета, например, 1 доллар и 1000 иен. Номинальная цена не отражает справедливую цену, по которой самолет продается на рынке.

228. 母公司

[英文] Parent

[俄文] Материнская компания

[注释] 通过掌握其他公司的股票（份）从而能实际控制其他公司营业活动的公司。

[Note] Parent company is the company that can actually control the activities of other companies by controlling the stocks of other companies.

[Комментарий] Компания, которая может фактически контролировать хозяйственную деятельность других компаний, владея акциями (долями) других компаний.

229. 目标管理

[英文] Management of objectives

[俄文] Целевое управление

[注释] 以目标为导向，以人为中心，以成果为标准，使组织和个人取得最佳业绩的现代管理方法。

[Note] It is a goal-oriented, people-centered, results-based modern management approach that enables organizations and individuals to achieve optimal performance.

[Комментарий] Современный метод управления, ориентированный на достижение цели, людей и результатов, позволяющий организациям и частным лицам достичь наилучших результатов.

230. 目标市场

[英文] Target market

[俄文] Целевой рынок

[注释] 指企业在市场细分之后的若干“子市场”中，所运用的企业营销活动之“矢”而瞄准的市场方向之“的”的优选过程。

[Note] It refers to the optimized process of deciding the sub-market that a company wants to sell its products and services to.

[Комментарий] Это относится к оптимизированному процессу определения субрынка, на котором компания хочет продавать свои продукции и услуги.

231. 目的

[英文] Intentions

[俄文] Цель

[注释] 指引你如何进行一个特定的跨文化交际。

[Note] Intentions will guide you to conduct a specific cross-cultural communication.

[Комментарий] Расскажет, как вести конкретное межкультурное общение.

232. 目录价格

[英文] List price

[俄文] Номенклатурная цена

[注释] 即对外公布价格，是制造商的建议价格，实际上很少有航空公司付出目录价来购机。

[Note] That is the published price suggested by the manufacturer. In fact, few airlines pay the list price to purchase an aircraft.

[Комментарий] Номенклатурная цена - публично объявленная цена, является рекомендованной ценой производителем. На самом деле, немногие авиакомпании платят номенклатурные цены за покупку самолетов.

233. 募股申请

[英文] An application for public offering

[俄文] Заявка на предложение акций

[注释] 发起人在向公众公开募股之前必须向主管机关报送有关文件，并在主管机关审查批准后才能开始募股。

[Note] Before the promoters publicly offering to the public, they must submit relevant documents to the competent authority, and they can start the offering after examination and approval by the competent authorities.

[Комментарий] Организаторы должны предоставить соответствующие документы в компетентный орган до публичного предложения акций, и только после того, как компетентный орган проверит и одобрит предложение, может начаться предложение акций.

O

234. O-D 流

[英文] Origin-destination flow

[俄文] Исходный-конечный поток

[注释] 在一定时期内计算的由某起始城市到目的地城市之间的客货流量，一般该流量具有方向性。

[Note] It is the volume of passengers and cargo flow from a start city to a destination city, which is calculated during a certain period. It is generally directional.

[Комментарий] Поток пассажиров и товаров из определенного начального города в город назначения, рассчитанный за определенный период времени, обычно является направленным.

P

235. 票据贴现

[英文] Bills discounting

[俄文] Учёт векселя

[注释] 是指买卖未到期票据的行为，也就是说持有未到期票据的人通过卖出票据来得到现款。

[Note] It refers to the act of buying or selling unexpired bills. That is, the person holding the unexpired bill can obtain the cash by selling it.

[Комментарий] Относится к действию покупки и продажи неистекших векселей, то есть те, у кого есть еще не истекшие векселя, получают наличные, продавая векселя.

236. 品牌定位

[英文] Brand positioning

[俄文] Позиционирование бренда

[注释] 品牌定位是指企业在市场定位和产品定位的基础上，对特定的品牌在文化取向及个性差异上的商业性决策，它是建立一个与目标市场有关的品牌形象的过程和结果。

[Note] Brand positioning refers to the commercial decision of a particular brand on cultural orientation and personality differences based on market positioning and product positioning. It is the process and result of establishing a brand image related to the target market.

[Комментарий] Позиционирование бренда относится к принятию компанией коммерческих решений относительно культурной ориентации и личностных различий конкретного бренда на основе рыночного позиционирования и позиционирования продукции. Это процесс и результат создания имиджа бренда, связанного с целевым рынком.

237. 平均机龄

[英文] Average age

[俄文] Среднийвозраст самолета

[注释] 所有飞机已使用过的年限的平均值。

[Note] Average age is the average years of all aircraft have been used.

[Комментарий] Среднее значение количества лет эксплуатации всех самолетов.

238. 平均每机飞行小时

[英文] Average flight hour

[俄文] Среднее количество часов налета на самолет

[注释] 报告期内的平均每架航空器的飞行小时，是反映航空器利用程度的指标。

[Note] It refers to the average flight hours of all aircraft during the report period. It is an index indicating the utilization of aircraft.

[Комментарий] Среднее количество часов налета на самолет за отчетный период является показателем, отражающим степень использования воздушных судов.

239. 平均运程

[英文] Average haul

[俄文] Средняя дальность перевозок

[注释] 指旅客、货物、邮件的平均运送里程，以千米为计算单位。

[Note] It refers to the average transport mileage of passengers, cargoes and mails. It is calculated in kilometers.

[Комментарий] Относится к средней дальности пассажиров, товаров и почты в километрах в качестве единицы расчета.

240. 破产案件受理

[英文] Bankruptcy case acceptance

[俄文] Принятие дела о банкротстве

[注释] 是法院在收到破产案件申请后，认为申请符合法定条件而予以接受，并由此开始破产程序的司法行为。

[Note] It is the judicial acts of the court starting bankruptcy proceedings after receiving the application for bankruptcy and considering that the application meets the statutory conditions.

[Комментарий] Это судебный акт, согласно которому суд принимает заявление после получения заявления о банкротстве и считает, что заявление соответствует установленным законом условиям, и тем самым начинает процедуру банкротства.

241. **破产变价**

[英文] Bankruptcy work

[俄文] Текущие цены банкротства

[注释] 是指清算人将非金钱的破产财产，通过合法的方式加以出让，使之转化为金钱形态，以便清算分配的过程。

[Note] It means the process of liquidating and distributing in which the liquidator transfers the non-monetary bankruptcy property in a legal way and converts it into money.

[Комментарий] Это относится к процессу, в котором ликвидатор переводит неденежное имущество банкротства законным способом и превращает его в деньги для целей ликвидации и распределения.

242. **破产费用**

[英文] Bankruptcy expenses

[俄文] Расходы на банкротство

[注释] 是指破产程序开始后，为破产程序的进行以及全体债券持有者的共同利益而在破产财产管理、变价分配中产生的费用，以及为破产财产诉讼和办理其他事务而支付的费用。

[Note] It refers to the expenses incurred in the management of bankruptcy property and the distribution during appraising at the current rate for the conduct of the bankruptcy proceedings and the common interests of all bondholders, and the expenses paid for the bankruptcy property litigation and other things after the start of the bankruptcy proceedings.

[Комментарий] Это относится к расходам, понесенным при управлении имуществом банкротства и распределению цен на процедуры банкротства и общих интересах всех держателей облигаций, а также к расходам, уплаченным в судебных процессах по делу о банкротстве, и другим вещам.

243. 破产宣告

[英文] Bankruptcy

[俄文] Заявление о банкротстве

[注释] 法院对债务人具备破产原因的事实做出有法律效力的认定。

[Note] Bankruptcy is the legally valid determination made by the court on the fact that the debtor had a cause of bankruptcy.

[Комментарий] Суд вынес юридически обязательное решение о наличии у должника причин банкротства.

244. 破产债权

[英文] Bankruptcy claims

[俄文] Обязательнное право на банкротство

[注释] 是基于破产宣告前的原因而发生的，能够通过破产分配有破产财产公平受偿的财产请求权。

[Note] It is a property claim to obtain compensation fairly through the bankruptcy distribution which occurs based on the reasons before the bankruptcy announcement.

[Комментарий] Обязательное право на банкротство возникает на основании причин до объявления о банкротстве и может быть через распределение банкротства, чтобы право требования собственности было справедливо оплачено.

Q

245. 企业航空

[英文] Corporate aviation

[俄文] Корпоративная авиация

[注释] 办理公务的非商业性按需服务的航空。

[Note] It refers to the non-commercial on-demand services for official business.

[Комментарий] Авиация, предоставляющая официальные некоммерческие услуги по запросу.

246. 企业文化

[英文] Corporate culture

[俄文] Корпоративная культура

[注释] 是一个组织由其价值观、信念、仪式、符号、处事方式等组成的其特有的文化形象。

[Note] It is an organization's unique cultural image that consists of its values, beliefs, rituals, symbols, and manners.

[Комментарий] Это уникальный культурный образ организации, состоящий из ее ценностей, верований, ритуалов, символов и способов ведения дел.

247. 起降架次

[英文] Movements

[俄文] Количество взлета и посадки

[注释] 报告期内在机场进出港飞机的全部起飞和降落次数，包括定期航班、非定期航班、通用航空和其他所有飞行的起飞、降落次数。起飞和降落各算一次。

[Note] It is the total number of takeoff and landing times of all aircraft arriving and departing the airport during the report period, including scheduled flights, non-scheduled flights, general aviation and all other flights. Takeoff and landing are counted separately.

[Комментарий] Общее количество взлетов и посадок воздушных судов, заходящих и покидающих порт в аэропорту за отчетный период, включая регулярные рейсы, нерегулярные рейсы, авиацию общего назначения и все другие рейсы. Взлет и посадка засчитываются один раз.

248. 起止全航程

[英文] Origin-destination

[俄文] Расстояние между пунктамиот отправления до назначения

[注释] 同一个旅客从出发地到目的地之间的行程。

[Note] It is the journey of the same passenger travelling from the place of departure to the destination.

[Комментарий] Расстояние пассажира от пункта отправления до назначения.

249. 签派率

[英文] Dispatch rate

[俄文] Регулярность вылетов

[注释] 在规定时间范围内（一般是 15 分钟）飞机起飞时间相对于调度时间或者乘客等待飞机事件的百分比。

[Note] It is the ratio of aircraft departure time within the specified time range (typically 15min) to the dispatch time or the passengers waiting time.

[Комментарий] Отношение времени взлета воздушного судна по сравнению с запланированным временем или ожиданием пассажира события с воздушным судном в указанном диапазоне времени (обычно 15 минут).

250. 前向一体化

[英文] Forward integration

[俄文] Интеграция вперед

[注释] 企业通过收购或兼并若干分销商，实行产销一体化。

[Note] Enterprises realize the integration of manufacturing and marketing by acquiring or mergering some distributors.

[Комментарий] Предприятие реализует интеграцию производства и маркетинга путем приобретения или слияния нескольких дистрибьюторов.

251. **潜在需求**

[英文] Latent demand

[俄文] Потенциальный спрос

[注释] 现有产品尚不能满足的需求状况。

[Note] It is the situation that the demand can't be met by the existing products.

Положение спроса, которое не может быть удовлетворено с помощью существующих продуктов.

252. **清关**

[英文] Customs clearance

[俄文] Растаможка

[注释] 清关即结关，是指进出口或转运货物出入一国关境时，依照各项法律法规和规定应当履行的手续。

[Note] Customs clearance refers to the formalities that should be performed in accordance with various laws and regulations when importing and exporting.

[Комментарий] Растаможка означает таможенное оформление относится к процедурам, которые должны выполняться в соответствии с различными законами, постановлениями при импорте, экспорте или перевалке товаров, ввозимых и выезжающих с таможенной территории страны.

253. **情境**

[英文] Context

[俄文] Обстоятельства

[注释] 交际发生的环境。情境有助于解释交际内容的含义。

[Note] It is the environment in which communication takes place. Context helps explain the meaning of the communication content.

[Комментарий] Среда, в которой происходит общение. Обстоятельство помогает объяснять смысл содержания сообщения.

254. **全寿命周期成本**

[英文] Life cycle cost (LCC)

[俄文] Стоимость полного жизненного цикла

[注释] 全寿命周期成本，是寿命周期各阶段的成本的总和。全寿命周期成本是大型系统（装备）在预定有效期内发生的直接、间接、重复性、一次性以及其他有关的费用。它是设计、开发、制造、使用、维修、保障等过程中所发生的费用以及预算中所列入的必然发生的费用等的总费用。全寿命周期成本分为产品的全寿命周期成本和项目全寿命周期成本。产品全寿命周期成本由设计成本、制造成本、运营成本和处置成本构成。项目的全寿命周期成本主要由项目在立项、计划、实施和结束各阶段发生成本构成。

[Note] Life cycle cost is the sum of the costs generated in each stage of the life cycle. The life cycle cost is the direct, indirect, repetitive, one-time and other related expenses incurred by a large system (equipment) over a predetermined period of validity. It is the total cost incurred in design, development, manufacture, use and maintenance process, as well as the inevitable costs included in the budget. The life cycle cost is divided into the product's life cycle cost and the project's life cycle cost. Product's life cycle costs consist of design costs, manufacturing costs, operating costs and disposal costs. The life cycle cost of a project is mainly composed of the costs incurred at each stage such as project establishment, planning, implementation and termination.

[Комментарий] Стоимость полного жизненного цикла - это сумма затрат на всех этапах жизненного цикла. Стоимость жизненного цикла - это прямые, косвенные, повторяющиеся, единовременные и другие связанные расходы, понесенные крупномасштабной системой (оборудованием) в течение заранее определенного периода действия. Это общая стоимость затрат, понесенных в процессе проектирования, разработки, производства, использования, обслуживания и поддержки, а также неизбежные затраты, включенные в бюджет. Стоимость жизненного цикла делится на стоимость жизненного цикла продукции и стоимость жизненного цикла проекта. Стоимость жизненного цикла продукции складывается из стоимости проектирования, стоимости производства, эксплуатационных затрат и затрат на утилизацию. Стоимость жизненного цикла проекта в основном состоит из затрат, понесенных при инициировании, планировании, реализации и завершении проекта.

255. 全寿状态

[英文] Full-life

[俄文] Состояние полной жизненного цикла

[注释] “全寿状态”的含义并不是飞机处于“全新”状态，而是飞机价值评估时假设的一种典型维修状态，指的是飞机处于下述维修状态：机体刚做过大修（即 D 检）；发动机刚做过返厂大修和性能复原；所有发动机时限件是新换的；起落架刚做过大修；所有其他维修参数假设为“半寿状态”（即不做价值调整）。

[Note] The meaning of “full-life” is not that the aircraft is in a “brand new” state, but a typical maintenance state assumed in the aircraft value assessment, which means that the aircraft is in the following maintenance states: the aircraft has just been overhauled (that is D inspection); the engine has just been returned to the factory for overhaul and undergone performance recovery; all engine timepieces are new; the landing gear has just been overhauled; all the other maintenance parameters are assumed to be “half-life” (that is no value adjustment).

[Комментарий] Определение «состояния полного жизненного цикла» заключается не в том, что самолет находится в «новом» состоянии, а в типичном состоянии обслуживания, предполагаемом при оценке стоимости самолета, которое относится к состоянию обслуживания самолета: планер имеет только что был отремонтирован (то есть осмотр D); Двигатель только что был возвращен на завод для капитального ремонта и восстановления рабочих характеристик; все детали двигателя, ограниченные по времени, были недавно заменены; шасси было только что отремонтировано; все остальные параметры технического обслуживания предполагаются, что это «состояние полураспада» (то есть без корректировки значения).

256. 权利距离

[英文] Power distance

[俄文] Правильное расстояние

[注释] 组织或机构里边，没有权力的成员对于权力不均等分配接受和期望的程度。

[Note] It refers to the extent to which non-privileged members' acceptance and expectations of unequal distribution of power in organization or institution.

[Комментарий] Степень, в которой члены, не обладающие властью, принимают и ожидают неравного распределения власти в организации или учреждении.

257. 确认订货

[英文] Confirm an order

[俄文] Подтверждение заказа

[注释] 交易成功后，卖方将交易成立书面凭据寄交买方表示“确认收货”。通常卖方会在其书面凭据后面印上有利于本身的一般交易条件，但此条件乃卖方片面性行为，较易引起纠纷，尤其在处理大宗交易时，买方应特别注意。

[Note] After the transaction , the seller will send the written evidence of the transaction to the buyer to indicate “confirm receipt”. Usually, the seller will print the general trading conditions in favor of itself on the back of the written evidence, but this condition is a one-sided behavior of the seller which is more likely to cause disputes, especially in block trade. The buyer should pay special attention to it.

[Комментарий] После успешной транзакции продавец отправляет покупателю письменное подтверждение заключения сделки с указанием «подтверждения получения». Как правило, продавец напечатает общие торговые условия, которые ему выгодны, на обратной стороне своего письменного свидетельства. Однако это условие является односторонним поведением продавца, которое с большей вероятностью вызовет споры. Покупателю следует обратить особое внимание при работе с крупными сделками.

R

258. **燃油成本**

[英文] Fuel cost

[俄文] Себестоимость топлива

[注释] 燃油价格（单位：元/千克或美元/千克）乘以飞机所飞航段的耗油量（包括发动机及 APU 耗油）（单位：千克）。

[Note] It equals to the fuel price (unit: yuan/kg or USD/kg) multiplied by the fuel consumption in the aircraft's flight segment (including engine and APU fuel consumption) (unit: kilograms).

[Комментарий] Стоимость топлива (единица: юань / кг или доллар / кг), умноженная на расход топлива (включая расход топлива двигателями и ВСУ) летного сегмента (единица: кг).

259. **人际传播/大众传播**

[英文] Mass communication

[俄文] Межличностное общение / массовая коммуникация

[注释] 职业化的传播机构利用机械化、电子化的技术手段向多数人传送信息的行为和过程。包括报纸杂志、广播电视、因特网上的各种信息。

[Note] It refers to the behavior and process of professional communication agencies transmitting information to the public by mechanized and electronic tools, including newspapers and magazines, radio and television, and various information on the Internet.

[Комментарий] Поведение и процесс профессиональных коммуникационных агентств, использующих механизированные и электронные технологии для передачи информации большинству людей. Включая всевозможную информацию о газетах, журналах, радио и телевидении, а также в интернете.

260. **融资租赁**

[英文] Finance leasing

[俄文] Финансовый лизинг

[注释] 是一种对航空公司具有较大吸引力、使航空公司接近于“实际拥有飞机”的长期融资方式，租赁期终航空公司可以购得飞机或自动取得飞机。融资租赁交易比较复杂，租赁公司通常通过建立一个合法的“特殊目的公司”（Special purpose company）来购买飞机，对财务风险进行剥离，采取资产转让的方式把飞机提供给航空公司，达到投资者合理避税和航空公司降低融资成本的目的。承租人可以在飞机使用寿命期内分摊折旧成本，抵扣收益以减少纳税，抵扣付给债权人的利息。

[Note] It is a long-term financing method which is more attractive to airlines and makes the airlines close to “actually owning the aircraft.” At the end of the lease period, airlines can purchase the aircraft or acquire aircraft automatically. Financing lease transactions are relatively complex. Leasing companies usually purchase aircraft by establishing a legal “special purpose company” to divest financial risks and provide aircraft to airlines in the form of asset transferring, for the purpose of reasonable tax avoidance and lower financing cost. The lessees can share the depreciation cost over the useful life period of aircraft, deducting the income to reduce the tax, and deducting the interest those should be paid to the creditor.

[Комментарий] Это долгосрочный метод финансирования, который более привлекателен для авиакомпаний и приближает их к «фактическому владению самолетом». По истечении срока аренды авиакомпании могут приобретать самолет или получать самолет автоматически. Сделки финансового лизинга более сложны. Лизинговая компания обычно учреждает юридическую "компанию специального назначения" (Special Purpose Company) для покупки самолетов, снимает финансовые риски и предоставляет авиалинии посредством передачи активов, чтобы инвесторы были разумными. Уклонение от уплаты налогов и цель авиакомпаний по сокращению финансовых затрат. Арендатор может амортизировать амортизационные расходы в течение срока службы воздушного судна, вычесть прибыль для уменьшения налогообложения и вычесть проценты, уплаченные кредитору.

S

261. “SS”活动

[英文] SS activities

[俄文] CC деятельность

[注释] 是指对物流中心、配送中心、仓储现场管理、堆场、库存、流通加工等现场各要素所处状态不断进行整理、整顿、清扫、清洁和提高人素养的活动。

[Note] It refers to the activities organized in order to continuously arrange, rectify, clean and improve human accomplishment in logistics center, distribution center, warehouse management, yard, inventory, circulation processing and so on.

[Комментарий] Относится к действиям, которые непрерывно организуют, исправляют, очищают, очищают и повышают человеческую грамотность состояния различных элементов объекта, таких как логистический центр, распределительный центр, управление складскими площадками, складские помещения, инвентарь и обработка обращения.

262. 商品关税

[英文] Tariffs on goods

[俄文] Таможенная пошлина товаров

[注释] 关税是指进出口商品在经过一国关境时，由政府设置的海关向进出口商所征收的税收。

[Note] Tariff is a tax on imports or exports between sovereign states, which is a form of regulation of foreign trade.

[Комментарий] Таможенная пошлина товаров относится к налогу, взимаемому таможней, установленной правительством с импортеров и экспортеров, когда импортные и экспортные товары проходят через таможенную территорию страны.

263. **商品验收**

[英文] Commodity inspection

[俄文] Приём товаров

[注释] 就是对卖方交付商品的品质和数量进行鉴定，以确定交货的品质、数量和包装是否与合同的规定相一致。

[Note] It is to verify the quality and quantity of commodities delivered by the seller to determine whether their quality, quantity and packaging are consistent with the contract.

[Комментарий] Приём товаров предназначен для оценки качества и количества товаров, поставленных продавцом, чтобы определить качество, количество и упаковка поставки, соответствующие ли положениям контракта.

264. **商事关系**

[英文] Commercial relations

[俄文] Коммерческие отношения

[注释] 指一定社会中通过市场经营活动而形成的社会关系，主要包括商事组织关系和商事交易关系。

[Note] It refers to the social relationship formed in certain society through market operation activities, mainly including commercial organization relations and commercial transaction relations.

[Комментарий] Относится к социальным отношениям, сформированным в результате рыночных операций в определенном обществе, в основном включая отношения коммерческих организаций и сделок.

265. 商事组织法

[英文] Commercial law

[俄文] Коммерческий закон об организации

[注释] 是指国家以法律的形式规定一定的商事主体设立、存在、变更和消灭的法律。

[Note] It refers to the law that the state stipulates the establishment, existence, alteration and elimination of certain commercial entities in the form of law.

[Комментарий] Это относится к законам, которые государство определяет создание, существование, изменение и ликвидацию определенных коммерческих структур в форме законов.

266. 商用飞机产品策略研究

[英文] Commercial aircraft product strategy analysis

[俄文] Исследование стратегии коммерческих самолетов

[注释] 通过市场调研和分析论证，了解市场对未来产品的需求，提出新产品的市场定位，制定新产品的市场要求与目标，为企业“发展什么样的产品”提供决策方案。

[Note] It is a process of obtaining the requirements of new products through the market research and analysis, deciding the market positioning and designing the market target of the new products. It is the decision-making solution for the enterprises to answer what kind of products should be produced.

[Комментарий] Посредством исследования рынка, анализа и демонстрации мы можем понять рыночный спрос на будущие продукции, предложить рыночное позиционирование для новых продукции, сформулировать рыночные требования и цели для новых продукции и предоставить планы для принятия решений предприятия «какие продукции развивать».

267. 商用飞机经济性设计

[英文] Design for economics

[俄文] Экономический дизайн комерческого самолета

[注释] 商用飞机经济性设计是指在保证飞机安全的前提下，以提升运营经济性、优化飞机全寿命周期成本为核心，以提升飞机竞争力为目标的一种商用飞机设计方法。

[Note] Design for economics refers to a commercial aircraft design method based on ensuring the aircraft safety, whose purpose is improving the competitiveness of the aircraft, whose core is improving the operation economic and optimizing the aircraft life cycle cost.

[Комментарий] Экономический дизайн коммерческого самолета относится к методу проектирования коммерческих самолетов, который направлен на повышение эксплуатационной экономичности и оптимизацию затрат в течение жизненного цикла самолета при обеспечении безопасности самолета. Цель заключается в повышении конкурентоспособности самолетов.

268. 商用飞机目标市场研究

[英文] Commercial aircraft target market analysis

[俄文] Исследование целевого рынка коммерческих самолетов

[注释] 通过航空市场预测和市场研究，明确飞机销售的目标市场和目标客户群体，为进一步的目标客户研究提供输入。

[Note] It is the process of clarifying the target market and target customers through the aviation market forecasting and research for providing the input for further target customer research.

[Комментарий] Прогнозы авиационного рынка и исследования рынка позволяют прояснить целевой рынок и целевые группы клиентов для продаж самолетов, что дает информацию для дальнейшего исследования целевых клиентов.

269. 商用飞机市场需求预测

[英文] Commercial aircraft demand forecasting

[俄文] Прогноз спроса на ранок коммерческих самолетов

[注释] 按商用飞机类型可分为客机需求预测和货机需求预测，预测通常以未来二十年为预测周期。预测中，以历史数据为基础，通过需求和供给两方面

分别建立预测模型，再通过模型输出结论的相互协调得出预测期内客机或货机的需求量。

[Note] According to the type of commercial aircraft, commercial aircraft demand forecasting can be divided into passenger aircraft demand forecast and cargo aircraft demand forecast. Forecast period is usually the next 20 years. In the forecast, the prediction model is established considering the demand and supply separately based on the historical data. And then, the demand of the passenger or cargo aircraft in the forecast period can be obtained through mutual coordination of model output conclusions.

[Комментарий] По типам коммерческих самолетов можно разделить на прогноз спроса на пассажирские воздушные суда и прогноз спроса на грузовые воздушные суда. Прогноз обычно занимает следующие двадцать лет в качестве периода прогноза. В прогнозе, основанном на исторических данных, модель прогноза устанавливается как на основе спроса, так и предложения, а затем определяется спрос на пассажирские или грузовые воздушные суда в течение прогнозируемого периода путем взаимного согласования выводов модели.

270. 上市公司

[英文] Listed companies

[俄文] Публичная компания

[注释] 发行的股票经国家权力机关的批准在证券交易所挂牌上市交易的股份有限公司。

[Note] It refers to the limited liability company whose issued shares are listed and traded on the stock exchange with the approval of the state authority.

[Комментарий] Компания с ограниченной ответственностью, выпущенные акции которой котируются на фондовой бирже с одобрения государственного органа.

271. 设计航程

[英文] Design range

[俄文] Номинальная дальность

[注释] 飞机在满客和最大起飞重量起飞条件下的航程能力。制造商可以通过不同的客舱布置、利用机身的加长或者缩短以及在最大设计起飞重量范围内调整最大起飞重量，来实现不同的座位数和不同设计航程，以满足各种客户的需求和扩大产品市场。

[Note] Design range is the maximum distance the aircraft can fly under the condition with full house and maximum take-off weight. Manufacturers can achieve different seating number and design fling range through different cabin arrangements, lengthening or shortening the fuselage and adjusting the maximum take-off weight within the maximum design range to meet the needs of various customers and expand the product market.

[Комментарий] Дальность полета в условиях полной пассажирской и максимальной взлетной массы. Производители могут добиться различного количества мест и различной номинальной дальности за счет различных компоновок кабины, использования удлинения или укорочения фюзеляжа и регулировки максимальной взлетной массы в пределах максимального расчетного диапазона взлетной массы, чтобы удовлетворить потребности различных клиентов и расширить рынок сбыта продукции.

272. 申请仲裁

[英文] Submit a claim to arbitration

[俄文] Подать заявление в арбитражный суд

[注释] 国际贸易所发生之索赔纠纷，如当事人双方无法以友好方式解决，通常会推送公证人士为仲裁者，为双方做公平合理的判断，而当事人也应该服从仲裁者的决定。仲裁者的判断与法院之确定判决，具有同样效力。

[Note] When there are claim disputes arising from international trade, if the parties are unable to resolve the problem in an amicable manner, they will usually admit the notary as an intercessor to make fair and reasonable judgments for both sides. And the parties should also obey the intercessor’s decision. The judgments made by arbitrator are equally authentic as the judgments made by the court.

[Комментарий] В случае споров, касающихся претензий в международной торговле, если обе стороны не могут разрешить их мирным путем, нотариус обычно заменяется в качестве арбитра для вынесения справедливых и разумных решений для обеих сторон, и стороны также должны подчиняться решению арбитр. Решение арбитра и окончательное решение суда имеют одинаковую силу.

273. 生产成本

[英文] Production cost

[俄文] Себестоимость производства

[注释] 生产成本是指生产制造阶段的总成本，为机体工程费用、试飞费用、工装费用、制造劳务费用、质量控制费用、材料费用、客机内饰费用和发动机、电子设备等成品采购费用各项总和并考虑筹款利息。

[Note] Production cost refers to the total cost in phase of manufacturing, which is the sum of body engineering cost, flight test cost, tooling cost, manufacturing labor cost, quality control cost, material cost, passenger aircraft trimming cost, and the purchase cost for the finished products such as engines and electronic equipment, and also considering fundraising interest.

[Комментарий] Себестоимость производства относится к общей стоимости этапа производства, которая представляет собой сумму затрат на проектирование планера, летные испытания, инструменты, рабочую силу, контроль качества, материалы, внутреннее пространство пассажирского самолета, а также на двигатель, электронное оборудование и другие затраты на закупку готовой продукции с учетом процента по сбору средств.

274. 湿租

[英文] Wet lease

[俄文] Сырая аренда самолета

[注释] 连同飞行机组，甚至乘务机组和机务人员都租赁的一种飞机租赁形式。

[Note] Wet lease is a leasing arrangement whereby one airline (the lessor) provides an aircraft, complete crew, maintenance, and insurance to another airline.

[Комментарий] Сырая аренда самолета - это одна форма аренды, по которой авиакомпания (арендодатель) предоставляет самолет, даже всех экипажей, авиатехников.

275. **时隙**

[英文] Slot

[俄文] Временной интервал

[注释] 也称机场起降时段、时槽，指航班时刻。在某一固定的时间内，飞机在一个机场起飞或降落的权利。

[Note] It is also known as airport take-off and landing slot or time slot. Slot refers to the flight time. Airlines have the right to take off or land at an airport at a fixed time.

[Комментарий] Также называемый временным интервалом взлета и посадки в аэропорту, временной интервал относится ко времени полета. Право самолета на взлет или посадку в аэропорту в течение определенного периода времени.

276. **实盘/确定报价/稳固报价**

[英文] Firm offer

[俄文] Твердое предложение

[注释] 实盘是指发盘人（发价人）对接受人所提出的是一项内容完整、明确、肯定的交易条件，一旦送达受盘人（即接受人或称受发价人）之后，则对发盘人产生拘束力，发盘人在实盘规定的有效期内不得将其撤销或加以变更。

[Note] A firm offer is a complete, clear and affirmative term of exchange submitted by the offeror to the offeree. Once it is delivered to the offeree (that is the acceptor), the binding force is imposed on the offeror and the offeror may not revoke or change it within the validity period specified in the firm offer.

[Комментарий] Твердое предложение относится к полному, четкому и положительному условию сделки, предложенному оферентом получателю. После того, как оно будет доставлено адресату оферты (то есть получателю или оференту), оно будет иметь обязательную силу для оферента, и оферент не может отозвать или изменить его в течение срока действия, указанного в твердом предложении.

277. 市场

[英文] Market

[俄文] Рынок

[注释] 是指商品买卖的场所。从市场营销学的角度，市场（market）指有某种特定需要和欲望，并且愿意而且能够通过交换来满足需要和欲望的所有潜在顾客和现实顾客。

[Note] It refers to the place for commodity exchange. From the perspective of marketing, market refers to all potential customers and real customers who have certain needs and desires. and are willing and able to meet needs and desires through exchange.

[Комментарий] Относится к месту, где товары торгуются. С точки зрения маркетинга, рынок относится ко всем потенциальным клиентам и реальным клиентам, у которых есть определенные потребности и желания, хотят и могут удовлетворить свои потребности и желания посредством обмена.

278. 市场调研

[英文] Market research

[俄文] Исследование рынка

[注释] 市场调研，是指为了提高产品的销售决策质量、解决存在于产品销售中的问题或组织根据特定的决策问题，运用科学的方法有目的地收集、统计资料及报告调研结果的工作过程。

[Note] Market research refers to the process of purposely collecting, doing statistics and reporting research results by scientific methods or on the basis of specific decision-making issues in order to improve the quality of products' sales decisions and solve problems that exist in product sales.

[Комментарий] Исследования рынка относятся к процессу использования научных методов для целенаправленного сбора статистических данных и отчетов о результатах исследований с целью повышения качества принятия решений о продажах продукции, решения проблем, существующих в продажах продукции, или организации в соответствии с конкретными проблемами принятия решений.

279. 市场份额

[英文] Market share

[俄文] Доля рынка

[注释] 指一个企业的销售量或销售额在市场同类产品中所占的比重。

[Note] It refers to the proportion of the volume or amount of sales of aenterprise amongsimilar products in the market.

[Комментарий] Относится к объему продаж предприятия или доле продаж аналогичных продукции на рынке.

280. 市场价格

[英文] Market price

[俄文] Рыночная цена

[注释] 指评估者认为在评估时段的市场条件下最接近于飞机成交价的价格。

[Note] It refers to the price that the evaluator believes to be closest to the transaction price of the aircraftunder the market conditions in the evaluation period.

[Комментарий] Относится к цене, которая по мнению оценщика, наиболее близка к цене сделки с воздушным судном при рыночных условиях в течение периода оценки.

281. 市场价值

[英文] Market value

[俄文] Рыночная ценность

[注释] 指评估者认定的、飞机处于当时感知的市场环境下所可能产生的、最可能的交易价格。

[Note] It refers to the most likely transaction price determined by the evaluator under the condition of the aircraft in the perceived market environment at the given time.

[Комментарий] Относится к наиболее вероятной цене сделки, определенной оценщиком, согласно которой самолет находится в рыночной среде, воспринимаемой в данный момент.

282. 市场渗透

[英文] Market penetration

[俄文] Проникновение на рынок

[注释] 指实现市场逐步扩张的拓展战略。

[Note] It refers to the business growth strategy to achieve market expansion.

[Комментарий] Относится к стратегии расширения, которая реализует постепенное расширение рынка.

283. 市场营销

[英文] Marketing

[俄文] Маркетинг

[注释] 是指对创意、产品和服务的构思、定价、分销和促销负需求(Negative demand)进行计划和执行的过程，旨在创造满足个人和组织需求的交易。(美国市场营销协会，1985)

[Note] It refers to the process of planning and executing the conception, pricing, distribution, and promotion of ideas, products and services to create an exchange that meets the goals of individuals and organizations. (American Marketing Association, 1985)

[Комментарий] Относится к процессу планирования и удовлетворения отрицательного спроса на идеи, продукции и услуги, замыслы, распродажа в розницу и продвижения с целью создания транзакций, отвечающих потребностям личных лиц и организаций. (Американская маркетинговая ассоциация, 1985 г.)

284. 市场营销组合

[英文] Marketing mix

[俄文] Маркетинг микс

[注释] 指企业用来进占目标市场、满足顾客需求的各种营销手段的组合，

即 4P 组合。

[Note] It refers to the combination of various marketing methods used by enterprises to enter the target market and meet customers' needs. That is 4P marketing mix strategy.

[Комментарий] Относится к комбинации различных маркетинговых методов, используемых предприятиями для выхода на целевой рынок и удовлетворения потребностей клиентов, то есть комбинация 4P.

285. 市场增长率

[英文] Growth rate of market

[俄文] Прирост рынка

[注释] 指产品或劳务的市场销售量或销售额在比较期内的增长比率。

[Note] It refers to the growth rate of market sales volume or amounts of products or services during comparison period.

[Комментарий] Прирост рынка относится к рыночному объему продаж продукции или услуг в течение сравнительного периода.

286. 收入效应

[英文] Income effect

[俄文] Эффект дохода

[注释] 指由商品的价格变动所引起的实际收入水平变动，进而由实际收入水平变动引起的商品需求量的变动。

[Note] It refers to changes in the demand for commodities caused by changes in actual income level, which is changing with the price fluctuation.

[Комментарий] Относится к изменению уровня фактического дохода, вызванному изменением цены на товар, а затем к изменению спроса на товары, вызванному изменением уровня фактического дохода.

287. 收益

[英文] Yield

[俄文] Прибыль

[注释] 航空公司从每一乘客里程收入中获取的利润。即航空公司每一个售出的座位飞行 1 千米所得到的收入。收入等于总运营收入除以旅客周转量。

[Note] It refers to the airline's profit from each revenue passenger kilometer. That is the income earned when the airline sells one seat-kilometer. Yield equals to the total operating income divided by RPKs.

[Комментарий] Прибыль, полученная авиакомпанией от каждой дальности пассажира. То есть доход, полученный от перелета километра за каждое проданное авиакомпанией место. Выручка равна общей операционной выручке, разделенной на пассажирооборот.

288. **收益管理**

[英文] Revenue management

[俄文] Управление доходами

[注释] 在合适的时间、合适的地点，将合适的产品以合适的价格销售给合适的消费者，以实现收益的最大化。

[Note] The right products are sold to the right consumers at the right price in the right place and at the right time in order to maximize the benefits.

[Комментарий] Нужные продукции продаются нужным потребителям по правильной цене в нужном месте и в нужное время, чтобы получить максимальную выгоду.

289. **收支相抵点**

[英文] Break even point

[俄文] Точка баланса доходов к расходам

[注释] 指厂商无经济利润但能实现正常利润的均衡点，是边际成本与平均成本的交点。

[Note] It refers to the equilibrium point where the manufacturer has no net loss or gain but can operate normally, which is the intersection of the marginal cost and the average cost.

[Комментарий] Относится к точке баланса доходов к расходам, при которой производитель не имеет экономической прибыли, но может достичь нормальной прибыли. Это точка пересечения предельных и средних затрат.

290. 首次交付验收

[英文] First delivery acceptance (FDA)

[俄文] Первая приемно-сдачная проверка

[注释] 设备运抵工厂后进行的首次交付验收。

[Note] It is the first delivery acceptance after the equipment arrived at the factory.

[Комментарий] Первая приемно-сдаточная проверка производит, когда оборудования прибыли на завод.

291. 售后回租

[英文] Sale and lease-back

[俄文] Послепродажная обратнаяаренда

[注释] 航空公司将所有的飞机出售给租赁公司，同时再从该租赁公司租回来的一项飞机租赁交易。

[Note] It refers to an aircraft leasing transaction when the airline sells all the aircraft to the leasing company and then leaves the aircraft from the leasing company.

[Комментарий] Это относится к сделке по лизингу воздушного судна, когда авиакомпания продает все воздушное судно лизинговой компании, а затем оставляет воздушное судно у лизинговой компании.

292. 枢纽航线网络

[英文] Hub-and-spoke network

[俄文] Сеть авиалиний

[注释] 又称为中枢辐射式航线网络，枢纽辐射式航线网络或轮辐式航线网络，指含有枢纽机场（或城市）和非枢纽机场（或城市）的航线网络模式，航线的安排以枢纽城市为中心，以干线形式满足枢纽城市间旅客与货物运输的需要，同时以支线形式由枢纽城市辐射至附近各中小城市，以汇集和疏散旅客与货物，干支线间有严密的航班时刻衔接计划。

[Note] Hub-and-spoke route network refers to the airline network mode with hub airports (or cities) and non-hub airports (or cities). The route arrangement is centered on the hub city. It meets the needs of passenger and cargo transportation between hub cities in the form of trunk lines. It radiates from the hub city to nearby small and medium-sized cities in the form of branch lines to collect and evacuate passengers and goods at the same time. There is a strict flight schedule between trunk lines and branch lines.

[Комментарий] Также известная как сеть маршрутов с концентратором и лучом, сеть маршрутов со звездообразным узлом, она относится к формам сети маршрутов, которая включает в себя аэропорт-концентратор (или город) и аэропорт, не являющийся хабом (или город). Расположение маршрута сосредоточено на узловом городе. Он удовлетворяет потребности в пассажирских и грузовых перевозках между узловыми городами в виде магистральных линий, и в то же время излучается из узловых городов в близлежащие малые и средние города в вид ответвлений для сбора и эвакуации пассажиров и грузов.Существует четкий план стыковки рейсов между магистральной и железнодорожной ветками.

293. 数据交换

[英文] Data exchange

[俄文] Обмен данными

[注释] 航空产品全生命周期内，按照约定的数据格式在软件系统之间进行的产品数据交流和共享。

[Note] It refers to the product data exchange and sharing between software systems in accordance with agreed data formats throughout the life cycle of aerospace products.

[Комментарий] В течение всего жизненного цикла авиационной продукции обмен данными о продукции и совместное использование программными системами в соответствии с согласованным форматом данных.

294. 数字化文件发放

[英文] Digital document releasing

[俄文] Выдача цифровых документов

[注释] 将数字化文件按规定的流程传输给使用部门的过程。

[Note] It is the process of transferring digital files to the usage department in a defined flow path.

[Комментарий] Процесс передачи цифровых файлов в пользовательский отдел в соответствии с установленным процессом.

295. 数字化文件归档

[英文] Digital document filing

[俄文] Хранение цифровых документов

[注释] 数字化文件形成部门或相关部门，向档案部门移交数字化文件管理权限，或移交脱机载体文件的过程。

[Note] It is the process of transferring the administration authority of the digital document from digital file forming or related department or the offline carrier to records department .

[Комментарий] Процесс передачи полномочий в архивный отдел по управлению цифровыми документами от отдела формирования цифровых документов.

296. 双边贸易额

[英文] The bilateral trade volume

[俄文] Объем двухсторонней торговли

[注释] “双边贸易额”是指两国或地区之间的贸易总额。

[Note] “The bilateral trade volume” refers to the total trade amounts between two countries or regions.

[Комментарий] Объем двусторонней торговли означает общий объем торговли между двумя странами или регионами.

297. **水平多元化**

[英文] Horizontal diversification

[俄文] Диверсификация уровня

[注释] 利用原有市场，采用不同的技术开发新产品，增加产品种类。

[Note] It means developing new products with different technologies and increasing the product categories based on the original market.

[Комментарий] Использовать исходный рынок и применять различные технологии для разработки новых продукции и увеличения типов товаров.

298. **水平一体化**

[英文] Horizontal integration

[俄文] Горизонтальная интеграция

[注释] 企业收购、兼并竞争者的同种类型的企业，或者在国内外与其他同类企业合资生产经营等。

[Note] It refers to those enterprises acquiring or merging the competitors with the same type, or jointing venture with other similar enterprises at home and abroad.

[Комментарий] Предприятие приобретает и сливает конкурентов того же типа или создает совместные предприятия с другими аналогичными предприятиями в стране и за рубежом.

T

299. **提存**

[英文] Escrow

[俄文] Депозит

[注释] 债务人在履行债务时，由于债权人受领迟延，债务人有权把应给付的金钱或其他物品寄托法定的提存所，从而使债的关系归于消灭的一种行为。

[Note] When the debtor performs obligations, due to the delay of the creditor's acceptance, the debtor has the right to entrust the payable money or other items to the legal depository, thereby causing the elimination of the debt relationship.

[Комментарий] Когда должник выполняет свой долг, из-за задержки в получении кредитора, должник имеет право депонировать деньги или другие предметы, которые должны быть оплачены по установленному закону, так что долговые отношения являются актом устранения.

300. 提单

[英文] Bill of loading

[俄文] Накладная

[注释] 是运送人或其他代理人所发交与托运人的货运单据，也是运送人与托运人协定将货由一处运到另一处的契约凭据。

[Note] It is the shipping document sent by the carrier or other agent to the shipper, and it is also the contractual evidence that the carrier and the shipper agree to ship the goods from one place to another.

[Комментарий] Это товаро-сопроводительная документация, выданная перевозчиком или другим агентом грузоотправителю, а также договор, свидетельствующий о том, что перевозчик и грузоотправитель соглашаются перевезти товар из одного места в другое.

301. 条形码

[英文] Bar code

[俄文] Штрихкод

[注释] 条形码是将宽度不等的多个黑条和空白，按照一定的编码规则排列，用以表达一组信息的图形标识符。常见的条形码是由反射率相差很大的黑条（简称条）和白条（简称空）排成的平行线图案。条形码可以标出物品的生产国、制造厂家、商品名称、生产日期、图书分类号、邮件起止地点、类别、日期等许多信息，因而在商品流通、图书管理、邮政管理、银行系统等许多领域都得到了广泛的应用。

[Note] A bar code is a graphic identifier that is used to express a set of information by arranging a plurality of black bars and spaces with unequal width according to certain coding rules. A common bar code is a parallel line pattern of black bars (abbreviated as bars) and white bars (short for empty) which differ greatly in reflectance. The bar code can indicate lots of information of items such as the manufacturing country, the manufacturer, product name, date of manufacture, library classification, starting point and destination of mails, category, date, etc. Thus, it has been widely used in many fields such as commodity circulation, book management, postal management, banking system, etc.

[Комментарий] Штрихкод - это графический идентификатор, который размещает несколько черных полос и пробелов разной ширины в соответствии с определенным правилом кодирования, чтобы выразить группу информации. Обычный штрихкод - это узор из параллельных линий, расположенных черными полосами (для краткости) и белыми полосами (для краткости, пустыми) с очень разными коэффициентами отражения. Штрихкод может указывать на страну производства, производителя, название продукции, дату производства, классификационный номер книги, начальное и конечное местоположение почты, категорию, дату и многие другие данные. Поэтому он используется во многих областях, таких как товарооборот, ведение книг и т. д., почтовое управление и банковские системы.

302. 停产 (产品)

[英文] Deletion

[俄文] Остановка производства

[注释]（工厂或作坊）停止生产。

[Note] It means that the factory or workshop terminates the production.

[Комментарий] Фабрика или цех прекращает производство.

303. 通航城市

[英文] Destinations cities

[俄文] Судоходный город

[注释] 指我国民航定期航班所通航的国内外城市。其中：国内航线通航城

市，是指我国民航在国内（不含港澳台）通航的城市；国际航线通航城市，是指我国民航在国外的通航城市；内地通航香港、澳门城市，特指内地城市中与香港、澳门地区通航的城市。

[Note] They are the domestic and foreign cities that have scheduled flights of China. Among them: the domestic airline destinations cities refer to the Chinese domestic cities (excluding Hong Kong, Macao and Taiwan) with scheduled flights; the international airline destinations cities refer to the foreign cities with China civil aviation flights; the mainland cities with air connection with Hong Kong and Macao are Hong Kong and Macao airline destination cities.

[Комментарий] Относится к внутренним и зарубежным городам, обслуживаемым гражданской авиацией национальной страны. Среди них: внутренние воздушные маршруты относятся к городам, по которым наша гражданская авиация движется в стране; международные воздушные маршруты относятся к судоходным городам нашей гражданской авиации за рубежом; внутренние судоходные города Гонконга и Макао, особенно внутренние города и Районы Гонконг и Макао.

304. 同心多元化

[英文] Concentric diversification

[俄文] Концентрическая диверсификация

[注释] 利用原有的技术、特长、经验等开发新产品，增加产品种类，从同一圆心向外扩大经营范围。

[Note] It means developing new products, increasing product categories and expanding business scope from the same center by using original technologies, expertise and experience.

[Комментарий] Использовать оригинальные технологии, знания, опыт и т. д. для разработки новых продукций, увеличения категорий продукции и расширения сферы деятельности из одного центра окружности.

305. 头期款/定金

[英文] Down payment

[俄文] Аванс

[注释] 定金是在合同订立或在履行之前支付的一定数额的金钱或替代物作为担保的担保方式。

[Note] A down payment is a form of security in which a certain amount of money or substitutes are paid before the contract is signed or performed.

[Комментарий] Аванс - это форма гарантии, при котором определенная сумма денег или заменитель выплачивается в качестве гарантии до заключения контракта или до его исполнения.

306. **投资收益率**

[英文] Return on investment

[俄文] Прибыль на инвестиции

[注释] 指投资收益（税后）占投资成本的比率。

[Note] It refers to the ratio of investment income (after tax) to investment cost.

[Комментарий] Относится к отношению инвестиционного дохода (после уплаты налогов) к инвестиционным затратам.

307. **弹性预算**

[英文] Flexible budget

[俄文] Гибкий бюджет

[注释] 指以预算期间可能发生的多种业务量水平为基础，分别确定与之相应的费用数额而编制的能适应多种业务量水平的费用预算。

[Note] It refers to the expense budge compiled to ensure the corresponding expenses separately that can be adapted to the various levels of business volume that may occur during the budget period.

[Комментарий] Это относится к бюджету расходов, составленному для обеспечения соответствующих расходов по отдельности, которые могут быть адаптированы к различным уровням объемов бизнеса в течение бюджетного периода.

W

308. 外贸经营权

[英文] Qualifications of foreign trade

[俄文] Право на занятие внешней торговлей

[注释] 外贸经营权是指拥有进出口权的企业，可依法自主地从事进出口业务；无进出口经营的企业，可自行选择外贸代理企业，并可参与外贸谈判等。

[Note] Qualifications of foreign trade refer to enterprises with right to import and export, which can engage in import and export business independently according to law; enterprises without right to import and export can choose foreign trade agency enterprises and participate in foreign trade negotiations.

[Комментарий] Право на занятие внешней торговлей относится к предприятиям с правами импорта и экспорта, которые могут самостоятельно заниматься импортом и экспортом в соответствии с законом; предприятия без импортных и экспортных операций могут выбирать агентства внешней торговли и участвовать во внешнеторговых переговорах.

309. 旺季

[英文] Busy season

[俄文] Горячее время

[注释] 指增多活动的时间段；产品产量、销售量增加的时期或时节。

[Note] It refers to the period of time during which activities are increased; the period or season when product output and sales increase.

[Комментарий] Относится к периоду времени, когда деятельность увеличивается; периоду или времени увеличения выпуска продукции и продаж.

310. 微观机队规划

[英文] A micro approach to fleet planning

[俄文] Планирование микровоздушного флота

[注释] 一种在航班、航线机型选择的基础上，按“从下到上”（即从局部到整体）的顺序进行分析，得出航空公司机队中短期规划结果的机队规划（见2.37）方法。

[Note] It is a fleet planning method of middle-term or long-term fleet planning, which is analyzed based on the flight and route aircraft type selection by the order of “from bottom to top” (that is from part to overall).

[Комментарий] Метод планирования флота, основанное на выборе рейсов и типов маршрутов и в порядке «снизу вверх» (то есть от части к целому), и получение результатов среднесрочного и краткосрочного планирования флота авиакомпании. (см. 2.37) .

311. 违约

[英文] Breach of contract

[俄文] Нарушение договора

[注释] 违约行为是指合同当事人违反合同义务的行为。违约行为是违约责任的基本构成要件，没有违约行为，也就没有违约责任。

[Note] The breach of contract refers to the act of the contracting parties violating the contractual obligations. The behavior breach of contract is the basic component of the liability for breach of contract. If there is no breach of contract, there is no liability for breach of contract.

[Комментарий] Нарушение договора относится к поведению стороны договора в нарушение договорных обязательств. Нарушение контракта является основным составным элементом ответственности за нарушение контракта. Если нет нарушения контракта, ответственность за нарушение контракта отсутствует.

312. 维修成本

[英文] Maintenance cost

[俄文] Стоимость технического обслуживания

[注释] 维修成本由航线维护、基地维修、部件维修和发动机维修四部分构成，依据维修间隔要求呈周期性变化，与机型、机龄、运行因素以及航空公司经营模式等有关。

[Note] The maintenance cost consists of four parts: route maintenance, base maintenance, component maintenance and engine maintenance. It varies periodically according to the maintenance interval requirements, and is related to the type, age, operating factors and airline business model.

[Комментарий] Стоимость обслуживания состоит из четырех частей: обслуживание маршрута, базовое обслуживание, обслуживание компонентов и обслуживание двигателя. Они периодически меняются в соответствии с требованиями к интервалам обслуживания и зависят от типов, возраста самолета, эксплуатационных факторов и бизнес-модели авиакомпании.

313. 无限责任公司

[英文] Unlimited liability company

[俄文] Общество с неограниченной ответственностью

[注释] 是指两人以上股东组织，全体股东对公司债务负连带无限责任的公司。

[Note] It refers to a company with more than two shareholders. All shareholders have unlimited joint and several liability for the company's debt.

[Комментарий] Он относится к компании с двумя или более акционерами, и все акционеры несут солидарную ответственность по долгам компании.

314. 无需求

[英文] No demand

[俄文] Пассивный спрос

[注释] 指目标市场对某种产品毫无兴趣的需求状况。

[Note] It refers to the demand situation in which the target market has no interest in a certain product.

[Комментарий] Относится к ситуации спроса, когда целевой рынок вообще не заинтересован в определенной продукции.

315. 物流公司

[英文] Logistics firms

[俄文] Логическая компания

[注释] 协助厂商储存并把货物运送到目的地的公司。物流的要素主要包括包装、运输、仓储、装卸、搬运、库存控制、订单处理等。

[Note] It is a company that assists manufacturers in storing and shipping goods to their destination. The main elements of logistics include packaging, transportation, warehousing, loading and unloading, carrying, inventory control, and order processing.

[Комментарий] Компания, которая помогает производителям в хранении и доставке товаров по назначению. Элементы логистики в основном включают упаковку, транспортировку, складирование, погрузку и разгрузку, погрузочно-разгрузочные работы, контроль запасов, обработку заказов и т. д.

316. 物流信息

[英文] Logistics information

[俄文] Логическая информация

[注释] 物流活动中必要的信息为物流信息。物流信息在物流活动中起着神经系统的作用。

[Note] The necessary information in logistics activities is logistics information. Logistics information plays a role as nervous system in logistics activities.

[Комментарий] Необходимая информация в логистической деятельности - это логистическая информация. Логистическая информация играет роль нервной системы в логистической деятельности.

317. 物流信息平台

[英文] Logistics information platform

[俄文] Платформа логической информации

[注释] 是物流产业的重要组成部分，其对物流产业的发展起着基础性的支撑作用。

[Note] It is an important part of the logistics industry, and it plays a fundamental supporting role in the development of the logistics industry.

[Комментарий] Это важная часть логистической отрасли, и она играет фундаментальную роль в поддержке развития логистической отрасли.

X

318. 瑕疵品

[英文] Defective item

[俄文] Дефект

[注释] 是指有残缺的产品、残次品。

[Note] It refers to incomplete products and defective products.

[Комментарий] Относится к дефектным продукциям.

319. 下降需求

[英文] Declining demand

[俄文] Снижение спроса

[注释] 指市场对某种产品的需求呈下降趋势。

[Note] The demand of a certain product is trending downward.

[Комментарий] Относится к тенденции к снижению рыночного спроса на определенную продукцию.

320. 现金运营成本

[英文] Cash operating cost

[俄文] Себестоимостьопераций с наличностью

[注释] 直接运营成本除去所有权成本之外的其他全部成本，包括机组成本、燃油成本、维修成本、机场收费、导航收费、餐食费、地面服务费和民航建设基金。

[Note] It equals to the direct operating costs excluding all costs other than cost of ownership, including crew costs, fuel costs, maintenance costs, airport charges, navigation charges, meals cost, ground service fees, and civil aviation construction funds.

[Комментарий] Прямые эксплуатационные расходы, за исключением всех других расходов, кроме стоимости владения, включая расходы на экипаж, топливо, техническое обслуживание, аэропортовые сборы, навигационные сборы, питание, плату за наземное обслуживание и фонд на строительство гражданской авиации.

321. **现值**

[英文] Present value

[俄文] Текущая стоимость

[注释] 资金按规定的折现率，折算成现在或指定起始日期的数值。

[Note] Present value is the current value or specified date value of a future sum of money or stream of cash flows given a specified rate of return.

[Комментарий] Средства конвертируются в текущую стоимость или указанную дату начала в соответствии с установленной ставкой дисконтирования.

322. **相对优势**

[英文] Relative advantage

[俄文] Относительное преимущество

[注释] 商品之间价格关系的动态反映，专指两种或多种商品间由供给与需求作用所形成的价格比例关系。

[Note] It is the dynamic reflection of the price relationship between commodities. It specifically refers to the price proportional relationship between two or more commodities affected by their supply and demand.

[Комментарий] Динамическое отражение ценовых отношений между товарами, в частности, относится к пропорциональному соотношению между ценами двух или более товаров, сформированному под влиянием спроса и предложения.

323. 相关成本

[英文] Interrelated cost

[俄文] Связанная стоимость

[注释] 指对企业经营管理有影响或在经营管理决策分析时必须加以考虑的各种形式的成本。

[Note] It refers to various forms of costs that have impacts on enterprise operation and management or must be considered in the analysis of operating management decisions.

[Комментарий] Относится к затратам различных форм, которые влияют на управление бизнесом или должны учитываться при анализе решений по управлению бизнесом.

324. 项目协调备忘录

[英文] Program coordination memo (PCM)

[俄文] Меморандум о координации проекта

[注释] 项目协调备忘录是主制造商、供应商之间在项目管理、合同商务管理领域内进行信息交流、工作协调的正式文件。

[Note] The program coordination memo is an official document between the main manufacturer and the supplier for information exchange and work coordination in the field of project management and contract business management.

[Комментарий] Меморандум о координации проекта является официальным документом для обмена информацией и координации работы между основными производителями и поставщиками в области управления проектами и контрактного бизнеса.

325. 信息源

[英文] Source

[俄文] Источник информации

[注释] 是具有交际需要和愿望的具体的人。

[Note] It is a specific person with communication needs and wishes.

[Комментарий] Это конкретный человек с коммуникативными потребностями и желаниями.

326. 许可证贸易

[英文] Licensing

[俄文] Лицензионная торговля

[注释] 许可证贸易是技术许可方将其交易标的使用权通过许可证协议或合同转让给技术接受方的一种交易行为。

[Note] Licensing is a transaction in which a technology licensor transfers the usage right of trade object to a technology receiver through a license agreement or contract.

[Комментарий] Лицензионная торговля - это поведение транзакции, в которой лицензиар технологии передает право на использование объекта транзакции получателю технологии через лицензионное соглашение или контракт.

327. 行动

[英文] Action

[俄文] Действие

[注释] 指在交际中适当而有效的行为表现。

[Note] It refers to the appropriate and effective performance of communication.

[Комментарий] Относится к надлежащему и эффективному поведению в общении.

328. 型号档案

[英文] Type archives

[俄文] Архив типа

[注释] 在型号[指航空器（民用飞机）及配套产品] 的科研、生产、服务等过程中形成的具有保存价值的文字、图表、声像、电子等各种形式和载体的文件材料。

[Note] It refers to the document materials in various forms and carriers with preserved values such as words, charts, sound images and electronics which are formed in the process of research, production, service of the model [referring to the aircraft (civil aircraft) and supporting products] .

[Комментарий] Документы и материалы в различных формах и на носителях, такие как текст, график, аудиовизуальные, электронные и т. д., которые имеют консервационную ценность и формируются в процессе научных исследований, производства и обслуживания типа [относится к самолетам (гражданские самолеты) и комплексные изделии] .

329. 需求

[英文] Demand

[俄文] Спрос

[注释] 指有购买力的欲望。

[Note] It refers to the desire to purchase.

[Комментарий] Относится к желанию с покупательной способностью.

330. 需要

[英文] Need

[俄文] Потребность

[注释] 是指未得到满足的感觉状态。

[Note] It refers to an unsatisfied state of sensation.

[Комментарий] Относится к состоянию неудовлетворенности.

331. 选项指南

[英文] Option guide

[俄文] Руководство по выбору

[注释] 选项指南为一份（或一系列）客户选项说明书，其全面描述了可供客户选择的选项/BFE 设备及其详细构型信息（或可包含价格信息），一般由市场营销部牵头并按照选项规定和相关工程、商务信息汇编而成，以用于指导客户选择客制化构型。

[Note] The option guide is a (or a series of) customer option specification that comprehensively describes the options/BFE equipment available to the customer and their detailed configuration information (may including price information). It is generally led by the marketing department and compiled according to the option regulations, related engineering and business information to guide the customer's customized configuration.

[Комментарий] Руководство по выбору представляет собой (или серию) справку для клиентов. Оно всесторонне описывают опции /BFE оборудование, доступные клиентам на выбор, и их подробную информацию о структуре (или может включать информацию о ценах). Обычно в соответствии с правилом выбора, связанной техникой и коммерческой информацией справка составлена под руководством отдела маркетинга, чтобы помогать клиентам выбрать индивидуальную структуру.

332. 选项咨询

[英文] Option consultation

[俄文] Консультация опции

[注释] 是指客户选型过程中，制造商选型人员为辅助航空公司选型，提供选项推介、技术交流、疑问答复和资料反馈的活动。

[Note] It refers to the activities for providing options, technical exchanges, question answers and feedback to assist airlines selecting aircraft type in the customer selection process.

[Комментарий] Это относится к деятельности по предоставлению опций, техническому обмену, ответам на вопросы и обратной связи, чтобы помочь авиакомпаниям выбрать тип воздушного судна в процессе выбора клиентов.

333. 选型启动会议

[英文] Kick off meeting

[俄文] Первоначальное совещание для выбора типа самолета

[注释] 是指制造商与航空公司客户召开的启动客户选型工作的首次会议。

[Note] It refers to the first meeting of the manufacturer and airlines to start the customer aircraft type selection.

[Комментарий] Относится к первой встрече между производителем и клиентом авиакомпании, чтобы инициировать выбор клиента.

334. 询盘

[英文] Enquiry

[俄文] Запрос

[注释] 是要求提供有关交易的信息，如商品的价格单，目录，样品以及贸易条件。询盘可由进口商或出口商提出，收到询盘后，作为惯例应立即回复以便开始交易磋商。

[Note] It is required to provide information about the transaction, such as commodity price list, catalogue, samples and terms of trade. The enquiry can be made by the importer or exporter. After receiving the enquiry, it should be replied immediately as customary to start the transaction negotiation.

[Комментарий] Требуется предоставить информацию о сделке, такую как прайс-листы на товары, каталоги, образцы и условия торговли. Запросы смогут быть сделаны импортерами или экспортерами. После получения запросов, как правило, они должны немедленно ответить, чтобы начать переговоры о сделке.

Y

335. 研制费用

[英文] Research cost

[俄文] Стоимость опытно-конструкторских работ

[注释] 民用飞机的研制费用是指民用飞机研究、研制、试验及鉴定阶段所需费用的总称。包含飞机研制费、飞机机体设计费用、试制和试验费用、飞行试验机费用、试验费用、试验及模拟设施费用等。

[Note] The research cost of civil aircraft refers to the generic terms of the expense on research, development, testing and appraisal of the civil aircraft. It includes aircraft development costs, aircraft body design costs, trial and test costs, flight test machine costs, test costs, facilities costs for test and simulation.

[Комментарий] Стоимость разработки гражданского самолета относится к общему термину для затрат, необходимых на этапах исследования, разработки, испытаний и оценки гражданских самолетов. Включая затраты на разработку самолета, проектирование корпуса самолета, пробное производство и испытания, летный опытный самолет, имитационное оборудование и т. д.

336. **要约**

[英文] Offer

[俄文] Уговор

[注释] 指当事人一方提出订约条件，愿与对方订立合同的单方表示。

[Note] It refers to a unilateral declaration that a party submits a contractual condition and is willing to enter into a contract with the other party.

[Комментарий] Относится к одностороннему выражению желания, чтобы сторона заключила договор с другой стороной, когда она предоставила условия договора.

337. **已承兑票据**

[英文] Accepted bill

[俄文] Акцептованнй вексель

[注释] 已经承诺兑付的票据。承兑：是付款人在汇票上签章以承诺将来在汇票到期时承担付款义务的一种行为。承兑行为只发生在远期汇票的有关活动中。

[Note] Accepted bill is a bill that has been promised to be cashed. Acceptance: It is an act of the payer signing on the bill of exchange indicating that he promises to assume the payment obligation in the future when the bill is due. The acceptance act only occurs in the relevant activities of the usance draft.

[Комментарий] Обещанный акцептованнй вексель. Акцепт: это акт, при котором плательщик подписывает и опечатывает переводной вексель, чтобы пообещать взять на себя обязательство по оплате, когда переводной вексель подлежит оплате в будущем. Акт приема происходит только в соответствующих действиях срочной тратты.

338. 已批准供应商清单

[英文] Approved supplier list (ASL)

[俄文] Перечень утверждённых поставщиков

[注释] 也称“合格供货商清单”。该清单是供应商管理的主要工具之一，通常按字母顺序排列。其中包含了一系列已与企业在质量、价格等方面达成一致的供应商，并且企业的进货代理人或企业内的采购部门可以在任何需要的时候向此清单上的供应商下订单。原则上，采购部门只能从此清单上选择供应商。在此，供货商的概念涵盖（欲采购）产品制造商、标准件制造商、系统集成商、外协合同承包方、（设备）维护维修方、服务承包商、分销商、中介机构等。在欧美国家，ASL 多用于航空航天制造业，QVL 多用于 IT 电子制造业，两者交叉用于政府机构和国防产品企业。

[Note] It is also known as the “Qualified Supplier List”. This list is one of the main tools in supplier management and is usually arranged in alphabetical order. It includes a series of suppliers that have agreed with the company in terms of quality and price. And the purchasing agent of the company or the purchasing department within the company can place orders with the suppliers on the list whenever they need it. In principle, the purchasing department can only select suppliers from this list. Here, the concept of supplier covers (for procurement) product manufacturers, standard parts manufacturers, system integrator, outsourced contractors, (equipment) maintenance and repairers, service contractors, distributors, intermediaries, etc. In Europe and the United States, ASL is mostly used in aerospace manufacturing, and QVL is mostly used in IT electronics manufacturing. These two are used in government agencies and defense products companies.

[Комментарий] Также называется «список удовлетворительных поставщиков». Этот список является одним из основных инструментов управления поставщиками, и обычно располагается в алфавитном порядке. Он содержит ряд поставщиков, которые достигли соглашения с компанией в отношении качества и цены, Агент по закупкам компании или отдел закупок компании может размещать заказы у поставщиков из этого списка, когда это необходимо. В принципе, отдел закупок может выбирать поставщиков только из этого списка. В данном случае понятие поставщика охватывает производителей (подлежащих закупке) продукции, производителей стандартных компонентов, системных интеграторов, подрядчиков по контрактам на аутсорсинг, обслуживающие и ремонтные компании (оборудования), подрядчиков по обслуживанию, дистрибьюторов, посредников и т. д. В европейских и американских странах ASL в основном используется в аэрокосмическом производстве, QVL в основном используется в производстве IT-электроники, и оба используются в государственных учреждениях и компаниях, производящих продукцию оборонного назначения.

339. 溢价

[英文] Mark-up price

[俄文] Наценка

[注释] 指所支付的实际金额超过证券或股票的名目价值或面值。

[Note] It means that the actual amount paid exceeds the value or face value of the securities or stocks.

[Комментарий] Относится к фактической уплаченной сумме, превышающей номинальную стоимость или номинальную стоимость ценных бумаг или акций.

340. 营销导向

[英文] Marketing orientation

[俄文] Маркетинговая ориентация

[注释] 指一个企业或组织根据市场的需求来制定运营计划。

[Note] Marketing orientation means that an enterprise or organization makes an operation plan according to the needs of the market.

[Комментарий] Относится к предприятию или организации, формулирующим операционный план на основе рыночного спроса.

341. 营销服务公司

[英文] Marketing services agencies

[俄文] Маркетинговая компания

[注释] 协助厂商推出并促销产品到恰当的市场的机构，如市场研究公司、

营销咨询策划公司、广告公司等。

[Note] They are the organizations assisting manufacturers in launching and promoting products to the right markets, such as market research companies, marketing consulting companies, advertising companies, etc.

[Комментарий] Организации, которые помогают производителям в запуске и продвижении продукции на соответствующие рынки, например компании по исследованию рынка, компании по планированию маркетингового консалтинга, рекламные компании и т. д.

342. 营销网络

[英文] Marketing network

[俄文] Маркетинговая сеть

[注释] 是指企业与顾客、经销商、供应商及其他关联方建立起来的较为稳定的业务关系。

[Note] It refers to a relatively stable business relationship established among the company and customers, distributors, suppliers and other related parties.

[Комментарий] Относится к относительно стабильным деловым отношениям, установленным предприятием с клиентами, дистрибьюторами, поставщиками и другими связанными сторонами.

343. 营运收入

[英文] Operating revenue

[俄文] Прибыль от операций

[注释] 航空公司商业运营的总收入（包括定期航班和不定期航班），收入来源包括客运，货运，超重行李收费以及其他相关收入。

[Note] It refers to the total revenue of the airline's commercial operations (including scheduled and non-scheduled flights). The sources of income include passenger transport, freight transport, excess baggage charges and other related income.

[Комментарий] Общий доход от коммерческих операций авиакомпаний (включая регулярные и внеплановые рейсы). Источниками дохода являются пассажирские перевозки, фрахт, плата за сверхнормативный багаж и другие связанные доходы.

344. 邮件运输量

[英文] Post transportation volume

[俄文] Объем почтовых перевозок

[注释] 运输飞行所载运的邮件重量。原始数据以千克为计算单位，汇总时以吨为计算单位。统计方法与货物运输量一致。（见货物运输量）

[Note] It equals to the weight of the mail carried by the transport flights. The raw data is calculated in kilograms and is summarized in tons. The statistical method is consistent with the freight transportation volume. (See *freight transportation volume*)

[Комментарий] Вес почты, перевозимой транспортным рейсом. Исходные данные рассчитываются в килограммах, а в сводке используется тонна. Статистический метод соответствует объему грузоперевозок. (См. *Объем фрахта*)

345. 邮件周转量

[英文] Post ton kilometers

[俄文] Почтовый оборот

[注释] 反映航空邮件在空中实现位移的综合性生产指标，体现航空运输企业所完成的邮件运输工作量。计算单位为吨千米，汇总时以万吨千米为计算单位。计算公式：邮件周转量（吨千米）= ∑（航段邮件运输量[吨] ×航段距离[千米] ）。

[Note] It is a comprehensive production indicator reflecting the displacement of airmails , and the amount of mail transport workload by the airlines. Its unit is ton-kilometer, which is summarized in 10,000 ton-kilometers. Calculation formula: Post ton kilometers (ton kilometers) = ∑ (segment mail volume [ton] × flight segment distance [km]).

[Комментарий] Общий производственный показатель, отражающий перемещение авиапочты в воздухе и отражающий рабочую нагрузку по перевозке почты, выполняемую авиаперевозчиками. Единица расчета - тонно-километр, а

10,000 тонно-километр используется в качестве единицы расчета при подведении итогов. Формула расчета: оборот почты (тонно-километров) = ∑ (объем перевозки почты на сегменте [тонны] × расстояние на участке полета [км]).

346. 有限合伙

[英文] Limited partnership

[俄文] Ограниченное партнерство

[注释] 有限合伙是指由至少一名普通合伙人和至少一名有限合伙人组成的企业，普通合伙人对合伙企业的债务负无限责任，有限合伙人只负有限责任，即以其出资额为限对合伙承担有限责任。

[Note] A limited partnership is an enterprise consisting of at least one general partner and one limited partner. The general partner has unlimited liability for the debt of the enterprise. The limited partner has only limited liability according to his capital contribution.

[Комментарий] Ограниченное партнерство - это предприятие, состоящее как минимум из одного полного партнера и как минимум одного компальон-вкладчика. Полный партнер несет неограниченную ответственность по долгам товарищества, а компальон-вкладчик несет только ограниченную ответственность, то есть размер взноса в капитал ограничивается.

347. 有限责任公司

[英文] Limited liability company

[俄文] Общество с ограниченной ответственностью

[注释] 股东以其出资额为限对公司承担责任，公司以全部资产对公司的债务承担责任的公司。

[Note] It is the company whose shareholders are responsible for the company according to their capital contribution, and the company is responsible for its debts with all assets.

[Комментарий] Компания, в которой акционеры несут ответственность перед компанией в пределах своих взносов в капитал, а компания несет ответственность по долгам компании всеми ее активами.

348. 预测价值

[英文] Forecast values

[俄文] Прогностическая стоимость

[注释] 指的是在评估当时对飞机未来价值的评估。评估人通常按照“半寿状态”和“全寿状态”两种维修状态给出“预测基本价值”(Forecast base values) 和“预测疲软市场价值”(Forecast soft market value)。

[Note] It refers to the assessment of the future value of the aircraft at the time of assessment. The evaluator usually gives “forecast base values” and “Forecast soft market value” according to the “half-life status” and “full-life status”.

[Комментарий] Относится к оценке будущей стоимости воздушного судна на момент оценки. Оценщик обычно дает «Основную стоимость прогноза» и «Прогноз стоимости мягкого рынка» в соответствии с двумя состояниями обслуживания: «Состояние полураспада» и «Состояние полного жизненного цикла».

349. 预付运费

[英文] Advance freight

[俄文] Авансфрахта

[注释] 是指在到期日前偿付对于支付货运或全部或部分使用船只、火车、飞机或其他类似运输手段的费用。

[Note] It refers to the payment of the freight or the charges of using all or part of the vessel, train, aircraft or other similar means of transport before the due date.

[Комментарий] Относится к оплате до истечения срока оплаты фрахта или полного, или частичного использования кораблей, поездов, самолетов или других подобных транспортных средств.

350. 运输机场

[英文] Transport airport

[俄文] Аэропорт

[注释] 提供定期航班运输服务的机场，按航线类别分为国内航线定期航班机场和国际航线定期航班机场。机场飞行区按照飞行区指标 I 和指标 II 进行分

级，两者中取其较高等级。（见飞行区指标Ⅰ，飞行区指标Ⅱ）。

[Note] They are the airports providing scheduled flights services, and can be divided into domestic transport airports and international transport airports. The airport flight area can be graded according to Flight zone index Ⅰ and Flight zone index Ⅱ, and the higher one will be chosen. (See *Flight zone index Ⅰ*, *Flight zone index Ⅱ*).

[Комментарий] Аэропорт, который предоставляет услуги по перевозке на регулярных рейсах, делится на аэропорты с внутренними регулярными рейсами и аэропорты с международными регулярными рейсами в зависимости от типа маршрута. Зоны полетов в аэропортах классифицируются в соответствии с указателями зон полетов I и II, в зависимости от того, какой из них выше. (См. *Указатель зоны полета I, Указатель зоны полета* Ⅱ).

351. **运输总周转量**

[英文] Revenue ton kilometers (RTKs)

[俄文] Общий грузооборот

[注释] 反映旅客、货物、邮件在空中实现位移的综合性生产指标，综合体现航空运输工作量。以吨千米为计算单位，汇总时以万吨千米为计算单位。计算公式：运输总周转量 = 旅客周转量[吨千米] + 邮件周转量 + 货物周转量。

[Note] It is a comprehensive production indicator reflecting the displacement of passengers, cargo and mails in the air, and the air transportation workload. It is calculated in ton-kilometer and is summarized in units of 10,000 ton-kilometers. Calculation formula: Revenue ton kilometers = RPKs [ton kilometers] + post ton kilometers + cargo ton kilometers.

[Комментарий] Комплексный производственный индекс, который отражает перемещение пассажиров, грузов и почты в воздухе и всесторонне отражает загруженность авиаперевозок. Единица расчета: тонно-километр, а 10,000 тонно-километр используется в качестве единицы расчета при подведении итогов. Формула расчета: общий грузооборот = пассажирооборот [тонно-километров] + почтовый оборот + грузооборот.

Z

352. 载运率

[英文] Load factor

[俄文] Процент загрузки транспортной перевозки

[注释] 运输飞行所完成的运输总周转量与可提供吨千米之比，针对某一具体航段时，指航班承运的旅客、货物、邮件重量（吨）与航班可提供业载之比。综合反映飞机运载能力的利用程度。

[Note] It equals to the ratio of the total turnover completed by the transport flights to the available ton-kilometer. For a specific leg, it refers to the ratio of passengers, cargo, mail weight (tons) carried by the flight to the available payload. It comprehensively reflects the utilization degree of aircraft carrying capacity.

[Комментарий] Отношение общего грузооборота, выполненного транспортным рейсом, к доступному тонно-километру. Для конкретного полетного сегмента это отношение веса (тонн) пассажиров, груза и почты, перевозимых рейсом, к доступному загрузка полета. Комплексно отразить степень использования грузоподъемности ВС.

353. 再订货/续订

[英文] Repeat order

[俄文] Последующий заказ

[注释] 买方在订购并行销售某产品之后，若觉得满意，便会依前次订货的内容、条件与价钱，再次向卖方订货。

[Note] After ordering and selling a product, if the buyer is satisfied, he will place an order with the seller again according to the content, condition and price of the previous order.

[Комментарий] После заказа и продажи продукта, если покупатель удовлетворен, он снова разместит заказ у продавца в соответствии с содержанием, состоянием и ценой предыдущего заказа.

354. 责任中心

[英文] Responsibility center

[俄文] Центры ответственности

[注释] 是指企业在划分责任和权力的基础上，接受上级授权和规定的责任，并行使其职能的、有专人负责的内部核心单位。

[Note] It refers to the internal core unit of an enterprise which accepts the responsibilities authorized and stipulated by its superiors on the basis of the division of responsibilities and powers and carries out its functions. Specific people are assigned to manage responsibility center.

[Комментарий] К внутреннему базовому подразделению относится то, что предприятие принимает полномочия и предписанные обязанности от начальника на основе разделения ответственности и полномочий, распараллеливает свои функции и имеет специального человека, ответственного за базовое подразделение.

355. 债权人会议

[英文] Creditors' meetings

[俄文] Собрание кредиторов

[注释] 是全体债权人参加破产程序并集体行使权利的决议机关，是在破产程序的发表机关。

[Note] It is the resolution institution that all creditors participate in the bankruptcy proceedings and collectively exercise their rights. It is the institution that publishes the bankruptcy proceedings.

[Комментарий] Это орган по разрешению споров, в котором все кредиторы могут участвовать в процедурах банкротства и коллективно осуществлять свои права, а также издательский орган в процедурах банкротства.

356. 折让

[英文] Allowance

[俄文] Скидка

[注释] 折让：就是冲减已有的金额，既增值税发票已开且不能作废，这样

的话，由购货方出具证明，向税务机关申请开具红字增值税发票进行折让冲销。

[Note] Allowance is to write down the amount of money which is already available. The added-value tax invoices have been issued and cannot be invalidated. In this case, the purchaser will issue a certificate and apply to the tax authorities for issuing red-letter added-value tax invoices for a discount.

[Комментарий] Скидка - это означает компенсацию существующей суммы. Счет-фактура по НДС на выстановлена ине может быть признана недействительной. В этом случае покупатель должен выдать справку и обратиться в налоговый орган для выдачи счет-фактурыс красной буквой НДС для зачета скидки.

357. **整体抽样**

[英文] Cluster sampling

[俄文] Целая выборка

[注释] 整体抽样法是将总体分成许多群，每个群由个体按一定方式结合而成，然后随机地抽取若干群，并由这些群中的所有个体组成样本。这种抽样法的优点是，抽样实施方便，缺点是，由于样本只有极个别几个群体，而不能均匀地分布在总体中，因而代表性差，抽样误差大。这种方法常用在工序控制中。

[Note] The cluster sampling method divides the totality into many groups, and each group is composed of individuals in a certain way. Then umpty groups will be extracted randomly. All the individuals in these groups will compose samples. The advantage of this sampling method is that it is easy to carry out and its disadvantage is that the sample cannot distribute uniformly in the whole because it is only from a few individual groups, so It has low representativeness and the sampling error is big. This method is often used in procedure control.

[Комментарий] Общий метод целой выборки состоит в том, что разделить популяцию на множество групп, каждая группа формируется путем объединения людей определенным образом, а затем случайным образом выбираются несколько групп, и все люди в этих группах образуют выборку. Преимущество этого метода выборки состоит в том, что ее удобно осуществлять. Недостатком является то, что, поскольку в выборке всего несколько групп и она не может быть равномерно распределена в генеральной совокупности, репрезентативность низкая, а ошибка выборки большая. Этот метод обычно используется в управлении технологическим процессом.

358. 支票

[英文] Checks

[俄文] Банковский чек

[注释] 支票是以银行为付款人的即期支付一定金额的支付证券。《英国票据法》把支票看作是以银行为付款人的即期汇票。

[Note] A check is a written, dated and signed instrument that contains an unconditional order from the drawer that directs a bank to pay a definite sum of money to a payee. The British Bills Law regards a check as a sight draft payable by a bank.

[Комментарий] Чек - это платежное обеспечение, при котором банк является плательщиком, плательщик должен выплатить определенную сумму по предъявлении. Закон о британских векселях рассматривает чеки как тратту до востребования, а банк выступает в качестве плательщика.

359. 知识产权保护

[英文] The protection of intellectual property

[俄文] Защита прав на интеллектуальную собственность

[注释] 知识产权保护，狭义上通常被理解为通过司法和行政执法来保护知识产权的行为。但这种局限于司法和行政执法双轨制的保护体系既不能完全有效地保护知识产权，也不能构成知识产权保护所涵盖的全部内容，因此就有必要将知识产权保护的概念扩展到更广的意义层面。广义的知识产权保护是指依照现行法律，对侵犯知识产权的行为进行制止和打击的所有活动总和。这样更广层面的知识产权保护定义才能更系统、全面地反映知识产权保护的所有内容。

[Note] The protection of intellectual property is generally understood as the acts of protecting intellectual property rights through judicial and administrative enforcement in a narrow sense. However, this protection system which is restricted to the dual system of judicial and administrative law enforcement, cannot protect intellectual property rights completely and does not constitute all the contents covered by intellectual property protection. Therefore, it is necessary to extend the concept of intellectual property protection to a broader range. Generalized intellectual property protection refers to all activities that stop and suppress the acts which violate IPR in accordance with current laws. This broader definition of intellectual property protection can reflect all aspects of intellectual property protection more systematically and comprehensively.

[Комментарий] Защита прав на интеллектуальную собственность в узком смысле обычно понимается как акт защиты интеллектуальной собственности посредством судебного и административного правоприменения. Однако эта система защиты, которая ограничена двойной системой судебного и админис тративного правоприменения, не может полностью защищать права интеллектуальной собственности и не составляет всего содержания, охватываемого защитой интеллектуальной собственности. Поэтому необходимо расширить концепцию защиты права на интеллектуальную собственность в более широком уровне. Защита прав на интеллектуальную собственность в широком смысле означает совокупность всех действий по пресечению и нарушению прав на интеллектуальной собственности в соответствии с действующим законодательством. Таким образом, более широкое определение защиты на интеллектуальную собственность может более систематически и всесторонне отразить все содержание защиты на интеллектуальную собственность.

360. 直接维修成本

[英文] Direct maintenance cost

[俄文] Стоимость непосредственного технического обслуживания

[注释] 与飞机部件及发动机维护相关的人工及材料成本。

[Note] It refers the labor and material cost associated with aircraft components and engine maintenance.

[Комментарий] Затраты на рабочую силу и материалы, связанные с компонентами самолета и обслуживанием двигателей.

361. 直接运行成本

[英文] Direct operating cost

[俄文] Прямые эксплуатационные расходы

[注释] 是指与机队运行有关的成本，主要由所有权成本、燃油成本、空勤成本、起降费、地面操作成本、导航费和维修成本等构成。

[Note] It refers to the cost associated with the operation of the fleet, mainly consisting of ownership cost, fuel cost, aircrew cost, landing fee, ground handing operating cost, navigation fee and maintenance cost.

[Комментарий] Относится к затратам, связанным с эксплуатацией флота, которые в основном состоят из затрат на владение, топливо, экипажей, взлет и посадку, наземную эксплуатацию, навигацию и техническое обслуживание.

362. 直接租赁

[英文] Direct leasing

[俄文] Прямой лизинг

[注释] 直接通过银行机构获得贷款来购机。通常由多家银行组成的财团提供贷款，大多数的直接借贷要以飞机为抵押。一般来说，借贷者很难得到购机的无担保贷款，除非借贷者有很高的信誉度和稳定的现金流。在直接贷款购机的方式下，航空公司拥有飞机的所有权，可以利用分摊折旧成本的方法来减少纳税额。

[Note] Direct leasing means purchasing an aircraft by acquiring a loan directly from banks. Loans are usually provided by a consortium of banks, and most of them request touse aircraft as mortgage. In general, it is difficult for borrowers to obtain unsecured loans for purchasing an aircraft unless he has a high degree of credibility and stable cash flow. In the form of direct loan purchase, airlines own the ownership of the aircraft and can use the method of sharing the depreciation cost to reduce the tax amount.

[Комментарий] Получить прямо ссуды через банковские учреждения для покупки самолета. Обычно консорциум, состоящий из нескольких банков, предоставляет ссуды, и большинство прямых ссуд обеспечиваются самолетами. Вообще говоря, заемщикам сложно получить необеспеченные ссуды на покупку самолета, если заемщик не обладает высокой кредитоспособностью и стабильным денежным потоком. При использовании метода покупки в прямом ссуде авиакомпания владеет самолетом и может использовать метод амортизации амортизационных отчислений для уменьшения налоговых выплат.

363. 直线职权

[英文] Line authority

[俄文] Линейныеполномочия

[注释] 直线人员所拥有的包括发布命令及执行决策等的权力，也就是通常所指的指挥权。

[Note] It refers to the power of the direct manager including issuing orders and executing decisions. It is usually known as the command authority.

[Комментарий] Линейный персонал имеет право отдавать приказы и выполнять решения, что обычно называется командной властью.

364. 制造商 SCN（见技术规范更改通知）

[英文] Manufacture specification change notice (MSCN)

[俄文] Производитель SCN

[注释] 假定制造商以某种对标准规范涉及重量、性能担保、互换性能力或价格不产生不利影响的方式，更改标准规范，进行产品改进。这样的更改通过 MSCN 通知客户。

[Note] It is assumed that the manufacturer changes the standard specification and makes product improvements in a way that does not adversely affect the weight, performance guarantee, interchangeability or price of the standard specification. Such changes are notified to the customer via MSCN.

[Комментарий] Предполагается, что производитель изменяет стандартные спецификации и вносит улучшения в продукцию таким образом, это не сказалось отрицательно на весе, гарантии производительности, взаимозаменяемости или цене стандартных спецификаций. О таких изменениях заказчики уведомляются через MSCN.

365. **仲裁协议**

[英文] The arbitration agreement

[俄文] Арбитражное соглашение

[注释] 仲裁协议是指合同当事人通过在合同中订明仲裁条款，签订独立仲裁协议或采用其他方式达成的就有关争议提交仲裁的书面协议，表明当事人承认仲裁裁决的拘束力，将自觉履行其义务。

[Note] The arbitration agreement refers to a written agreement in which the contracting parties conclude and sign the independent arbitration agreement or use other means to submit the arbitration on relevant disputes by prescribing arbitration clause in the contact. It indicates that the parties recognize the binding force of the arbitral award and will voluntarily fulfill their obligations.

[Комментарий] Арбитражное соглашение относится к письменному соглашению, достигнутому сторонами контракта о передаче арбитражного спора в арбитраж, путем указания арбитражной оговорки в контракте, подписания независимого арбитражного соглашения или использования других методов, указывающих на то, что стороны признают обязательную силу арбитражного решения и будут сознательно выполнять свои обязательства.

366. **制造和采购成本**

[英文] Recurring cost (RC)

[俄文] Затраты на производство и закупку

[注释] 制造和采购成本（重复性成本），包括原材料、发动机和设备成品的采购；机体制造；飞机总装；产品质量控制和批生产试飞等。

[Note] It refers to the manufacturing and procurement costs (repetitive cost), including the cost of raw materials, engines and equipment; airframe manufacturing; aircraft assembly; product quality control; production and test flight and so on.

[Комментарий] Затраты на производство и закупку (повторяющиеся затраты), включая закупку сырья, двигателей и готового оборудования; производство планера; окончательную сборку самолета; контроль качества продукции и лётное испытание серийного производства и т. д.

367. 专机

[英文] Special plane

[俄文] Специальный самолет

[注释] 符合国家规定的重要包机飞行。

[Note] It refers to the important chartered flights which is conforming to the state regulations.

[Комментарий] Важные чартерные рейсы, соответствующие национальным правилам.

368. 专利保护

[英文] Patent protection

[俄文] Защита патента

[注释] 专利保护是指在专利权被授予后，未经专利权人的同意，不得对发明进行商业性制造、使用、许诺销售、销售或者进口，在专利权受到侵害后，专利权人通过协商、请求专利行政部门干预或诉讼的方法保护专利权的行为。

[Note] Patent protection means that after the patent right getting authorization, the invention may not be commercially manufactured, used, promised to be sold, sold or imported without the consent of the patentee. After the patent right is violated, the patentee can protect the patent right by negotiating, requesting for the patent administrative department's intervention or litigating.

[Комментарий] Защита патента означает, что после предоставления патентного права без согласия патентообладателя, изобретение не может быть коммерчески произведено, использовано, продано или импортировано. После нарушения патентного права патентообладатель должен вести переговоры и запрашивать Вмешательство патентного административного ведомства или метод судебного разбирательства, защищать патентные права.

369. 转口贸易

[英文] Entrepot trade

[俄文] Транзитная торговля

[注释] 转口贸易又称中转贸易(intermediary trade)或再输出贸易(re- export

trade），是指国际贸易中进出口货物的买卖，不是在生产国与消费国之间直接进行，而是通过第三国转手进行的贸易。这种贸易对中转国来说就是转口贸易。交易的货物可以由出口国运往第三国，在第三国不经过加工（改换包装、分类、挑选、整理等不作为加工论）再销往消费国；也可以不通过第三国而直接由生产国运往消费国，但生产国与消费国之间并不发生交易关系，而是由中转国分别同生产国和消费国发生交易。

[Note] Entrepot trade, also known as Intermediary trade or Re-Export trade, refers to the business of importing and exporting goods in international trades. The transaction does not directly occur between the producing and consuming countries, but are transferred through the third country. This kind of trades are entrepot trades for transit countries. The goods may be transported from exporting country to the third country, and may be resold to the consuming country without processing (changing packaging and sorting are not included) in the third country. Or they may be directly transported to the consuming country without passing through the third country, but there is no trading relationship between the producing country and the consuming country while the transit country has a transaction with them respectively.

[Комментарий] Транзитная торговля, также известная как посредническая торговля или реэкспортная торговля, относится к покупке и продаже импортных и экспортных товаров в международной торговле, не напрямо между страной-производителем и страной-потребителем, а через третью страну. Этот вид торговли является транзитной для стран транзита. Проданные товары могут быть отправлены из страны-экспортера в третью страну, а затем проданы стране-потребителю без обработки в третьей стране (изменение упаковки, сортировка, выбор, и т. д не считаются переработкой); это может быть отправлять напрямую из страны-производителя, миновать третью страну, в страны-потребители, но между странами-производителями и странами-потребителями нет транзакционных отношений, но страны-транзитеры имеют транзакции со странами-производителями и странами-потребителями соответственно.

370. **转租**

[英文] Sub-lease

[俄文] Субаренда

[注释] 将飞机租进租出的一项租赁交易，即第一承租人租入飞机后，再将飞机租给别的用户的飞机租赁交易。

[Note] It refers to a transaction that renting and leasing the aircraft. It means that the aircraft is rented by the fist tenant, then the tenant leases it to another user.

[Комментарий] Сделка по аренде воздушного судна, при которой воздушное судно сдается и снимается, это означает, что самолет арендует первый арендатор, затем арендатор сдает его другому пользователю.

371. **资本收益**

[英文] Capital gain

[俄文] Прирост капитала

[注释] 指人们卖出股票（或其他资产）时所获得的超过原来为它支付的那一部分。

[Note] Capital gain refers to profit that results from a sale of a capital asset, such as stock, or other estate, where the sale price exceeds the purchase price.

[Комментарий] Относится к той части, которую люди получают при продаже акций (или других активов) больше, чем они изначально заплатили за них.

372. **子公司**

[英文] Subsidiary

[俄文] Филиал

[注释] 处于被控制或者依附地位，但有独立的法人资格，依法独立承担民事责任。

[Note] It refers to the company which is in controlled or dependent position but with independent legal personality. They will independently bear civil liabilities according to the law.

[Комментарий] Занимает контролируемое или зависимое положение, но имеет независимую правосубъектность и самостоятельно несут гражданско-правовую ответственность в соответствии с законом.

373. **自由贸易区**

[英文] Free trade zone (FTZ)

[俄文] Зона свободной торговли

[注释] 自由贸易区是指在贸易和投资等方面比世贸组织有关规定更加优惠的贸易安排；在主权国家或地区的关境以外，划出特定的区域，准许外国商品豁免关税自由进出。

[Note] A free trade zone refers to a trade arrangement that is more favorable than the relevant provisions of the WTO in terms of trade and investment. Outside the customs area of a sovereign country or region, a specific zone is designated to allow foreign goods to be imported and exported freely in exempting tariffs.

[Комментарий] Зона свободной торговли относится к торговому соглашению, которое более благоприятно, чем соответствующие правила ВТО с точки зрения торговли и инвестиций; за пределами таможенной границы суверенной страны или региона определена конкретная зона, позволяющая иностранным товарам свободно ввозиться и вывозиться без тарифа.

374. **自愿配额**

[英文] Voluntary quota

[俄文] Добровольная квота

[注释] 指为了表达良好的愿望（并为了未来的谈判地位），国家之间会签订自愿的协定，限制出口到另一国的商品的数量。

[Note] In order to express good wishes (and for future negotiating status), countries will sign voluntary agreements to limit the number of goods exported to another country.

[Комментарий] Относится к тому, чтобы выразить добрые пожелания (и для будущего переговорного статуса), страны подпишут добровольное соглашение об ограничении количества товаров, экспортируемых в другую страну.

375. 综合险（一切险）

[英文] All risks

[俄文] Полное страхование

[注释] 除包括共同海损和单独海损责任外，保险公司对被保险货物在运输中由于外来原因造成的短量、渗漏、雨淋、受潮、串味等全部或部分损失负责赔偿，但不应认为所有可能发生的危险都已包括在内，如不合格包装、内存在缺点等就不包括在内。

[Note] In addition to liability for general average and individual average, the insurance company is responsible for compensation for all or part of the loss caused by leakage, rain, moisture, odor, etc., during the transportation of the insured goods, but not including all the possible hazards such as unqualified packaging, self-existent defects, etc.

[Комментарий] Помимо включения общей аварии и ответственности по индивидуальной аварии, страховая компания несет ответственность за компенсацию всех или части убытков, вызванных внешними причинами при транспортировке застрахованных товаров, такими как недостаточное количество, утечка, дождь, влажность и запах. Не считаются, что включены опасности, такие как некачественная упаковка, существующие дефекты и т. д.

376. 总代理

[英文] General agent

[俄文] Главный агент

[注释] 总代理是委托人在指定地区的全权代理，是买卖双方关系更紧密的一种营销方式。

[Note] The general agent is the authorized agency of the client in the designated area, and it is a marketing method in which the buyer and the seller have more close relationship.

[Комментарий] Главный агент - это полномочный агент принципала в обозначенной области, и это маркетинговый метод для более тесных отношений между покупателем и продавцом.

377. 总运行成本

[英文] Total operating cost

[俄文] Общая стоимость эксплуатации

[注释] 商用飞机总运行成本可以分为直接运行成本和间接运行成本。

[Note] The total operating cost of a commercial aircraft can be divided into direct operating cost and indirect operating cost.

[Комментарий] Общие эксплуатационные расходы коммерческого самолета можно разделить на прямые эксплуатационные расходы и косвенные эксплуатационные расходы.

378. 租船协议

[英文] Charter party

[俄文] Соглашение о фрахтовании судна

[注释] 是船舶所有人与承租人达成的协议，规定承租人以一定的条件向船舶所有人租用一定的船舶或一定的舱位以运输货物，并就双方的权利和义务、责任与豁免等各项以条款形式加以规定，用以明确双方的经济、法律关系。

[Note] It is an agreement between the owner of the ship and the lessee, which stipulates that the lessee rents a certain ship or a certain shipping space from the owner of the ship to transport the goods on certain conditions, and has provisions on the rights and obligations, responsibilities and exemption claus of the parties to clarify the economic and legal relations between the two parties.

[Комментарий] Это соглашение, достигнутое между судовладельцем и фрахтователем, в котором оговаривается, что фрахтователь арендует определенное судно или определенное пространство у судовладельца на определенных условиях для перевозки грузов, и оговариваются права и обязанности, ответственность и исключения для обеих сторон для разъяснения экономических и правовых отношений между двумя сторонами.

379. 最少过站时间

[英文] Minimum turn-around time

[俄文] Минимальное время транзита

[注释] 通常情况下航班过站需要的最少时间。航空公司安排航班计划时，航班的衔接时间不得少于最少过站时间。《国家民航局的航班正常统计办法》规定了最少过站时间标准：飞机座级在 60 座及以下，最少过站时间为 35 分钟；61~150 座，最少过站时间为 45 分钟；151~250 座，最少过站时间为 55 分钟；251~300 座，最少过站时间为 65 分钟；301 座及以上，最少过站时间为 75 分钟。

[Note] Usually it refers to the minimum time required for flight turn-around. When an airline makes a flight schedule, the flights connecting time must not be less than the minimum turn-around time. The "National Civil Aviation Administration's Normal Flight Statistics Regulations" stipulates the minimum turn-around time standard: the minimum turn-around time of the aircraft with 0-60 seats is 35 minutes; the minimum turn-around time of 61-150 seats aircraft is 45 minutes; the minimum turn-around time of 151-250 seats aircraft is 55 minutes; the minimum turn-around time of 251-300 seats aircraft is 65 minutes; the minimum turn-around time of the aircraft with more than 301 seats is 75 minutes.

[Комментарий] В нормальных условиях - минимальное время, необходимое для прохождения рейса через станцию. При оформлении планов полетов авиакомпаниями время стыковки рейсов не должно быть меньше минимального транзитного времени. «Метод регулярной статистики полетов национального управления гражданской авиации» устанавливает стандарт минимального времени в пути: класс кресел самолета составляет 60 мест или меньше, минимальное время в пути составляет 35 минут; 61-150 мест, минимальное время в пути составляет 45 минут; для 151-250 мест, минимальное время транзита составляет 55 минут; для 251-300 мест минимальное время транзита составляет 65 минут; для 301 места и выше минимальное время транзита составляет 75 минут.

商用飞机管理术语缩略语

ABBREVIATIONS FOR COMMERCIAL AIRCRAFT
MANAGEMENT TERMS

СОКРАЩЕННОЕ СЛОВОПО УПРАВЛЕНИЮ ПРОЕКТИРОВАНИЯ
КОММЕРЧЕСКОЙ АВИАЦИИ

缩略语	英文全称	译文	俄文
A			
ABL	Allocated baseline	分配基线	Принятая база
AC	Actual cost	实际成本	Фактическая себестоимость
AC	Advisory circular	咨询通告	Консультативный циркуляр
ACAP	Aircraft characteristics for airport planning	用于机场计划的飞机特性手册	Характеристики воздушного судна для планирования аэропорта
ACD	Allocated configuration documentation	分配构型文件	Документация компонентной конфигурации
ACWP	Actual cost for work performed	已完工作实际成本	Отчестная себестоимость выполнения работы
AD	Airworthiness directive	适航指令	Директива лётной годности
ADAS	Airborne data acquisition system	机载测试系统	Бортовая система сбора данных
ADM	Arrow diagramming method	箭线法	Операции в стрелах
AEG	Aircraft evaluation group	航空器评审组	Группа оценки воздушных судов
AF	Actual finish date	实际完成时间	Фактическое время выполнения
AFM	Aircraft flight manual	飞机飞行手册	Руководство по лётной эксплуатации воздушного судна
AI	Aircraft interface	飞机接口	Интерфейс воздушного судна
AIP	Aviation information publication	航行资料汇编	Публикация авиационно информации
AIPC	Aircraft illustrated parts catalog	飞机图解零件目录	Иллюстрированный каталог деталей воздушного судна
ALI	Airworthiness limitation items	适航限制项目	Элементы ограничения лётной годности

续表

缩略语	英文全称	译　文	俄　文
ALR	Aircraft level requirements	飞机级需求	Требования к уровню воздушных судов
AML	Approved model list	批准型号清单	Перечень одобренных моделей
AMM	Aircraft maintenance manual	飞机维修手册	Руководство по технической эксплуатации
AMOC	Alternative methods of compliance	符合性替代方法	Альтернативные методы оценки соответствия
AMTOSS	Aircraft maintenance task oriented support system	飞机维修任务定向支援系统	Проблемно-ориентированная вспомогательная система технического обслуживания воздушных судов
ANSI	American national standards Institute	美国国家标准学会	Американский национальный институт стандартов
AOA	Activity-on-arrow	箭线图法	Операции в стрелах
AON	Activity-on-node	活动节点法	Операции в узлах
AP	Airworthiness procedure	适航管理程序	Процедуры по летной годностью
APU	Auxiliary power units	辅助动力装置	Вспомогательная силовая установка
ARM	Aircraft recovery manual	飞机抢救手册	Руководство по аварийно-восстановительным работам на воздушном судне
AS	Actual start date	实际开始时间	Фактическое время наступления
ASDE	Airport surface detection equipment	机场场面探测雷达	Радиолокационная станция на поверхностиаэропорта
ASKs	Available average seats kilometers	可提供座千米	Располагаемые средние пассажиро-километры
ASL	Approved supplier list	已批准供应商清单	Перечень утверждённых поставщиков
ASN	Aircraft serial number	飞机架次号	Серийный номер воздушного судна

续表

缩略语	英文全称	译 文	俄 文
ATKs	Available tonne kilometers	可提供吨千米	Располагаемые тонно-километры
ATP	Authorized to proceed	立项评审	Уполномоченный действовать
AV	Actual value	实际成本	Фактическая стоимость
B			
BAA	Bilateral airworthiness agreement	双边适航协议	Двустороннее соглашение о летной годности
BAC	Budget at completion	完工预算	Бюджет по завершении(БПЗ)
BCWP	Budgeted cost for work performed	已完成工作预算成本	Плановая стоимость выполненных работ
BCWS	Budgeted cost of work scheduled	（工作）预算进度成本	Плановая стоимость запланированных работ
BEW	Basic empty weight	基本空机重量	Вес пустого снаряженного воздушного судна
BFE	Buyer furnished equipment	买方提供设备	Обеспечение оборудования,покупателем
BIPM	Bureau of international weights and measures	国际计量局	Международное бюро мер и весов (МБМВ)
BOM	Bill of material	材料清单	Ведомость материалов
BP	Backward pass	逆推法	Проход назад
C			
CA	Corrective action	纠正措施	Корректирующее меры
CA	Control account	控制账户	Контрольный счет
CAAC	Civil aviation administration of China	局方（中国）	Администрация гражданской авиации Китая

续表

缩略语	英文全称	译　文	俄　文
CAL	Change auditing list	更改审核清单	Список ревизии изменений
CASK	Cost available seat kilometer	单位可用座千米成本	Стоимость располагаемых пассажиро-километров
CBS	Cost breakdown structure	费用分解结构	Иерархическая структура затрат
CCA	Common cause analysis	共因分析	Анализ общих причин
CCAR	China civil aviation regulations	中国民用航空规章	Правила гражданской авиации Китая
CCB	Change control board	变更控制委员会	Комиссия по контролю изменений
CCB	Configuration control board	构型控制委员会	Комиссия по контролю конфигураций
CCC	Crash crew chart	应急处置图	Схема аварийной команды
CCL	Compliance check list	符合性检查清单	Список проверки соответствия
CCM	Customer service coordination memo	客户服务协调备忘录	Памятка о координации обслуживанием клиентов
CCMO	Center configuration management office	中心构型管理办公室	Центральный отдел управления конфигурациями
CCMR	Candidate certification maintenance requirement	候选审定维修要求	Требование к техническому обслуживанию сертификации кандидатов
CCO	Configuration control office	构型控制办公室	Отдел контроля конфигураций
CCOM	Cabin crew operation manual	客舱机组操作手册	Руководство для бортпроводников
CCT	Configuration control team	构型控制团队	Группа контроля конфигураций
CDF	Contractual/Configuration define freeze	合同/构型定义冻结	Окончательное утверждение описания конфигурации
CDL	Configuration deviation list	构型偏离清单	Перечень допустимых отклонений конфигурации

续表

缩略语	英文全称	译　文	俄　文
CDR	Critical design review	关键设计评审	Ключевый проектный обзор
CELC	Cabin equipment location chart	客舱应急设备位置图	Схема расположения аварийного оборудования в кабине
CFE	Customer furnished equipment	客户提供（的）设备	Оборудование, установленное заказчиком
CFO	Chief financial officer	财务总监	Финансовый контролёр
CFR	Cost and freight	成本加运费	Стоимость и фрахт
CG	Centre of gravity	重心	Центр тяжести
CI	Configuration item	构型项	Элемент конфигурации
CIF	Cost insurance and freight	到岸价	Стоимость, страхование и фрахт
CL	Change list	更改清单	Список изменений
CLG	Component location guide	机载设备位置指南	Руководство по расположению бортовых оборудований
CM	Configuration management	构型管理	Управление конфигурациями
CM	Coordination memo	协调备忘录	Координационная памятка
CMB	Configuration management board	构型管理委员会	Комиссия по управлению конфигурациями
CMM	Component maintenance manual	机载设备维修手册	Руководство по техническому обслуживанию компонентов
CMO	Configuration management office	构型管理办公室	Отдел управления конфигурациями
CMP	Configuration management plan	构型管理计划	План управления конфигурациями

续表

缩略语	英文全称	译　文	俄　文
CMR	Certification maintenance requirement	审定维修要求	Сертификационное требование к техническому обслуживанию
COD	Cash on delivery	货到付款	Платеж по доставке
COQ	Cost of quality	质量成本	Стоимость качества
COTS	Commercial-off-the-shelf	商用货架产品	Готовые к коммерческому использованию
CP	Certification plan	审定计划	План сертификации
CPAF	Cost plus award fee contract	成本加奖励费用合同	Контракт «Затраты плюс премиальные»
CPFF	Cost plus fixed fee contract	成本加固定费用合同	Контракт «Затрат плюс установленное вознаграждение»
CPI	Cost performance index	成本绩效指数	Индекс эффективности себестоимости(ИВСТ)
CPIF	Cost plus incentive fee contract	成本加激励费用合同	Контракт «Затрат плюс поощрительное вознаграждение»
CPM	Consumable product manual	消耗品手册	Руководство по расходным материалам
CPP	Certification project plan	审定项目计划	План проекта сертификации
CR	Change request	变更请求	Запрос на изменение
CRM	Continues risk management	持续风险管理	Непрерывное управление рисками
CRM	Certified reference material	有证参考材料	Сертифицированный справочный материал
CS	Certification specification	审定规范（EASA 常用）	Сертификационная спецификация
CSA	Configuration status accounting	构型纪实	Учет статуса конфигурации

续表

缩略语	英文全称	译 文	俄 文
CSCI	Computer software configuration item	计算机软件构型项	Элемент конфигурации компьютерного программного обеспечения
CSDB	Common source database	公共源数据库	Общая база исходных данных
CV	Cost variance	成本偏差	Отклонение стоимости
D			
DAH	Design approval holder	设计批准持有人	Держатель одобрения проектирования
DAS	Design assurance system	设计保证系统	Система обеспечения проектирования
DBL	Design baseline	设计基线	Проектная база
DCI	Configuration item for design view	设计视图构型项	Элемент конфигурации для просмотра конструкции
DD	Data date	数据日期	Дата данных
DDG	Dispatch deviation guide	放飞偏离指南	Руководство по вылетам с отклонениями
DDM	Design module for design view	设计视图的设计模块	Модуль проектирования для просмотра конструкции
DDP	Detailed design phase	详细设计阶段	Этап рабочего проектирования
DDR	Detailed design review	详细设计评审	Проверка рабочего проектирования
DDU	Delivered duty unpaid	指定目的地未完税交货	Поставка без оплаты пошлин
DER	Designated engineering representatives	委任工程代表	Назначенные инженерные представители
DLO	Link object for design view	设计视图关联对象	Связуемый объект для просмотра конструкции
DM	Data management	数据管理	Управление данными

续表

缩略语	英文全称	译　文	俄　文
DM	Design module	设计模块	Модуль проектирования
DMIR	Designated manufacturing inspection representatives	委任生产检验代表	Назначенные представители контроля производства
DMT	Data monitoring terminal	数据监控终端	Терминал контроля данных
DMU	Digital mock-up	数字样机	Цифровой макет
DNI	Drawing numerical index	图纸数字索引	Численный индекс чертежа
DR	Decommissioning review	退役评审	Анализ вывода из эксплуатации
DR	Derived requirements	衍生需求	Полученные требования
DDR	Details design review	详细设计评审	Анализ (Оценка)экскизного проектирования
DTC	Design to cost	定费用设计	Проектирование под заданную стоимость
DTD	Document type definition	文件种类定义	Определение типа документа
DU	Duration	持续时间	Длительность
DW	Delivered weight	交付重量	Вес при доставке
E			
EAC	Estimate at completion	完工估算	Оценка на завершении
EBOM	Engineering bill of material	工程物料清单	Перечень технических материалов
ECM	Engineering coordination memo	工程协调备忘录	Памятка о координации разработкой
ECP	Engineering change proposal	工程更改建议	Предложение по инженерному изменению

续表

缩略语	英文全称	译文	俄文
ECR	Engineering change request	工程更改请求	Запрос технических изменений
EF	Early finish date	最早完成日期	Самая ранняя дата завершения
EFB	Electronic flight bag	电子飞行包	Электронный планшет пилота
EIA	Electronic industries association	（美国）电子工业协会	Ассоциация электронной промышленности
EICD	Electrical interface control document	电气接口控制文件	Документ по контролю электрических интерфейсов
EIPC	Engine illustrated part catalog	发动机图解零件目录	Иллюстрированный каталог деталей двигателя
EIS	Entry into service	投入使用	Ввод в эксплуатацию
EL	Equipment list	设备清单	Список оборудования
ELOS	Equivalent level of safety	等效安全	Эквивалентный уровень безопасности
ELS	Electronic library system	电子文件库系统	Электронно-библиотечная система
EM	Engine manual	发动机手册	Руководство по двигателю
EML	Equipment modification list	设备更改清单	Список модификаций оборудования
EMVA	Expected monetary value analysis	预期货币价值分析	Анализ ожидаемого денежного значения
EMV	Expected monetary value	预期货币价值	Ожидаемого денежного значения
EOQ	Economic order quantity	经济订货批量	Количество экономического заказа
ERM	Engineering review meeting	工程回顾会	Совещание по проверке разработки
ES	Early start date	最早开始日期	Самая ранняя дата начала

续表

缩略语	英文全称	译　文	俄　文
ETC	Estimate to complete	完工尚需估算	Оценкадо завершения
EV	Earned value	挣值	Освоенный объем(ОО)
EVM	Earned value management	挣值管理	Управление освоенным объемом
EVPM	Earned value project management	挣值项目管理	Управление освоенным объемом(проекта)
EXW	EX works	工厂交货	Франко-завод
		F	
FA	Functional analysis	功能分析	Функциональный анализ
FAI	First article inspection	首件检验	Инспекция первого серийного образца
FAL	Final assembly line	总装线	Линия окончательной сборки
FAR	Federal aviation regulations	联邦航空条例	Федеральные авиационные правила(ФАП)
FBL	Functional baseline	功能基线	Функциональная базовая линия
FBO	Fixed base operator	固定基地运营商	Оператор фиксированной базы
FC	Function	功能	Функция
FCA	Functional configuration audit	功能构型审核	Проверка функциональной конфигурации
FCD	Functional configuration documentation	功能构型文件	Документация функциональной конфигурации
FCOM	Flight crew operating manual	飞行机组操作手册	Руководство по лётной эксплуатации(РЛЭ)
FD	Functional decomposition	功能分解	Декомпозиция функции

续表

缩略语	英文全称	译　文	俄　文
FDA	First delivery acceptance	首次交付验收	Перый прием товара
FDAL	Function development assurance level	功能研制保证等级	Уровень обеспечения развития функций
FDR	Flight data recorder	飞行数据记录器	Регистратор данных полета
FF	Finish-to-finish	完成到完成	Финиш-финиш
FF	First flight	首飞	Первый полёт
FFP	Firm-fixed-price contract	固定总价合同	Контракт с твердой фиксированной ценой
FHA	Functional hazard assessment	功能危险性评估	Оценка риска функционального отказа
FICD	Functional interface control documentation	功能接口控制文件	Документация по контролю функционального интерфейса
FIM	Fault isolation manual	故障隔离手册	Руководство по изоляции отказа
FIS	Flight information services	飞行情报服务	Службы предоставления полётной информации
FMEA	Failure mode and effect analysis	失效模式与影响分析	Анализ модели отказа последствий и влияния
FMECA	Failure modes, effects and criticality analysis	故障模式、影响和危害性分析	Анализ характера, последствий и критичности отказов
FOB	Free on board	离岸价格	Бесплатно на борту судна
FOEB	Flight operation evaluation board	飞行运行评审委员会	Комиссия по оценке летной эксплуатации
FP	Forward pass	顺推法	Прямой проход
FP	Flight plan	飞行计划	План полёта

续表

缩略语	英文全称	译　文	俄　文
FP-EPA	Fixed price with economic price adjustment contracts	总价加经济价格调整合同	Контракт с фиксированной ценой и оговоркой о возможной корректировке цены
FPIF	Fixed price incentive fee contract	总价加激励费用合同	Контракт с фиксированной ценой и поощрительным вознаграждением
FR	Functional requirements	功能需求	Функциональные требования
FRACAS	Failure reporting, analysis & corrective action system	故障报告、分析和纠正措施系统	Система регистрации сбоев, анализа и корректирующих действий
FRM	Fault report manual	故障报告手册	Руководство по сбору отказа
FRR	Flight readiness review	飞行准备（状态）评审	Проверка готовности к полёту
FRR	Failure and rejection report	故障拒收报告	Извещение об отказе и браковке
FS	Finish-to-start	完成到开始	Финиш-старт
FSB	Flight standard board	飞行标准委员会	Комитет по летной стандартизации
FSN	Fleet serial number	客户标识号/机队序列号	Серийный номер флота
FTA	Fault tree analysis	故障树分析	Анализ древа ошибок
FTE	Flight test engineer	试飞工程师	Инженер по летным испытаниям
FTKs	Freight ton kilometers	货物周转量	Грузовые тонно-километры
FTZ	Free trade zone	自由贸易区	Зона свободной торговли
		G	
GA	Go around	复飞	Ухода на второй круг

续表

缩略语	英文全称	译　文	俄　文
GDAS	Ground data analysis system	地面数据分析系统	Наземная система анализа данных
GEM	Ground equipment manual	地面设备手册	Руководство по наземному обслуживанию
GERT	Graphic evaluation and review technique	图形评审技术	Техника графической квалификации
GSE	Ground support equipment	地面支援设备	Средства наземного обслуживания
GTA	General terms and agreement	通用条款和协议	Общие условия и соглашение
GTS	General technical specification	通用技术规范	Общие технические условия
GUM	Guide to the expression of uncertainty in measurement	测量不确定度表示指南	Руководство по выражению неопределенности в измерении
		H	
HRMP	Human resource management plan	人力资源管理计划	План управление человеческими ресурсами
HWCI	Hardware configuration item	硬件构型项	Элементы аппаратной конфигурации
		I	
IATA	International air transport association	国际航空运输协会	Международная ассоциация воздушного транспорта
ICA	Instructions for continued airworthiness	持续适航文件	Инструкции по поддержанию летной годности
ICAO	International civil aviation organization	国际民航组织	Международная организация гражданской авиации(ИКАО)
ICD	Interface control document	接口控制文件	Документ управления интерфейсом
ICM	Interface coordination memo	接口协调备忘录	Памятка о координации интерфейсом

续表

缩略语	英文全称	译　文	俄　文
IDD	Industry data dictionary	工业数据字典	Словарь отраслевых данных
IEEE	Institute of electrical and electronics engineering	电气与电子工程师协会	Институт электротехники и электроники
IFB	Invitation for bid	投标邀请书	Приглашение к участию в торгах(IFB)
IFR	Instrument flight rules	仪表飞行规则	Правила полета по приборам
ILS	Integrated logistics support	综合后勤保障	Комплексное материально-техническое обеспечение
IM	Interface management	接口管理	Управление интерфейсом
INF	Interface	接口	Интерфейс
IP	Issue paper	问题纪要	Протокол(Бумаги)вопросов
IPT	Integrated project/product team	集成产品/项目团队	Интегральный проект/группа по проекту
ISBN	International standard book number	国际标准书号	Международный стандартный книжный номер
ISQ	International system of quantities	国际量制	Международная система величин
ISRN	International standard technical report number	国际标准技术报告号	Международный стандартный номер технического отчета
ISSN	International standard serial number	国际标准刊号	Международный стандартный серийный номер
ITN	Integration	集成	Интеграция
ITP	Instruction to proceed	实施指令	Инструкция по выполнению определённой работы

续表

缩略语	英文全称	译　文	俄　文
J			
JASC	Joint aircraft system/component code	飞行器系统/组件联合编码	Единые нормы систем/элементов воздушных судов
JCD	Joint concept definition	联合概念定义	Совместное определение понятий
JCDP	Joint concept definition phase	联合概念定义阶段	Этап совместной выработки концепции
JD	Joint definition	联合定义	Совместное определение
JDP	Joint definition phase	联合定义阶段	Этап совместного определения
K			
KDP	Key decision point	关键决策点（里程碑）	Точка принятия ключевого решения
KM	Knowledge management	（项目）知识管理	Управление знанием
KPI	Key performance index	（项目）关键性能指数	Ключевой показатель эффективности
L			
LCC	Life cycle cost	全寿命周期成本	Затраты за срок службы
LF	Late finish date	最晚完成日期	Самая поздняя дата окончанияокончания
LO	Link object	关联对象	Ссылка на объект
LODA	Letter of design approval	设计批准信函	Извещение об одобрении проектирования
LOE	Level of effort	支持型活动	Уровень усилия
LOI	Letter of intent	意向书	Письмо о намерениях

续表

缩略语	英文全称	译　文	俄　文
LOPA	Layout of passenger accommodation	客舱布局图	Компоновка пассажирской кабины
LRHE	List of radioactive&hazardous elements	辐射性及有害元件清单	Список радиоактивных и опасных элементов
LRU	Line replaceable unit	航线可更换单元	Конструктивно-сменный блок
LS	Late start date	最晚开始日期	Дата позднего начала
		M	
MAA	Multilateral airworthiness agreement	多边适航协议	Многостороннее соглашение о летной годности
MARC	Machine readable catalogue	机读目录	Машиночитаемый каталог
MBOM	Manufacturing bill of material	制造物料清单	Технологический состав изделия
MCL	Major component list	主装机设备清单	Перечень основных узлов
MCM	Management coordination memo	管理协调备忘录	Памятка о координации управлением
ME	Manufacturing engineering	制造工程	Технология машиностроения
MEL	Minimum equipment list	最低设备清单	Перечень минимального оборудования
MEW	Manufacturer's empty weight	制造空机重量	Пустой вес от производителя
MFD	Must finish date	必须结束日期	Обязательная дата завершения
MFP	Maintenance facility planning	维修设施计划	Планирование средств технического обслуживания
MFW	Maximum fuel weight	最大燃油重量	Максимальный вес топлива
MG	Maturity gate	成熟节点	Степень проработки секции(вход зрелости)

续表

缩略语	英文全称	译　文	俄　文
MICD	Mechanical interface control document	机械接口控制文件	Документ управления механическими интерфейсами
MIDR	Manufacturing inspection district representative	生产检查地方代表	Представитель производственного инспекционного округа
MIL-HDBK	Military handbook	美国军用标准手册	Справочник по военным вопросам
MIL-STD	Military standard	美国军用标准	Военный стандарт
MIS	Management information system	管理信息系统	Информационная система управления
MLD	Most likely duration	最可能持续时间	Наиболее вероятная продолжительность
MLW	Maximum landing weight	最大着陆重量	Максимальный посадочный вес
MMEL	Master minimum equipment list	主最低设备清单	Основной перечень минимального оборудования
MOA	Memorandum of agreement	协定书，协定备忘录	Меморандум о договоре
MOC	Means of compliance	符合方法	Методы оценки соответствия
MOU	Memorandum of understanding	谅解备忘录	Меморандум о взаимопонимании
MPL	Maximum payload	最大商载	Максимальная полезная нагрузка
MRB	Maintenance review board	维修审查委员会	Комитет обзора технического обслуживания
MRR	Manufacturing readiness review	制造准备评审	Проверка готовности к производству
MSD	Must start date	必须开始日期	Обязательная дата начала
MSN	Manufacturing serial number	制造顺序号	Производственный серийный номер
MSCN	Manufacture specification change notice	制造商 SCN（见 技术规范	Извещение об изменении спецификации

续表

缩略语	英文全称	译　文	俄　文
		更改通知）	производства
MT	Modeling technique	建模技术	Методика моделирования
MTOW	Maximum takeoff weight	最大起飞重量	Максимально допустимый взлётный вес
MTW	Maximum taxi weight	最大滑行重量	Максимальный вес при рулении
MUFW	Maximum usable fuel weight	最大可用燃油重量	Максимальный вес используемого топлива
MW	Minimum weight	最小重量	Минимальный вес
MZFW	Maximum zero fuel weight	最大零油重量	Максимальный вес без топлива
N			
N/A	Not available/applicable/allowed	未提供/不适用/不允许	Недоступно / Неприменимо / Неразрешено
NDT	Non-destructive testing manual	无损检测手册	Руководство по методам неразрушающего контроля
NRC	Non-recurring cost	非重复性成本	Единовременные затраты
NRE	Non-recurring engineering	非重复性工程	Единовременные затраты на проектирование
O			
OBS	Organizational breakdown structure	组织分解结构	Организационная структура
ODD	On-dock date	到坞日期/上线日期	Дата поступления на склад
OEM	Original equipment manufacturer	原始设备制造商	Оригинальный производитель оборудования
OEW	Operational empty weight	使用空机重量	Вес пустого снаряженного воздушного судна(без пассажиров)

续表

缩略语	英文全称	译　文	俄　文
OI	Operator's item	使用项目	Элемент оператора
OIML	Organization for legal metrology	国际法制计量组织	Организация законодательной метрологии
ORR	Operational readiness review	运行准备（状态）评审	Проверка готовности к эксплуатации
OVT	Optional vendor table	候选供应商表	Опциональная таблица поставщиков
P			
P/N	Part number	零件号	Номер детали
PAH	Production approval holder	生产许可证持有人	Держатель одобрения производства
PAR	Precision approach radar	精密进近雷达	Радиолокационная станция управления заходом на посадку
PAT	Product & assembly tree	产品/装配树	Деревоизделия и сборки
PBL	Product baseline	产品基线	Базовое изделие
PBOs	Project-based organizations	基于项目的组织	Проектные организации
PBS	Product breakdown structure	产品分解结构	Иерархическая структура изделия
PC	Production certificate	生产许可证	Сертификат производства
PCA	Physical configuration audits	物理构型审核（构型检查）	Аудиты физических конфигураций
PCB	Production certification board	生产许可审定委员会	Комиссия по утверждениемсертификации производства
PCD	Product configuration documentation	产品构型文件	Документация конфигурации изделия

续表

缩略语	英文全称	译　文	俄　文
PCL	Pilot check list	机组检查单	Контрольный список пилотов
PCM	Program coordination memo	项目协调备忘录	Памятка о координации программой
PCWC	Planned cost of work complete	计划完工成本	Запланированная стоимость выполнения работ
PCWS	Planned cost of work scheduled	（工作）计划进度成本	Запланированная стоимость назначенных работ
PDA	Pre-delivery acceptance	交付验收（试验）	Приемочные работы до поставки(или приемочное испытание до поставки)
PDF	Picture data file	图片资料文档	Файл изображения данных
PDM	Precedence diagramming method	紧前关系绘图法	Метод предшествования
PDM	Product data management	产品数据管理	Управление данными изделий
PDP	Project development plan	项目开展规划	План разработки проекта
PDPC	Process decision program charts	过程决策程序图	Диаграммы программы решения процессов
PDR	Preliminary design review	初步设计评审	Анализ предварительного проектирования
PE	Process engineering	工艺工程	Технологическое проектирование
PE	Project engineering	项目工程	Разработка проекта
PERT	Program evaluation and review technique	计划评审技术	Метод оценки и пересмотра планов
PF	Planned finish date	计划完成日期	Плановое время выполнения работ
PI	Publications index	出版物索引	Индекс публикаций
Pkg	Package	包装	Упаковка

续表

缩略语	英文全称	译　文	俄　文
PL	Part list	零组件细目表	Список деталей
PL	Policy letter	政策信函	Инструктивное письмо
PLC	Product life cycle	产品（全）寿命周期	Жизненный цикл продукта
PMP	Project management professional	项目管理专家证书	Сертификация профессионала в управлении проектом
PLC	Project life cycle	项目生命周期	Жизненный цикл проекта
PLM	Product life cycle management	产品（全）寿命周期管理	Управление жизненным циклом изделия
PLM	Program life cycle management	工程寿命周期管理	Управление жизненным циклом программы
PLM	Project life cycle management	项目寿命周期管理	Управление жизненным циклом проекта
PM	Project management	项目管理	Управления проектом
PM	Project manager	项目经理	Менеджер проекта
PMA	Parts manufacture approval	零部件制造人批准书	Одобрение на производство деталей
PMB	Performance measurement baseline	绩效测量基准	Базовая линия измерения эффективности
PMBOK	Project management body of knowledge	项目管理知识体系	Свод знаний по управлению проектом
PMO	Project management office	项目管理办公室	Отдел управления проектами
PMP	Project management plan	项目管理规划	План управления проектом
PMP	Certificate of project management professional	项目管理专家证书	Сертификация профессионала в управлении проектами
PMIS	Project management information system	项目管理信息系统	Информационная система управления

续表

缩略语	英文全称	译文	俄文
			проектом(ИСУП)
PMS	Process and material specification	工艺和材料规范	Спецификация процессов и материалов
PO	Purchase order	订单	Заказ на покупку
PP	Planning package	规划包	Планирующий пакет
PPBM	Power plant buildup manual	动力装置总成手册	Руководство по винтомоторной установке
PPM	Performance programs manual	性能程序手册	Руководство по эксплуатационным программам
PPP	Phased project planning	项目分段计划	Поэтапное планирование проекта
PR	Problem reporting	问题通报	Отчёт о проблемах
PRM	Program review meeting	项目回顾会	Совещание по обзору программы
PRR	Production readiness review	生产准备（状态）评审	Проверка готовности производства
PRS	Probabilistic risk assessment	概率风险评估	Вероятностные оценки риска
PS	Product specification	产品规范	Технические условия
PS	Product structure	产品结构	Структура изделия
PSA	Product support agreement	产品支援协议	Соглашение о поддержке продукта
PSAC	Plan for software aspects of certification	软件取证计划	План программных аспектов сертификации
PSCP	Partnership for safety plan	安全保障合作计划	Партнерство по плану обеспечения безопасности
PSCP	Project specific certification plan	专项合格审定计划	Специально-сертификационный план проекта
PSG	Passenger safety guide	乘客安全须知	Руководство по безопасности пассажиров

续表

缩略语	英文全称	译　文	俄　文
PSSA	Preliminary system safety assessment	初步系统安全性评估	Предварительная оценка безопасности системы
PTR	Project technical review	项目技术评审	Технический обзор проекта
PTWC	Planned time of work complete	计划完工时间	Запланированное время выполнения работ
PV	Planned value	计划价值	Плановый объем(ПО)
Q			
QA	Quality assurance	（项目）质量保证	Обеспечение качества
QC	Quality control	质量控制	Контроль качества
QCD	Quality control document	质量控制文件	Документ контроля качества
QFD	Quality function deployment	质量功能展开	Развертывание функций качества
QLM	Qualified manufacturers list	合格制造厂目录	Список квалифицированных производителей
QPL	Qualified products list	合格产品清单	Список изделий, разрешенных к применению
QRH	Quick reference handbook	快速检查单	Краткое справочное руководство
QVL	Qualified vendor list	合格供货商清单	Список квалифицированных поставщиков
R			
RACI	Responsible、Accountable、Consulted、Informed	执行、负责、咨询和知情矩阵	Отвечает - Утверждает - Консультирует - Информирует
RAM	Responsibility assignment matrix	责任分配矩阵	Матрица распределения ответственности

续表

缩略语	英文全称	译　文	俄　文
RASK	Revenue available seat kilometer	单位可用座千米收入	Доход от распологаемых пассажиро-километров
RBS	Resource breakdown structure	资源分解结构	Иерархическая структура ресурсов
RBS	Risk breakdown structure	风险分解结构	Иерархическая структура рисков
RC	Recurring cost	重复性成本	Периодические издержки
RD	Requirements document	需求文件	Документ требований
RDU	Remaining duration	剩余历时或工期	Избыточный срок на производство
RE	Requirements engineering	需求工程	Разработка требований
RFC	Request for change	更改请求单	Запрос о внесении изменений
RFC	Request for clarification	澄清问题	Запрос на разъяснения
RFI	Request for information	信息邀请书	Запрос информации
RFP	Request for proposal	建议邀请书	Запрос предложения
RFQ	Request for quotation	报价邀请书	Запрос расценок
RFV	Request for variance	偏离申请	Запрос на отклонение
RM	Risk management	风险管理	Управление рисками
RM	Reference material	参考物质	Справочный материал
RM	Requirements management	需求管理	Управление требованиями
RM	Requirements model	需求模型	Модель требований

续表

缩略语	英文全称	译　文	俄　文
RM-PMI	Risk management professional	风险管理专家证书	Профессионал в области управления рисками
RMS	Risk management system	风险管理体系	Система управления рисками
RNG	Range	航程，范围	Диапазон
RO	Roll out	总装推出	Выкатка
RPKs	Revenue passenger kilometers	旅客周转量	Доход от пассажирооборота
RSP	Risk sharing partner	风险分担伙伴	Партнёр, берущий на себя часть риска
RSS	Risk sharing suppliers	风险分担供应商	Распределение рисков поставщиков
RTE	Route	航线	Маршрут
RTKs	Revenue ton kilometers	运输总周转量	Доход от грузооборота
RV	Requirements validation	需求确认	Утверждение требований
RV	Requirements verification	需求验证	Проверка требований
S			
SA	System architecture	系统架构	Архитектура системы
SAR	System acceptance review	系统验收评审	Обзор приема системы
SB	Service bulletin	服务通告	Сервисный бюллетень
SBOM	Service bill of material	服务物料清单	Эксплуатационная ведомость материалов
SC	Special condition	专用条件	Специальное условие

续表

缩略语	英文全称	译　文	俄　文
SCI	Configuration item for system view	系统视图构型项	Элемент конфигурации для просмотра системы
SCI	Safety critical item	安全性关键项目	Критический по безопасности элемент
SCI	Software configuration index	软件构型索引	Индекс конфигурации программного обеспечения
SCM	Software configuration management	软件构型管理	Управление конфигурацией программного обеспечения
SCMP	Software configuration management plan	软件构型管理大纲	План управления конфигурацией програмного обеспечения
SCN	Specification change notice	规范更改通知	Уведомление об изменении спецификации
SDP	Software development plan	软件研发计划	План разработки программного обеспечения
SDR	System definition review	系统定义评审	Обзор определения системы
SQA	Software quality assurance	软件质量	Обеспечение качества программного обеспечения
SQAP	Software quality assurance plan	软件质量保证大纲	План обеспечения качества программного обеспечения
SVP	System verification plan	软件验证计划	План проверки системы
SCN	Specification change notice	规范更改通知	Уведомление об изменении спецификации
SDD	System description document	系统表述文档	Документ описания системы
SDM	Design module for system view	系统视图设计模块	Модуль проектирования для просмотра системы
SDR	System definition review	系统定义评审	Обзор определения системы
SDRL	Supplier data requirement list	供应商数据要求表	Перечень требований к данным поставщиков

续表

缩略语	英文全称	译　文	俄　文
SE	Systems engineering	系统工程	Системная инженерияразработка систем
SEI	Software engineering institute	软件工程协会	Институт программной инженерии
SES	Support equipment summary	支援设备摘要	Резюме оборудования технического обслуживания
SF	Start-to-finish	开始到完成	Старт-финиш
SFE	Seller furnished equipment	卖方提供设备	Обеспечение оборудованием продавцом
SI	International system of units	国际单位制	Международная система единиц
SI	System integration	系统集成	Интеграция системы
SI	Standard item	标准项目	Стандартный элемент
SLO	Link object for system view	系统视图关联对象	Связуемый объект для просмотра системы
SlR	System level requirements	系统级需求	Требования к уровню системы
SLR	Subsystem level requirements	子系统级需求	Требования к уровню подсистемы
SM	Scenario modeling	场景建模	Моделирование сценариев
SM	Standard manual	标准件手册	Стандартное руководство
SMS	Safety management system(airworthiness)	安全管理系统（适航）	Система управления безопасностью (лётная годность)
SOW	Statement of work	工作说明书	Описание работ
SPI	Schedule performance index	进度绩效指数	Индекс выполнения сроков
SPL	Standard payload	标准商载	Стандартная полезная нагрузка

续表

缩略语	英文全称	译　文	俄　文
SPP	Standard passenger payload	标准旅客商载	Стандартная пассажирская нагрузка
SPSA	Supplier product support agreements	供应商产品保障协议	Соглашения о поддержке продуктов поставщиков
SRB	Standing review board	独立评审委员会	Независимаянаблюдательная комиссия
SDR	System requirements document	系统需求文件	Документ требований к системам
SRM	Structure repair manual	结构修理手册	Руководство по ремонту и эксплуатации
SRM	Safety risk management(airworthiness)	安全风险管理（适航）	Управление рисками безопасности(лётная годность)
SRR	System requirements review	系统需求评审	Обзор системных требований
SS	Start-to-start	开始到开始	Старт-старт
SSA	System safety assessment	系统安全评估	Оценка безопасности системы
SSM	System schematic manual	系统原理图	Схематическое руководство по системе
SSPL	Single ship part list	单机零件清册	Список деталей отдельных судов
STC	Supplemental type certificate	补充型号合格证	Дополнение к сертификату типа
STE	Simplified technical english	简化技术英语	Упрощённый технический английский
SV	Schedule variance	进度偏差	Отклонение по срокам
SVCI	Service view configuration item	服务构型项	Элемент конфигурации просмотра службы
SVDM	Service view data module	服务数据模块	Модуль представления просмотра службы
SVLO	Service view link object	服务关联对象	Связуемый объект просмотра службы

续表

缩略语	英文全称	译　文	俄　文
SWOT	SWOT analysis	强弱利弊分析	Анализ преимущества,недостаки,возможностей и угроз
T			
T	Test	测试	Испытание
TAT	Turn-around time	过站时间	Время подготовки к очередному полёту
TB	Traceability	可追溯性	Отслеживаемость
TC	Target completion data	目标完成日期	Выполненное время цели
TC/TDA	Type certificate/Type design approval	型号合格证和型号设计批准书	Сертификат типа/Одобрение типовой проект
TCAC	Target cost at completion	竣工目标成本	Целевая стоимость при завершении
TCB	Type certification board	型号合格审定委员会	Комиссия по сертификации типа
TCM	Technical coordination memo	技术协调备忘录	Памятка о технической координации
TCPI	To-complete performance index	完工尚需绩效指数	Показатель результативностидо завершения (ИПДЗ)
TCT	Type certification team	型号合格审定审查组	Группа сертификации типа
TDP	Technical data package	成套技术资料	Комплект технических данных
Telecon	Teleconference	电话会议	Телефонная конференция
TEM	Tool and equipment manual	工具和设备手册	Руководство по инструментам и оборудованию
TF	Total float	总浮动时间	Общий поплавок времени

续表

缩略语	英文全称	译　文	俄　文
TG	Toll gate	门禁	Платный шлагбаум
TIA	Type inspection authorization	型号检查核准书	Разрешение на инспекцию типа
TIR	Type inspection report	型号检查报告	Отчет об инспекции типа
TLAR	Top level aircraft requirements	顶层飞机需求	Требования к воздушному судну высшего уровня
TLARD	Top level aircraft requirements document	顶层飞机需求文件	Документ требований к воздушному судну высшего уровня
TLQRD	Top level quality requirements document	顶层质量需求文件	Документ требований к качеству высшего уровня
TLSRD	Top level system requirements document	顶层系统需求文件	Документ требований к системам высшего уровня
T&M	Time and material contract	工料合同	Контракт«время и материалы»
TO	Technical order	技术规程，技术说明	Техническое наставление
TOD	Takeoff distance	起飞距离	Взлётная дистанция
TQM	Total quality management	全面质量管理	Всестороннее управление качества
TRL	Technology readiness level	技术成熟度水平	Уровень готовности технологии
TRR	Test readiness review	试验准备状态评审	Проверка готовности к испытаниям
TSD	Technical specification document	技术规范文件	Техническая спецификация
TSO	Technical standard order	技术标准规定	Инструкция по применению технических стандартов

续表

缩略语	英文全称	译　文	俄　文
TUR	Test uncertainty ratio	测试不确定度比	Отношение неопределённостей испытаний
TZ	Time zone	时区	Часовой пояс
		U	
UFW	Unusable fuel weight	不可用燃油重量	Вес неиспользуемого топлива
UMC	Unit manufacturing cost	单机成本	Себестоимостьизготовления единицы продукции
UUT	Unit under test	被测单元	Испытываемый узел
		V	
VAC	Variance at completion	完工偏差	Отклонение по завершении(ОПЗ)
VAT	Value added tax	增值税	Налог на добавленную стоимость
VE	Value engineering	价值工程	Функционально-стоимостной анализ(ФСА)
VFR	Visual flight rules	目视飞行规则	Правила визуальных полётов
VIM	Vendor information manual	供应商信息手册	Справочное руководство по поставщикам
VIS	Visibility	能见度	Видимость
VL	Vendors list	供应商清单	Список поставщиков
VM	Verification matrix	验证矩阵	Матрица верификации
VPSA	Vendor product support agreement	供应商产品支持协议	Соглашение о поддержке продукта поставщика
VSBS	Vendor service bulletin status	供应商服务通报状态	Статус сервисного бюллетеня поставщика

续表

缩略语	英文全称	译文	俄文
V&V	Verification and validation	验证与确认	Верификация и валидация
W			
WBM	Weight and balance manual	重量平衡手册	Руководство по центровке и загрузке
WBS	Work breakdown structure	工作分解结构	Структуры разбивки работ
WDM	Wiring diagram manual	线路图手册	Руководство по составлению монтажной схемы
WE	Weight engineer	重量工程师	Инженер-весовщик
WEB	Weight engineering board	重量工程委员会	Комиссия повесовой технике
WEO	Weight engineering office	重量工程办公室	Отдел весовой техники
WMB	Weight management board	重量管理委员会	Комиссия по управлению весом
WP	Work package	工作包	Перечень работ
Y			
YCF	Economy class-front	前经济舱	Экономкласс-спереди
YCR	Economy class-rear	后经济舱	Экономкласс-сзади
Z			
ZAM	Zone and access manual	区域和口盖手册	Руководство по зонам и доступам

参考文献

BIBLIOGRAPHY

СПИСОК ЛИТЕРАТУРЫ

[1] PMI（Project Management Institute）. 项目管理知识体系指南（PMBOK 指南）[M]. 许江林，等，译. 北京：电子工业出版社，2013.

[2] 全国科学技术名词审定委员会. 航空科学技术名词（全藏版）[M]. 北京：科学出版社，2016.

[3] 菲利普·马拉沃，克里斯托夫·本那罗亚. 航空航天市场营销管理[M]. 刘鑫，等，译. 北京：航空工业出版社，2009.